高等院校教材

复 变 函 数

主　编　刘　波
副主编　陈玉丽　赵寿根　孙玉鑫
　　　　王　帅　杨先锋

U0125210

北京航空航天大学出版社

内 容 简 介

本书作为高等院校理工科专业基础教材,主要内容包括复变函数基本理论以及复变函数在弹性理论和线弹性断裂力学中的应用。全书共分为 8 章;前 6 章主要介绍了复变函数的基本理论,包括复数与复变函数、解析函数、复变函数的积分、级数、留数和共形映射;第 7 章、第 8 章分别介绍了复变函数在弹性理论和线弹性断裂力学中的应用;附录中介绍了复变函数的 Python 计算。本书在兼顾数学证明和应用之间平衡的同时,补充了复变函数的力学应用和 Python 实践,并配有小结、习题及作业。

本书适用于高等院校理工科专业低年级本科生,也可用作弹性力学、断裂力学相关专业本科生、研究生及科研人员的参考书。

图书在版编目(CIP)数据

复变函数 / 刘波主编. -- 北京 ： 北京航空航天大
学出版社,2023.8
 ISBN 978 - 7 - 5124 - 4156 - 9

Ⅰ. ①复⋯ Ⅱ. ①刘⋯ Ⅲ. ①复变函数－高等学校－
教材 Ⅳ. ①O174.5

中国国家版本馆 CIP 数据核字(2023)第 165836 号

复变函数

主 编 刘 波
副主编 陈玉丽 赵寿根 孙玉鑫 王 帅 杨先锋
策划编辑 刘 扬 责任编辑 孙玉杰

*

北京航空航天大学出版社出版发行

北京市海淀区学院路 37 号(邮编 100191) http://www.buaapress.com.cn
发行部电话:(010)82317024 传真:(010)82328026
读者信箱: qdpress@buaacm.com.cn 邮购电话:(010)82316936
北京九州迅驰传媒文化有限公司印装 各地书店经销

*

开本:787×1 092 1/16 印张:16.25 字数:395 千字
2023 年 9 月第 1 版 2023 年 9 月第 1 次印刷
ISBN 978 - 7 - 5124 - 4156 - 9 定价:59.00 元

前　言

　　复变函数本身具有优雅的数学结构,其许多理论为解决自然科学、工程科学和其他数学分支中的问题提供了强大而通用的工具,在流体力学、电磁学、热学、弹性理论、断裂力学等领域有着重要的应用。数学家、科学家和工程师们常常借助复平面来解释真实的现象;事实上,利用复变函数可以解决许多用其他方法很难或几乎不可能解决的问题。一般来说,复变函数课程必须服务于具有不同学科背景(包括工程学、物理学和数学)的读者,而讲授这门课程的挑战在于如何在严格的数学证明和应用之间找到平衡点。作者在多年的复变函数课程教学中一直使用由数学专业背景的作者编写的教材;而针对力学专业的读者,作者编写了本书。为了使本书尽可能通用,作者借鉴国内外复变函数方面的优秀教材编写了前6章,又在后面补充了两章——复变函数在弹性理论和线弹性断裂力学中的应用。此外,由于许多编程语言支持复数,因此附录中介绍了复变函数的Python计算。

　　复变函数课程的适用对象是本科低年级学生,因为他们学过的高等数学课程主要研究对象是实变函数,而复变函数课程的主要任务是研究复数之间的相互依赖关系。复变函数中的许多概念、理论和方法是实变函数在复数领域的推广和发展,因而它们之间有许多相似之处。但是,复变函数又有许多实变函数所不具备的性质。读者在学习中要勤于思考、善于比较,既要注意共同点,更要弄清不同点,只有这样才能抓住本质、融会贯通。本书的核心内容是前5章,其中前3章内容连贯、与实变函数的对应关系清晰,读者相对容易接受;第4~5章的学习需要综合应用前3章知识以及实变函数的相关知识,内容相对较难。为了方便读者阅读与复习,作者将书中一些重要的概念或关键字/词用加粗或下划线的方式标记了出来且将每章的关键知识点在小结中列了出来。

　　本书前6章的章节结构编排主要参考了友校教材,但将习题安排在了每一节后、作业单独安排在了每章的最后。前6章的编写主要参考了Zill等人于2016年编写的 *A First Course in Complex Analysis with Applications*,Kwok于2010年编写的 *Applied Complex Variables for Scientists and Engineers*,Asmar和Grafakos于2010年编写的 *Complex Analysis with Applications*,等等。在编写过程中,作者特别重视概念、细节的总结、凝练与内容的连贯性、完整性,以减少读者在阅读过程中可能出现的断联。第7~8章的编写主要参考了Perez于2017年编写的 *Fracture Mechanics*,Kuna于2013年

编写的 *Finite Elements in Fracture Mechanics*：*Theory*，*Numerics*，*Applications*，等等。这部分内容可增进读者学习复变函数的兴趣，也有助于力学专业的读者更好地理解复变函数，可不具体讲授。附录的编写主要参考了一些网络资源。通过 Python 实现复变函数的计算，既可增进读者的学习兴趣，也可校对手算结果。

  本书前 5 章的初稿于 2019 年完成，在随后多年的教学实践中不断被修改完善。在此作者特别感谢北京航空航天大学复变函数教学团队多位老师提出的宝贵建议。作者的研究生蓝迎莹、谢盼、许派等参与了本书初稿的准备等工作。本书从开始编写到完稿历经多年，不断被修改完善务求内容正确无误。限于作者的水平和时间，书中错误和疏忽之处在所难免，恳请读者提出宝贵的意见。

刘　波

2023 年 2 月

目　　录

第 1 章　复数与复变函数

读者在中学已经学过复数的概念和基本运算,但在大学的数学分析(微积分)中可能看不到一个复数.本书将介绍复数和复数的微积分.

本章从复数及其代数运算讲起,这需要读者有实数方面的相关基础知识.

复数与其他数学理论一样,在科学中有重要的应用,也可用于解决实际工程问题.后续章节会介绍其中一些应用.本章中复数的应用限于多项式求根、复数的代数运算以及求解三角函数方程.

1.1　复数及其代数运算

1.1.1　复数的概念

复数是在 16 世纪被首次引入的,用于求解没有实数解的代数方程.众所周知,方程
$$x^2 + 1 = 0$$
没有实根,因为不存在使 $x^2 = -1$ 的实数 x;换句话说,不能对 -1 开平方根.意大利数学家吉罗拉莫·卡尔达诺(Girolamo Cardano, 1501—1576)——更广为人知的名字是卡丹(Cardan),偶然发现了负数的平方根,并在他的工作中使用了它们.虽然卡丹不愿意接受这些"虚数",但他的确意识到它们在解代数方程中的作用.

两个世纪后,瑞士数学家莱昂哈德·欧拉(Leonhard Euler, 1707—1783)引入了符号 i,并令它满足如下条件:
$$i = \sqrt{-1} \text{ 或等价地写成 } i^2 = -1$$
尽管欧拉在计算中经常使用 $a + ib$ 形式的数字,但他对它们的意义有些怀疑,并将它们称为虚数.德国数学家卡尔·弗里德里希·高斯(Karl Friedrich Gauss, 1777—1855)明确地意识到这些数字的重要性,并第一次引入了现在仍然广泛使用的"复数"这个术语.

复数是 $z = a + ib$ 形式的任意数字,其中 a 和 b 是实数,i 是**虚数单位**.复数的 $a + ib$ 和 $a + bi$ 两种表示形式是等价的.复数 $z = a + ib$ 中的实数 a 称为 z 的**实部**,实数 b 称为 z 的**虚部**.复数 z 的实部和虚部的缩写分别为
$$\text{Re}(z) \text{ 与 } \text{Im}(z)$$
例如,如果 $z = 4 - 9i$,则 $\text{Re}(z) = 4$,$\text{Im}(z) = -9$.虚数单位的实常数倍数称为**纯虚数**.例如,$z = 6i$ 是一个纯虚数.

如果两个复数对应的实部和虚部相等,则称两个复数**相等**.实部和虚部都为零的唯一复数记为 0,而不是 $0 + 0i$.

复数的总和或复数的集合通常用符号 C 表示.因为任何实数 a 都可以写成 $z = a + 0i$ 的形式,所以实数集 R 是 C 的子集.

1.1.2　复数的代数运算

在定义复数的**加法**时,认为 i 遵循与实数相同的基本代数关系.复数求和时,实部和虚部分别相加:

$$(a+bi)+(c+di)=(a+c)+(b+d)i$$

例如,$(3+2i)+(-1-4i)=(3-1)+(2-4)i=2-2i$.

容易验证,复数的加法满足:如果 z_1,z_2 和 z_3 是复数,则

$$z_1+z_2=z_2+z_1(交换律)$$
$$z_1+(z_2+z_3)=(z_1+z_2)+z_3(结合律)$$

复数 0 是**加法不变量**:$0+z=z+0=z$ 对所有的复数 z 都是成立的.复数 $z=x+yi$ 的**加法逆元**是复数 $-z=-x-yi$,因为 $z+(-z)=0$ 成立.

复数的**减法**的定义与加法类似:

$$(a+bi)-(c+di)=(a-c)+(b-d)i$$

例如,$(3+2i)-(-1+4i)=[3-(-1)]+(2-4)i=4-2i$.

复数的**乘法**定义如下:

$$(a+bi)(c+di)=(ac-bd)+(ad+bc)i \tag{1.1}$$

在式(1.1)中取 $a=c=0$,$b=d=1$,可得 $i^2=-1$.观察式(1.1)会发现这是两个二项式的乘积,在计算时使用了关系式 $i^2=-1$.计算过程如下:

$$(a+bi)(c+di)=ac+a(di)+(bi)c+(bi)(di)=(ac-bd)+(ad+bc)i$$

例如,$(-1+i)(2+i)=-2-i+2i+i^2=-3+i$,$-i(4+4i)=-4i-4i^2=-4i+4=4-4i$.两个复数 z_1 和 z_2 的乘积记为 z_1z_2.复数的乘法满足如下性质:

$$z_1z_2=z_2z_1(交换律)$$
$$(z_1z_2)z_3=z_1(z_2z_3)(结合律)$$
$$z_1(z_2+z_3)=z_1z_2+z_1z_3(分配律)$$

乘法不变量是数字 1,因为 $z\cdot1=1\cdot z=z$ 对所有的复数 z 都是成立的.每个非零复数都有一个乘法逆元.下面介绍另一个重要的复数运算.

对于复数 $z=a+bi$,定义其**共轭复数**为

$$\bar{z}=\overline{a+bi}=a-bi$$

共轭会改变复数虚部的符号,但不会改变复数实部的符号.因此

$$\mathrm{Re}(\bar{z})=\mathrm{Re}(z),\quad \mathrm{Im}(\bar{z})=-\mathrm{Im}(z)$$

【例 1.1.1】(基本运算)**请将下列各式写成 $a+bi$ 的形式,其中 a 和 b 是实数.**

(a)$(2-7i)+(\overline{2-7i})$;

(b)$(2-7i)-(\overline{2-7i})$;

(c)$(2-7i)(2-7i)$;

(d)$(2-7i)(\overline{2-7i})$.

【解】(a) 由于 $\overline{2-7i}=2+7i$,因此

$$(2-7i)+(\overline{2-7i})=(2-7i)+(2+7i)=4$$

(b) 类似地,得
$$(2-7i)-\overline{(2-7i)}=(2-7i)-(2+7i)=-14i$$

(c) 将 $2-7i$ 与自身相乘可得:
$$(2-7i)(2-7i)=4-14i-14i+49i^2=4-49-28i=-45-28i$$

(d) 先求 $2-7i$ 的共轭复数,再执行乘法运算,得
$$(2-7i)\overline{(2-7i)}=(2-7i)(2+7i)=4+14i-14i-49i^2=4+49=53$$

对于实数 x,有 $x^2\geqslant0$. 例 1.1.1(c)说明,这个结论对于复数不再成立:$(2-7i)^2=-45-28i$,这个结果甚至不是一个实数. 对于 z 乘以何数才能得到一个非负实数,例 1.1.1(d)给出了提示:对于复数 $z=x+iy$(其中 x 和 y 实数),有
$$z\bar{z}=(x+iy)(x-iy)=x^2+y^2 \tag{1.2}$$
该结果总是一个非负实数. 等式(1.2)非常重要,可以用来求乘积的倒数.

注意　如果 $z=x+iy\neq0$,则 $z\bar{z}=x^2+y^2>0$,因此
$$\frac{1}{z\bar{z}}=\frac{1}{x^2+y^2}$$

这也是一个正实数.

【命题 1.1.1】(乘法逆元) 设 x 和 y 为实数,$z=x+iy$ 是一个非零复数,则 z 的乘法逆元(记为 $1/z$ 或 z^{-1})为
$$\frac{1}{z}=\frac{1}{z\bar{z}}\bar{z}=\frac{x}{x^2+y^2}-i\frac{y}{x^2+y^2} \tag{1.3}$$

【证明】如果 α 是一个实数,则 $\alpha(x-iy)=\alpha x-i\alpha y$. 因此,取 $\alpha=1/z\bar{z}$,可得
$$\frac{1}{z\bar{z}}\bar{z}=\frac{x-iy}{x^2+y^2}=\frac{x}{x^2+y^2}-i\frac{y}{x^2+y^2}$$

这证明了式(1.3)中的第二个等式. 为了证明这个命题,需要证明 z 乘以其乘法逆元 $1/z$ 等于 1. 实际上,利用乘法的结合律和交换律,可以得到
$$z\frac{1}{z\bar{z}}\bar{z}=\frac{1}{z\bar{z}}z\bar{z}=1$$

这是因为分子和分母是相同的非零实数 $z\bar{z}$.

现在通过乘法来定义非零复数 $z(z\neq0)$ 的**除法**. 如果 $c+di\neq0$,那么根据式(1.3),有
$$\frac{a+bi}{c+di}=(a+bi)\frac{1}{c+di}$$
$$=(a+bi)\left(\frac{c}{c^2+d^2}-\frac{d}{c^2+d^2}i\right)$$
$$=\frac{ac+bd}{c^2+d^2}+\frac{bc-ad}{c^2+d^2}i$$
其中,最后一步利用了式(1.1).

另外一种计算两个复数之比的方法是分子、分母同时乘以分母的共轭复数,即
$$\frac{a+bi}{c+di}=\frac{a+bi}{c+di}\frac{c-di}{c-di}$$

$$= \frac{(ac+bd)+(bc-ad)i}{c^2+d^2}$$

$$= \frac{ac+bd}{c^2+d^2} + \frac{bc-ad}{c^2+d^2}i \tag{1.4}$$

没必要记住式(1.4),只须记住它是由分子和分母同时乘以分母的共轭复数得到的.

【例 1.1.2】(逆元和商) 请用 $a+bi$ 的形式表示下列复数,其中 a 和 b 是实数.

(a) $(1+i)^{-1}$;

(b) $\dfrac{1}{1-i}$;

(c) $\dfrac{2+i}{3-i}$;

(d) $\dfrac{i}{i-1}$;

(e) $\dfrac{1}{i}$;

(f) $\dfrac{3+5i}{-i}$.

【解】(a) 要写出一个在分母中没有复数的等价表达式,可以将分子和分母同时乘以分母的共轭复数并应用式(1.2).于是可得

$$(1+i)^{-1} = \frac{1}{1+i} = \frac{1-i}{(1+i)(1-i)} = \frac{1-i}{1^2+1^2} = \frac{1}{2} - \frac{1}{2}i$$

(b) 类似地,得

$$\frac{1}{1-i} = \frac{1+i}{(1-i)(1+i)} = \frac{1+i}{1^2+1^2} = \frac{1}{2} + \frac{1}{2}i$$

(c) 将分子和分母同时乘以 $3+i$,即 $3-i$ 的共轭复数,可得

$$\frac{2+i}{3-i} = \frac{2+i}{3-i} \cdot \frac{3+i}{3+i} = \frac{(2+i)(3+i)}{3^2+(-1)^2} = \frac{5+5i}{10} = \frac{1}{2} + \frac{1}{2}i$$

(d) 首先将分母写成 $a+bi$ 的形式,然后将分子和分母同时乘以 $a-bi$,可得

$$\frac{i}{i-1} = \frac{i}{-1+i} = \frac{i}{-1+i} \cdot \frac{-1-i}{-1-i} = \frac{i(-1-i)}{(-1)^2+1^2} = \frac{1}{2} - \frac{1}{2}i$$

(e) 该问题会得到一个有趣的结果:

$$\frac{1}{i} = \frac{1}{i} \cdot \frac{-i}{-i} = -i$$

因此,i 的乘法逆元与其加法逆元是相同的.

(f) 根据(e)的结果可得

$$\frac{3+5i}{-i} = i(3+5i) = -5+3i$$

如果 z 是一个复数,则 $z^1=z$,$z^2=z \cdot z$.以此类推,对于正整数 n,有

$$z^n = \overbrace{z \cdot z \cdots z}^{n\text{项}}$$

如果 $z \neq 0$，并定义 $z^0 = 1, z^{-n} = 1/z^n$，则可得到如下关于整数次幂的熟悉结果：

$$z^m z^n = z^{m+n}, \quad (z^m)^n = z^{mn}, \quad (zw)^m = z^m w^m$$

根据等式

$$i^0 = 1, \quad i^1 = i, \quad i^2 = -1, \quad i^3 = -i, \quad i^4 = 1, \quad i^5 = i, \quad \cdots$$

可得 $n = 0, 1, 2, \cdots$ 时的如下结果：

$$i^n = \begin{cases} 1, & n = 4k \\ i, & n = 4k+1 \\ -1, & n = 4k+2 \\ -i, & n = 4k+3 \end{cases}$$

这里 $k = 0, 1, 2, \cdots$ 可以看到复数序列 $\{i^n\}_{n=0}^{\infty}$ 的周期为 4，因为它每四项重复一次．因为 $1/i = -i$，所以可得 $n = 0, 1, 2, \cdots$ 时的如下结果：

$$\frac{1}{i^n} = \left(\frac{1}{i}\right)^n = (-i)^n = (-1)^n i^n = \begin{cases} 1, & n = 4k \\ -i, & n = 4k+1 \\ -1, & n = 4k+2 \\ i, & n = 4k+3 \end{cases}$$

【命题 1.1.2】（共轭复数的性质）设 z, z_1 和 z_2 是复数，则下述等式成立：

(a) $\overline{z_1 + z_2} = \bar{z}_1 + \bar{z}_2$；

(b) $\overline{z_1 - z_2} = \bar{z}_1 - \bar{z}_2$；

(c) $\overline{z_1 z_2} = \bar{z}_1 \bar{z}_2$；

(d) $\overline{\left(\dfrac{z_1}{z_2}\right)} = \dfrac{\bar{z}_1}{\bar{z}_2} (z_2 \neq 0)$；

(e) $\overline{(z^n)} = (\bar{z})^n, n = 1, 2, \cdots$；

(f) $\bar{\bar{z}} = z$；

(g) $z + \bar{z} = 2\mathrm{Re}(z)$；

(h) $z - \bar{z} = 2\mathrm{i}\,\mathrm{Im}(z)$．

【证明】将等式(a)和(b)留给读者证明．

(c) 令 $z_1 = a + \mathrm{i}b, z_2 = c + \mathrm{i}d$，其中 a, b, c, d 是实数．于是 $z_1 z_2 = ac - bd + \mathrm{i}(ad + bc)$，从而 $\overline{z_1 z_2} = ac - bd - \mathrm{i}(ad + bc)$，而 $\bar{z}_1 \bar{z}_2 = (a - \mathrm{i}b)(c - \mathrm{i}d) = ac - bd - \mathrm{i}(ad + bc)$，因此该等式成立．

(d) 观察式(1.4)，如果用 $-b$ 替换 b、用 $-d$ 替换 d，则所得结果的实数部分不变而虚数部分改变符号．因此，该等式得到证明．

(e) 设 $z = z_1 = z_2$，可得该等式在 $n = 2$ 时的结果．依此类推，可由 $n = 2$ 时的结果得到 n 为任意值时的一般情况．

(f) 该等式说明一个复数的共轭复数的共轭复数是复数本身. 其证明如下：如果 $z = a + ib$，这里 a, b 是实数，则有 $\bar{z} = a - ib$ 以及 $\bar{\bar{z}} = \overline{a - ib} = a + ib = z$.

等式(g)和(h)的证明留给读者完成.

【例 1.1.3】（线性方程）解方程 $(2 + i)\bar{z} - i = 3 + 2i$.

【解】先在等式两边加上 i，再在等式两边同时除以 $2 + i$，可得

$$\bar{z} = \frac{1}{2 + i}(3 + 3i) = \frac{(3 + 3i)(2 - i)}{(2 + i)(2 - i)} = \frac{9 + 3i}{2^2 + 1^2} = \frac{9}{5} + \frac{3}{5}i$$

求解 z 只需改变 $\bar{z}$ 的虚数部分的符号，由此得 $z = (9/5) - (3/5)i$.

【例 1.1.4】（线性方程组）解方程组

$$\begin{cases} z_1 + \bar{z}_2 = 3 + 2i & ① \\ i\bar{z}_1 + z_2 = 3 & ② \end{cases}$$

并求 z_1 和 z_2 的值.

【解】对方程①两端取共轭，由 $\bar{\bar{z}}_2 = z_2$ 和 $\overline{3 + 2i} = 3 - 2i$，可得 $\bar{z}_1 + z_2 = 3 - 2i$. 用方程②减去 $\bar{z}_1 + z_2 = 3 - 2i$，可得

$$(-1 + i)\bar{z}_1 = 2i$$

故

$$\bar{z}_1 = \frac{2i}{-1 + i} = \frac{2i(-1 - i)}{(-1)^2 + (-1)^2} = 1 - i, \quad z_1 = 1 + i$$

将所得 z_1 的值代入方程①，并求解 z_2：

$$(1 + i) + \bar{z}_2 = 3 + 2i \Rightarrow \bar{z}_2 = 2 + i \Rightarrow z_2 = 2 - i$$

因此，该线性方程组的解为 $z_1 = 1 + i, z_2 = 2 - i$.

复数的加法、减法、乘法和除法二元运算，满足与实数相同的基本代数性质. 其中包括加法和乘法的交换律与结合律、乘法分配律、存在加法逆元、非零复数存在乘法逆元. 因此，所有对实数成立的代数恒等式对复数也成立. 例如：

$$(z_1 + z_2)^2 = z_1^2 + 2z_1 z_2 + z_2^2$$
$$(z_1 - z_2)^2 = z_1^2 - 2z_1 z_2 + z_2^2$$
$$z_1^2 - z_2^2 = (z_1 - z_2)(z_1 + z_2)$$

对任意复数 z_1 和 z_2 都成立.

注意　复数与实数对比：实数 $\mathbb{R}$ 的许多性质在复数 $\mathbb{C}$ 中成立，但它们之间也存在一些显著的区别. 例如，实数中的顺序概念并不适用于复数. 换句话说，不能通过不等式来比较两个复数 $z_1 = a_1 + ib_1(b_1 \neq 0)$ 和 $z_2 = a_2 + ib_2(b_2 \neq 0)$ 的大小. 诸如 $z_1 < z_2$ 或 $z_2 \geqslant z_1$ 这样的关系在复数 $\mathbb{C}$ 中没有任何意义，仅在这两个数字 z_1 和 z_2 是实数的特殊情况下才成立. 因此，如果一个命题如 $z_1 = \alpha z_2, \alpha > 0$，其中隐式地使用了不等式 $\alpha > 0$，则这里的符号 α 表示一个实数.

本书的后续部分将结合具体内容介绍实分析和复分析的其他区别.

习　题

1. 求下列 i 的幂.

(a) i^8;　　　　　　(b) i^{11};　　　　　　(c) i^{42};　　　　　　(d) i^{105}.

2. 将下列数字写成 $x+iy$ 的形式.

(a) $2i^3-3i^2+5i$;

(b) $3i^5-i^4+7i^3-10i^2-9$;

(c) $\dfrac{5}{i}+\dfrac{2}{i^3}-\dfrac{20}{i^{18}}$;

(d) $2i^6+\left(\dfrac{2}{-i}\right)^3+5i^{-5}-12i$;

(e) $(5-9i)+(2-4i)$;

(f) $3(4-i)-3(5+2i)$;

(g) $(2-3i)(4+i)$;

(h) $\left(\dfrac{1}{2}-\dfrac{1}{4}i\right)\left(\dfrac{2}{3}+\dfrac{5}{3}i\right)$;

(i) $\dfrac{2-4i}{3+5i}$;

(j) $\dfrac{10-5i}{6+2i}$;

(k) $\dfrac{(5-4i)-(3+7i)}{(4+2i)+(2-3i)}$;

(l) $\dfrac{(4+5i)+2i^3}{(2+i)^2}$.

3. 计算 $\text{Re}(z)$ 和 $\text{Im}(z)$.

(a) $z=\left(\dfrac{i}{3-i}\right)\left(\dfrac{1}{2+3i}\right)$;

(b) $z=\dfrac{1}{(1+i)(1-2i)(1+3i)}$.

4. 求解 z.

(a) $\dfrac{z}{2i}-3+i=7+2i$;

(b) $(2+3i)z=(2-i)z-i$;

(c) $(1-i)\bar{z}=6+3i$;

(d) $\overline{z+2+i}=6i$;

(e) $\overline{z+i}=1-i$;

(f) $iz+2i=4$;

(g) $\dfrac{z}{1+i}=z-2$;

(h) $\dfrac{1-z}{1+z}=2i$.

1.2　复数的几何表示

1.2.1　复平面

复数 $z=x+iy$ 对应着唯一的有序实数对 (x,y),该有序实数对的第一项和第二项依次对应于复数的实部与虚部.例如,有序实数对 $(2,-3)$ 对应复数 $z=2-3i$.相反,$z=2-3i$ 确定了有序实数对 $(2,-3)$.数 $7,i$ 和 $-5i$ 分别对应于 $(7,0),(0,1),(0,-5)$.通过这种方式可以将一个复数 $z=x+iy$ 与坐标平面上的一个点 (x,y) 联系起来.

复平面　由于复数 $z=x+iy$ 与坐标平面上的点 (x,y) 之间有唯一对应关系,因此在本书中将交替使用复数和点这两个术语.如图 1.1 所示的坐标平面称为**复平面**或简称 z **平面**.水平轴或 x 轴称为**实轴**,因为该轴上的每个点代表一个实数.纵轴或 y 轴称为**虚轴**,因为该轴上的每个点代表一个纯虚数.

向量 在数学分析等课程中,一对有序实数中的数字可以被解释为一个向量的分量.因此,复数 $z=x+iy$ 也可以看作一个二维位置**向量**,即一个初始点为原点、终点为点 (x,y) 的向量,如图 1.2 所示.这个向量的解释提示定义向量 z 的长度为 $\sqrt{x^2+y^2}$,即从原点到点 (x,y) 的距离.这个长度被赋予一个具体的名称——z 的模或绝对值.

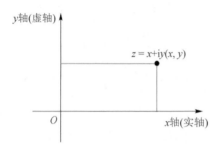

图 1.1 复平面(z 平面)   图 1.2 复数 z 的向量表示

【定义 1.2.1】(模) 复数 $z=x+iy$ 的模是实数

$$|z|=\sqrt{x^2+y^2} \tag{1.5}$$

复数 z 的模 $|z|$ 也称为 z 的**绝对值**.在本书中将同时使用模和绝对值这两个术语.

【例 1.2.1】(复数的模) 如果 $z=2-3i$,则由式(1.5)得该复数的模为 $|z|=\sqrt{2^2+(-3)^2}=\sqrt{13}$.如果 $z=-9i$,则由式(1.5)得 $|-9i|=\sqrt{(9)^2}=9$.

性质 回顾 1.1 节的式(1.2),对于任何复数 $z=x+iy$,乘积 $z\bar{z}$ 是一个实数;具体来说,$z\bar{z}$ 是 z 的实部和虚部的平方和:$z\bar{z}=x^2+y^2$.观察式(1.5)可得 $|z|^2=x^2+y^2$.应记住下面的关系:

$$|z|^2=z\bar{z}, \quad |z|=\sqrt{z\bar{z}} \tag{1.6}$$

复数 z 的模还有如下性质:

$$|z_1 z_2|=|z_1||z_2|, \quad \left|\frac{z_1}{z_2}\right|=\frac{|z_1|}{|z_2|} \tag{1.7}$$

注意 当 $z_1=z_2=z$ 时,式(1.7)的第一个性质说明 $|z^2|=|z|^2$.

性质 $|z_1 z_2|=|z_1||z_2|$ 可以通过式(1.6)证明,请读者自行完成.

极坐标形式 在例 1.2.1 中,把复数表示为平面上具有笛卡尔(Cartesian)坐标的点.这里给出描述复数的另外一种方法,即**极坐标表示**或**极坐标形式**.这种形式能够利用复数的几何内涵:把复数 $z=x+iy$ 看作复平面上的点 (x,y).如果 $P=(x,y)\neq(0,0)$ 是笛卡尔坐标系中的一个点,也可以用 (r,θ) 来表示它,其中 r 是点 P 到原点 O 的距离,而 θ 是 x 轴和射线 OP 之间的夹角.如果点 P 位于下半平面,则允许 θ 为负.

【定义 1.2.2】(复数的极坐标形式) 令 $z=x+iy$ 为一个非零复数,定义 $r>0$ 且

$$r=\sqrt{x^2+y^2}>0 \tag{1.8}$$

并令 θ 为一个满足如下关系的角度:

$$\cos \theta = \frac{x}{\sqrt{x^2 + y^2}} = \frac{x}{r}, \quad \sin \theta = \frac{y}{\sqrt{x^2 + y^2}} = \frac{y}{r} \quad (r \neq 0) \tag{1.9}$$

则称 r 为 z 的**模**,称 θ 为 z 的**辐角**.于是,有

$$z = r(\cos \theta + \mathrm{i}\sin \theta) \tag{1.10}$$

这被称作复数($z \neq 0$)的**极坐标形式**.复数 z 的辐角在 $z = 0$(或其等价形式 $r = 0$)时没有定义.

等式(1.10)是利用三角函数的性质推导出来的.事实上,r 是点 P 到原点 O 的距离,而 θ 可以取为射线 OP 与 x 轴正半轴之间的夹角.为了便于可视化,这里以 $x > 0$,$y > 0$ 的情况为例.对于由点 P、原点 O 以及点 P 在 x 轴上的投影构成的三角形,其斜边是 r,而 x 等于 r 乘以邻角的余弦,y 等于 r 乘以对角的正弦.这里计算余弦和正弦的角度都是 θ,如图 1.3 所示.

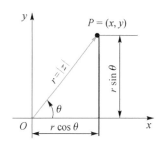

图 1.3　复数 $z = x + \mathrm{i}y$ 的极坐标形式

棣莫弗(De Moivre)定理　任意模为单位值的复数可以表示为 $\cos \theta + \mathrm{i}\sin \theta$.有趣的是,这个复数与复指数有如下关系:

$$\mathrm{e}^{\mathrm{i}\theta} = \cos \theta + \mathrm{i}\sin \theta \tag{1.11}$$

式(1.11)就是著名的**欧拉(Euler)公式**,在 2.3.1 节介绍复变指数函数的定义时,将给出它的严格证明.从欧拉公式出发,可以推导出如下关系:

$$(\cos \theta + \mathrm{i}\sin \theta)^n = (\mathrm{e}^{\mathrm{i}\theta})^n = \mathrm{e}^{\mathrm{i}n\theta} = \cos n\theta + \mathrm{i}\sin n\theta \tag{1.12}$$

其中,n 是任意整数.式(1.12)即是**棣莫弗(De Moivre)公式**.

现在把注意力转移到辐角上,其具体选择比较微妙.如果 θ 是一个满足式(1.9)的角度,那么 $\theta + 2k\pi$($k = 0, \pm 1, \pm 2, \cdots$)也满足式(1.9),因为余弦和正弦都是周期为 2π 的函数.因此,关系式(1.9)并不能唯一确定 z 的辐角.如果将 θ 的取值限制在 $-\pi < \theta \leqslant \pi$,则 θ 存在唯一值满足式(1.9).

【**定义 1.2.3**】(主值) 复数 $z = x + \mathrm{i}y$ 的辐角的**主值**是唯一的数字 $\arg z$,具有如下属性:

$$-\pi < \arg z \leqslant \pi, \quad \cos(\arg z) = \frac{x}{|z|}, \quad \sin(\arg z) = \frac{y}{|z|}$$

辐角所有值的集合

$$\mathrm{Arg}\, z = \{\arg z + 2k\pi \mid k = 0, \pm 1, \pm 2, \cdots\}$$

【**例 1.2.2**】(极坐标形式) 求下列复数的模、辐角和极坐标形式.

(a) $z_1 = 5$;

(b) $z_2 = -3\mathrm{i}$;

(c) $z_3 = \sqrt{3} + \mathrm{i}$.

【**解**】(a) 由式(1.8)可得 $r = |z_1| = 5$.显然,z_1 的辐角之一是 $\theta = 0$,因此,$\{2k\pi \mid k = 0, \pm 1, \pm 2, \cdots\}$ 是 z_1 辐角的集合.复数 z_1 的极坐标形式是 $z_1 = 5 = 5(\cos 0 + \mathrm{i}\sin 0)$.

(b) 这里 $r=|z_2|=|-3\mathrm{i}|=3$,而 $\mathrm{Arg}\,z_2=3\pi/2+2k\pi(k=0,\pm1,\pm2,\cdots)$,因此 z_2 的极坐标形式是

$$z_2=-3\mathrm{i}=3\left(\cos\frac{3\pi}{2}+\mathrm{i}\sin\frac{3\pi}{2}\right)$$

(c) 这里 $r=|z_3|=|\sqrt{3}+\mathrm{i}|=\sqrt{3}+1=2$,由式(1.9)可得

$$\cos\theta=\frac{x}{r}=\frac{\sqrt{3}}{2},\quad \sin\theta=\frac{y}{r}=\frac{1}{2}$$

于是,有 $\theta=\pi/6$.因此,$\mathrm{Arg}\,z_3=\pi/6+2k\pi(k=0,\pm1,\pm2,\cdots)$,复数 z_3 的极坐标形式为

$$z_3=\sqrt{3}+\mathrm{i}=2\left(\cos\frac{\pi}{6}+\mathrm{i}\sin\frac{\pi}{6}\right)$$

距离 在 1.1 节给出了复数 $z_1=x_1+\mathrm{i}y_1$ 和 $z_2=x_2+\mathrm{i}y_2$ 的加法,当用有序对表示时可得

$$(x_1,y_1)+(x_2,y_2)=(x_1+x_2,y_1+y_2)$$

这正是向量求和的分量定义形式.z_1+z_2 的向量解释是如图 1.4(a)所示平行四边形的主对角线,其初始点为原点,终点为 (x_1+x_2,y_1+y_2).差 z_2-z_1 既可以从 z_1 的端点开始,到 z_2 的端点结束;也可以画为初始点为原点、终点为 (x_2-x_1,y_2-y_1) 的位置向量,如图 1.4(b)所示.在 $z=z_2-z_1$ 的情况下,由式(1.5)和图 1.4(b)可知,复平面中 $z_1=x_1+\mathrm{i}y_1$ 和 $z_2=x_2+\mathrm{i}y_2$ **两点之间的距离**与原点到点 (x_2-x_1,y_2-y_1) 之间的距离是相同的,即 $|z|=|z_2-z_1|=|(x_2-x_1)+\mathrm{i}(y_2-y_1)|$ 或

$$|z_2-z_1|=\sqrt{(x_2-x_1)^2+(y_2-y_1)^2} \tag{1.13}$$

当 $z_1=0$ 时,模 $|z_2|$ 表示原点到点 z_2 的距离.

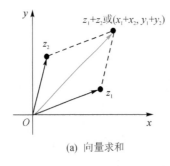
(a) 向量求和

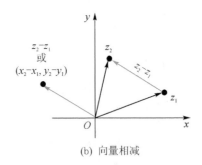
(b) 向量相减

图 1.4 向量的求和与相减

【例 1.2.3】(复平面上的点集)试描述复平面中满足 $|z|=|z-\mathrm{i}|$ 的点 z 的集合.

【解】可以将给定的方程解释为距离相等的点:点 z 到原点的距离等于点 z 到点 i 的距离.从图 1.5 中可以看出,点 z 的集合位于一条水平线上.为了建立其解析式,利用式(1.5)和式(1.13)将 $|z|=|z-\mathrm{i}|$ 写成

$$\sqrt{x^2+y^2}=\sqrt{x^2+(y-1)^2}$$

即

$$x^2+y^2=x^2+y^2-2y+1 \tag{1.14}$$

由方程(1.14)可得 $y=1/2$. 由于等式对任意 x 成立,因此 $y=1/2$ 是图 1.5 中用彩色表示的水平线的方程. 满足 $|z|=|z-i|$ 的复数可以写成 $z=x+(1/2)i$.

【例 1.2.4】(圆周)求出满足下述条件的所有复数 z 并画出图形:

$$|z+4-i|=2 \tag{1.15}$$

【解】在该例题中,当可以把绝对值写成 $|z-z_0|$ 的形式时,把它解释为 z 和 z_0 之间的距离. 因此式(1.15)等价于 $|z-(-4+i)|=2$. 把绝对值看成一段距离,该例题变成到点 $-4+i$ 的距离为 2 的点 z 构成什么图形? 现在答案很明显: $|z-(-4+i)|=2 \Leftrightarrow z$ 位于圆心为 $-4+i$,半径为 2 的圆周上(见图 1.6). 在笛卡尔坐标系下圆的方程是 $(x+4)^2+(y-1)^2=4$. 为了推导这个方程,写出 $z=x+iy$ 并应用式(1.13). 因此

$$|z-(-4+i)|=2 \Leftrightarrow |(x+4)+i(y-1)|=2 \Leftrightarrow \sqrt{(x+4)^2+(y-1)^2}=2 \tag{1.16}$$

对式(1.16)两端平方即可得到所求笛卡尔坐标系下圆的方程.

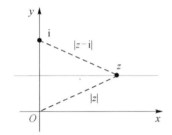

图 1.5　水平线是满足 $|z|=|z-i|$ 的一组点集

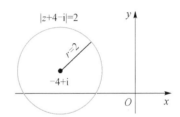

图 1.6　例 1.2.4 中的圆周

不等式　在 1.1 节指出在复数不能定义顺序关系. 但是,由于 $|z|$ 是一个实数,因此可以比较两个复数的绝对值. 例如,如果 $z_1=3+4i$,$z_2=5-i$,则 $|z_1|=\sqrt{25}=5$,$|z_2|=\sqrt{26}$,于是

$$|z_1|<|z_2| \tag{1.17}$$

根据式(1.5),容易给出不等式(1.17)的几何解释: 点 $(3,4)$ 比点 $(5,-1)$ 更接近原点.

现在考虑图 1.4(a)中给出的三角形,其顶点在原点、z_1 和 z_1+z_2 处. 从几何中知道,与向量 z_1+z_2 对应的三角形的边的长度不能大于其余两条边的长度之和. 可以用不等式

$$|z_1+z_2| \leqslant |z_1|+|z_2| \tag{1.18}$$

来表示这种观察结果. 式(1.18)被称为**三角形不等式**. 由恒等式 $z_1=z_1+z_2+(-z_2)$ 及式(1.18)可得

$$|z_1|=|z_1+z_2+(-z_2)| \leqslant |z_1+z_2|+|-z_2| \tag{1.19}$$

由于 $|z_2|=|-z_2|$,因此由式(1.19)求解 $|z_1+z_2|$ 可得到另一个重要不等式:

$$|z_1+z_2| \geqslant |z_1|-|z_2| \tag{1.20}$$

由于 $z_1+z_2=z_2+z_1$,因此式(1.20)可以写成另一种形式: $|z_1+z_2|=|z_2+z_1| \geqslant |z_2|-|z_1|=-(|z_1|-|z_2|)$. 结合式(1.20)可以得出

$$|z_1+z_2| \geqslant \big||z_1|-|z_2|\big| \tag{1.21}$$

仍然从式(1.18)出发,用 z_2 替换 $-z_2$,可得 $|z_1+(-z_2)| \leqslant |z_1|+|-z_2|=|z_1|+|z_2|$,即

$$|z_1 - z_2| \leqslant |z_1| + |z_2| \qquad (1.22)$$

从式(1.21)出发,将 z_2 替换为 $-z_2$,可得

$$|z_1 - z_2| \geqslant ||z_1| - |z_2|| \qquad (1.23)$$

总之,三角形不等式(1.18)可扩展到任意有限个复数的和:

$$|z_1 + z_2 + z_3 + \cdots + z_n| \leqslant |z_1| + |z_2| + |z_3| + \cdots + |z_n| \qquad (1.24)$$

在第 4 章和第 5 章中处理复变函数的积分时,不等式(1.18)~不等式(1.23)很重要.

1.2.2 复无穷和复球面

用无穷远点(用 ∞ 表示)对复平面进行扩充会带来一些便利.集合 $\mathbb{C}_\infty = \mathbb{C} \bigcup \{\infty\}$ 称为**扩展复平面**.关于 ∞ 的代数运算定义如下:

$$z + \infty = \infty + z = \infty, \quad z \in \mathbb{C}$$
$$z \cdot \infty = \infty \cdot z = \infty, \quad z \in \mathbb{C} \backslash \{0\}$$

允许 $\infty + \infty = \infty, \infty \cdot \infty = \infty$.特别地,有 $-1 \cdot \infty = \infty$.采用如下惯例:

$$\begin{cases} \dfrac{z}{0} = \infty, & z \in \mathbb{C} \backslash \{0\} \\[2mm] \dfrac{z}{\infty} = 0, & z \in \mathbb{C} \\[2mm] \dfrac{\infty}{z} = \infty, & z \in \mathbb{C} \end{cases}$$

然而,像 $\infty - \infty, 0 \cdot \infty, 0/0, \infty/0$ 和 ∞/∞ 这样的表达式没有定义.拓扑上,任何形式为 $\{z : |z| > R \geqslant 0\}$ 的集合称为 ∞ 的**邻域**.为了接近无穷远点,让 $|z|$ 无限制地增加,而 $\arg z$ 可以取任何值.

注意 开放的上半平面 $\mathrm{Im}(z) > 0$ 不包含无穷远点,因为 $\arg z$ 被限制在区间 $(0, \pi)$ 内取值.无穷远点的模值是无穷大的,而辐角值是不确定的.

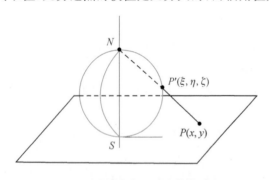

图 1.7 放置在复平面上的复球面

为了可视化无穷远点,考虑如图 1.7 所示的半径为 1/2 且在原点与复平面相切的**复球面**(也被称作黎曼球).称与复平面接触的点为南极(用 S 表示),而称球面上与南极正好相反的点为北极(用 N 表示),北极与南极的连线与复平面垂直.设 z 是复平面上任意一个复数,用点 P 表示.画一条直线 PN,它与复球面相交的位置是独一无二的 P' 点,且异于点 N.相反,对于复球面上的每个点 P'(除北极 N),画直线 $P'N$,会与复平面相交于唯一的 P 点.很明显,除了 N 之外,复球面上的点与复平面上的所有有限点之间存在一一对应关系.指定北极 N 为**无穷远点**.通过这样的分配,建立了复球面上的所有点与扩展复平面上的所有点之间的一一对应关系.这种对应关系被称为**立体投影**.

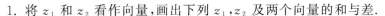

习 题

1. 将 z_1 和 z_2 看作向量,画出下列 z_1,z_2 及两个向量的和与差.

(a) $z_1=4+2\mathrm{i},z_2=-2+5\mathrm{i}$; ① z_1+z_2 ② z_1-z_2;

(b) $z_1=1-\mathrm{i},z_2=1+\mathrm{i}$; ① z_1+z_2 ② z_1-z_2;

(c) $z_1=5+4\mathrm{i},z_2=-3\mathrm{i}$; ① $3z_1+5z_2$ ② z_1-2z_2;

(d) $z_1=4-3\mathrm{i},z_2=-2+3\mathrm{i}$; ① $2z_1+4z_2$ ② z_1-z_2.

2. 假定 $z_1=5-2\mathrm{i}$ 及 $z_2=-1-\mathrm{i}$,求向量 z_3,使它与向量 z_1+z_2 方向相同,但长度是其 4 倍.

3. 求出下列复数的模.

(a) $(1-\mathrm{i})^2$; (b) $\mathrm{i}(2-\mathrm{i})-4\left(1+\dfrac{1}{4}\mathrm{i}\right)$;

(c) $\dfrac{2\mathrm{i}}{3-4\mathrm{i}}$; (d) $\dfrac{1-2\mathrm{i}}{1+\mathrm{i}}+\dfrac{2-\mathrm{i}}{1-\mathrm{i}}$.

4. 求下列复数的极坐标形式,首先取 $\theta\neq\arg z$,然后取 $\theta=\arg z$.

(a) 2; (b) -10; (c) $-3\mathrm{i}$; (d) $6\mathrm{i}$;

(e) $1+\mathrm{i}$; (f) $5-5\mathrm{i}$; (g) $-\sqrt{3}+\mathrm{i}$; (h) $-2-2\sqrt{3}\,\mathrm{i}$;

(i) $\dfrac{3}{-1+\mathrm{i}}$; (j) $\dfrac{12}{\sqrt{3}+\mathrm{i}}$.

5. 请证明下述结果.

(a) $\overline{z+w}=\bar{z}+\bar{w}$; (b) $|z-w|\leqslant|z|+|w|$;

(c) $z-\bar{z}=2\mathrm{i}\,\mathrm{Im}(z)$; (d) $\mathrm{Re}(z)\leqslant|z|$;

(e) $|w\bar{z}+\bar{w}z|\leqslant 2|wz|$; (f) $|z_1z_2|=|z_1|\,|z_2|$.

6. 假设 $|z|<1$,请证明下述不等式.

(a) $\mathrm{Re}\left(\dfrac{1}{1-z}\right)\geqslant\dfrac{1}{2}$; (b) $\mathrm{Re}\left(\dfrac{z}{1-z}\right)>-\dfrac{1}{2}$;

(c) $\mathrm{Re}\left(\dfrac{1+z}{1-z}\right)>0$.

7. 请证明对于所有的 $n\geqslant 1$,不等式
$$|z_1+z_2+\cdots+z_n|\leqslant|z_1|+|z_2|+\cdots+|z_n|$$
成立.

8. 令 $a_1,a_2,\cdots,a_n$ 和 $b_1,b_2,\cdots,b_n$ 为复数,请证明施瓦茨(Schwarz)不等式
$$\left|\sum_{k=1}^{n}a_kb_k\right|^2\leqslant\left(\sum_{k=1}^{n}|a_k|^2\right)\left(\sum_{k=1}^{n}|b_k|^2\right)$$
并说明在什么情况下等号成立.

9. 求在复球面上下列复数的像点.

(a) 1; (b) i; (c) -1; (d) $-\mathrm{i}$.

10. 请证明复平面上两条曲线的夹角等于它们在复球面上的像曲线的夹角.

1.3　复数的乘幂与方根

1.3.1　乘积与商

复数的极坐标形式在计算两个复数的乘积或商时特别有用. 假设
$$z_1 = r_1(\cos\theta_1 + i\sin\theta_1), \quad z_2 = r_2(\cos\theta_2 + i\sin\theta_2)$$
其中, θ_1 和 θ_2 分别是 z_1 与 z_2 的任意辐角. 于是
$$z_1 z_2 = r_1 r_2[\cos\theta_1\cos\theta_2 - \sin\theta_1\sin\theta_2 + i(\sin\theta_1\cos\theta_2 + \cos\theta_1\sin\theta_2)] \tag{1.25}$$
并且, 当 $z_2 \neq 0$ 时, 有
$$\frac{z_1}{z_2} = \frac{r_1}{r_2}[\cos\theta_1\cos\theta_2 + \sin\theta_1\sin\theta_2 + i(\sin\theta_1\cos\theta_2 - \cos\theta_1\sin\theta_2)] \tag{1.26}$$

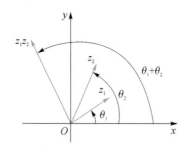

图 1.8　Arg $(z_1 z_2) = \theta_1 + \theta_2$

根据余弦和正弦的加法公式[①], 可将式(1.25)和式(1.26)改写为
$$z_1 z_2 = r_1 r_2[\cos(\theta_1 + \theta_2) + i\sin(\theta_1 + \theta_2)] \tag{1.27}$$
$$\frac{z_1}{z_2} = \frac{r_1}{r_2}[\cos(\theta_1 - \theta_2) + i\sin(\theta_1 - \theta_2)] \tag{1.28}$$

观察式(1.27)、式(1.28)以及图 1.8 中的表达式可以发现, 两个向量 $z_1 z_2$ 和 z_1/z_2 的长度分别是 z_1 与 z_2 长度的乘积, 以及 z_1 与 z_2 长度的商. 计算复数长度乘积与商的公式见 1.2 节的式(1.7). 下面给出了 $z_1 z_2$ 和 z_1/z_2 的辐角计算式:

$$\operatorname{Arg}(z_1 z_2) = \operatorname{Arg} z_1 + \operatorname{Arg} z_2, \quad \operatorname{Arg}\left(\frac{z_1}{z_2}\right) = \operatorname{Arg} z_1 - \operatorname{Arg} z_2 \tag{1.29}$$

例 1.3.1（乘积与商的辐角）当 $z_1 = i, z_2 = -\sqrt{3} - i$ 时, 可得 $\arg z_1 = \pi/2, \arg z_2 = -5\pi/6$. 因此, 由式(1.29)可得二者乘积和商的辐角为

$$\operatorname{Arg}(z_1 z_2) = \frac{\pi}{2} + \left(-\frac{5\pi}{6}\right) = -\frac{\pi}{3}, \quad \operatorname{Arg}\left(\frac{z_1}{z_2}\right) = \frac{\pi}{2} - \left(-\frac{5\pi}{6}\right) = \frac{4\pi}{3}$$

1.3.2　整数次幂与方根

通过式(1.27)和式(1.28)可以得到复数 z 的整数次幂的公式. 例如, 如果 $z = r(\cos\theta +$

---

① $\cos(A \pm B) = \cos A \cos B \mp \sin A \sin B, \sin(A \pm B) = \sin A \cos B \pm \cos A \sin B.$

isin θ),并且取 $z_1 = z_2 = z$,那么由式(1.27)可得

$$z^2 = r^2 [\cos(\theta + \theta) + i\sin(\theta + \theta)] = r^2 (\cos 2\theta + i\sin 2\theta)$$

由于 $z^3 = z^2 z$,因此可得

$$z^3 = r^3 (\cos 3\theta + i\sin 3\theta)$$

此外,由于 arg $1 = 0$,令 $z_1 = 1, z_2 = z^2$,则由式(1.28)可得

$$\frac{1}{z^2} = z^{-2} = r^{-2} [\cos(-2\theta) + i\sin(-2\theta)]$$

依此类推,最终可以得到 z 关于任意整数 n 的 n 次方的公式:

$$z^n = r^n (\cos n\theta + i\sin n\theta) \tag{1.30}$$

如果 $n = 0$,则可以得到熟悉的结果 $z^0 = 1$.

例 1.3.2（复数的幂） 取 $z = -\sqrt{3} - i$,计算 z^3.

【解】 所给复数的极坐标形式为 $z = 2[\cos(7\pi/6) + i\sin(7\pi/6)]$.根据式(1.30),取 $r = 2, \theta = 7\pi/6, n = 3$,可得

$$(-\sqrt{3} - i)^3 = 2^3 \left[\cos\left(3 \times \frac{7\pi}{6}\right) + i\sin\left(3 \times \frac{7\pi}{6}\right)\right] = 8\left(\cos\frac{7\pi}{2} + i\sin\frac{7\pi}{2}\right) = -8i$$

其中用到 $\cos(7\pi/2) = 0$ 和 $\sin(7\pi/2) = -1$.

注意 在例 1.3.2 中,如果还要计算 z^{-3} 的值,那么可以用两种方法:一种是计算 $z^3 = -8i$ 的倒数;另一种是利用式(1.30)并取 $n = -3$.

棣莫弗公式(1.12)是式(1.30)取 $|z| = r = 1$ 时的特例.

【定义 1.3.1】（n 次方根）设 $w \neq 0$ 是复数,n 是正整数.如果 $z^n = w$,则称数 z 为 w 的 n 次方根.

可用棣莫弗公式从本质上"反向"求出复数的方根.设 $w = \rho(\cos\phi + i\sin\phi)$,$z = r(\cos\theta + i\sin\theta)$.根据式(1.30),由 $z^n = w$ 可知

$$r^n (\cos n\theta + i\sin n\theta) = \rho(\cos\phi + i\sin\phi)$$

两个复数相等,当且仅当模和辐角相等时成立,因此 $r^n = \rho$,取 $r = \rho^{1/n}$(表示实数的实根).另外,当两个复数相等时,它们的辐角必然相差 $2k\pi$,其中 k 是整数.所以

$$n\theta = \phi + 2k\pi \quad 或 \quad \theta = \frac{\phi}{n} + \frac{2k\pi}{n}$$

如果取 $k = 0, 1, \cdots, n-1$,那么会得到 n 个 θ 值,并由此得到 w 的 n 个不同的方根.通过 k 的任何其他值得到的方根会与上述方根中的一个方根相同,因为当 k 增加 n 时,z 的辐角增加 2π.因此得到计算复数 w 的 n 个方根的公式.

【命题 1.3.1】 令 $w = \rho(\cos\phi + i\sin\phi) \neq 0$,则 w 的 n 次方根是方程 $z^n = w$ 的解,这些方根是

$$z_{k+1} = \rho^{1/n}\left[\cos\left(\frac{\phi}{n} + \frac{2k\pi}{n}\right) + i\sin\left(\frac{\phi}{n} + \frac{2k\pi}{n}\right)\right] \tag{1.31}$$

其中,$k = 0, 1, \cdots, n-1$.

使 $z^n = w$ 和 $\arg z = (\arg w)/n$ 的唯一数 z,称为 w 的**主 n 次方根**.主 n 次方根由式(1.31)通过取 $\phi = \arg w$ 和 $k = 0$ 得到.

【例 1.3.3】(单位值的六个方根)求出所有使 $z^6 = 1$ 的复数 z 并画出示意图.请问 1 的主六次方根是多少?

【解】容易求得 1 的模是 1,而 1 的辐角是 0.根据式(1.31)得,这六个方根的模 $r = 1^{1/6} = 1$、辐角 $\theta = 0/6 + k\pi/3$,其中 $k = 0, 1, 2, 3, 4, 5$.因此这些方根是

$$z_{k+1} = \cos\frac{k\pi}{3} + i\sin\frac{k\pi}{3}, \quad k = 0, 1, \cdots, 5$$

主六次方根显然是 $z_1 = 1$.所有方根显式地列出如下:

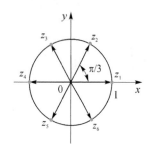

$$z_1 = 1, \quad z_2 = \frac{1}{2} + i\frac{\sqrt{3}}{2}, \quad z_3 = -\frac{1}{2} + i\frac{\sqrt{3}}{2}$$

$$z_4 = -1, \quad z_5 = -\frac{1}{2} - i\frac{\sqrt{3}}{2}, \quad z_6 = \frac{1}{2} - i\frac{\sqrt{3}}{2}$$

这六个方根如图 1.9 所示.因为它们的模相同,所以它们都在以原点为圆心的同一个圆周上.它们的辐角间距为 $\pi/3$.这个特殊的方根集是关于 x 轴对称的,这是因为多项式方程 $z^6 = 1$ 的系数为实数,其非实数解以共轭对的形式出现.

图 1.9　单位值的六个方根

可以直接验证例 1.3.3 中单位值的所有方根之和为 0.这个有趣的事实适用于单位值的所有 n 次方根.

【例 1.3.4】(求复数的方根)求出所有使 $(z+1)^3 = 2+2i$ 的复数 z 并画出示意图.

【解】将变量改为 $w = z+1$,于是待求的方程变成 $w^3 = 2+2i$.由于 $2+2i$ 的极坐标形式是 $2+2i = 2^{3/2}(\cos\pi/4 + i\sin\pi/4)$,因此待求方程变成 $w^3 = 2^{3/2}(\cos\pi/4 + i\sin\pi/4)$.

利用式(1.31)并取 $n = 3$,可得

$$\begin{cases} w_1 = \sqrt{2}\left(\cos\dfrac{\pi}{12} + i\sin\dfrac{\pi}{12}\right) \\[2mm] w_2 = \sqrt{2}\left(\cos\dfrac{9\pi}{12} + i\sin\dfrac{9\pi}{12}\right) \\[2mm] w_3 = \sqrt{2}\left(\cos\dfrac{17\pi}{12} + i\sin\dfrac{17\pi}{12}\right) \end{cases}$$

由 $z = w-1$ 可得 $(z+1)^3 = 2+2i$ 的解为

$$\begin{cases} z_1 = \sqrt{2}\cos\dfrac{\pi}{12} - 1 + i\sqrt{2}\sin\dfrac{\pi}{12} \\[2mm] z_2 = \sqrt{2}\cos\dfrac{9\pi}{12} - 1 + i\sqrt{2}\sin\dfrac{9\pi}{12} \\[2mm] z_3 = \sqrt{2}\cos\dfrac{17\pi}{12} - 1 + i\sqrt{2}\sin\dfrac{17\pi}{12} \end{cases}$$

复数 z 的示意图如图 1.10 所示.

作为最后一个应用,将重新讨论二次方程的求解,即

$$az^2 + bz + c = 0 \quad (a \neq 0) \qquad (1.32)$$

其中,a,b,c 是复数.通过与解实系数方程类似的代数运算,可以得到其解为

$$z = \frac{-b \pm \sqrt{b^2 - 4ac}}{2a} \qquad (1.33)$$

这里 $\pm\sqrt{b^2 - 4ac}$ 表示 $b^2 - 4ac$ 的两个复方根.这两个复方根可利用式(1.31)并取 $n = 2$ 求得,从而得到式(1.32)的解.

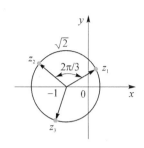

图 1.10 方程 $(z+1)^3 = 2+2i$ 的三个解

【例 1.3.5】(复系数二次方程) 求解方程 $z^2 - 2iz + 3 + i = 0$.

【解】根据式(1.33),有

$$z = \frac{2i \pm \sqrt{(-2i)^2 - 4(3+i)}}{2} = i \pm \sqrt{-4-i}$$

$-4-i$ 的极坐标形式为

$$-4-i = \sqrt{17}\left(-\frac{4}{\sqrt{17}} - \frac{i}{\sqrt{17}}\right) = \sqrt{17}(\cos\theta + i\sin\theta)$$

其中,θ 是一个第三象限的角度(即 $\pi < \theta < 3\pi/2$),满足如下条件:

$$\cos\theta = -\frac{4}{\sqrt{17}}, \quad \sin\theta = -\frac{1}{\sqrt{17}}$$

利用式(1.31)可得 $-4-i$ 的两个方根为

$$w_1 = 17^{1/4}\left(\cos\frac{\theta}{2} + i\sin\frac{\theta}{2}\right)$$

$$w_2 = 17^{1/4}\left[\cos\left(\frac{\theta}{2} + \pi\right) + i\sin\left(\frac{\theta}{2}\pi\right)\right] = 17^{1/4}\left(-\cos\frac{\theta}{2} + i\sin\frac{\theta}{2}\right) = -w_1$$

正如所期望的,w_2 与 w_1 是相关的.因此

$$z_1 = i + w_1, \quad z_2 = i - w_1$$

为了显式计算 z_1 和 z_2,必须通过 $\cos\theta$ 和 $\sin\theta$ 的值确定 $\cos\theta/2$ 和 $\sin\theta/2$ 的值.这可以通过半角公式来实现:

$$\cos^2\frac{\theta}{2} = \frac{1+\cos\theta}{2}, \quad \sin^2\frac{\theta}{2} = \frac{1-\cos\theta}{2} \qquad (1.34)$$

由 $\pi < \theta < 3\pi/2$ 可得 $\pi/2 < \theta/2 < 3\pi/4$,因此 $\cos\theta/2 < 0$,$\sin\theta/2 > 0$. 根据式(1.34)可得

$$\cos\frac{\theta}{2} = -\sqrt{\frac{1+\cos\theta}{2}}, \quad \sin\frac{\theta}{2} = \sqrt{\frac{1-\cos\theta}{2}}$$

根据 $\cos\theta$ 的显式值,可得

$$\cos\frac{\theta}{2} = -\sqrt{\frac{\sqrt{17}-4}{2\sqrt{17}}}, \quad \sin\frac{\theta}{2} = \sqrt{\frac{\sqrt{17}+4}{2\sqrt{17}}}$$

从而得

$$\begin{cases} z_1 = i + \dfrac{1}{\sqrt{2}} \left[-\sqrt{\sqrt{17}-4} + i\sqrt{\sqrt{17}+4} \right] \\ z_2 = i - \dfrac{1}{\sqrt{2}} \left[-\sqrt{\sqrt{17}-4} + i\sqrt{\sqrt{17}+4} \right] \end{cases}$$

观察可发现 z_1 和 z_2 两个解不是复共轭的.

习　题

1. 根据式(1.27)和式(1.28)求下列 $z_1 z_2$ 与 z_1/z_2,并将结果写成 $x+iy$ 的形式.

(a) $z_1 = 2\left(\cos\dfrac{\pi}{8} + i\sin\dfrac{\pi}{8}\right)$, $z_2 = 4\left(\cos\dfrac{3\pi}{8} + i\sin\dfrac{3\pi}{8}\right)$;

(b) $z_1 = \sqrt{2}\left(\cos\dfrac{\pi}{4} + i\sin\dfrac{\pi}{4}\right)$, $z_2 = \sqrt{3}\left(\cos\dfrac{\pi}{12} + i\sin\dfrac{\pi}{12}\right)$.

2. 先将下列每个复数写成极坐标形式,再根据式(1.27)和式(1.28)求得所给复数的极坐标形式,并把结果写成 $x+iy$ 的形式.

(a) $(3-3i)(5+5\sqrt{3}\,i)$;　　　　　　(b) $(4+4i)(-1+i)$;

(c) $\dfrac{-i}{1+i}$;　　　　　　　　(d) $\dfrac{\sqrt{2}+\sqrt{6}\,i}{-1+\sqrt{3}\,i}$.

3. 根据式(1.30)计算下列复数的幂.

(a) $(1+\sqrt{3}\,i)^9$;　　　　　　(b) $(2-2i)^5$;

(c) $\left(\dfrac{1}{2}+\dfrac{1}{2}i\right)^{10}$;　　　　　(d) $(-\sqrt{2}+\sqrt{6}\,i)^4$;

(e) $\left[\sqrt{2}\left(\cos\dfrac{\pi}{8}+i\sin\dfrac{\pi}{8}\right)\right]^{12}$;　　(f) $\left[\sqrt{3}\left(\cos\dfrac{2\pi}{9}+i\sin\dfrac{2\pi}{9}\right)\right]^6$.

4. 将下列复数写成极坐标形式,并将结果写成 $x+iy$ 的形式.

(a) $\left(\cos\dfrac{\pi}{9}+i\sin\dfrac{\pi}{9}\right)^{12}\left[2\left(\cos\dfrac{\pi}{6}+i\sin\dfrac{\pi}{6}\right)\right]^5$;

(b) $\dfrac{\left[8\left(\cos\dfrac{3\pi}{8}+i\sin\dfrac{3\pi}{8}\right)\right]^3}{\left[2\left(\cos\dfrac{\pi}{16}+i\sin\dfrac{\pi}{16}\right)\right]^{10}}$.

5. 根据式(1.31)求出下列复数的所有根,给出每种情况下的主 n 次方根,并在以原点为圆心的圆周上画出根 $z_0, z_1, \cdots, z_n$.

(a) $8^{1/3}$;　　　(b) $(-1)^{1/4}$;　　　(c) $(-9)^{1/2}$;　　　(d) $(-125)^{1/3}$;

(e) $(i)^{1/2}$;　　　(f) $(-i)^{1/3}$;　　　(g) $(-1+i)^{1/3}$;　　(h) $(1+i)^{1/5}$;

(i) $(-1+\sqrt{3}\,i)^{1/2}$;　(j) $(-1-\sqrt{3}\,i)^{1/4}$;　(k) $(3+4i)^{1/2}$;　(l) $(5+12i)^{1/2}$;

(m) $\left(\dfrac{16i}{1+i}\right)^{1/8}$;　　(n) $\left(\dfrac{1+i}{\sqrt{3}+i}\right)^{1/6}$.

6. 证明等式 $\left(\dfrac{1+\mathrm{i}\tan\theta}{1-\mathrm{i}\tan\theta}\right)^n=\dfrac{1+\mathrm{i}\tan n\theta}{1-\mathrm{i}\tan n\theta}$.

7. 解下列方程.

(a) $z^2+z+1-\mathrm{i}=0$;

(b) $z^2+3z+3+\mathrm{i}=0$;

(c) $z^2+(1+\mathrm{i})z+\mathrm{i}=0$;

(d) $z^2+\mathrm{i}z+1=0$;

(e) $z^4-(1+\mathrm{i})z^2+\mathrm{i}=0$;

(f) $z^4-z^2+1+\mathrm{i}=0$.

1.4　区　域

本节将介绍复变函数理论中经常用到的一些拓扑定义,这些定义对于后面章节讨论解析性、留数计算等相关主题很有用.

$|z-z_0|<\varepsilon$ 的点 z 的集合(其中 $z_0\in\mathbb{C}$,$\varepsilon\in\mathbb{R}$)是包含在以点 z_0 为圆心、半径为 ε 的圆内的点,称这些点为点 z_0 的**邻域**,并用 $N(z_0;\varepsilon)$ 表示. 点 z_0 的**去心邻域**是点集 $N(z_0;\varepsilon)\backslash\{z_0\}$,记作 $\hat{N}(z_0;\varepsilon)$.

如果点 z_0 的每个邻域都包含着点集 S 中除 z_0 之外的一个点,则称点 z_0 为点集 S 的**极限点**或**聚点**,即对于任何 $\varepsilon>0$,都有 $\hat{N}(z_0;\varepsilon)\bigcap S\neq\varnothing$. 因为该结论对点 z_0 的任何邻域都成立,所以点集 S 中一定包含无限多个点. 例如,对于点集 $\{z\mid|z|<1\}$,极限点是圆周 $|z|=1$ 上或其内部的点.

注意　点集 S 的极限点 z_0 可能属于点集 S,也可能不属于点集 S.

1.4.1　开集和闭集

内点,边界点和外点　如果存在一个点 z_0 的邻域,该邻域内所有的点都属于点集 S,则称点 z_0 为点集 S 的**内点**. 如果点 z_0 的每个邻域既包含属于点集 S 的点也包含不属于点集 S 的点,则称点 z_0 为点集 S 的**边界点**. 点集 S 的所有边界点的集合称为点集 S 的**边界**. 如果一个点既不是点集 S 的内点,也不是点集 S 的边界点,那么它被称为点集 S 的**外点**. 事实上,如果点 z_0 不是点集 S 的边界点,那么就存在一个点 z_0 的邻域,使得它要么完全在点集 S 内、要么完全在点集 S 外. 在第一种情况下,点 z_0 是点集 S 的内点;在第二种情况下,它就是点集 S 的一个外点.

例如,对于点集 $S=\{z\mid|z|\leqslant1\}$,该单位圆周内的任何一点都是点集 S 的内点,位于单位圆周上的任何一点都是点集 S 的边界点,而点 $z=1+\mathrm{i}$ 是点集 S 的一个外点. 实际上,对于圆周 $|z|=1$ 外的任何点,显然不可能是点集 S 的内点. 而且,总能找到这个外点的一个邻域不与该圆周相交,因此它不可能是点集 S 的边界点. 这些事实说明了为什么圆周外的任何点都是点集 S 的外点.

开集和闭集　只由内点组成的集合称为**开集**. 检查开集的另外一个方法是观察这个集合的每个点是否都有一个完全包含在该集合中的邻域. 直观地说,可以把任何没有边界的二维集合看作开集. 如果一个点集包含了它所有的边界点,那么就称它为**闭集**. 例如,集合 $\{z\mid|z|<1\}$ 是一个开集,而集合 $\{z\mid|z|\leqslant1\}$ 是一个闭集. 点集 S 的**闭包**是包含 S 中的所

有点和 S 的整个边界的闭集. 根据这个定义, 闭集 $\{z \mid |z| \leqslant 1\}$ 是开集 $\{z \mid |z| < 1\}$ 的**闭包**.

【例 1.4.1】(开集和闭集) 在这个例子中, 检查一个点集是开集还是闭集, 或者两者都不是.

(a) 证明点集 $A = \{z \mid \mathrm{Re}(z) > \mathrm{Im}(z)\}$ 是一个开集; 求 A 的闭包, 并证明 A 的补集 A^c 是闭集;

(b) 说明点集 $B = \{z \mid \mathrm{Re}(z) > \mathrm{Im}(z)$, 当 $\mathrm{Re}(z) \geqslant 0$ 时; $\mathrm{Re}(z) \geqslant \mathrm{Im}(z)$, 当 $\mathrm{Re}(z) < 0$ 时$\}$ 是开集还是闭集, 或两者都不是.

【解】(a) 对于位于点集 A 内的任意点 $z_0 = (x_0, y_0)$, 要证明存在一个 z_0 的邻域完全位于 A 的内部(见图 1.11). 注意, 点 (x_0, y_0) 到直线 $x = y$ 的最短距离是 $(x_0 - y_0)/\sqrt{2}$. 取 $\varepsilon < (x_0 - y_0)/\sqrt{2}$, 这样邻域 $N(z_0; \varepsilon)$ 完全位于 A 内. 由于 A 只由内点组成, 因此它是一个开集.

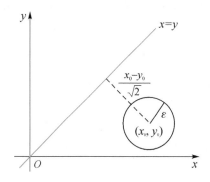

图 1.11 点 (x_0, y_0) 的邻域总是完全位于点集 A 的内部

由于 A 的边界点是位于直线 $\mathrm{Re}(z) = \mathrm{Im}(z)$ 上的点, 因此 A 的闭包为

$$\bar{A} = \{z \mid \mathrm{Re}(z) \geqslant \mathrm{Im}(z)\}$$

而 A 的补集为

$$A^c = \{z \mid \mathrm{Re}(z) \leqslant \mathrm{Im}(z)\}$$

包含了其所有的边界, 因此 A^c 是闭集.

(b) 点集 B 不是开集, 因为满足 $x_0 = y_0$ 且 $x_0 < 0$ 的点 (x_0, y_0) 不是一个内点. 这是因为这个点的任何邻域都包含着 B 内部的点和 B 外部的点. 实际上, 它是一个边界点. 另外, B 不是闭集, 因为它不包括满足 $x_0 = y_0$ 和 $x_0 \geqslant 0$ 的所有边界点.

能否设计一些有效的方法来判断给定的点集是开集还是闭集? 下面的定理给出了开集和闭集的更多性质.

【定理 1.4.1】一个集合是开集的充分必要条件是它不包含它的边界点.

【证明】必要性:

假设 D 是一个开集, 设 p 是 D 的一个边界点. 假设 p 在 D 中, 那么根据开集的性质, 有一个以 p 为中心的完全位于 D 内部的开放圆形域, 这与 p 是一个边界点的说法相矛盾. 因此, 开集 D 不包含边界点.

充分性：

假设 D 是一个不包含边界点的集合，则任何 $z_0 \in D$ 的点 z_0 不可能是 D 的边界点．因此，必然有一些以 z_0 为中心的圆形域，它们要么是 D 的子集，要么是 D 的补集的子集．后者是不可能的，因为 z_0 本身在 D 中．因此，D 的每个点都是内点，所以 D 是开集．

【推论 1.4.1】集合 C 是闭集的充分必要条件是它的补集 $D = \{z \mid z \notin C\}$ 是开集．

证明这一推论，需要借助边界点的定义，一个点集的边界恰好与其补集的边界重合．回想一下，一个闭集包含着它所有的边界点．它的补集具有相同的边界，但这些边界点不包含在补集中．根据定理 1.4.1，该补集是开集．

一个闭集包含着它所有的边界点．但是一个闭集和它的极限点的集合之间有什么关系呢？

【定理 1.4.2】集合 S 是闭集的充分必要条件是它包含着它的所有极限点．

【证明】将点 z 的去心邻域记为 $\hat{N}(z;\varepsilon)$，将 S 的补集记为 S^c．注意，如果 $z \notin S$，则 $N(z;\varepsilon) \bigcap S = \hat{N}(z;\varepsilon) \bigcap S$．于是有

S 是闭集 $\Leftrightarrow S^c$ 是开集

$\Leftrightarrow$ 若给定 $z \notin S$，则必然存在 $\varepsilon > 0$ 使得 $N(z;\varepsilon) \subset S^c$

$\Leftrightarrow$ 若给定 $z \notin S$，则必然存在 $\varepsilon > 0$ 使得 $\hat{N}(z;\varepsilon) \bigcap S = \varnothing$

$\Leftrightarrow$ 集合 S^c 中的点都不是 S 的极限点．

紧致集　**有界集合**可以包含在以原点为圆心的足够大的圆内，也就是说，对于 S 中的所有点 z，关系式 $|z| < M$ 成立，其中 M 是一个足够大的常数．**无界集合**是没有界的集合．一个既封闭又有界的集合叫作**紧致集**．例如，集合 $\{z \mid \mathrm{Re}\, z \geqslant 1\}$ 是封闭的但是无界的，而集合 $\{z \mid |z+1| + |z-1| \leqslant 3\}$ 是紧致的，因为它既是封闭的也是有界的．

1.4.2　区域和连通性

如果集合 S 中的任意两点可以用一条完全位于 S 内部的连续曲线连接起来，则称集合 S 是**连通的**．例如，邻域 $N(z_0;\varepsilon)$ 是连通的．连通的开集为**开区域**或**开域**①．例如，集合 $\{z \mid \mathrm{Re}(z) \geqslant z\}$ 不是开域，因为它不是开集；集合 $\{z \mid 0 < \mathrm{Re}(z) < 1$ 或 $2 < \mathrm{Re}(z) < 3\}$ 也不是开域，因为它虽然是开集但不是连通的．点集 S 与它所有的边界点相加，所得新集合 $\bar{S}$ 是 S 的闭包，闭包是一个闭集．开域的闭包称为**闭区域**或**闭域**．然而，对于一个开域，可以不添加边界点，也可以添加部分边界点，甚至可以添加所有边界点．简单地称所得点集为**区域**．

为了说明连通性在微积分中的重要性，考虑一个来自实数微积分的例子．众所周知，如果 $f'(x) = 0$ 在开区间 (a,b) 内对所有的 x 都成立，那么 f 在整个区间内都是常数．然而，假设该函数的定义域是不连通的（比如 $f(x)$ 定义在 $(-1,1) \bigcup (2,3)$ 上），这样就可

---

①　在一些教材中开域（open region）与区域（domain）的含义一致，在本章中将二者统一称为开域，而用区域来指代更一般的情况．但在后续各章中提到的区域仍然指开域．

以很容易地构造一个函数,它在定义域内不是常数,但是 $f'(x)=0$ 在整个定义域内都成立.

若尔当(Jordan)曲线 设 $x(t)$ 和 $y(t)$ 是以实数 t 为参数的连续实函数,$\alpha \leqslant t \leqslant \beta$,则点集 $z(t)=x(t)+iy(t)$ 定义了复平面上始于 $z(\alpha)$、终于 $z(\beta)$ 的一条**连续曲线**. 在 $\alpha \leqslant t \leqslant \beta$ 内,如果有一个以上的 t 值满足方程 $z_0=x(t)+iy(t)$,则称点 z_0 为曲线的**重点**. 没有重点的连续曲线称为**若尔当(Jordan)曲线**. 如果曲线只有一个重点,并且对应于 t 的初值 α 和终值 β,即 $z(\alpha)=z(\beta)$,则称曲线为**简单闭曲线**.

单连通域 如果区域 S 中的每一条简单闭曲线都可以缩小为 S 中的一个点,而不会经过不属于 S 的点,则称它为**单连通域**. 也就是说,对于 S 中的任何简单闭曲线,如果闭曲线内的点也属于 S,则 S 是一个单连通域. 非单连通域称为**多连通域**. 根据这个定义,总是可以在一个多连通域内构造一条闭曲线,使得曲线内的一个或多个点不属于该区域;直观地说,就是在完全位于区域内的简单闭曲线内包含孔洞. 在双连通域内有一个孔洞,在三连通域内有两个孔洞,如图 1.12 所示. 例如,区域 $\{z \mid 1<|z|<2\}$ 是双连通的.

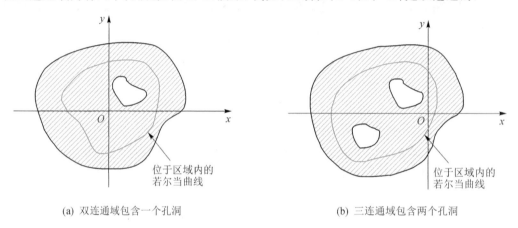

(a) 双连通域包含一个孔洞 　　　　　　　　(b) 三连通域包含两个孔洞

图 1.12　简单闭曲线内的孔洞对应的点不属于区域

【例 1.4.2】设 S 是由 $z=p/m+(q/n)i$ 定义的点集,其中 p,q,m,n 是正整数,并且 $p<m,q<n$.

(a) S 有没有极限点? 如果有请指出.

(b) S 是闭集、开集还是两者都不是?

(c) S 是一个紧致集吗?

(d) S 的闭包是什么?

(e) S 的闭包是紧致集吗?

(f) S 是一个区域吗?

【解】

(a) 设 α 和 β 是区间 $[0,1]$ 内的实数,则 $\alpha+\beta i$ 形式的每一个点都是 S 的一个极限点.

(b) 集合 S 不包含点 $z=1,z=i$ 和 $z=1+i$,这些点是 S 的极限点. 由于点集 S 不包含所有的极限点,因此 S 不是闭集. S 中的点都不是内点,因为 S 中的点是离散的,所以 S 不是开集.

（c）因为 S 不是闭集，所以 S 不是紧致集.

（d）将 S 的所有边界点加到 S 上，可得到 S 的闭包. 可以看出，S 的闭包就是它的极限点的集合.

（e）S 的闭包是闭集，它以圆周 $|z|=\sqrt{2}$ 为界. 因此，该闭包是紧致集.

（f）因为 S 不是开集，所以它不是一个区域.

习　题

1. 画出下列方程在复平面上的图形.

（a）$|z-4+3i|=5$；　　　（b）$|z+2+2i|=2$；　　　（c）$|z+3i|=2$；

（d）$|2z-1|=4$；　　　（e）$\mathrm{Re}(z)=5$；　　　（f）$\mathrm{Im}(z)=-2$；

（g）$\mathrm{Im}(\bar{z}+3i)=6$；　　　（h）$\mathrm{Im}(z-i)=\mathrm{Re}(z+4-3i)$；

（i）$|\mathrm{Re}(1+i\bar{z})|=3$；　　　（j）$z^2+\bar{z}^2=2$；　　　（k）$\mathrm{Re}(z^2)=1$；

（l）$\arg z=\pi/4$.

2. 在复平面上画出满足下列不等式的点集 S，并确定集合是开集、闭集、开域、有界的或连通的.

（a）$\mathrm{Re}(z)<-1$；　　　（b）$|\mathrm{Re}(z)|>2$；　　　（c）$\mathrm{Im}(z)>3$；

（d）$\mathrm{Re}[(2+i)z+1]>0$；　　　（e）$2<\mathrm{Re}(z-1)<4$；　　　（f）$-1\leqslant\mathrm{Im}(z)<4$；

（g）$\mathrm{Re}(z^2)>0$；　　　（h）$\mathrm{Im}(z)<\mathrm{Re}\,z$；　　　（i）$|z-i|>1$；

（j）$2<|z-i|<3$；　　　（k）$1\leqslant|z-1-i|<2$；　　　（l）$2\leqslant|z-3+4i|\leqslant5$.

3. 根据"开集、闭集、有界、无界、紧致集"几个属性，将下列集合分类.

（a）$S_1=\{z\,|\,a\leqslant\mathrm{Re}\,z\leqslant b\}$；　　　（b）$S_2=\left\{z\,\Big|\,0\leqslant\mathrm{Arg}\,z<\dfrac{\pi}{2}\right\}$.

4. 下面哪个子集是连通的？

（a）$D=\{z\in\mathbb{C}\,|\,|z|<1\}\bigcup\{z\in\mathbb{C}\,|\,|z+2|\leqslant1\}$；

（b）$D=[0,2)\bigcup\{2+1/n\,|\,n\in\mathbf{N}\}$.

1.5　复变函数

1.5.1　复变函数的定义

数学中最重要的概念之一是函数. 在之前的课程中将函数定义为两个集合之间的某种对应关系，更具体地说：从集合 A 到集合 B 的**函数** f 是一个对应规则，它将 A 中的每个元素赋值为 B 中的一个元素. 人们常把函数看作一个规则或一台机器，它从集合 A 中接受输入，并在集合 B 中返回输出. 在初等微积分中介绍的函数的输入和输出都是实数. 这样的函数称为**实变量的实值函数**. 本节将介绍输入和输出为复数的函数. 自然地，称这些函数为**复变量的复值函数**，简称**复变函数**. 许多有趣和有用的复变函数，都是微积分中已知函数的简单推广.

函数 假设 f 是从集合 A 到集合 B 的一个**函数**. 如果 f 把 A 中的元素 a 赋值给 B 中的元素 b, 那么就说 b 是 a 在 f 下的**像**(映像), 或者说 b 是 f 在 a 处的**值**, 并写为 $b=f(a)$. 集合 A(输入集合)称为 f 的**定义域**, 集合 B(输出集合)称为 f 的**值域**. 分别用 Dom(f) 和 Range(f) 表示函数 f 的定义域和值域. 作为一个例子, 考虑针对实变量 x 定义的"平方"函数 $f(x)=x^2$. 由于任何实数都可以平方, 因此 f 的定义域是所有实数的集合 $\mathbb{R}$, 即 Dom(f) $=A=\mathbb{R}$. f 的值域由所有实数 x^2 组成, 其中 x 是实数. 当然, 对于所有实数 x, 有 $x^2 \geqslant 0$, 容易看出 f 的值域是所有非负实数的集合. 因此, Range(f) 是区间 $[0, \infty)$. f 的值域不必与集合 B 相同. 例如, 因为区间 $[0, \infty)$ 是 $\mathbb{R}$ 和所有复数的集合 $\mathbb{C}$ 的子集, 所以可以把 f 被视为从 $A=\mathbb{R}$ 到 $B=\mathbb{R}$ 的函数, 也可以把 f 被视为从 $A=\mathbb{R}$ 到 $B=\mathbb{C}$ 的函数. 在这两种情况下, f 的值域包含在集合 B 中但不等于集合 B.

复变函数是输入和输出都是复数的函数.

【定义 1.5.1】(复变函数) 复变函数是指定义域和值域是复数集 $\mathbb{C}$ 的子集的函数 f.

复变函数也称为复变量的复值函数. 在大多数情况下, 将使用常用的符号 f, g 和 h 来表示复变函数. 此外, 复变函数 f 的输入通常用变量 z 表示, 输出通常用变量 $w=f(z)$ 表示. 当提到复变函数时, 将交替使用三种符号, 例如, $f(z)=z-\mathrm{i}, w=z-\mathrm{i}$, 或者简单地说, 函数 $z-\mathrm{i}$. 在本书中, 符号 $w=f(z)$ 总是表示复变函数, 而符号 $y=f(x)$ 将仍然用来表示实变量 x 的实值函数.

【例 1.5.1】(复变函数) (a) 表达式 $z^2-(2+\mathrm{i})z$ 可以在任何复数 z 处求值, 并且总是得到单个复数, 因此 $f(z)=z^2-(2+\mathrm{i})z$ 定义了一个复变函数. f 的值可通过 1.1 节中给出的复数算术运算法则求得. 例如, 在点 $z=\mathrm{i}$ 和点 $z=1+\mathrm{i}$ 处:

$$f(\mathrm{i})=(\mathrm{i})^2-(2+\mathrm{i})\mathrm{i}=-1-2\mathrm{i}+1=-2\mathrm{i}$$
$$f(1+\mathrm{i})=(1+\mathrm{i})^2-(2+\mathrm{i})(1+\mathrm{i})=2\mathrm{i}-1-3\mathrm{i}=-1-\mathrm{i}$$

(b) 表达式 $g(z)=z+2\mathrm{Re}(z)$ 也定义了一个复变函数. g 的一些值是:

$$g(\mathrm{i})=\mathrm{i}+2\mathrm{Re}(\mathrm{i})=\mathrm{i}+2 \cdot 0=\mathrm{i}$$
$$g(2-3\mathrm{i})=2-3\mathrm{i}+2\mathrm{Re}(2-3\mathrm{i})=2-3\mathrm{i}+2 \cdot 2=6-3\mathrm{i}$$

当没有显式地给出复变函数的定义域时, 假设定义域是定义 $f(z)$ 的所有复数 z 的集合. 这个集合有时被称为 f 的**自然定义域**. 例如, 例 1.5.1 中的函数 $f(z)=z^2-(2+\mathrm{i})z$ 和 $g(z)=z+2\mathrm{Re}(z)$ 对所有复数 z 都有定义, 因此, Dom(f) $=\mathbb{C}$, Dom(g) $=\mathbb{C}$. 复变函数 $h(z)=z/(z^2+1)$ 在 $z=\mathrm{i}$ 和 $z=-\mathrm{i}$ 处没有定义, 因为当 $z=\pm\mathrm{i}$ 时, 分母 z^2+1 等于 0. 因此, Dom(h) 是除 i 和 $-\mathrm{i}$ 以外的所有复数的集合.

在本小节前面将实变量的实值函数定义为定义域和值域都是实数集 $\mathbb{R}$ 的子集的函数. 因为 $\mathbb{R}$ 是复数集 $\mathbb{C}$ 的一个子集, 所以每一个实变量的实值函数也是一个复变函数. 而两个实变量 x 和 y 的实值函数也是特殊类型的复变函数. 这些函数将在复分析的研究中发挥重要作用. 为了避免重复使用一个实变量的实值函数和两个实变量的实值函数这类烦琐术语, 从此处起, 本书使用**实函数**这个术语来指代在单变量或多变量微积分课程中介绍的任何类型的函数.

复变函数的实部和虚部　将复变函数的输入和输出用实部和虚部来表示,通常会带来一些便利.如果 $w=f(z)$ 是一个复变函数,那么复数 $z=x+\mathrm{i}y$ 在函数 f 下的映像就是复数 $w=u+\mathrm{i}v$.通过简化表达式 $f(x+\mathrm{i}y)$,可以将实变量 u 和 v 用实变量 x 与 y 来表示.例如,将复变函数 $w=z^2$ 中的符号 z 替换为 $x+\mathrm{i}y$,得到

$$w=u+\mathrm{i}v=(x+\mathrm{i}y)^2=x^2-y^2+2xy\mathrm{i} \tag{1.35}$$

由式(1.35)可知,实变量 u 和 v 分别由 $u=x^2-y^2$ 与 $v=2xy$ 给出.这个例子说明,如果 $w=u+\mathrm{i}v=f(x+\mathrm{i}y)$ 是一个复变函数,那么 u 和 v 都是两个实变量 x 与 y 的实函数.也就是说,通过令 $z=x+\mathrm{i}y$,可以将任何复变函数 $w=f(z)$ 用两个实函数表示:

$$f(z)=u(x,y)+\mathrm{i}v(x,y) \tag{1.36}$$

式(1.36)中的函数 $u(x,y)$ 和 $v(x,y)$ 分别称为 f **的实部与虚部**.

1.5.2　映射的概念

回想一下,如果 f 是一个实函数,那么 f 的图形就是笛卡尔平面上的一条曲线.在数学基础课程中图形被广泛用于研究实函数的性质.然而,因为复变函数的图形位于四维空间中,所以不能用图形来研究复变函数.本节讨论复映射的概念,它是由德国数学家波恩哈德·黎曼(Bernhard Riemann,1826—1866)提出的,用来给出复变函数的几何表示.其基本思想是:每一个复变函数都描述了复平面上两组点集之间的对应关系.具体来说,z 平面中的点 z 与 w 平面中的唯一点 $w=f(z)$ 相关联.当考虑函数是 z 平面上的点和 w 平面上的点之间的对应关系时,使用另一个术语——**复映射**来代替复变函数.黎曼的复映射 $w=f(z)$ 的几何表示由两个图形组成:第一个图形是 z 平面中点的子集 S,第二个图形是在函数 $w=f(z)$ 下 S 中的点的像的集合 S'.

映射　函数的图形是初等微积分中研究实函数的一个有用工具.回想一下,如果 $y=f(x)$ 是一个实函数,那么 f 的图形被定义为二维笛卡尔平面上所有点 $(x,f(x))$ 的集合.对复变函数也可以作类似定义.但是,如果 $w=f(z)$ 是一个复变函数,那么 z 和 w 都位于复平面上.由此可知,二者的集合 $(z,f(z))$ 位于四维空间中(输入 z 为二维,输出 w 为二维).当然,无法用图形绘出四维空间的子集.因此,不能在一个复平面上画出复变函数的图形.

复映射的概念为给出复变函数的几何表示提供了另一种方法.如前所述,使用**复映射**这个术语来指代 z 平面中的点与它在 w 平面中的像点之间由复变函数 $w=f(z)$ 确定的对应关系.如果 z 平面上的 z_0 点对应 w 平面上的 w_0 点,也就是说,如果 $w_0=f(z_0)$,那么就说 f 把 z_0 **映射**到 w_0,或者等价地说,z_0 通过 f **映射**到 w_0.

作为这类几何思维的一个例子,考虑实函数 $f(x)=x+2$.与其用斜率为 1、和 y 轴截距为 2 的直线来表示这个函数,不如考虑一下 f 如何将一个实数线(x 线)映射到另一个实数线(y 线).x 线上的每个点都映射为 y 线上向右移动两个单位的点(0 映射为 2,而 3 映射为 5,以此类推).因此,实函数 $f(x)=x+2$ 可以看作将实数线上的每个点向右平移两个单位的映射.可以通过将实线想象成一个向右移动两个单位的无限刚性杆来可视化该映射过程.

为了创建一个复映射的几何表示,从复平面的两个副本(即 z 平面和 w 平面)出发,并排绘制或将一个平面绘制在另一个平面上面.一个复映射是通过在 z 平面上绘制集合 S 的点、和在 w 平面上绘制 f 下 S 中的点的对应像的集合来表示的.如图 1.13 的所示,其中 z 平面上的集合 S 在图 1.13(a) 中以彩色表示,将 S 中的点在 $w=f(z)$ 下的像的集合标记为 S',该集合在图 1.13(b) 中以灰色表示.后面在讨论映射时,将采用类似图 1.13 所示的表示法.

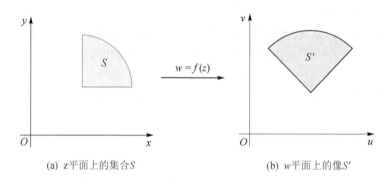

(a) z平面上的集合S (b) w平面上的像S'

图 1.13 **集合 S 在映射 $w=f(z)$ 下的像**

S' 的表示 如果 $w=f(z)$ 是一个复映射,并设 S 是 z 平面上的一组点,那么称 S 中这些点在 f 下的像的集合为**S 在 f 下的像**,用符号 **S'** 表示这个集合.

如果集合 S 具有某些附加属性(例如 S 是区域或曲线),那么可以分别使用 D 和 D' 或 C 和 C' 等符号来表示复映射下的集合及其像.有时也用符号 $f(C)$ 表示曲线 C 在 $w=f(z)$ 下的像.

像图 1.13 这样的图示是为了传达任意点 z 与其像 $w=f(z)$ 之间的一般关系的信息.因此,需要谨慎选择集合 S.例如,如果 f 是一个函数,其定义域和值域是复数 C 的集合,那么选择 $S=\mathbb{C}$ 将得到一个仅由两个复平面组成的图.很明显,这样的图示不能解释 z 平面上的点是如何被 f 映射成 w 平面上的点的.

【例 1.5.2】(平移) 设 S 表示圆盘,$S=\{z\,|\,|z|\leqslant 1\}$,求在映射 $f(z)=z+2+\mathrm{i}$ 下 S 的像.

【解】 对于 S 中的 z,$f(z)$ 可以通过 z 与 $2+\mathrm{i}$ 相加得到.如果 z 用 (x,y) 表示,那么 $f(z)$ 可用 $(x+2,y+1)$ 表示.因此,该函数将点 z 向右平移两个单位,再向上平移一个单位.那么,将 S 向右平移两个单位,再向上平移一个单位,即是集合 S 的像(见图 1.14).

平移是形如 $f(z)=z+b$ 的映射,其中 b 是复数.在例 1.5.2 中,$b=2+\mathrm{i}$.因此,该圆盘的像是一个半径与圆盘半径相同、以 $2+\mathrm{i}$(原中心的像)为中心的圆盘.因此,$f[S]=\{w\,|\,|w-2-\mathrm{i}|\leqslant 1\}$.

下面例 1.5.3 将分析形如 $f(z)=az$ 的函数,其中 a 是一个非零复常数.为了理解这些映射,回想一下当将两个复数相乘时,将它们的模相乘并将它们的幅角相加.将 a 写成 $a=r(\cos\theta+\mathrm{i}\sin\theta)$ 的极坐标形式,可以看到映射 $z\mapsto r(\cos\theta+\mathrm{i}\sin\theta)z$ 将 z 的模量乘以 $r>0$(缩放)并将 θ 加到 z 的辐角(旋转)中.因为乘法是可交换的,所以缩放和旋转运算可

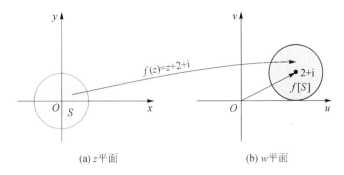

(a) z 平面　　　　　　　　　　　　(b) w 平面

图 1.14　在映射 $f(z)=z+2+$i 下 S 的像

以按任意顺序进行. 当 $r=1$ 时, 得到 $z\mapsto(\cos\theta+$i$\sin\theta)z$ 的映射, 它是角度为 θ 的**旋转**. 形如 $z\mapsto rz$ 的映射(其中 $r>0$), 称为因子为 r 的**缩放**.

【例 1.5.3】(缩放和旋转) 设 S 为边长为 2 的封闭正方形, 其中心点位于实轴坐标为 2 的点, 各边平行于坐标轴.

(a) 在 $f(z)=3z$ 的映射下 S 的像是什么?

(b) 在 $f(z)=2$iz 的映射下 S 的像是什么?

【解】(a) 对于 S 中的 z, 函数 $f(z)=3z$ 具有将模放大 3 倍的效果, 而保持辐角不变. 因此 $f(z)$ 位于从原点延伸到 z 的射线上, 距离是原点到 z 的 3 倍. 特别地, 这个正方形的像是另一个正方形, 其顶点是原正方形的顶点的像, 如图 1.15 所示. 正方形 S 的顶点在 $f(z)=3z$ 下的像为: $f(1+$i$)=3+3$i$, f(1-$i$)=3-3$i$, f(3+$i$)=9+3$i$, f(3-$i$)=9-3$i.

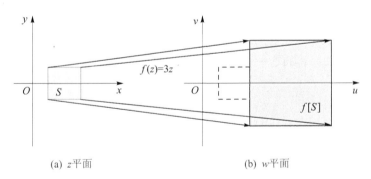

(a) z 平面　　　　　　　　　　　　(b) w 平面

图 1.15　在 $f(z)=3z$ 的映射下 S 的像

从图 1.15 可以看出, S 的像是一个边长为 6 的正方形, 以实轴上坐标为 6 的点为中心.

(b) 在极坐标中, 有 i$=\cos\pi/2+$i$\sin\pi/2$, 因此 $f(z)=2(\cos\pi/2+$i$\sin\pi/2)z$.

对于 S 中的 z, $f(z)$ 具有将模放大 2 倍和将辐角增加 $\pi/2$ 的效果. 为了确定 $f[S]$, 针对集合 S, 先将它放大 2 倍, 然后逆时针旋转 $\pi/2$(见图 1.16).

映射 $f(z)=2$iz 是两个映射的组合: 先将 S 放大 2 倍, 然后逆时针旋转 $\pi/2$. 旋转的角度是 2i 的辐角.

例 1.5.2 和例 1.5.3 处理的是形如 $f(z)=az+b$ 的映射, 其中 a 和 b 是复常数, 且

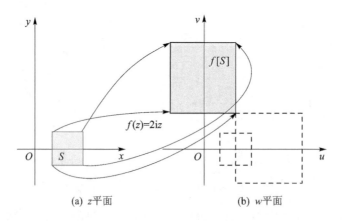

图 1.16 在 $f(z)=2\mathrm{i}z$ 的映射下 S 的像

$a\neq 0$. 这些变换被称为**线性变换**, 通常可以从缩放、旋转和平移的角度来考虑. 这些变换将区域映射到几何形状相似的区域. $a\neq 0$ 是很重要的, 否则转换将是一个常数. 变换 $f(z)=z$ 称为**恒等变换**, 原因很明显.

下面介绍的例 1.5.4 中的变换不是线性的.

【例 1.5.4】(平方) 设垂直条带 $S=\{z=x+\mathrm{i}y\,|\,1\leqslant x\leqslant 2\}$, 求在 $f(z)=z^2$ 的映射下 S 的像.

【解】 将 $f(z)$ 写为

$$f(z)=z^2=x^2-y^2+\mathrm{i}2xy$$

因此, $f(z)$ 的实部为 $u(x,y)=x^2-y^2$, 而 $f(z)$ 的虚部为 $v(x,y)=2xy$. 设 $1\leqslant x_0\leqslant 2$, 求出竖线 $x=x_0$ 的像. 该直线上的点 (x_0,y) 映射到点 (u,v), 其中 $u=x_0^2-y^2$, $v=2x_0y$. 为了确定 y 从 $-\infty$ 到 $+\infty$ 变化时点 (u,v) 的轨迹曲线方程, 消去 y, 从而得到 u 和 v 之间的代数关系. 由 $v=2x_0y$, 得 $y=v/2x_0$, 将它代入 u 的表达式, 得

$$u=x_0^2-\frac{v^2}{4x_0^2}$$

这使得 u 成为 v 的二次函数, 因此该图是一个向左的抛物线, 其顶点在 $(u,v)=(x_0^2,0)$, v 的截距为 $\pm 2x_0^2$. 当 x_0 的取值为 $1\sim 2$ 时, w 平面对应的抛物线扫出一个抛物线区域 $f[S]$, 如图 1.17 所示.

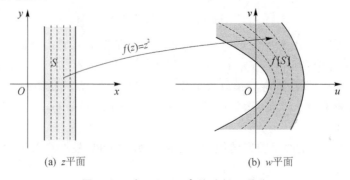

图 1.17 在 $f(z)=z^2$ 的映射 S 的像

因为所有的点都位于 $x_0 = 1$ 对应的抛物线的右边、位于 $x_0 = 2$ 对应的抛物线的左边，所以有

$$f[S] = \left\{ w = u + \mathrm{i}v \,\middle|\, 1 - \frac{v^2}{4} \leqslant u \leqslant 4 - \frac{v^2}{16} \right\}$$

反函数　由式 (1.31) 所给平方根函数 $z^{1/2}$ 的主值支，是平方函数 z^2 的一个反函数，详见 1.3.2 小节. 在详细阐述这一表述之前，需要复习一下关于反函数的一般术语.

一个实函数必须是一一对应的才能有反函数，对于复变函数也是如此. 一一对应的复变函数的定义类似于一一对应的实函数的定义，即如果 f 的值域内的每个点 w 都是 f 的定义域内唯一一点 z（称为 w 的原像）的像，则称复变函数 f 是**一一对应**的. 也就是说，如果 f 是一一对应的，则当 $f(z_1) = f(z_2)$ 时，就有 $z_1 = z_2$. 换句话说，如果 $z_1 \neq z_2$，那么 $f(z_1) \neq f(z_2)$. 这就是说，一个一一对应的复变函数不会将 z 平面上的不同点映射为 w 平面上的相同点. 例如，函数 $f(z) = z^2$ 不是一一对应的，因为 $f(\mathrm{i}) = f(-\mathrm{i}) = -1$. 如果 f 是一个一一对应的复变函数，那么对于 f 的值域内的任何点 w，在 z 平面上都有一个唯一的原像，用 $f^{-1}(w)$ 来表示原像. 点 w 与其原像 $f^{-1}(w)$ 之间的对应关系定义了一一对应的复变函数的反函数.

【定义 1.5.7】（反函数）如果 f 是一个定义域为 A、值域为 B 的一一对应的复变函数，且 $f(w) = z$，那么 f **的反函数** f^{-1} 就是一个定义域为 B、值域为 A 的复变函数，且 $f^{-1}(z) = w$.

根据定义 1.5.2，如果一个集合 S 通过一个一一对应的函数 f 映射到一个集合 S' 上，那么 f^{-1} 将 S' 映射到 S 上. 换句话说，复映射 f 和 f^{-1} 会相互"撤消". 根据定义 1.5.6，如果 f 有一个逆函数，那么 $f(f^{-1}(z)) = z$，$f^{-1}(f(z)) = z$. 也就是说，两个组合 $f \circ f^{-1}$ 和 $f^{-1} \circ f$ 是恒等函数.

习　题

1. 求下列复变函数 f 在指定点处的值.

(a) $f(z) = z^2 \bar{z} - 2\mathrm{i}$;　　　　① 2i;　　② 1+i;　　③ 3−2i;

(b) $f(z) = -z^3 + 2z + \bar{z}$;　　① i;　　② 2−i;　　③ 1+2i;

(c) $f(z) = \log_e |z + \mathrm{i}\arg z|$;　① 1;　　② 4i;　　③ 1+i;

(d) $f(z) = |z|^2 - 2\mathrm{Re}(\mathrm{i}z) + z$;　① 3−4i;　② 2−i;　③ 1+2i;

(e) $f(z) = (xy - x^2) + \mathrm{i}(3x + y)$;　① 3i;　② 4+i;　③ 3−5i;

(f) $f(z) = \mathrm{e}^z$; $2 - \pi\mathrm{i}$; $\dfrac{\pi}{3}\mathrm{i}$; $\ln 2 - \dfrac{5\pi}{6}\mathrm{i}$.

2. 求在给定的复映射 $w = f(z)$ 下集合 S 的像 S'（参考例 1.5.4）.

(a) $f(z) = \bar{z}$; S 是水平线 $y = 3$;

(b) $f(z) = \bar{z}$; S 是直线 $y = x$;

(c) $f(z) = 3z$; S 是半平面 $\mathrm{Im}(z) > 2$;

(d) $f(z) = 3z$; S 是无限的垂直条带 $2 \leqslant \mathrm{Re}(z) < 3$;

(e) $f(z)=(1+i)z$；S 是竖线 $x=2$；

(f) $f(z)=(1+i)z$；S 是直线 $y=2x+1$；

(g) $f(z)=iz+4$；S 是半平面 $\text{Im}(z)\leqslant1$；

(h) $f(z)=iz+4$；S 是无限的水平条带 $-1<\text{Im}(z)<2$.

3. 求所给线性变换下 S 的像 $f[S]$，画出 S 和 $f[S]$ 的图形，并选择部分点通过箭头画出映射关系.

(a) $S=\{z\,|\,|z|<1\}$，$f(z)=4z$；

(b) $S=\{z\,|\,\text{Re}(z)>0\}$，$f(z)=iz+i$；

(c) $S=\{z\,|\,\text{Re}(z)>0,\text{Im}(z)>0\}$，$f(z)=-z+2i$；

(d) $S=\{z\,|\,|z|\leqslant2,0\leqslant\arg z\leqslant\pi/2\}$，$f(z)=iz+2$.

1.6 复变函数的极限和连续性

类似于实变量的微积分，复变函数的可微性也是用极限的概念来定义的. 下面从复变函数极限的具体定义出发.

1.6.1 复变函数的极限

【定义 1.6.1】（复变函数的极限）设 f 是复平面子集 S 上的复变函数，且 z_0 是 S 中的一个点. 如果对于任意的 $\varepsilon>0$，存在 $\delta>0$ 使得

$$z\in S,\quad 0<|z-z_0|<\delta\Rightarrow|f(z)-L|<\varepsilon \tag{1.37}$$

成立，则称复数 L 是 $f(z)$ 在 z 趋于 z_0 时的**极限**. 如果这样的一个复数 L 存在，那么就说 $\lim\limits_{z\to z_0}f(z)$ 存在并且等于 L，在这种情况下将它记作 $\lim\limits_{z\to z_0}f(z)=L$ 或者说当 $z\to z_0$ 时，$f(z)\to L$.

在几何上，将绝对值 $|f(z)-L|$ 解释为 $f(z)$ 和 L 之间的距离，由式(1.37)可知，当且仅当 $f(z)$ 到 L 的距离随着 z 趋于 z_0 而趋于零时，函数 $f(z)$ 在 $z\to z_0$ 时的极限为 L，如图 1.18 所示. 因此，$\lim\limits_{z\to z_0}f(z)=L$ 当且仅当

$$\lim\limits_{z\to z_0}|f(z)-L|=0$$

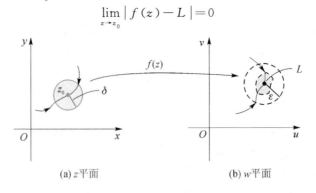

(a) z 平面　　　　　　　　(b) w 平面

图 1.18　当 $z\to z_0$ 时 $f(z)\to L$

时成立. 这意味着无论 z 如何接近 z_0, 距离 $|f(z)-L|$ 都趋于 0.

　　注意　在式(1.37)中, 函数 f 不需要在 z_0 处有定义.

　　【定理 1.6.1】(复变函数极限存在的充分必要条件) 设 u,v 是定义在 C 的子集 S 上的实值函数, 设 z_0 是 S 中的一个点、$L=a+ib$ 是一个复数. 于是可得函数 $f=u+iv$ 当 $z\to z_0$ 时的极限为 L 的充分必要条件是, 当 $z\to z_0$ 时其实部和虚部的极限分别为 a 与 b, 即

$$\lim_{z\to z_0}f(z)=L \Leftrightarrow \lim_{z\to z_0}u(z)=a,\quad \lim_{z\to z_0}v(z)=b$$

　　【证明】易知

$$\lim_{z\to z_0}f(z)=L \Leftrightarrow \lim_{z\to z_0}|f(z)-L|=0 \Leftrightarrow \lim_{z\to z_0}|f(z)-L|^2=0$$

但是

$$|f(z)-L|^2=|\overbrace{u(z)-a}^{\text{Re}(f(z)-L)}|^2+|\overbrace{v(z)-b}^{\text{Im}(f(z)-L)}|^2 \tag{1.38}$$

等式(1.38)的右边是两个非负项的和, 当且仅当两项都趋于 0 时, 等式(1.38)左边趋于 0. 因此

$$\lim_{z\to z_0}|f(z)-L|^2=0 \Leftrightarrow \lim_{z\to z_0}|u(z)-a|^2=0,\quad \lim_{z\to z_0}|v(z)-b|^2=0$$

$$\Leftrightarrow \lim_{z\to z_0}|u(z)-a|=0,\quad \lim_{z\to z_0}|v(z)-b|=0$$

$$\Leftrightarrow \lim_{z\to z_0}u(z)=a,\quad \lim_{z\to z_0}v(z)=b$$

这证明定理成立.

　　【例 1.6.1】(计算极限) 设 $z=x+iy$, 用定理 1.6.1 计算 $\lim\limits_{z\to z_0}(z^2+i)$, 其中 $z_0=1+i$.

　　【解】由于 $f(z)=z^2+i=x^2-y^2+(2xy+1)i$, 因此可以应用定理 1.6.1, 得到 $u(x,y)=x^2-y^2$, $v(x,y)=2xy+1$ 以及 $z_0=1+i$. 由 z_0 可得 $x_0=1$ 和 $y_0=1$, 通过计算两个实函数的极限得到 u_0 和 v_0 为

$$u_0=\lim_{(x,y)\to(1,1)}(x^2-y^2),\quad v_0=\lim_{(x,y)\to(1,1)}(2xy+1)$$

由于这两个极限都只涉及多变量多项式函数, 因此可以得到

$$u_0=\lim_{(x,y)\to(1,1)}(x^2-y^2)=1^2-1^2=0,\quad v_0=\lim_{(x,y)\to(1,1)}(2xy+1)=2\times1\times1+1=3$$

因此 $L=u_0+iv_0=0+3i=3i$, 从而可得 $\lim\limits_{z\to z_0}(z^2+i)=3i$.

　　除了计算特定极限外, 定理 1.6.1 也是一个重要的理论工具. 它能根据实函数极限的性质推导出复变函数极限的许多性质.

　　【定理 1.6.2】(复变函数极限的性质) 假设 f 和 g 是复变函数, 如果 $\lim\limits_{z\to z_0}f(z)=L$, $\lim\limits_{z\to z_0}g(z)=M$, 则

　　(i) $\lim\limits_{z\to z_0}cf(z)=cL$, c 是一个复常数;

　　(ii) $\lim\limits_{z\to z_0}(f(z)\pm g(z))=L\pm M$;

(iii) $\lim\limits_{z \to z_0} f(z) \cdot g(z) = L \cdot M$;

(iv) $\lim\limits_{z \to z_0} \dfrac{f(z)}{g(z)} = \dfrac{L}{M}$，其中 $M \neq 0$.

【例 1.6.2】（计算极限）用定理 1.6.2 计算下列极限：

(a) $\lim\limits_{z \to i} \dfrac{(3+i)z^4 - z^2 + 2z}{z+1}$;

(b) $\lim\limits_{z \to 1+\sqrt{3}i} \dfrac{z^2 - 2z + 4}{z - 1 - \sqrt{3}i}$.

【解】 (a) 根据定理 1.6.2(iii)，有

$$\lim_{z \to i} z^2 = \lim_{z \to i} z \cdot z = \left(\lim_{z \to i} z\right) \cdot \left(\lim_{z \to i} z\right) = i \cdot i = -1$$

类似地，$\lim\limits_{z \to i} z^4 = i^4 = 1$. 使用这些极限，根据定理 1.6.2(i) 和 (ii)，有

$$\lim_{z \to i}((3+i)z^4 - z^2 + 2z) = (3+i)\lim_{z \to i} z^4 - \lim_{z \to i} z^2 + 2\lim_{z \to i} z$$
$$= (3+i)(1) - (-1) + 2(i)$$
$$= 4 + 3i$$
$$\lim_{z \to i}(z+1) = 1 + i$$

因此，根据定理 1.6.2(iv)，有

$$\lim_{z \to i} \frac{(3+i)z^4 - z^2 + 2z}{z+1} = \frac{\lim\limits_{z \to i}((3+i)z^4 - z^2 + 2z)}{\lim\limits_{z \to i}(z+1)} = \frac{4+3i}{1+i}$$

在进行除法计算之后，得到

$$\lim_{z \to i} \frac{(3+i)z^4 - z^2 + 2z}{z+1} = \frac{7}{2} - \frac{1}{2}i$$

(b) 为了求得 $\lim\limits_{z \to 1+\sqrt{3}i} \dfrac{z^2 - 2z + 4}{z - 1 - \sqrt{3}i}$，按照 (a) 的流程进行如下运算：

$$\lim_{z \to 1+\sqrt{3}i}(z^2 - 2z + 4) = (1+\sqrt{3}i)^2 + 2(1+\sqrt{3}i) + 4$$
$$= -2 + 2\sqrt{3}i - 2 - 2\sqrt{3}i + 4 = 0$$
$$\lim_{z \to 1+\sqrt{3}i}(z - 1 - \sqrt{3}i) = 1 + \sqrt{3}i - 1 - \sqrt{3}i = 0$$

不能应用定理 1.6.2(iv)，因为分母的极限是 0. 但在前面的计算中，发现 $1+\sqrt{3}i$ 是二次多项式 $z^2 - 2z + 4$ 的一个根，即

$$z^2 - 2z + 4 = (z - 1 + \sqrt{3}i)(z - 1 - \sqrt{3}i)$$

因为 z 不允许取 $1+\sqrt{3}i$ 的极限值，所以可以在有理函数的分子分母上消去公因式，于是可得

$$\lim_{z \to 1+\sqrt{3}i} \frac{z^2 - 2z + 4}{z - 1 - 1\sqrt{3}i} = \lim_{z \to 1+\sqrt{3}i} \frac{(z - 1 + \sqrt{3}i)(z - 1 - \sqrt{3}i)}{z - 1 - \sqrt{3}i} = \lim_{z \to 1+\sqrt{3}i}(z - 1 + \sqrt{3}i)$$

根据定理 1.6.2(ii)，有

$$\lim_{z \to 1+\sqrt{3}\,\mathrm{i}} (z-1+\sqrt{3}\,\mathrm{i}) = 1+\sqrt{3}\,\mathrm{i}-1+\sqrt{3}\,\mathrm{i} = 2\sqrt{3}\,\mathrm{i}$$

因此

$$\lim_{z \to 1+\sqrt{3}\,\mathrm{i}} \frac{z^2-2z+4}{z-1-\sqrt{3}\,\mathrm{i}} = 2\sqrt{3}\,\mathrm{i}$$

到目前为止,本书避免处理涉及 ∞ 的极限.像 $\lim_{z \to z_0} f(z) = \infty$ 或 $\lim_{z \to \infty} f(z) = L$ 甚至 $\lim_{z \to \infty} f(z) = \infty$ 这样的表述是什么意思? 下面通过引入定义 1.6.2 来回答这些问题.

【定义 1.6.2】(包含无穷大的极限)(i) 如果 f 在 z_0 的去心邻域内有定义,则当 $\lim_{z \to z_0} f(z) = \infty$ 时,对于每一个 $M > 0$,都有一个 $\delta > 0$,使得 $0 < |z-z_0| < \delta \Rightarrow |f(z)| > M$ 成立;

(ii) 如果 f 定义在以原点为圆心的圆形域的补集中,则当 $\lim_{z \to \infty} f(z) = L$ 时,对于每一个 $\varepsilon > 0$,都有一个 $R > 0$,使得 $|z| > R \Rightarrow |f(z)-L| < \varepsilon$ 成立;

(iii) 如果 f 定义在以原点为圆心的圆形域的补集中,则当 $\lim_{z \to \infty} f(z) = \infty$ 时,对于每一个 $M > 0$,都有一个 $R > 0$,使得 $|z| > R \Rightarrow |f(z)| > M$ 成立.

通过定义 1.6.2 可知,$z \to \infty$ 意味着实数 $|z| \to \infty$,同样,$f(z) \to \infty$ 意味着 $|f(z)| \to \infty$.因此

$$\lim_{z \to z_0} f(z) = \infty \Leftrightarrow \lim_{z \to z_0} |f(z)| = \infty$$
$$\lim_{z \to \infty} f(z) = L \Leftrightarrow \lim_{|z| \to \infty} |f(z)-L| = 0$$
$$\lim_{z \to \infty} f(z) = \infty \Leftrightarrow \lim_{|z| \to \infty} |f(z)| = \infty$$

通过 z 的逆元 $1/z$,无穷远处的极限也可以简化为 $z_0 = 0$ 处的极限.其原因是 $f(z)$ 在 $z \to \infty$ 时的极限与 $f(1/z)$ 在 $z \to 0$ 时的极限是相同的.容易验证:

$$\begin{cases} \lim_{z \to \infty} f(z) = L \Leftrightarrow \lim_{z \to 0} f\left(\dfrac{1}{z}\right) = L \\[3mm] \lim_{z \to \infty} f(z) = \infty \Leftrightarrow \lim_{z \to 0} f\left(\dfrac{1}{z}\right) = \infty \end{cases} \tag{1.39}$$

这些等价的表述有时是有用的.例如,根据式(1.39),有

$$\lim_{z \to \infty} \frac{1}{z} = \lim_{z \to 0} \frac{1}{1/z} = \lim_{z \to 0} z = 0$$

类似地,对于常数 c 和正整数 n,有

$$\lim_{z \to \infty} \frac{c}{z^n} = \lim_{z \to 0} \frac{c}{1/z^n} = \lim_{z \to 0} cz^n = 0$$

【例 1.6.3】(求极限) 计算下列极限;

(a) $\lim_{z \to \infty} \dfrac{z-1}{z+\mathrm{i}}$;

(b) $\lim_{z \to \infty} \dfrac{2z+3\mathrm{i}}{z^2+z+1}$.

【解】(a) 由于本题关注的是 $|z|$ 很大时函数的性质,因此同时对 $(z-1)/(z+\mathrm{i})$ 的分子和分母除以 z 是安全的,由此可得

$$\lim_{z\to\infty}\frac{z-1}{z+\mathrm{i}}=\lim_{z\to\infty}\frac{1-\dfrac{1}{z}}{1+\dfrac{\mathrm{i}}{z}}=\frac{1-\lim\limits_{z\to\infty}\dfrac{1}{z}}{1+\lim\limits_{z\to\infty}\dfrac{\mathrm{i}}{z}}=1$$

(b) 分子、分母同时除以 z^2,可得

$$\lim_{z\to\infty}\frac{2z+3\mathrm{i}}{z^2+z+1}=\lim_{z\to\infty}\frac{\dfrac{2}{z}+\dfrac{3\mathrm{i}}{z^2}}{1+\dfrac{1}{z}+\dfrac{1}{z^2}}=\frac{0+0}{1+0+0}=0$$

虽然本小节已经成功地通过使用微积分的技巧计算出了复值极限,但实变量理论可能并不总是适用于复变函数. 例如,极限 $\lim\limits_{z\to\infty}\mathrm{e}^{-z}$ 不是 0;事实上,这个极限并不存在.

1.6.2 复变函数的连续性

复变函数连续性的定义在本质上与实函数连续性的定义是相同的. 也就是说,复变函数 f 在 z_0 处连续的前提是 f 在 z 趋于 z_0 时的极限存在,且与 f 在 z_0 处的值相同. 由此可以给出复变函数的连续性的定义.

【定义 1.6.3】(复变函数的连续性) 如果关系 $\lim\limits_{z\to z_0}f(z)=f(z_0)$ 成立,则复变函数 f **在点 z_0 处连续**.

【定理 1.6.3】(复变函数连续的充分必要条件) 设 $f(z)=u(x,y)+\mathrm{i}v(x,y)$ 且 $z_0=x_0+\mathrm{i}y_0$,复变函数 f 在 z_0 处连续的充分必要条件是实函数 u 和 v 在 (x_0,y_0) 处连续.

【例 1.6.4】(用定理 1.6.3 检验连续性) 证明函数 $f(z)=\bar{z}$ 在 $\mathbb{C}$ 上是连续的.

【证明】根据定理 1.6.3,如果 $u(x,y)=x$ 和 $v(x,y)=-y$ 在 (x_0,y_0) 处连续,则 $f(z)=\bar{z}=\overline{x+\mathrm{i}y}=x-\mathrm{i}y$ 在 $z_0=x_0+\mathrm{i}y_0$ 处连续. 因为 u 和 v 是双变量多项式函数,所以有

$$\lim_{(x,y)\to(x_0,y_0)}u(x,y)=x_0,\qquad\lim_{(x,y)\to(x_0,y_0)}v(x,y)=-y_0$$

这意味着 u 和 v 在 (x_0,y_0) 处是连续的,因此,根据定理 1.6.3,函数 f 在 $z_0=x_0+\mathrm{i}y_0$ 处是连续的. 由于 $z_0=x_0+\mathrm{i}y_0$ 是一个任意点,因此函数 $f(z)=\bar{z}$ 在 $\mathbb{C}$ 上是连续的.

定理 1.6.2 给出的复变函数极限的代数性质,也可以推广到复变函数的连续性.

【定理 1.6.4】(连续函数的性质) 如果 f 和 g 在 z_0 点连续,则下列函数也在 z_0 点连续:

(i) $cf(z)$,其中 c 是一个复常数;

(ii) $f(z)\pm g(z)$;

(iii) $f(z)\cdot g(z)$;

(iv) $\dfrac{f(z)}{g(z)}$，其中假定 $g(z_0) \neq 0$.

【例 1.6.5】（多项式和有理函数）（a）设 $a_j \in \mathbb{C}$，请证明多项式 $p(z) = a_n z^n + a_{n-1} z^{n-1} + \cdots + a_0$ 在复平面上的所有点上都是连续的；

（b）**有理函数**是如下形式的函数；

$$r(z) = \frac{p(z)}{q(z)}$$

其中，p 和 q 是多项式，$z \in \mathbb{C}$，且 $q(z) \neq 0$；请证明有理函数在 $q(z) \neq 0$ 处的任何点上都是连续的.

【证明】（a）由于函数 $f(z) = z$ 是连续的，因此利用两个连续函数的乘积是连续的这一事实，得出 $z^2, z^3, \cdots, z^n$ 是连续的. 然后，通过反复应用连续函数的线性组合是连续的这一事实，可知 $a_n z^n + a_{n-1} z^{n-1} + \cdots + a_0$ 是连续函数.

（b）通过（a）可知，多项式 p 和 q 在整个复平面上是连续的. 因此 $r(z) = p(z)/q(z)$ 在 $\mathbb{C}$ 上是连续的，除去 $q(z) = 0$ 的点.

【定义 1.6.4】（有界函数）如果存在一个正实数 M，使得对于 S 中的所有 z，满足 $|g(z)| \leqslant M$，则称函数 g 在集合 S 上是**有界**的.

例如，函数 $3z + 2 + \mathrm{i}$ 在圆形域 $S = \{z \mid |z| < 5\}$ 上有界，因为根据三角形不等式和 $|z| < 5$ 的事实，有

$$|3z + 2 + \mathrm{i}| \leqslant 3|z| + |2 + \mathrm{i}| \leqslant 3 \times 5 + \sqrt{5} = 15 + \sqrt{5}$$

有界属性　如果复变函数 f 在封闭有界区域 R 上是连续的，则 f 在 R 上**有界**. 也就是说，存在一个实常数 $M > 0$，使得对于 R 中的所有 z，满足 $|f(z)| \leqslant M$.

习　题

1. 利用定理 1.6.1 计算下列复变函数的极限.

(a) $\lim\limits_{z \to 2\mathrm{i}} (z^2 - \bar{z})$；

(b) $\lim\limits_{z \to 1+\mathrm{i}} \dfrac{z - \bar{z}}{z + \bar{z}}$；

(c) $\lim\limits_{z \to 1-\mathrm{i}} (|z|^2 - \mathrm{i}\bar{z})$；

(d) $\lim\limits_{z \to 3\mathrm{i}} \dfrac{\mathrm{Im}(z^2)}{z + \mathrm{Re}(z)}$；

(e) $\lim\limits_{z \to \pi\mathrm{i}} \mathrm{e}^z$；

(f) $\lim\limits_{z \to \mathrm{i}} z\mathrm{e}^z$；

(g) $\lim\limits_{z \to 2+\mathrm{i}} (\mathrm{e}^z + z)$.

2. 利用定理 1.6.2 计算下列复变函数的极限.

(a) $\lim\limits_{z \to 2-\mathrm{i}} (z^2 - z)$；

(b) $\lim\limits_{z \to \mathrm{i}} (z^5 - z^2 + z)$；

(c) $\lim\limits_{z \to \mathrm{e}^{\mathrm{i}\pi/4}} \left(z + \dfrac{1}{z}\right)$；

(d) $\lim\limits_{z \to 1+\mathrm{i}} \dfrac{z^2 + 1}{z^2 - 1}$；

(e) $\lim\limits_{z \to -\mathrm{i}} \dfrac{z^4 - 1}{z + \mathrm{i}}$；

(f) $\lim\limits_{z \to 2+\mathrm{i}} \dfrac{z^2 - (2+\mathrm{i})^2}{z - (2+\mathrm{i})}$；

(g) $\lim\limits_{z \to z_0} \dfrac{(az+b)-(az_0+b)}{z-z_0}$;

(h) $\lim\limits_{z \to -3+i\sqrt{2}} \dfrac{z+3-i\sqrt{2}}{z^2+6z+11}$.

3. 求下列涉及无穷大的极限问题.

(a) $\lim\limits_{z \to \infty} \dfrac{z^2+iz-2}{(1+2i)z^2}$;

(b) $\lim\limits_{z \to \infty} \dfrac{iz+1}{2z-i}$;

(c) $\lim\limits_{z \to i} \dfrac{z^2-1}{z^2+1}$;

(d) $\lim\limits_{z \to -i/2} \dfrac{(1-i)z+i}{2z+i}$;

(e) $\lim\limits_{z \to \infty} \dfrac{z^2-(2+3i)z+1}{iz-3}$;

(f) $\lim\limits_{z \to i} \dfrac{z^2+1}{z^2+z+1-i}$.

4. 通过从不同方向趋近 z_0 来证明下列极限不存在. 如果极限涉及 $z \to \infty$, 则尝试以下方向: x 轴正向、x 轴负向、y 轴正向($z=iy, y>0$) 或 y 轴负向($z=iy, y<0$).

(a) $\lim\limits_{z \to -3} \text{Arg } z$;

(b) $\lim\limits_{z \to -1} \ln z$

(c) $\lim\limits_{z \to \infty} e^{-z}$;

(d) $\lim\limits_{z \to 0} \dfrac{\bar{z}}{z}$;

(e) $\lim\limits_{z \to 0} e^{1/z}$;

(f) $\lim\limits_{z \to 0} \dfrac{\text{Re}(z)}{|z|^2}$;

(g) $\lim\limits_{z \to 0} \dfrac{z}{|z|}$;

(h) $\lim\limits_{z \to 0} \dfrac{\text{Im}(z)}{z}$.

5. 证明下列函数 f 在给定点处是不连续的.

(a) $f(z) = \dfrac{z^2+1}{z+i}$; $z_0 = -i$;

(b) $f(z) = \dfrac{1}{|z|-1}$; $z_0 = i$;

(c) $f(z) = \arg z$; $z = -1$;

(d) $f(z) = \arg(iz)$; $z_0 = i$;

(e) $f(z) = \begin{cases} \dfrac{z^3-1}{z-1}, & |z| \neq 1 \\ 3, & |z| = 1 \end{cases}$; $z_0 = i$;

(f) $f(z) = \begin{cases} \dfrac{z}{|z|}, & z \neq 0 \\ 1, & |z| = 0 \end{cases}$; $z_0 = 0$.

1.7* 四元数及其应用

旋转及它在力学、图形学等领域的应用已在文献中被广泛讨论. 数学上, 旋转是正交算子的乘法群. 如果用矩阵表示三维旋转, 则需要九个标量分量. 但它们并不相互独立, 事实上三个标量值就足以描述三维空间中的旋转. 有许多方法可以表示旋转. 但是, 众所周知的是, 用三个参数来描述空间旋转存在奇异性. 下面将介绍旋转的四参数表示方法, 即旋转的四元数表示. 四元数属于多元复数的范畴, 已得到广泛应用.

1.7.1 超复数

虽然在 1.3.1 节中从几何学角度把复数的乘积解释为平面上向量的旋转, 但也可以把它看作平面上点的变换. 记复数 $z=a+ib=(a,b)$, 考虑复数 $z_2=1+i=(1,1)$ 乘以复数 $z_1=i=(0,1)$. 由于

$$|\mathbf{i}| = |(0,1)| = \sqrt{0^2 + 1^2} = 1, \quad \arg \mathbf{i} = \pi/2$$

因此结果是向量 $(-1,1)$. 它是原始向量 $(1,1)$ 旋转角度 $\pi/2$ 后的结果,如图 1.19 所示. 正是复数代数(也被称作二元代数)与平面旋转之间的这种联系,让哈密顿(Hamilton)探索多年. 他希望使用三个实数在三维空间中寻找一个类似的关系,但他没能做到,后来这也被证明确实不可能.

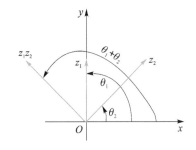

图 1.19 乘积的辐角:$\mathbf{Arg}(z_1 z_2) = \boldsymbol{\theta}_1 + \boldsymbol{\theta}_2$

有一天早上,当哈密顿和妻子沿着皇家运河散步时,他突然灵光一闪,意识到三元数是不够的,需要四元数. 他发现,不仅需要复数分量 i,而且需要三个满足如下关系的分量 i,j 和 k:

$$i^2 = j^2 = k^2 = ijk = -1 \tag{1.40}$$

这一发现令他震惊不已,据说他停下来,把方程式(1.40)刻在了附近一座桥的石头上. 四元数就这样诞生了,为了纪念哈密顿的贡献,那座桥上至今仍然刻着这个方程.

哈密顿(Hamilton)在提出这个新思想时遇到了困难,从抽象代数理论角度看是有深层次原因的. 若干年后,数学家弗罗贝尼乌斯(Frobenius)证明哈密顿试图用三元数做的事情是不可能的. 实际上,这种困境最终迫使他转向四元数,四元数有时也被称为四元复数. 它们特别适合用作三维空间中的旋转算子.

所有四元数的集合,加上加法和乘法两种运算(下面将给出定义),形成了一个被称为环的数学系统,更确切地说,是非交换除法环. 这个较长的名称只是强调了这样一个事实:四元数的乘积是不可交换的,并且对于集合中的每一个非零元素,都存在乘法逆元.

尽管可以定义秩为 $1 \sim n$ 的超复数(hyper complex numbers),但很少发现秩为 $n\,(n > 4)$ 的超复数的应用. 由于人们关注的是图形学应用和涉及旋转的各种动力学应用,因此把注意力限制到四元超复数,即四元数.

1.7.2 四元数的定义

将**四元数**集合 $\mathbb{Q}$ 正式定义为由标量和向量组成的元素 $\bar{a}$ 的抽象集合:

$$\mathbb{Q} = \{\bar{a} = a_0 + \boldsymbol{a}, \quad a_0 \in \mathbb{R}, \quad \boldsymbol{a} \in \mathbb{R}^3\} \tag{1.41}$$

用 **i,j** 和 **k** 表示 $\mathbb{R}^3$ 的标准正交基. 当然,三维空间中的向量可以用三个实数(标量)来表示,即把标准正交基写成

$$\mathbf{i} = (1,0,0)$$
$$\mathbf{j} = (0,1,0)$$
$$\mathbf{k} = (0,0,1)$$

四元数,顾名思义,可以看作实数的四元组,即 $\mathbb{R}^4$ 的一个元素. 在这种情况下,有

$$\bar{a} = (a_0, a_1, a_2, a_3)$$

其中 a_0, a_1, a_2 和 a_3 都是实数或标量.

下面将采用另一种表示四元数的方法. 首先将**标量部分**定义为某个实数或标量,比如

a_0. 然后定义**向量部分**,比如 $\boldsymbol{a}$,它是 $\mathbb{R}^3$ 中的一个普通向量:

$$\boldsymbol{a} = a_1\mathbf{i} + a_2\mathbf{j} + a_3\mathbf{k}$$

其中,$\mathbf{i},\mathbf{j}$ 和 $\mathbf{k}$ 是 $\mathbb{R}^3$ 的标准正交基.将四元数定义为式(1.41)所示和式,即

$$\bar{a} = a_0 + \boldsymbol{a} = a_0 + a_1\mathbf{i} + a_2\mathbf{j} + a_3\mathbf{k}$$

其中,a_0 被称为四元数的**标量部分**,而 $\boldsymbol{a}$ 被称为四元数的**向量部分**.标量 a_0,a_1,a_2,a_3 称为四元数的分量.

这样定义的四元数在数学上是一个奇怪的对象,它是一个标量和一个向量的和,在普通的线性代数中没有这样的定义.因此,必须通过演示如何对四元数进行加法和乘法运算来赋予这个定义进一步的意义.

对于任意四元数 $\bar{a},\bar{b} \in \mathbb{Q}$,$\bar{a} = a_0 + \boldsymbol{a}$,$\bar{b} = b_0 + \boldsymbol{b}$,以及任意标量 $\lambda \in \mathbb{R}$,定义如下三个基本运算:

- 加法($+$): $\mathbb{Q} + \mathbb{Q} \rightarrow \mathbb{Q}$

$$\bar{a} + \bar{b} = (a_0 + b_0) + (\boldsymbol{a} + \boldsymbol{b})$$

- 标量乘法($\times$): $\mathbb{R} \times \mathbb{Q} \rightarrow \mathbb{Q}$

$$\lambda\bar{a} = \lambda a_0 + \lambda\boldsymbol{a}$$

- 四元数乘法($\circ$): $\mathbb{Q} \circ \mathbb{Q} \rightarrow \mathbb{Q}$

$$\bar{a} \circ \bar{b} = a_0 b_0 - \boldsymbol{a} \cdot \boldsymbol{b} + (b_0\boldsymbol{a} + a_0\boldsymbol{b} + \boldsymbol{a} \times \boldsymbol{b}) \tag{1.42}$$

其中,($\cdot$)和($\times$)分别表示向量空间 $\mathbb{R}^3$ 中向量的点积和叉积.四元数乘法的单位元素表示为 $\bar{\mathbf{1}} = 1 + \mathbf{0}$;因此对于任意 $\bar{a} \in \mathbb{Q}$,存在关系 $\bar{a} \circ \bar{\mathbf{1}} = \bar{\mathbf{1}} \circ \bar{a} = \bar{a}$.

带有加法和标量乘法的四元数的集合是 $\mathbb{R}$ 上的**四维线性空间**,因此与 $\mathbb{R}^4$ 同构.四元数乘法(1.42)满足结合律,但不满足交换律,这使得四元数集合 $\mathbb{Q}$ 是一个结合但非交换代数空间.

标量部分为零的四元数称为**纯四元数**.它们构成了 $\mathbb{Q}$ 的三维线性子空间,该子空间与 $\mathbb{R}^3$ 同构.因此,可以用它的向量部分来识别一个纯四元数:

$$0 + \boldsymbol{a} \equiv \tilde{a}$$

进一步引入如下四元数运算:

- 共轭四元数

$$\bar{a}^* = a_0 - \boldsymbol{a}$$

- 四元数的模

$$|\bar{a}| = \sqrt{\bar{a} \circ \bar{a}^*} = \sqrt{a_0^2 + |\boldsymbol{a}|^2}$$

其中,$|\boldsymbol{a}| = \sqrt{\boldsymbol{a} \cdot \boldsymbol{a}}$ 是三维向量空间中的欧氏向量范数.

- 四元数 $\bar{a},\bar{b} \in \mathbb{Q}$ 之间的夹角

$$\cos\lambda = \frac{a_0 b_0 + \boldsymbol{a} \cdot \boldsymbol{b}}{|\bar{a}||\bar{b}|}$$

- 非零四元数的逆

$$\bar{a}^{-1} = \frac{\bar{a}^*}{|\bar{a}|}$$

对于纯四元数,由共轭四元数的定义可得

$$\bar{a}^* = -\bar{a} \Leftrightarrow \bar{a} = 0 + a = \tilde{a}$$

1.7.3　三维旋转

考虑一个理想化为中心线和典型横截面的三维曲梁,如图 1.20 所示.用 $x \in [0, L]$ 表示未变形梁质心线的弧长坐标,其中 L 为梁的长度.梁在全局标架中的质心线位置向量为 $r(x)$,设梁在变形过程中截面保持刚性.定义一个局部参考标架 $\{e_1(x), e_2(x), e_3(x)\}$,其中 e_1 是横截面的单位法向量,e_2 和 e_3 是位于横截面上且满足 $e_2 \times e_3 = e_1$ 的单位向量.根据刚体力学中广泛使用的术语,将标准正交标架 $\{e_I\}_{I=1,2,3}$ 称作随体标架.用 $\boldsymbol{\Lambda}(x) = [e_1, e_2, e_3]$ 表示从局部坐标系到全局坐标系的变换矩阵.因此,梁的任意构形可以用 $r(x)$ 和 $\boldsymbol{\Lambda}(x)$ 来描述.横截面上任意点 P 的位置向量可表示为

$$\boldsymbol{R}(x, y, z) = r(x) + \boldsymbol{\Lambda}(x) \boldsymbol{d}(y, z)$$

其中,$\boldsymbol{d} = (0, y, z)^{\mathrm{T}}$ 是点 P 在局部标架上的坐标向量.截面的初始方向可以用单位外法线 e_{01} 给出,一般会将截面法向量写成如下形式:

$$\mathbf{e}_{01} = \boldsymbol{r}_0'(x)$$

其中,$\boldsymbol{r}_0(x) = \boldsymbol{r}(x, 0)$ 为初始位置向量,$(\cdot)' = \mathrm{d}(\cdot)/\mathrm{d}x$.随体标架的方向是当前构形($\mathscr{C}$)相对于 $\mathbb{R}^3$ 中的固定基通过单参数正交变换的方式给出的:

$$\boldsymbol{\Lambda} : [0, L] \to SO(3) : \mathbf{e}_\alpha = \boldsymbol{\Lambda} \mathbf{E}_\alpha, \quad \alpha = 1, 2, 3$$

用 $\partial \mathscr{C}_0 = \{\boldsymbol{r}_0(0), \boldsymbol{r}_0(L)\}$ 表示参考曲线 $\mathscr{C}_0$ 的两个端点.于是三维曲梁的构形空间可以表示为

$$Q = \{\boldsymbol{\Phi} := (\boldsymbol{r}, \boldsymbol{\Lambda}) : [0, L] \to \mathbb{R}^3 \times SO(3) : r' \cdot \mathbf{e}_3 > 0\} \tag{1.43}$$

其中,Q 被称为曲梁的抽象构形空间.上述梁模型考虑了剪切变形和式(1.43)对结构空间的限制,应排除这种剪切变形的极限情况.

三维有限旋转是一个经典问题,从欧拉的经典工作开始就被数学家们深入研究.在这类问题中,当使用不变形截面假设来描述局部笛卡尔基从其初始构形 $\mathbf{e}_{0\alpha}$ 向其当前位置 $\mathbf{e}_\alpha$ 运动时,有限旋转张量自然会出现(见图 1.20).设 $\boldsymbol{\Lambda}$ 和 $\boldsymbol{\Lambda}_0$ 分别表示将参考系转换为与变形(当前)构形与初始构形相关的坐标系的旋转张量,即

$$\mathbf{e}_\alpha = \boldsymbol{\Lambda} \mathbf{E}_\alpha, \quad \mathbf{e}_{0\alpha} = \boldsymbol{\Lambda}_0 \mathbf{E}_\alpha, \quad \alpha = 1, 2, 3$$

正交张量 $\boldsymbol{\Lambda}$ 是被称作 $SO(3)$ 群的一个元素:

$$SO(3) = \{\boldsymbol{\Lambda} : \mathbb{R}^3 \to \mathbb{R}^3 \mid \boldsymbol{\Lambda}^{\mathrm{T}} \boldsymbol{\Lambda} = \boldsymbol{\Lambda} \boldsymbol{\Lambda}^{\mathrm{T}} = \boldsymbol{I}, \quad \det \boldsymbol{\Lambda} = 1\}$$

这种参数化引入的主要困难是,由于 $SO(3)$ 不是一个线性空间(而是一个流形),因此理论公式、一致线性化、更新过程等相关问题变得更加复杂.

在静力学分析中,可以通过引入有限旋转的类向量参数化来简化这个问题,即放弃将正交张量 $\boldsymbol{\Lambda}$ 作为主要变量,而是采用所谓的旋转向量 $\boldsymbol{\theta} = \theta \mathbf{n} = (\theta_1, \theta_2, \theta_3)^{\mathrm{T}}$.其中 $\theta = \|\boldsymbol{\theta}\|$ 是旋转向量的大小;$\mathbf{n} = \boldsymbol{\theta}/\theta = (n_x, n_y, n_z)$ 是沿旋转轴的单位向量(见图 1.21);$n_x = \cos(\beta_x)$,$n_y = \cos(\beta_y)$ 和 $n_z = \cos(\beta_z)$ 是定位旋转轴的"方向余弦"(欧拉定理).这两种参数化方式的关系可由罗德里格斯(Rodrigues)指数映射公式给出:

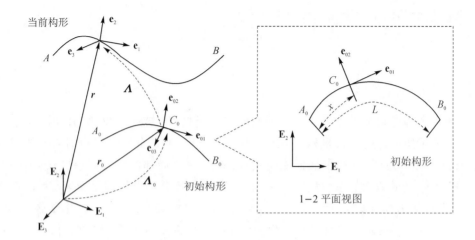

图 1.20　三维曲梁

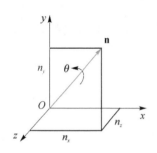

图 1.21　旋转向量 n

$$\boldsymbol{\Lambda} = \cos\theta \boldsymbol{I} + \frac{\sin\theta}{\theta}\hat{\boldsymbol{\theta}} + \frac{1-\cos\theta}{\theta^2}\boldsymbol{\theta}\otimes\boldsymbol{\theta} \quad (1.44)$$

轴向量 $\boldsymbol{\theta}$ 的斜对称矩阵 $\hat{\boldsymbol{\theta}}$ 的定义是

$$\hat{\boldsymbol{\theta}} = \begin{bmatrix} 0 & -\theta_3 & \theta_2 \\ \theta_3 & 0 & -\theta_1 \\ -\theta_2 & \theta_1 & 0 \end{bmatrix} \quad (1.45)$$

对于任意向量 $\boldsymbol{b} \in \mathbb{R}^3$，斜对称矩阵(1.45)满足关系式 $\hat{\boldsymbol{\theta}}\boldsymbol{b} = \boldsymbol{\theta}\times\boldsymbol{b}$. 根据标准向量恒等式 $\hat{\boldsymbol{\theta}}^2 = \boldsymbol{\theta}\otimes\boldsymbol{\theta} - \theta^2\boldsymbol{I}$，可以由式(1.44)得到另一种形式的罗德里格斯公式：

$$\boldsymbol{\Lambda} = \exp(\hat{\boldsymbol{\theta}}) = \boldsymbol{I} + \frac{\sin\theta}{\theta}\hat{\boldsymbol{\theta}} + \frac{1-\cos\theta}{\theta^2}\hat{\boldsymbol{\theta}}^2 \quad (1.46)$$

其中，根据定义 $\exp(\hat{\theta}) = \sum_{m=0}^{\infty} \frac{1}{m!}\hat{\boldsymbol{\theta}}^m$. 已证明等式(1.46)是指数映射的封闭解.

1.7.4　旋转四元数

根据1.7.2节列出的定义，容易证明，每个四元数也可以写成极坐标的形式：
$$\bar{a} = |\bar{a}|(\cos\theta + \mathbf{n}\sin\theta)$$
其中，$\mathbf{n}$ 是单位向量. 当 $|\bar{a}| = 1$ 时，容易识别 $\mathbf{n}$ 为旋转轴，θ 为旋转角.

如前所述，四元数乘法是不可交换的. 因此，对于给定的单位四元数 $\bar{q}(|\bar{q}| = 1)$ 和任意四元数 $\bar{a}$，引入如下两个线性算子：

- 左乘
$$\phi_L(\bar{q}) : \bar{a} \mapsto \bar{q} \circ \bar{a}$$

- 右乘
$$\phi_R(\bar{q}) : \bar{a} \mapsto \bar{a} \circ \bar{q}$$

对于 ϕ_L 和 ϕ_R，可以证明它们可以保持 $\bar{a}$ 的长度、角度和方向. 因此，ϕ_L 和 ϕ_R 可以表示在四元数的四维空间中的旋转. 然而,它们都不能表示三维旋转,因为它们不能将纯四元数(向量)映射为纯四元数(向量). 但是,容易找到这两个算符的复合,从而满足将纯四元数映射为纯四元数的条件. 回想一下,两个四维空间旋转的复合也是一个四维旋转,因此定义一个新的旋转算子 $\mathscr{D}$:

$$\mathscr{D}(\bar{q}) = \phi_R(\bar{q}^*)\phi_L(\bar{q}) = \phi_L(\bar{q})\phi_R(\bar{q}^*)$$

$$\mathscr{D}(\bar{q}) : \bar{a} \mapsto \bar{q} \circ \bar{a} \circ \bar{q}^*$$

它可以在运算中保持变量始终是纯四元数. 证明运算 $\mathscr{D}(0+\boldsymbol{a})$ 得到的仍然是纯四元数比较简单,因此这里省略. 由于两次旋转的轴是共线的,因此复合旋转 $\mathscr{D} = \phi_R(\bar{q}^*)\phi_L(\bar{q})$ 的角度是单次旋转 $\phi_R(\bar{q}^*)$ 或 $\phi_L(\bar{q})$ 的角度的两倍. 因此,单位四元数 $\bar{q}$ 可以用极坐标形式表示为

$$\bar{q} = \cos\frac{\theta}{2} + \mathbf{n}\sin\frac{\theta}{2} \tag{1.47}$$

由于式(1.47)与轴和旋转角度直接关联,因此式(1.47)通常被用作旋转四元数的定义. 根据关系式

$$(\bar{q} \circ \tilde{a} \circ \bar{q}^*)_{\mathbf{R}^3} = \boldsymbol{\Lambda}\boldsymbol{a}$$

其中 $(\cdot)_{\mathbf{R}^3}$ 表示四元数的向量部分,可以得到旋转矩阵与旋转四元数的关系为

$$\boldsymbol{\Lambda} = (2q_0^2 - 1)\boldsymbol{I} + 2q_0\hat{\boldsymbol{q}} + 2\boldsymbol{q}\boldsymbol{q}^{\mathrm{T}}$$

或

$$\boldsymbol{\Lambda} = \begin{bmatrix} q_1^2 - q_2^2 - q_3^2 + q_0^2 & 2(q_1q_2 - q_3q_0) & 2(q_1q_3 + q_2q_0) \\ 2(q_2q_1 + q_3q_0) & -q_1^2 + q_2^2 - q_3^2 + q_0^2 & 2(q_2q_3 - q_1q_0) \\ 2(q_3q_1 - q_2q_0) & 2(q_3q_2 + q_1q_0) & -q_1^2 - q_2^2 + q_3^2 + q_0^2 \end{bmatrix} \tag{1.48}$$

其中,$\hat{\boldsymbol{q}}$ 是对应于 $\boldsymbol{q}$ 的斜对称矩阵. 给定正交矩阵 $\boldsymbol{\Lambda} = [m_{ij}]_{3\times3}$,对应的四元数参数可由式(1.48)求得,即

$$q_0 = \frac{\sqrt{m_{11} + m_{22} + m_{33} + 1}}{2}, \quad q_1 = \frac{m_{32} - m_{23}}{4q_0}, \quad q_2 = \frac{m_{13} - m_{31}}{4q_0}, \quad q_3 = \frac{m_{21} - m_{12}}{4q_0}$$

$$q_1 = \frac{\sqrt{m_{11} - m_{22} - m_{33} + 1}}{2}, \quad q_0 = \frac{m_{32} - m_{23}}{4q_1}, \quad q_2 = \frac{m_{12} + m_{21}}{4q_1}, \quad q_3 = \frac{m_{13} + m_{31}}{4q_1}$$

$$q_2 = \frac{\sqrt{-m_{11} + m_{22} - m_{33} + 1}}{2}, \quad q_0 = \frac{m_{13} - m_{31}}{4q_2}, \quad q_1 = \frac{m_{12} + m_{21}}{4q_2}, \quad q_3 = \frac{m_{23} + m_{32}}{4q_2}$$

$$q_3 = \frac{\sqrt{-m_{11} - m_{22} + m_{33} + 1}}{2}, \quad q_0 = \frac{m_{21} - m_{12}}{4q_3}, \quad q_1 = \frac{m_{13} + m_{31}}{4q_3}, \quad q_2 = \frac{m_{23} + m_{32}}{4q_3}$$

$$\tag{1.49}$$

由式(1.49)得到的四元数不是唯一的. 为了避免奇异性,在求解四元数时应选择式(1.49)中分母绝对值最大的表达式.

本章小结

本章重点介绍了复数的概念、运算、表示,以及复变函数与其极限和连续性,此外还介

绍了区域、四元数等概念.

1. 复数及其代数运算

本章首先介绍了复数的概念及代数运算,这是复变函数的基础,本书所有的内容都是在这些基本概念和运算规则的基础上展开的.

(1) 复数的概念

虚数单位: $i=\sqrt{-1}$ 或其等价形式 $i^2=-1$.

实部: $\mathrm{Re}(z)$;

虚部: $\mathrm{Im}(z)$.

当且仅当两个复数的实部和虚部分别相等时,这两个复数相等.

当且仅当复数的实部和虚部同时等于 0 时,复数 z 等于 0.

(2) 复数的代数运算

加法: $(a+b\mathrm{i})+(c+d\mathrm{i})=(a+c)+(b+d)\mathrm{i}$.

减法: $(a+b\mathrm{i})-(c+d\mathrm{i})=(a-c)+(b-d)\mathrm{i}$.

乘法: $(a+b\mathrm{i})(c+d\mathrm{i})=(ac-bd)+(ad+bc)\mathrm{i}$.

除法: $\dfrac{a+b\mathrm{i}}{c+d\mathrm{i}}=\dfrac{ac+bd}{c^2+d^2}+\dfrac{bc-ad}{c^2+d^2}\mathrm{i}$.

共轭: $\bar{z}=\overline{a+b\mathrm{i}}=a-b\mathrm{i}$.

共轭复数的性质:

(a) $\overline{z_1+z_2}=\bar{z}_1+\bar{z}_2$;

(b) $\overline{z_1-z_2}=\bar{z}_1-\bar{z}_2$;

(c) $\overline{z_1z_2}=\bar{z}_1\bar{z}_2$;

(d) $\overline{\left(\dfrac{z_1}{z_2}\right)}=\dfrac{\bar{z}_1}{\bar{z}_2}(z_2\neq0)$;

(e) $(\overline{z^n})=(\bar{z})^n,n=1,2,\cdots$;

(f) $\bar{\bar{z}}=z$;

(g) $z+\bar{z}=2\mathrm{Re}(z)$;

(h) $z-\bar{z}=2\mathrm{iIm}(z)$.

2. 复数的几何表示

充分理解复数的几何意义可以更形象地学习复数,而且模、辐角、复数的极坐标形式、棣莫弗公式等有重要的实用价值.

(1) 复平面

复平面:复数 $z=x+\mathrm{i}y$ 与坐标平面上的点 (x,y) 之间有唯一对应关系.

复数的模: $|z|=\sqrt{x^2+y^2}=\sqrt{z\bar{z}}$.

复数的极坐标形式: $z=r(\cos\theta+\mathrm{i}\sin\theta)$,其中 r 为 z 的**模**,θ 为 z 的**辐角**,且

$$r=\sqrt{x^2+y^2}>0,\quad \cos\theta=\frac{x}{\sqrt{x^2+y^2}}=\frac{x}{r},\quad \sin\theta=\frac{y}{\sqrt{x^2+y^2}}=\frac{y}{r}$$

欧拉公式: $e^{\mathrm{i}\theta}=\cos\theta+\mathrm{i}\sin\theta$.

棣莫弗公式: $(\cos\theta+\mathrm{i}\sin\theta)^n=(e^{\mathrm{i}\theta})^n=e^{\mathrm{i}n\theta}=\cos n\theta+\mathrm{i}\sin n\theta$.

辐角的主值: $-\pi<\arg z\leqslant\pi,\cos(\arg z)=\frac{x}{|z|},\sin(\arg z)=\frac{y}{|z|}$.

辐角：$\text{Arg } z = \{\arg z + 2k\pi \mid k = 0, \pm 1, \pm 2, \cdots\}$.

两点之间的距离：$|z_2 - z_1| = \sqrt{(x_2 - x_1)^2 + (y_2 - y_1)^2}$.

三角形不等式：$|z_1 + z_2| \leqslant |z_1| + |z_2|$，$|z_1 - z_2| \leqslant |z_1| + |z_2|$.

（2）复无穷和复球面

无穷远点用 ∞ 表示，关于 ∞ 的代数运算定义如下：

$$\begin{cases} z + \infty = \infty + z = \infty, & z \in \mathbb{C} \\ z \cdot \infty = \infty \cdot z = \infty, & z \in \mathbb{C} \setminus \{0\} \\ \dfrac{z}{0} = \infty, & z \in \mathbb{C} \setminus \{0\} \\ \dfrac{z}{\infty} = 0, & z \in \mathbb{C} \\ \dfrac{\infty}{z} = \infty, & z \in \mathbb{C} \end{cases}$$

扩展复平面：集合 $\mathbb{C}_\infty = \mathbb{C} \bigcup \{\infty\}$.

复球面上的点（除北极 N 外）与复平面内的点之间存在一一对应的关系.

3. 复数的乘幂与方根

(1) 乘积与商

复数的极坐标形式特别适合于乘除法计算，设

$$z_1 = r_1(\cos \theta_1 + \mathrm{i}\sin \theta_1), \quad z_2 = r_2(\cos \theta_2 + \mathrm{i}\sin \theta_2)$$

其中，θ_1 和 θ_2 分别是 z_1 与 z_2 的任意辐角，则

$$z_1 z_2 = r_1 r_2 \left[\cos(\theta_1 + \theta_2) + \mathrm{i}\sin(\theta_1 + \theta_2)\right]$$

并且，当 $z_2 \neq 0$ 时，有

$$\frac{z_1}{z_2} = \frac{r_1}{r_2} \left[\cos(\theta_1 - \theta_2) + \mathrm{i}\sin(\theta_1 - \theta_2)\right]$$

(2) 整数次幂与方根

如果 $z = r(\cos \theta + \mathrm{i}\sin \theta)$，那么 z 关于任意整数 n 的 n 次方为

$$z^n = r^n(\cos n\theta + \mathrm{i}\sin n\theta)$$

令 $w = \rho(\cos \phi + \mathrm{i}\sin \phi) \neq 0$，则 w 的 n 次方根是方程 $z^n = w$ 的解，这些方根是

$$z_{k+1} = \rho^{1/n} \left[\cos\left(\frac{\phi}{n} + \frac{2k\pi}{n}\right) + \mathrm{i}\sin\left(\frac{\phi}{n} + \frac{2k\pi}{n}\right)\right]$$

其中 $k = 0, 1, \cdots, n-1$.

4. 区 域

(1) 开集和闭集

内点：如果存在一个点 z_0 的邻域，该邻域内所有的点都属于点集 S，则称点 z_0 为点集 S 的内点.

边界点：如果点 z_0 的每个邻域既包含属于点集 S 的点也包含不属于点集 S 的点，则称点 z_0 为点集 S 的边界点.

边界：点集 S 的所有边界点的集合.

外点：如果一个点既不是点集 S 的内点，也不是点集 S 的边界点，那么它被称为点集 S 的外点.

开集：只由内点组成的集合.

闭集：如果一个点集包含了它所有的边界点，那么就称它为闭集.

闭包：点集 S 的闭包是包含 S 中的所有点和 S 的整个边界的闭集.

(2) 区域和连通性

如果集合 S 中的任意两点可以用一条完全位于 S 内部的连续曲线连接起来，则称集合 S 是连通的.

开域：连通的开集.

闭域：开域的闭包.

若尔当曲线：没有重点的连续曲线.

简单闭曲线：如果曲线只有一个重点，并且对应于 t 的初值 α 和终值 β，即 $z(\alpha) = z(\beta)$，则称曲线为简单闭曲线.

单连通域：如果区域 S 中的每一条简单闭曲线都可以缩小为 S 中的一个点，而不会经过不属于 S 的点，则称它为单连通域.

多连通域：非单连通域.

5. 复变函数

(1) 复变函数的定义

复变函数是指定义域和值域是复数集 $\mathbb{C}$ 的子集的函数 f.

(2) 映射的概念

复映射：z 平面中的点与它在 w 平面中的像点之间由复变函数 $w = f(z)$ 确定的对应关系.

线性变换：形如 $f(z) = az + b$ 的映射，其中 a 和 b 是复常数，且 $a \neq 0$. 通常可以从缩放、旋转和平移的角度来考虑.

反函数：如果 f 是一个定义域为 A、值域为 B 的一一对应的复变函数，且 $f(w) = z$，那么 f 的反函数 f^{-1} 就是一个定义域为 B、值域为 A 的复变函数，且 $f^{-1}(z) = w$.

6. 复变函数的极限和连续性

(1) 复变函数的极限

设 u, v 是定义在 $\mathbb{C}$ 的子集 S 上的实值函数，设 z_0 是 S 中的一个点、$L = a + ib$ 是一个复数. 于是可得函数 $f = u + iv$ 当 $z \to z_0$ 时的极限为 L 的充分必要条件是，当 $z \to z_0$ 时其实部和虚部的极限分别为 a 与 b，即

$$\lim_{z \to z_0} f(z) = L \Leftrightarrow \lim_{z \to z_0} u(z) = a, \quad \lim_{z \to z_0} v(z) = b$$

(2) 复变函数的连续性

设 $f(z) = u(x, y) + iv(x, y)$ 且 $z_0 = x_0 + iy_0$，复变函数 f 在 z_0 处连续的充分必要条件是实函数 u 和 v 在 (x_0, y_0) 处连续.

有界函数：如果存在一个正实数 M，使得对于 S 中的所有 z，满足 $|g(z)| \leqslant M$，则称函数 g 在集合 S 上是有界的.

7. 四元数及其应用

(1) 超复数

秩为 $1 \sim n$ 的复数称为超复数.

(2) 四元数的定义

四元数可以看作实数的四元组，即 $\mathbb{R}^4$ 的一个元素：

$$\bar{a} = (a_0, a_1, a_2, a_3)$$

这里 a_0, a_1, a_2 和 a_3 都是实数或标量，也可以写成和式：

$$\bar{a} = a_0 + \boldsymbol{a} = a_0 + a_1\mathbf{i} + a_2\mathbf{j} + a_3\mathbf{k}$$

其中，a_0 被称为四元数的标量部分，而 $\boldsymbol{a}$ 被称为四元数的向量部分. 标量 a_0, a_1, a_2, a_3 称为四元数的分量.

(3) 三维旋转

旋转张量(矩阵)：$\boldsymbol{\Lambda}(x) = [\mathbf{e}_1, \mathbf{e}_2, \mathbf{e}_3]$，从局部坐标系到全局坐标系的变换矩阵.

罗德里格斯公式：

$$\boldsymbol{\Lambda} = \cos\theta \boldsymbol{I} + \frac{\sin\theta}{\theta}\hat{\boldsymbol{\theta}} + \frac{1-\cos\theta}{\theta^2}\boldsymbol{\theta} \otimes \boldsymbol{\theta}$$

(4) 旋转四元数

$$\bar{q} = \cos\frac{\theta}{2} + \mathbf{n}\sin\frac{\theta}{2}$$

它与旋转矩阵的关系为

$$\boldsymbol{\Lambda} = (2q_0^2 - 1)\boldsymbol{I} + 2q_0\hat{\boldsymbol{q}} + 2\boldsymbol{q}\boldsymbol{q}^{\mathrm{T}}$$

作　业

复数及其几何表示

1. 求下列复数 z 的实部与虚部、共轭复数、模与辐角：

(1) $\dfrac{1}{3+2i}$；

(2) $\dfrac{1}{i} - \dfrac{3i}{1-i}$；

(3) $\dfrac{(3+4i)(2-5i)}{2i}$；

(4) $i^8 + 4i^{21} + i$.

2. 当 x, y 等于什么实数时，等式 $\dfrac{x+1+i(y-3)}{5+3i} = 1+i$ 成立？

3. 证明：

(1) $|z|^2 = z\bar{z}$；

(2) $\overline{z_1 \pm z_2} = \bar{z}_1 + \bar{z}_2$；

(3) $\overline{z_1 z_2} = \bar{z}_1 \bar{z}_2$；

(4) $\overline{\left(\dfrac{z_1}{z_2}\right)} = \dfrac{\bar{z}_1}{\bar{z}_2}$；

(5) $\bar{\bar{z}} = z$；

(6) $\mathrm{Re}(z) = \dfrac{1}{2}(\bar{z} + z), \mathrm{Im}(z) = \dfrac{1}{2\mathrm{i}}(z - \bar{z})$.

4. 判断下列命题的真假：

(1) 若 c 为实常数，则 $c = \bar{c}$；

(2) 若 z 为纯虚数，则 $z \neq \bar{z}$；

(3) $\mathrm{i} < 2\mathrm{i}$；

(4) 零的辐角是零；

(5) 仅存在一个数 z，使得 $\dfrac{1}{z} = -z$；

(6) $|z_1 + z_2| = |z_1| + |z_2|$；

(7) $\dfrac{1}{\mathrm{i}}\bar{z} = \overline{\mathrm{i}z}$.

5. 将下列复数化为极坐标形式和指数形式：

(1) i；

(2) -1；

(3) $1 + \mathrm{i}\sqrt{3}$；

(4) $1 - \cos\varphi + \mathrm{i}\sin\varphi\,(0 \leqslant \varphi \leqslant \pi)$；

(5) $\dfrac{2\mathrm{i}}{-1 + \mathrm{i}}$；

(6) $\dfrac{(\cos 5\varphi + \mathrm{i}\sin 5\varphi)^2}{(\cos 3\varphi - \mathrm{i}\sin 3\varphi)^3}$.

复数的乘幂与方根、区域

1. 证明：

(1) 任何有理分式函数 $R(z) = P(z)/Q(z)$ 可以化为 $X + \mathrm{i}Y$ 的形式，其中 X 和 Y 为具有实系数的 x 与 y 的有理分式函数；

(2) 如果 $R(z)$ 为(1)中的有理分式函数，但具有实系数，那么 $R(\bar{z}) = X - \mathrm{i}Y$；

(3) 如果复数 $a + \mathrm{i}b$ 是实系数方程

$$a_0 z^n + a_1 z^{n-1} + \cdots + a_{n-1} z + a_n = 0$$

的根，那么 $a - \mathrm{i}b$ 也是它的根.

2. 求下列各式的值：

(1) $(\sqrt{3} - \mathrm{i})^5$；

(2) $(1 + \mathrm{i})^6$；

(3) $\sqrt[6]{-1}$；

(4) $(1 - \mathrm{i})^{1/3}$.

3. 若 $(1 + \mathrm{i})^n = (1 - \mathrm{i})^n$，试求 n 的值.

4. 指出下列各式中点 z 的轨迹或所在范围，并作图：

(1) $|z - 5| = 6$；

(2) $|z + 2\mathrm{i}| \geqslant 1$；

(3) $\mathrm{Re}(z + 2) = -1$；

(4) $\mathrm{Re}(\mathrm{i}\bar{z}) = 3$；

(5) $|z + \mathrm{i}| = |z - \mathrm{i}|$；

(6) $|z + 3| + |z + 1| = 4$；

(7) $\mathrm{Im}(z) \leqslant 2$；

(8) $\left| \dfrac{z - 3}{z - 2} \right| \geqslant 1$；

(9) $0 < \arg z < \pi$；

(10) $\arg(z - \mathrm{i}) = \dfrac{\pi}{4}$.

5. 指出下列不等式所确定的开域或闭域，并指明它是有界的还是无界的，是单连通的还是多连通的：

(1) Im(z)>0；   (2) $|z-1|>4$；

(3) 0<Re(z)<1；   (4) $2\leqslant|z|\leqslant3$；

(5) $|z-i|<|z+3|$；   (6) $-1<\arg z<-1+\pi$；

(7) $|z-1|<4|z+1|$；   (8) $|z-2|+|z+2|\leqslant6$；

(9) $|z-2|-|z+2|>1$；   (10) $z\bar{z}-(2+i)z-(2-i)\bar{z}\leqslant4$.

6. 证明复平面上的直线方程可以写成：

$$\alpha\bar{z}+\bar{\alpha}z=c \quad (\alpha\neq0\text{ 为复常数，} c \text{ 为实常数})$$

7. 证明复平面上的圆周方程可以写成：

$$z\bar{z}+\alpha\bar{z}+\bar{\alpha}z=c \quad (\alpha \text{ 为复常数，} c \text{ 为实常数})$$

8. 将下列方程（t 为实参数）给出的曲线用一个实笛卡尔坐标方程表示：

(1) $z=t(1+i)$；   (2) $z=a\cos t+ib\sin t$（a，b 为实常数）；

(3) $z=t+\dfrac{i}{t}$；   (4) $z=t^2+\dfrac{i}{t^2}$；

(5) $z=a\cos ht+ib\sin ht$（a，b 为实常数）；

(6) $z=ae^{it}+be^{-it}$；

(7) $z=e^{\alpha t}$（$\alpha=a+ib$ 为复数）.

9. 函数 $w=1/z$ 把下列 z 平面上的曲线映射成 w 平面上的何种曲线？

(1) $x^2+y^2=4$；   (2) $y=x$；

(3) $x=1$；   (4) $(x-1)^2+y^2=4$.

10. 已知映射 $w=z^2$，求

(1) 点 $z_1=i$，$z_2=1+i$，$z_3=\sqrt{3}+i$ 在 w 平面的像；

(2) 区域 $0<\arg z<\dfrac{\pi}{3}$ 在 w 平面的像.

复变函数及其极限和连续性

1. 设函数 $f(z)$ 在点 z_0 连续且 $f(z_0)\neq0$，证明可找到点 z_0 的邻域，在此邻域内 $f(z)\neq0$.

2. 设 $f(z)=\dfrac{1}{2i}\left(\dfrac{z}{\bar{z}}-\dfrac{\bar{z}}{z}\right)$，试证：当 $z\to0$ 时，$f(z)$ 的极限不存在.

3. 试证 $\arg z$ 在原点与负实轴上不连续.

第 2 章　解析函数

本章首先研究复变函数与实函数数学性质之间的差异,并给出复变函数的微分理论和可微性的概念,在此基础上引出解析函数的定义;然后介绍柯西-黎曼(Cauchy-Riemann)方程;最后介绍一些初等函数,并讨论它们的解析性.解析性在复变函数理论中至关重要.

2.1　解析函数的概念

2.1.1　复变函数的导数与微分

复变函数的微积分主要讨论这些函数的导数和积分的基本概念.本节将给出复变函数 $f(z)$ 导数的极限定义.虽然本节中的许多概念读者已经很熟悉,如导数的乘法、除法和链式法则,但复变函数 $f(z)$ 的导数与实函数 $f(x)$ 的导数有着很大的区别.随着后面章节的展开,读者将发现,除了名称和定义相似外,对 $f'(x)$ 和 $f'(z)$ 等的解释几乎没有相似之处.

导数的定义　设 $z=x+\mathrm{i}y$, $z_0=x_0+\mathrm{i}y_0$,那么点 z_0 处的变化量可表示为 $\Delta z=z-z_0$ 或 $\Delta z=x-x_0+\mathrm{i}(y-y_0)=\Delta x+\mathrm{i}\Delta y$.若复变函数 $w=f(z)$ 在点 z 和点 z_0 处有定义,则对应函数的变化量为 $\Delta w=f(z_0+\Delta z)-f(z_0)$.函数 f 的**导数**定义为当 $\Delta z\rightarrow 0$ 时差商 $\Delta w/\Delta z$ 的极限.

【定义 2.1.1】(复变函数的导数) 设复变函数 f 在点 z_0 的邻域内有定义,将函数 f 在点 z_0 处的**导数**记作 $f'(z_0)$,计算式为

$$f'(z_0)=\lim_{\Delta z\to 0}\frac{f(z_0+\Delta z)-f(z_0)}{\Delta z} \tag{2.1}$$

这里假设式(2.1)的极限是存在的.

若式(2.1)的极限存在,则称函数 f 在点 z_0 处**可导**.另外两个表示 $w=f(z)$ 导数的符号是 w' 和 $\mathrm{d}w/\mathrm{d}z$.如果采用后一种表示法,则在给定点 z_0 处的导数值可写为 $\dfrac{\mathrm{d}w}{\mathrm{d}z}\bigg|_{z=z_0}$.

【例 2.1.1】(复变函数的导数的应用) 利用定义 2.1.1 求函数 $f(z)=z^2-5z$ 的导数.

【解】因为要计算 f 在任意点的导数,所以用符号 z 替换式(2.1)中的 z_0.首先,计算

$$f(z+\Delta z)=(z+\Delta z)^2-5(z+\Delta z)=z^2+2z\Delta z+(\Delta z)^2-5z-5\Delta z$$

其次,计算

$$f(z+\Delta z)-f(z)=z^2+2z\Delta z+(\Delta z)^2-5z-5\Delta z-(z^2-5z)$$
$$=2z\Delta z+(\Delta z)^2-5\Delta z$$

最后，由式(2.1)可得

$$f'(z)=\lim_{\Delta z\to 0}\frac{2z\Delta z+(\Delta z)^2-5\Delta z}{\Delta z}$$
$$=\lim_{\Delta z\to 0}\frac{\Delta z(2z+\Delta z-5)}{\Delta z}$$
$$=\lim_{\Delta z\to 0}(2z+\Delta z-5)$$

因此 $f'(z)=2z-5$.

与实函数的微积分一样，复变函数在某点的导数存在意味着该函数在该点连续. 假设 $f'(z_0)$ 存在，考虑如下极限：

$$\lim_{z\to z_0}\big[f(z)-f(z_0)\big]=\lim_{z\to z_0}\frac{f(z)-f(z_0)}{z-z_0}\lim_{z\to z_0}(z-z_0)=0$$

因此
$$\lim_{z\to z_0}f(z)=f(z_0)$$

这表明 $f(z)$ 在点 z_0 处是连续的. 然而，函数 $f(z)$ 在某点连续并不意味着 $f(z)$ 在该点是可导的.

求导法则　实变量微积分中的**求导法则**可以推广到复变量的微积分中，如果函数 f 和 g 在点 z 处可微，且 c 为复变常数，则通过式(2.1)可证明：

常数法则：

$$\frac{\mathrm{d}}{\mathrm{d}z}c=0,\qquad \frac{\mathrm{d}}{\mathrm{d}z}cf(z)=cf'(z) \tag{2.2}$$

求和法则：

$$\frac{\mathrm{d}}{\mathrm{d}z}\big[f(z)\pm g(z)\big]=f'(z)\pm g'(z) \tag{2.3}$$

乘法法则：

$$\frac{\mathrm{d}}{\mathrm{d}z}\big[f(z)g(z)\big]=f'(z)g(z)+f(z)g'(z)$$

除法法则：

$$\frac{\mathrm{d}}{\mathrm{d}z}\left[\frac{f(z)}{g(z)}\right]=\frac{f'(z)g(z)-f(z)g'(z)}{\big[g(z)\big]^2} \tag{2.4}$$

链式法则：

$$\frac{\mathrm{d}}{\mathrm{d}z}f(g(z))=f'(g(z))g'(z) \tag{2.5}$$

对于 z 的幂函数的导数，**幂法则**仍然有效：

$$\frac{\mathrm{d}}{\mathrm{d}z}z^n=nz^{n-1}（其中 n 是整数） \tag{2.6}$$

综合式(2.6)和式(2.5)可得**函数的幂法则**：

$$\frac{\mathrm{d}}{\mathrm{d}z}\big[g(z)\big]^n=n\big[g(z)\big]^{n-1}g'(z)（其中 n 是整数） \tag{2.7}$$

【例 2.1.2】(求导法则的应用) 求下列微分:

(a) $f(z) = 3z^4 - 5z^3 + 2z$;

(b) $f(z) = \dfrac{z^2}{4z+1}$;

(c) $f(z) = (iz^2 + 3z)^5$.

【解】(a) 使用幂法则(2.6)、求和法则(2.3),并结合式(2.2),可以得到

$$f'(z) = 3 \cdot 4z^3 - 5 \cdot 3z^2 + 2 \cdot 1 = 12z^3 - 15z^2 + 2$$

(b) 根据除法法则(2.4),可得

$$f'(z) = \frac{(4z+1) \cdot 2z - z^2 \cdot 4}{(4z+1)^2} = \frac{4z^2 + 2z}{(4z+1)^2}$$

(c) 根据幂法则(2.7),可知 $n = 5$,$g(z) = iz^2 + 3z$.由于 $g'(z) = 2iz + 3$,因此可得

$$f'(z) = 5(iz^2 + 3z)^4 (2iz + 3)$$

对于在点 z_0 处可微的复变函数 f,由第 1 章可知,其极限 $\lim\limits_{\Delta z \to 0} \dfrac{f(z_0 + \Delta z) - f(z_0)}{\Delta z}$ 必须存在,且在任何方向上都等于相同的复数;也就是说,无论 Δz 如何趋于 0,极限都必须存在.这意味着在复分析中,函数 $f(z)$ 在点 z_0 处的可微性要求远高于函数 $f(x)$ 的实微积分,在实微积分中 x 只需从数轴上的两个方向趋近实数 x_0.如果一个复变函数是由实部 u 和虚部 v 组成的,比如 $f(z) = x + 4iy$,那么它很有可能是不可微的.

【例 2.1.3】(处处不可微的函数) 证明函数 $f(z) = x + 4iy$ 在任何点 z 处都是不可微的.

【解】设 z 是复平面上的任意一点.令 $\Delta z = \Delta x + i\Delta y$,则

$$f(z + \Delta z) - f(z) = (x + \Delta x) + 4i(y + \Delta y) - x - 4iy = \Delta x + 4i\Delta y$$

因此

$$\lim_{\Delta z \to 0} \frac{f(z + \Delta z) - f(z)}{\Delta z} = \lim_{\Delta z \to 0} \frac{\Delta x + 4i\Delta y}{\Delta x + i\Delta y}$$

现在,如果沿着一条平行于 x 轴的直线让 $\Delta z \to 0$,那么 $\Delta y = 0$ 且 $\Delta z = \Delta x$,于是

$$\lim_{\Delta z \to 0} \frac{f(z + \Delta z) - f(z)}{\Delta z} = \lim_{\Delta z \to 0} \frac{\Delta x}{\Delta x} = 1 \tag{2.8}$$

另外,如果沿一条平行于 y 轴的直线让 $\Delta z \to 0$,那么 $\Delta x = 0$ 且 $\Delta z = i\Delta y$,于是

$$\lim_{\Delta z \to 0} \frac{f(z + \Delta z) - f(z)}{\Delta z} = \lim_{\Delta z \to 0} \frac{4i\Delta y}{i\Delta y} = 4 \tag{2.9}$$

鉴于式(2.8)与式(2.9)所给值明显不同的事实,得出 $f(z) = x + 4iy$ 是处处不可微的结论.也就是说,f 在任何 z 点处都是不可微的.

式(2.6)所给幂法则并不适用于 z 的共轭幂,因为像例 2.1.3 中的函数一样,函数 $f(z) = \bar{z}$ 在任何点处都是不可微的.

2.1.2　解析函数及其简单性质

尽管可微的要求非常苛刻,但仍有一类非常重要的函数,其成员可满足更苛刻的要求.这类函数称为**解析函数**.

【定义 2.1.2】(一点处的解析性) 如果复变函数 f 在点 z_0 及其邻域内处处可导,那么称复变函数 $w=f(z)$ **在点 z_0 处解析**.

如果函数 f 在区域 D 内每一点解析,那么称它在区域 D 内解析.

读者应该仔细阅读定义 2.1.2,函数在一点处解析和在一点处可导是两个不等价的概念.在一点处解析是一个邻域属性,换句话说,解析是在开集上定义的属性.作为练习,读者可以证明函数 $f(z)=|z|^2$ 在 $z=0$ 处可导,但在其他任何地方都不可导.尽管 $f(z)=|z|^2$ 在 $z=0$ 处是可导的,但它在这一点处不是解析的,因为不存在 $z=0$ 的邻域使得 f 在整个邻域内都是可导的,因此函数 $f(z)=|z|^2$ 在任何位置都不解析.

相反,简单多项式 $f(z)=z^2$ 在复平面上的每一点 z 处都是可导的,因此,$f(z)=z^2$ 是处处解析的.

全纯函数　在复平面上每一点 z 处都解析的函数称为**全纯函数**或**正则函数**,这些术语并不常用.根据式(2.2)、式(2.3)、式(2.4)和式(2.6)所给求导法则,可以得出结论:多项式函数在复平面的每一点 z 处都是可导的,有理函数在任何不包含分母为零的点的区域 D 内都是解析的.定理 2.1.1 总结了这些结论.

【定理 2.1.1】(多项式函数和有理函数的解析性) (i) 多项式函数 $p(z)=a_n z^n+a_{n-1} z^{n-1}+\cdots+a_1 z+a_0$ 是全纯函数,其中 n 是非负整数;

(ii) 有理函数 $f(z)=p(z)/q(z)$ 在不包含 $q(z_0)=0$ 的点 z_0 的任何定义域 D 内都是解析的,其中 p 和 q 是多项式函数.

奇点　由于有理函数 $f(z)=4z/(z^2-2z+2)$ 在 $1+i$ 和 $1-i$ 处不连续,因此 f 在这些点处不解析.根据定理 2.1.1(ii),f 在任何包含其中一个或两个点的区域内都不是解析的.一般来说,复变函数 $w=f(z)$ 不解析的点 z 称为 f 的**奇点**.第 5 章会深入探讨奇点,并给出亚纯函数的概念.

如果函数 f 和 g 在区域 D 内解析,则可以证明**两个函数和、积、商的解析性**:

两个函数的和 $f(z)+g(z)$、差 $f(z)-g(z)$ 和积 $f(z)g(z)$ 是解析的,二者的商 $f(z)/g(z)$ 在 $g(z)\neq 0$ 的 D 内是解析的.

作为可导性的另一个结论,用于计算实函数不定式 0/0 极限的洛必达(L'Hospital)法则也适用于复分析.

【定理 2.1.2】(洛必达法则) 假设 f 和 g 在点 z_0 处解析,并且 $f(z_0)=0$,$g(z_0)=0$,但 $g'(z_0)\neq 0$,那么

$$\lim_{z \to z_0} \frac{f(z)}{g(z)}=\frac{f'(z_0)}{g'(z_0)} \tag{2.10}$$

式(2.10)的推导比较简单,留给读者去完成.

习 题

1. 利用定义 2.1.1 求下列函数的 $f'(z)$.

(a) $f(z) = 9\mathrm{i}z + 2 - 3\mathrm{i}$;

(b) $f(z) = 15z^2 - 4z + 1 - 3\mathrm{i}$;

(c) $f(z) = \mathrm{i}z^3 - 7z^2$;

(d) $f(z) = \dfrac{1}{z}$;

(e) $f(z) = z - \dfrac{1}{z}$;

(f) $f(z) = -z^{-2}$.

2. 利用求导法则求出下列函数的 $f'(z)$.

(a) $f(z) = (2 - \mathrm{i})z^5 + \mathrm{i}z^4 - 3z^2 + \mathrm{i}^6$;

(b) $f(z) = 5(\mathrm{i}z)^5 - 10z^2 + 3 - 4\mathrm{i}$;

(c) $f(z) = (z^6 - 1)(z^2 - z + 1 - 5\mathrm{i})$;

(d) $f(z) = (z^2 + 2z - 7\mathrm{i})^2(z^4 - 4\mathrm{i}z)^3$;

(e) $f(z) = \dfrac{\mathrm{i}z^2 - 2z}{3z + 1 - \mathrm{i}}$;

(f) $f(z) = -5\mathrm{i}z^2 + \dfrac{2 + \mathrm{i}}{z^2}$;

(g) $f(z) = (z^4 - 2\mathrm{i}z^2 + z)^{10}$;

(h) $f(z) = \left(\dfrac{(4 + 2\mathrm{i})z}{(2 - \mathrm{i})z^2 + 9\mathrm{i}} \right)^3$.

3. 确定下列函数不解析的点.

(a) $f(z) = \dfrac{\mathrm{i}z^2 - 2z}{3z + 1 - \mathrm{i}}$;

(b) $f(z) = -5\mathrm{i}z^2 + \dfrac{2 + \mathrm{i}}{z^2}$;

(c) $f(z) = (z^4 - 2\mathrm{i}z^2 + z)^{10}$.

2.2　柯西-黎曼方程

定义在 $\mathbb{C}$ 的开集 U 上的解析函数 f 可以写成 $u + \mathrm{i}v$ 的形式, 其中 u, v 是实值函数. 读者可能想知道 f 的解析性是否与 u, v 的可导性有关. 实际上, 二者确实具有很强的相关性, 而且 u 和 v 的偏导数之间还存在一种特殊的关系.

在探讨这种关系之前, 先讨论函数解析会带来什么结果. 设 $f(z) = f(x + \mathrm{i}y) = u(x, y) + \mathrm{i}v(x, y)$ 在开集 U 内解析, 令 $z_0 = x_0 + \mathrm{i}y_0 = (x_0, y_0)$ 是 U 中的一点. 函数 $f(z)$ 在点 z_0 处的导数存在, 等价于

$$f'(z_0) = \lim_{z \to z_0} \frac{f(z) - f(z_0)}{z - z_0} = \lim_{\Delta z \to 0} \frac{f(z_0 + \Delta z) - f(z_0)}{\Delta z} \tag{2.11}$$

假设 z 沿着 x 轴的方向趋近 z_0, 则 $z = z_0 + \Delta x = (x_0 + \Delta x, y_0)$, 从而 $\Delta z = z - z_0 = \Delta x$, 于是式 (2.11) 变为

$$
\begin{aligned}
f'(z_0) &= \lim_{\Delta x \to 0} \frac{f(x_0 + \Delta x + \mathrm{i}y_0) - f(x_0 + \mathrm{i}y_0)}{\Delta x} \\
&= \lim_{\Delta x \to 0} \left(\frac{u(x_0 + \Delta x, y_0) - u(x_0, y_0)}{\Delta x} + \mathrm{i}\, \frac{v(x_0 + \Delta x, y_0) - v(x_0, y_0)}{\Delta x} \right) \\
&= \lim_{\Delta x \to 0} \frac{u(x_0 + \Delta x, y_0) - u(x_0, y_0)}{\Delta x} + \lim_{\Delta x \to 0} \frac{v(x_0 + \Delta x, y_0) - v(x_0, y_0)}{\Delta x}
\end{aligned}
$$

$$\tag{2.12}$$

其中,最后一步可由定理 1.6.1 得出,该定理认为,当且仅当复变函数实部和虚部的极限存在时,其极限存在.可以看出式(2.12)最后一步中的两个极限是 u 和 v 对 x 的偏导数,由此可得

$$f'(z_0) = \frac{\partial u}{\partial x}(x_0, y_0) + \mathrm{i}\frac{\partial v}{\partial x}(x_0, y_0) \tag{2.13}$$

式(2.13)是用 u 和 v 对 x 的偏导数表示的 f 的导数的表达式.重复上述的步骤,回到式(2.11)并取 z 从 y 轴方向接近 z_0 时的极限.于是,$z = z_0 + \mathrm{i}\Delta y = (x_0, y_0 + \Delta y)$,从而 $\Delta z = z - z_0 = \mathrm{i}\Delta y$.类似式(2.12),注意当且仅当 $\Delta y \to 0$ 时 $\mathrm{i}\Delta y \to 0$,从而得到

$$\begin{aligned} f'(z_0) &= \lim_{\Delta y \to 0} \frac{f(x_0 + \mathrm{i}(y_0 + \Delta y)) - f(x_0 + \mathrm{i}y_0)}{\mathrm{i}\Delta y} \\ &= \lim_{\Delta y \to 0} \left(\frac{u(x_0, y_0 + \Delta y) - u(x_0, y_0)}{\mathrm{i}\Delta y} + \mathrm{i}\frac{v(x_0, y_0 + \Delta y) - v(x_0, y_0)}{\mathrm{i}\Delta y} \right) \\ &= \lim_{\Delta y \to 0} \frac{v(x_0, y_0 + \Delta y) - v(x_0, y_0)}{\Delta y} - \mathrm{i}\lim_{\Delta y \to 0} \frac{u(x_0, y_0 + \Delta y) - u(x_0, y)}{\Delta y} \end{aligned} \tag{2.14}$$

在式(2.14)中用到了 $1/i = -i$ 并重新排列了各项,可以看出最后一步中的两个极限是 v 和 u 关于 y 的偏导数,由此可得

$$f'(z_0) = \frac{\partial v}{\partial y}(x_0, y_0) - \mathrm{i}\frac{\partial u}{\partial y}(x_0, y_0) \tag{2.15}$$

式(2.15)是用 u 和 v 对 y 的偏导数表示 f 的导数的表达式.使式(2.13)式(2.15)中的实部和虚部分别相等,推导得以下方程:

$$\frac{\partial u}{\partial x} = \frac{\partial v}{\partial y}, \quad \frac{\partial u}{\partial y} = -\frac{\partial v}{\partial x} \tag{2.16}$$

式(2.16)便是**柯西-黎曼方程**.它最早出现在 1821 年柯西关于复变函数积分的早期工作中,它与复导数的联系出现在 1851 年德国数学家黎曼的博士论文中.

【定理 2.2.1】(柯西-黎曼方程)设 U 是 $\mathbb{C}$ 上的一个开集,u 和 v 是定义在 U 上的实值函数,则复变函数 $f(x+\mathrm{i}y) = u(x,y) + \mathrm{i}v(x,y)$ 在 U 上解析的充分必要条件是,u 和 v 是 U 上的可导函数且在 U 上的所有点满足

$$u_x = v_y, \quad u_y = -v_x \tag{2.17}$$

如果满足上述条件,那么对于所有的 $(x,y) \in U$,有

$$f'(x + \mathrm{i}y) = u_x(x,y) + \mathrm{i}v_x(x,y) \quad 或 \quad f'(x + \mathrm{i}y) = v_y(x,y) - \mathrm{i}u_y(x,y) \tag{2.18}$$

【证明】必要条件上面已经证明了,为了证明充分条件,假设 u 和 v 在 U 上可导且满足式(2.17).根据可导的定义可得

$$u(x,y) - u(x_0, y_0) = u_x(x_0, y_0)(x - x_0) + u_y(x_0, y_0)(y - y_0) + \varepsilon_1(x,y)|(x - x_0, y - y_0)| \tag{2.19}$$

$$v(x,y) - v(x_0, y_0) = v_x(x_0, y_0)(x - x_0) + v_y(x_0, y_0)(y - y_0) + \varepsilon_2(x,y)|(x - x_0, y - y_0)| \tag{2.20}$$

其中,$\varepsilon_1(x,y)$和$\varepsilon_2(x,y)$是当$(x,y)\to(x_0,y_0)$时趋于 0 的函数.将式(2.20)乘以 i 之后与式(2.19)相加,得

$$
\begin{aligned}
f(x+\mathrm{i}y)-f(x_0+\mathrm{i}y_0)&=[u_x(x_0,y_0)+\mathrm{i}v_x(x_0,y_)](x-x_0)+\\
&\quad[u_y(x_0,y_0)+\mathrm{i}v_y(x_0,y_0)](y-y_0)+\\
&\quad\varepsilon_1(x,y)\mid(x-x_0,y-y_0)\mid+\\
&\quad\mathrm{i}\varepsilon_2(x,y)\mid(x-x_0,y-y_0)\mid\\
&=[u_x(x_0,y_0)+\mathrm{i}v_x(x_0,y_0)](x-x_0)+\\
&\quad[-v_x(x_0,y_0)+\mathrm{i}u_x(x_0,y_0)](y-y_0)+\\
&\quad E(x+\mathrm{i}y)\mid x-x_0+\mathrm{i}(y-y_0)\mid\\
&=[u_x(x_0,y_0)+\mathrm{i}v_x(x_0,y_0)][(x-x_0)+\mathrm{i}(y-y_0)]+\\
&\quad E(x+\mathrm{i}y)\mid x-x_0+\mathrm{i}(y-y_0)\mid \qquad(2.21)
\end{aligned}
$$

在式(2.21)中使用了假设

$$
E(x+\mathrm{i}y)=\varepsilon_1(x,y)\frac{\mid(x-x_0,y-y_0)\mid}{x-x_0+\mathrm{i}(y-y_0)}+\mathrm{i}\varepsilon_2(x,y)\frac{\mid(x-x_0,y-y_0)\mid}{x-x_0+\mathrm{i}(y-y_0)}
$$

$$(2.22)$$

注意到

$$
\mid E(x+\mathrm{i}y)\mid\leqslant\mid\varepsilon_1(x,y)\mid+\mathrm{i}\mid\varepsilon_2(x,y)\mid
$$

当$(x,y)\to(x_0,y_0)$时,式(2.22)趋于 0.现在已经证明

$$
f(z)-f(z_0)=[u_x(z_0)+\mathrm{i}v_x(z_0)](z-z_0)+E(z)(z-z_0)
$$

这意味着 f 是解析的,且 $f'(z_0)=u_x(z_0)+\mathrm{i}v_x(z_0)$.这证明了式(2.18)中的第一个等式,而式(2.18)中的第二个等式可由第一个等式与式(2.17)联立得到.

【例 2.2.1】(验证定理 2.2.1) 多项式函数 $f(z)=z^2+z$ 对于所有的 z 都是解析的,并且可以写成 $f(z)=x^2-y^2+x+\mathrm{i}(2xy+y)$.因此,$u(x,y)=x^2-y^2+x$,$v(x,y)=2xy+y$.对于复平面上的任意点$(x,y)$,都能满足柯西-黎曼方程:

$$
\frac{\partial u}{\partial x}=2x+1=\frac{\partial v}{\partial y},\qquad\frac{\partial u}{\partial y}=-2y=-\frac{\partial v}{\partial x}
$$

【例 2.2.2】(柯西-黎曼方程的应用) 证明复变函数 $f(z)=2x^2+y+\mathrm{i}(y^2-x)$ 在任何点处都不解析.

【解】由所给函数可得 $u(x,y)=2x^2+y$,$v(x,y)=y^2-x$,于是

$$
\frac{\partial u}{\partial x}=4x,\qquad\frac{\partial v}{\partial y}=2y,\qquad\frac{\partial u}{\partial y}=1,\qquad\frac{\partial v}{\partial x}=-1
$$

可以看出 $\partial u/\partial y=-\partial v/\partial x$,但是等式 $\partial u/\partial x=\partial v/\partial y$ 只在直线 $y=2x$ 上满足.然而,对于直线上的任何一点 z,不存在关于点 z 的邻域或圆形域,使得 f 在每一点处都可导.因此,f 在任何点处都不解析.

【例 2.2.3】(柯西-黎曼方程的应用) 对于函数 $f(z)=\dfrac{x}{x^2+y^2}-\mathrm{i}\dfrac{y}{x^2+y^2}$,除 x^2+

$y^2=0$ 处(即 $z=0$ 处)之外,实函数 $u(x,y)=\dfrac{x}{x^2+y^2}$ 和 $v(x,y)=-\dfrac{y}{x^2+y^2}$ 是连续的.

此外,四个一阶偏导数为

$$\frac{\partial u}{\partial x} = \frac{y^2 - x^2}{(x^2 + y^2)^2}, \qquad \frac{\partial u}{\partial y} = -\frac{2xy}{(x^2 + y^2)^2}$$

$$\frac{\partial v}{\partial x} = \frac{2xy}{(x^2 + y^2)^2}, \qquad \frac{\partial v}{\partial y} = \frac{y^2 - x^2}{(x^2 + y^2)^2}$$

它们也除 $z = 0$ 处外都是连续的. 可以看出

$$\frac{\partial u}{\partial x} = \frac{y^2 - x^2}{(x^2 + y^2)^2} = \frac{\partial v}{\partial y}, \qquad \frac{\partial u}{\partial y} = -\frac{2xy}{(x^2 + y^2)^2} = -\frac{\partial v}{\partial x}$$

即除 $z = 0$ 处外均满足柯西-黎曼方程. 因此,由定理 2.2.1 得出结论：f 在不包含点 $z = 0$ 的任何定义域 D 中都是解析的.

　　【例 2.2.4】(在直线上的可导函数) 在例 2.2.2 中,复变函数 $f(z) = 2x^2 + y + i(y^2 - x)$ 在任何点处都不解析,但是在直线 $y = 2x$ 上满足柯西-黎曼方程. 由于 $u(x, y) = 2x^2 + y$,$\partial u/\partial x = 4x$,$\partial u/\partial y = 1$,$v(x, y) = y^2 - x$,$\partial v/\partial x = -1$ 和 $\partial v/\partial y = 2y$ 在每一点上都是连续的,因此 f 在 $y = 2x$ 上是可导的. 此外,由式(2.18)可知,f 在这条直线上各点的导数为 $f'(z) = 4x - i = 2y - i$.

　　【例 2.2.5】(指数函数的导数) 令 $f(z) = e^z = e^{x+iy} = e^x e^{iy} = e^x(\cos y + i\sin y)$,验证该函数对所有 x 和 y 都满足式(2.17),并证明 $f'(z) = e^z$.

　　【证明】

$$u = e^x \cos y, \quad v = e^x \sin y$$

$$\frac{\partial u}{\partial x} = e^x \cos y = \frac{\partial v}{\partial y}$$

$$\frac{\partial u}{\partial y} = -e^x \sin y = -\frac{\partial v}{\partial x}$$

$$f'(z) = \frac{\partial u}{\partial x} + i\frac{\partial v}{\partial x} = e^x(\cos y + i\sin y) = e^x e^{iy} = e^{x+iy} = e^z$$

因此 $f(z) = e^z$ 对所有 z 的有限值都是可微的. 像 $\sin z$ 和 $\cos z$ 这样的标准函数,它们是指数函数 e^{iz} 的线性组合,因此也是对 z 的所有有限值都可微的函数. 应该注意的是,这些函数的行为与它们对应的实函数有所不同,这将在 2.3 节中介绍.

　　【例 2.2.6】(解析函数定义的曲线的正交性) 给定一个解析函数

$$w = f(z) = u(x, y) + iv(x, y), \quad z = x + iy$$

方程 $u(x, y) = \alpha$ 和 $v(x, y) = \beta$(其中 α 和 β 是常数)在复平面上定义了两组曲线,请证明这两组曲线是相互正交的.

　　【解】考虑来自第一组曲线中的一条具体曲线

$$u(x, y) = \alpha_1(其中 \alpha_1 是某个常数) \tag{2.23}$$

曲线的斜率由 $\mathrm{d}y/\mathrm{d}x$ 给出,可以通过方程(2.23)对 x 求微分得到

$$\frac{\partial u}{\partial x} + \frac{\partial u}{\partial y}\frac{\mathrm{d}y}{\mathrm{d}x} = 0$$

移项后得到

$$\frac{\mathrm{d}y}{\mathrm{d}x} = -\frac{\partial u}{\partial x} \Big/ \frac{\partial u}{\partial y}$$

同样,另一组曲线中任何一条曲线的斜率也可以这样得到:

$$\frac{\mathrm{d}y}{\mathrm{d}x} = -\frac{\partial v}{\partial x} \bigg/ \frac{\partial v}{\partial y}$$

根据柯西-黎曼方程,这两条来自不同组的曲线在交点处的斜率的乘积为

$$\left(-\frac{\partial u}{\partial x} \bigg/ \frac{\partial u}{\partial y}\right)\left(-\frac{\partial v}{\partial x} \bigg/ \frac{\partial v}{\partial y}\right) = -1$$

因此,这两组曲线是相互正交的.

定理 2.2.2 是柯西-黎曼方程的直接推论.它的证明留作练习.

【定理 2.2.2】(常数函数) 假设函数 $f(z) = u(x,y) + iv(x,y)$ 在定义域 D 内解析:

(i) 如果 $|f(z)|$ 在 D 中是常数,那么 $f(z)$ 也是常数;

(ii) 如果在 D 中 $f'(z) = 0$,则在 D 中 $f(z) = c$,其中 c 是一个常数.

极坐标 由 1.2.1 节可知,复变函数可以用极坐标表示.实际上,$f(z) = u(r,\theta) + iv(r,\theta)$ 的形式使用起来更方便.在**极坐标**下,柯西-黎曼方程成为

$$\frac{\partial u}{\partial r} = \frac{1}{r}\frac{\partial v}{\partial \theta}, \qquad \frac{\partial v}{\partial r} = -\frac{1}{r}\frac{\partial u}{\partial \theta}$$

在极坐标为 (r,θ) 的点 z 处,式(2.18)的极坐标形式为

$$f'(z) = e^{-i\theta}\left(\frac{\partial u}{\partial r} + i\frac{\partial v}{\partial r}\right) = \frac{1}{r}e^{-i\theta}\left(\frac{\partial v}{\partial \theta} - i\frac{\partial u}{\partial \theta}\right)$$

习 题

1. 下列函数对所有 z 都解析,请证明在每一点上都满足柯西-黎曼方程.

(a) $f(z) = z^3$;　　　　　　　　　　(b) $f(z) = 3z^2 + 5z - 6i$.

2. 请证明下列函数在任何一点处都不解析.

(a) $f(z) = \mathrm{Re}(z)$;　　　　　　　　(b) $f(z) = y + ix$;

(c) $f(z) = 4z - 6\bar{z} + 3$;　　　　　　(d) $f(z) = \bar{z}^2$;

(e) $f(z) = x^2 + y^2$;　　　　　　　　(f) $f(z) = \dfrac{x}{x^2+y^2} + i\dfrac{y}{x^2+y^2}$.

3. 请用定理 2.2.1 证明下列函数在适当的定义域内解析.

(a) $f(z) = e^{-x}\cos y - ie^{-x}\sin y$;

(b) $f(z) = x + \sin x \cos hy + i(y + \cos x \sin hy)$;

(c) $f(z) = e^{x^2-y^2}\cos 2xy + ie^{x^2-y^2}\sin 2xy$;

(d) $f(z) = 4x^2 + 5x - 4y^2 + 9 + i(8xy + 5y - 1)$;

(e) $f(z) = \dfrac{x^3 + xy^2 + x}{x^2 + y^2} + i\dfrac{x^2 y + y^3 - y}{x^2 + y^2}$;

(f) $f(z) = \dfrac{\cos \theta}{r} - i\dfrac{\sin \theta}{r}$;

(g) $f(z) = 5r\cos \theta + r^4\cos 4\theta + i(5r\sin \theta + r^4\sin 4\theta)$.

4. 求实常数 a,b,c,d,使得下列函数解析.

(a) $f(z)=3x-y+5+\mathrm{i}(ax+by-3)$;

(b) $f(z)=x^2+axy+by^2+\mathrm{i}(cx^2+dxy+y^2)$.

5. 请证明下列函数在任一点处都不解析,而是沿所给曲线可导.

(a) $f(z)=x^2+y^2+2\mathrm{i}xy$；　沿 x 轴;

(b) $f(z)=3x^2y^2-6\mathrm{i}x^2y^2$；　沿坐标轴;

(c) $f(z)=x^3+3xy^2-x+\mathrm{i}(y^3+3x^2y-y)$；　沿坐标轴;

(d) $f(z)=x^2-x+y+\mathrm{i}(y^2-5y-x)$；　沿 $y=x+2$.

2.3　初等复变解析函数

本节将定义和研究一些初等复变解析函数,包括复变指数函数、复变对数函数、复变幂函数、复变三角函数、复变双曲函数、复变反三角函数和复变反双曲函数.所有这些函数将被证明在一定区域内解析,而且它们的导数与对应的实函数是一致的.这些初等复变解析函数是本书后续部分所用示例的主要来源.

2.3.1　复变指数函数

回想一下,在例 2.2.5 定义了复变指数函数

$$\mathrm{e}^z=\mathrm{e}^x(\cos y+\mathrm{i}\sin y),\quad z=x+\mathrm{i}y \tag{2.24}$$

其实部和虚部分别为

$$u(x,y)=\mathrm{e}^x\cos y,\quad v(x,y)=\mathrm{e}^x\sin y$$

可以求得 e^z 的导数是

$$\begin{aligned}\frac{\mathrm{d}}{\mathrm{d}z}\mathrm{e}^z&=\frac{\partial}{\partial x}u(x,y)+\mathrm{i}\frac{\partial}{\partial x}v(x,y)\\&=\mathrm{e}^x\cos y+\mathrm{i}\mathrm{e}^x\sin y\\&=\mathrm{e}^z,\quad z\in\mathbb{C}\end{aligned}$$

也就是说,e^z 的导数等于其本身.这是复变指数函数的一个基本性质.由于 e^z 的导数在整个 z 平面中对所有 z 都存在,因此复变指数函数是一个全纯函数.此外,可以验证

$$\mathrm{e}^{z_1+z_2}=\mathrm{e}^{z_1}\mathrm{e}^{z_2} \tag{2.25}$$

这是复变指数函数的另一个基本性质.e^z 的模非零,这是由于

$$|\mathrm{e}^z|=\mathrm{e}^x\neq0,\quad z\in\mathbb{C}$$

因此,对于复平面 z 上的所有 z 都有 $\mathrm{e}^z\neq0$.复变指数函数的值域是除零值外的整个复平面.此外,可以证明 $\mathrm{e}^{z+2k\pi\mathrm{i}}=\mathrm{e}^z$,对于任意 z 和整数 k 都成立.也就是说,e^z 是周期性的,其基本周期为 $2\pi\mathrm{i}$.有趣的是,复变指数函数是周期性的,但它对应的实函数不是周期性的.

复变指数函数可以被自然地定义为满足下列性质的复变函数 $f(z)$:

① $f(z)$ 是全纯函数.

② $f'(z)=f(z)$.

③ $f(x)=\mathrm{e}^x$,其中 x 是实数.

下面介绍如何从这些性质推导出复变指数函数的定义. 设 $f(z)=u(x,y)+iv(x,y)$, $z=x+iy$, 由性质①可知 u 和 v 满足柯西-黎曼方程. 结合性质①和②, 得到以下关系:

$$u_x+iv_x=v_y-iu_y=u+iv \qquad (2.26)$$

由式(2.26)得

$$u_x=u, \quad v_x=v \qquad (2.27)$$

根据式(2.27)可以推断出

$$u=e^x g(y), \quad v=e^x h(y)$$

其中, $g(y)$ 和 $h(y)$ 是 y 的任意函数. 另外, 还存在如下关系:

$$v_y=u, \quad u_y=-v$$

由此推导出两个任意函数之间的关系是

$$h'(y)=g(y), \quad -g'(y)=h(y) \qquad (2.28)$$

消去关系式(2.28)中的 $g(y)$, 可得

$$h''(y)=-h(y) \qquad (2.29)$$

方程(2.29)的通解为

$$h(y)=A\cos y+B\sin y$$

其中, A 和 B 是任意常数. 此外, 根据 $g(y)=h'(y)$, 可得

$$g(y)=-A\sin y+B\cos y$$

为了确定任意常数 A 和 B, 根据性质③可得

$$e^x=u(x,0)+iv(x,0)=g(0)e^x+ih(0)e^x=Be^x+iAe^x$$

由此得到 $B=1, A=0$. 综合上述所有结果, 可以发现复变指数函数为

$$f(z)=e^z=e^x\cos y+ie^x\sin y$$

这与式(2.24)给出的定义一致.

2.3.2 复变对数函数

复变对数函数被定义为复变指数函数的反函数. 设复变对数函数为

$$w=\text{Ln}\,z \qquad (2.30)$$

因为式(2.30)是复变指数函数的反函数, 所以有

$$z=e^w \qquad (2.31)$$

用 $u(x,y)$ 和 $v(x,y)$ 表示 $w=\text{Ln}\,z$ 的实部和虚部, 由式(2.31)可得

$$z=x+iy=e^{u+iv}=e^u\cos v+ie^u\sin v \qquad (2.32)$$

使等式(2.32)两边的实部和虚部相等, 有

$$x=e^u\cos v, \quad y=e^u\sin v$$

于是可得

$$e^{2u}=x^2+y^2=|z|^2=r^2, \quad v=\tan^{-1}\frac{y}{x} \qquad (2.33)$$

采用极坐标形式 $z=re^{i\theta}$, 由式(2.33)可推导出

$$u=\ln r=\ln|z|\,(r\neq 0), \quad v=\theta=\text{Arg}\,z$$

综合上述结果,可得

$$w = \operatorname{Ln} z = \operatorname{Ln}|z| + \mathrm{i}\operatorname{Arg} z, \quad z \neq 0 \tag{2.34}$$

【例 2.3.1】(解复变指数函数方程) 求出下列每一个方程的所有复数解.

(a) $\mathrm{e}^w = \mathrm{i}$;

(b) $\mathrm{e}^w = 1 + \mathrm{i}$;

(c) $\mathrm{e}^w = -2$.

【解】对于每个 $\mathrm{e}^w = z$ 形式的方程,其解的集合由 $w = \operatorname{Ln} z$ 给出,其中 $\operatorname{Ln} z$ 由定义 (2.34) 给出.

(a) 对于 $z = \mathrm{i}$,有 $|z| = 1$ 和 $\operatorname{Arg} z = \pi/2 + 2n\pi$. 因此,由式 (2.34) 可得

$$w = \operatorname{Ln} \mathrm{i} = \ln 1 + \mathrm{i}\left(\frac{\pi}{2} + 2n\pi\right) \tag{2.35}$$

由于 $\ln 1 = 0$,式 (2.35) 可简化为

$$w = \frac{(4n+1)\pi}{2}\mathrm{i}, \quad n = 0, \pm 1, \pm 2, \cdots$$

因此每个值具体为

$$w = \cdots, \quad -\frac{7\pi}{2}\mathrm{i}, \quad -\frac{3\pi}{2}\mathrm{i}, \quad \frac{\pi}{2}\mathrm{i}, \quad \frac{5\pi}{2}\mathrm{i}, \quad \cdots$$

这些值均满足方程 $\mathrm{e}^w = \mathrm{i}$.

(b) 对于 $z = 1 + \mathrm{i}$,有 $|z| = \sqrt{2}$ 和 $\operatorname{Arg} z = \pi/4 + 2n\pi$. 因此,由式 (2.34) 可得

$$w = \operatorname{Ln}(1 + \mathrm{i}) = \ln\sqrt{2} + \mathrm{i}\left(\frac{\pi}{4} + 2n\pi\right) \tag{2.36}$$

因为 $\ln\sqrt{2} = (1/2)\ln 2$,所以式 (2.36) 可以写为

$$w = \frac{1}{2}\ln 2 + \frac{(8n+1)\pi}{4}\mathrm{i}, \quad n = 0, \pm 1, \pm 2, \cdots$$

其中,w 的每一个值都是 $\mathrm{e}^w = 1 + \mathrm{i}$ 的解.

(c) 仍然使用式 (2.34) 求解. 由于 $z = -2$,有 $|z| = 2$ 和 $\operatorname{Arg} z = \pi + 2n\pi$,因此

$$w = \operatorname{Ln}(-2) = \ln 2 + \mathrm{i}(\pi + 2n\pi)$$

即

$$w = \ln 2 + (2n+1)\pi\mathrm{i}, \quad n = 0, \pm 1, \pm 2, \cdots$$

其中,w 的每一个值都满足方程 $\mathrm{e}^w = -2$.

$\operatorname{Arg} z$ 是多值的,由此可知 $\operatorname{Ln} z$ 也是多值函数. 对于一个给定的 z,$\operatorname{Ln} z$ 有无限个可能的值,每两个值相差 $2\pi\mathrm{i}$ 的整数倍. 从 $\operatorname{Arg} z$ 的可能值中选择其中一个值 θ_0,并将 $\operatorname{Arg} z$ 限制在 $\theta_0 < \theta \leqslant \theta_0 + 2\pi$ 内. 通过这种方式可得到 $\operatorname{Arg} z$ 的一个分支,相应地也得到了 $\operatorname{Ln} z$ 的一个分支. 在每个分支中,函数 $\operatorname{Arg} z$ 是单值的. 在 1.2 节中将 $\operatorname{Arg} z$ 的主值记为 $\arg z$,其范围为 $-\pi < \arg z \leqslant \pi$. 对应于 $\operatorname{Arg} z$ 主值的 $\operatorname{Ln} z$ 的值称为 $\underline{\operatorname{Ln} z}$ 的主值. **复变对数函数的主值**用 $\ln z$ 表示,即

$$\ln z = \ln|z| + \mathrm{i}\arg z, \quad -\pi < \arg z \leqslant \pi \tag{2.37}$$

于是,复变对数函数 $\operatorname{Ln} z$ 可以写为

$$\operatorname{Ln} z = \ln z + 2k\pi\mathrm{i}, \quad k \text{ 是任意整数}$$

例如，$\ln \mathrm{i} = (\pi/2)\mathrm{i}$，于是 $\operatorname{Ln} \mathrm{i} = (\pi/2)\mathrm{i} + 2k\pi\mathrm{i}$，其中 k 是任意整数．

【例 2.3.2】（复变对数函数的主值）计算下列复数的对数函数的主值 $\ln z$．

(a) $z = \mathrm{i}$；

(b) $z = 1 + \mathrm{i}$；

(c) $z = -2$．

【解】对每个小题应用式(2.37)．

(a) 对于 $z = \mathrm{i}$，有 $|z| = 1$ 和 $\arg z = \pi/2$，因此

$$\ln \mathrm{i} = \ln 1 + \frac{\pi}{2}\mathrm{i} \tag{2.38}$$

然而，由于 $\ln 1 = 0$，因此式(2.38)化简为

$$\ln \mathrm{i} = \frac{\pi}{2}\mathrm{i}$$

(b) 对于 $z = 1 + \mathrm{i}$，有 $|z| = \sqrt{2}$ 和 $\arg z = \pi/4$，因此

$$\ln(1 + \mathrm{i}) = \ln\sqrt{2} + \frac{\pi}{4}\mathrm{i} \tag{2.39}$$

由于 $\ln\sqrt{2} = (1/2)\ln 2$，因此式(2.39)也可以写成

$$\ln(1 + \mathrm{i}) = \frac{1}{2}\ln 2 + \frac{\pi}{4}\mathrm{i}$$

(c) 对于 $z = -2$，有 $|z| = 2$ 和 $\arg z = \pi$，因此

$$\ln(-2) = \ln 2 + \pi\mathrm{i}$$

例 2.3.2 中各题的值也可以通过在例 2.3.1 的 $\ln z$ 的表达式中取 $n = 0$ 得到．

根据定义，$z = \mathrm{e}^{\operatorname{Ln} z}$，但是等式 $z = \operatorname{Ln} \mathrm{e}^z$ 是不成立的，因为复变对数函数是多值的．

对于给定两个非零复数 z_1 和 z_2，有

$$\ln|z_1 z_2| = \ln|z_1| + \ln|z_2|$$
$$\operatorname{Arg}(z_1 z_2) = \operatorname{Arg} z_1 + \operatorname{Arg} z_2$$

由此可以推导出

$$\operatorname{Ln}(z_1 z_2) = \operatorname{Ln} z_1 + \operatorname{Ln} z_2 \tag{2.40}$$

式(2.40)中等号的含义是 $\operatorname{Ln}(z_1 z_2)$ 的任意值等于 $\operatorname{Ln} z_1$ 的某一个值加上 $\operatorname{Ln} z_2$ 的某一个值．

同样，可以证明

$$\operatorname{Ln}\left(\frac{z_1}{z_2}\right) = \operatorname{Ln} z_1 - \operatorname{Ln} z_2$$

由式(2.37)可知，$\ln z$ 的实部和虚部分别为 $\ln|z|$ 与 $\arg z$．复变对数函数是其定义域上的解析函数（见例 2.3.3）．

【例 2.3.3】（复变对数函数的导数）试证明：

$$\frac{\mathrm{d}}{\mathrm{d}z}\mathrm{Ln}\,z = \frac{1}{z}, \quad z \neq 0, \infty \tag{2.41}$$

【证明】假设沿着 x 轴求导,于是 $\ln z$ 的导数为

$$\frac{\mathrm{d}}{\mathrm{d}z}\mathrm{Ln}\,z = \frac{\partial}{\partial x}\ln r + \mathrm{i}\frac{\partial}{\partial x}(\theta + 2k\pi), \quad z \neq 0, \infty \tag{2.42}$$

其中,$r = \sqrt{x^2 + y^2}$,$\theta = \tan^{-1}(y/x)$,k 是任意整数.式(2.42)可以化简为

$$\frac{\mathrm{d}}{\mathrm{d}z}\mathrm{Ln}\,z = \frac{\partial}{\partial x}\ln r + \mathrm{i}\frac{\partial}{\partial x}(\theta + 2k\pi)$$

$$= \frac{1}{\sqrt{x^2 + y^2}}\frac{x}{\sqrt{x^2 + y^2}} + \mathrm{i}\frac{-y}{x^2 + y^2}$$

$$= \frac{x - \mathrm{i}y}{x^2 + y^2} = \frac{\bar{z}}{z\bar{z}} = \frac{1}{z}, \quad z \neq 0, \infty$$

2.3.3 复变幂函数

1.3 节讨论了 n 为整数且 $n \geqslant 2$ 时的特殊形式的复变幂函数 z^n 和 $z^{1/n}$,这些函数推广了初等微积分中常用的平方、立方、平方根、立方根等函数.本节将给出以下函数的定义：i^z,z^{i},$\log_{\mathrm{i}} z$ 等.广义复变指数函数

$$f(z) = a^z$$

其中,a 一般为复数,$z = x + \mathrm{i}y$ 也是复数.记

$$\mathrm{Ln}\,a = \ln|a| + \mathrm{i}(\arg a + 2k\pi), \quad k = 0, \pm 1, \pm 2, \cdots$$

因为 $a = \mathrm{e}^{\mathrm{Ln}\,a}$,所以有

$$a^z = \mathrm{e}^{[\mathrm{Ln}|a| + \mathrm{i}(\arg a + 2k\pi)](x + \mathrm{i}y)}$$

$$= \mathrm{e}^{[x\ln|a| - y(\arg a + 2k\pi)]}\,\mathrm{e}^{\mathrm{i}[y\ln|a| + x(\arg a + 2k\pi)]}$$

$$= |a|^x\,\mathrm{e}^{-y(\arg a + 2k\pi)}\{\cos[y\ln|a| + x(\arg a + 2k\pi)]\} +$$

$$\mathrm{i}\sin[y\ln|a| + x(\arg a + 2k\pi)], \quad k = 0, \pm 1, \pm 2, \cdots \tag{2.43}$$

虽然这里 k 有无数种选择,但这个函数不是多值的.k 值与参数 a 的选择有关,而与复变量 z 无关.每个 k 值都对应于一个单独的函数,而不是多值函数的一个特定分支.通常约定 $k = 0$,以便当 a 为实数时,式(2.43)中 a^z 的表达式可以简化为

$$a^z = \mathrm{e}^{(\ln a)z}$$

广义复变指数函数 a^z 的反函数是复底数 a 的对数函数,用 $\mathrm{Log}_a z$ 表示.记 $w = \mathrm{Log}_a z$,则 $z = a^w$.类似地,选取 a^w 的一个分支,即给定 $\mathrm{Ln}\,a$ 中的 k 值,其中 $\mathrm{Ln}\,a = \ln a + 2k\pi\mathrm{i}$. 一旦分支固定下来（例如对于某个选定的 k_0,取 $k = k_0$）,则 $z = \mathrm{e}^{\lambda w}$,其中 $\lambda = \ln a + 2k_0\pi\mathrm{i}$. 由此可得

$$w = \mathrm{Log}_a z = \frac{\mathrm{Ln}\,z}{\lambda} = \frac{\mathrm{Ln}\,z}{\ln a + 2k_0\pi\mathrm{i}} \tag{2.44}$$

在式(2.44)的分母中，λ 是 Ln a 的无穷多个可能值之一. 注意, $\log_a z$ 仍然是多值函数, 就像其他实数底数的对数函数一样. 例如, 假设 k_0 等于 2, 则

$$\log_{1+i}(1-i) = \frac{\ln(1-i)}{\frac{1}{2}\ln 2 + i(4\pi + \frac{\pi}{4})} = \frac{\frac{1}{2}\ln 2 - \frac{\pi}{4}i}{\frac{1}{2}\ln 2 + \frac{17\pi}{4}i}$$

广义复变幂函数

$$f(z) = z^a = e^{(\text{Ln } z)a} \tag{2.45}$$

其中, a 是一个任意复数, 而 $z = x + iy = re^{i\theta} = |z|e^{i(\arg z + 2k\pi)}$ 是一个复变量. 下面分 3 种情况讨论:

① 当 $a = n$ 且 n 为整数时, $z^n = |z|^n e^{in\text{Arg }z}$ 是单值函数.

② 当 a 为有理数时, 即 $a = m/n$, 其中 m, n 是不可约整数, 有

$$z^{\frac{m}{n}} = e^{\frac{m}{n}\text{Ln } z} = |z|^{\frac{m}{n}} e^{i\frac{m}{n}\arg z} e^{2k\frac{m}{n}\pi i}, \quad k = 0, 1, \cdots, n-1$$

当 $k = 0, 1, \cdots, n-1$ 时, 因子 $e^{(2km/n)\pi i}$ 有 n 个不同的值; 如果 k 在整数中继续增加时, 则会以 n 为周期重复. 这与 1.3.2 节的结果完全相同. 这时复变幂函数有 n 个不同的分支, 分别对应不同的 k 值.

③ 当 $a = \alpha + i\beta$ 时, 有

$$\begin{aligned}
z^a &= e^{(\alpha+i\beta)[\ln|z| + i(\arg z + 2k\pi)]} \\
&= e^{[\alpha\ln|z| - \beta(\arg z + 2k\pi)]} e^{i[\beta\ln|z| + \alpha(\arg z + 2k\pi)]} \\
&= |z|^\alpha e^{-\beta(\arg z + 2k\pi)} \{\cos[\beta\ln|z| + \alpha(\arg z + 2k\pi)]\} + \\
&\quad i\sin[\beta\ln|z| + \alpha(\arg z + 2k\pi)], \quad k = 0, \pm 1, \pm 2, \cdots
\end{aligned}$$

在这种情况下, z^a 有无限多个分支.

【例 2.3.4】(复变幂函数) 求下列复变幂函数的值:

(a) i^{2i};

(b) $(1+i)^i$.

【解】z^a 的值可以由式(2.45)求得.

(a) 在例 2.3.1(a)中, 得到

$$\text{Ln } i = \frac{(4n+1)\pi}{2}i, \quad n = 0, \pm 1, \pm 2, \cdots$$

因此, 在式(2.45)中取 $z = iz$, $a = 2i$, 得

$$i^{2i} = e^{2i\ln i} = e^{2i[(4n+1)\pi i/2]} = e^{-(4n+1)\pi}$$

其中, $n = 0, \pm 1, \pm 2, \cdots$.

(b) 在例 2.3.1(b)中, 得到

$$\text{Ln}(1+i) = \frac{1}{2}\ln 2 + \frac{(8n+1)\pi}{4}i, \quad n = 0, \pm 1, \pm 2, \cdots.$$

因此, 在式(2.45)中取 $z = 1+i$, $a = i$, 得

$$(1+i)^i = e^{i\text{Ln}(1+i)} = e^{i[(\ln 2)/2 + (8n+1)\pi i/4]} = e^{-(8n+1)\pi/4 + (\ln 2)i/2}$$

其中，$n = 0, \pm 1, \pm 2, \cdots$.

式(2.45)所定义的复变幂函数满足以下类似于实数幂的性质：

$$z^{\alpha_1} z^{\alpha_2} = z^{\alpha_1 + \alpha_2}, \quad \frac{z^{\alpha_1}}{z^{\alpha_2}} = z^{\alpha_1 - \alpha_2}, \quad (z^{\alpha})^n = z^{n\alpha} (n = 0, \pm 1, \pm 2, \cdots) \quad (2.46)$$

式(2.46)可以由式(2.45)所定义和式(2.25)所给性质推导出来. 例如，由式(2.45)可得

$$z^{\alpha_1} z^{\alpha_2} = e^{\alpha_1 \operatorname{Ln} z} e^{\alpha_2 \operatorname{Ln} z}. \tag{2.47}$$

式(2.25)可将式(2.47)改写为 $z^{\alpha_1} z^{\alpha_2} = e^{\alpha_1 \operatorname{Ln} z + \alpha_2 \operatorname{Ln} z} = e^{(\alpha_1 + \alpha_2) \operatorname{Ln} z}$. 根据式(2.45)，有 $e^{(\alpha_1 + \alpha_2) \operatorname{Ln} z} = z^{\alpha_1 + \alpha_2}$，从而证明 $z^{\alpha_1} z^{\alpha_2} = z^{\alpha_1 + \alpha_2}$.

注意 并非实指数函数的所有性质都与复变指数函数的性质类似.

复变幂函数的主值 前面已经指出，式(2.45)给出的复变幂函数 z^{α} 通常是多值的，因为它是用多值复变对数函数 $\operatorname{Ln} z$ 定义的. 可以用复变对数函数的主值 $\ln z$ 来代替 $\operatorname{Ln} z$，从而赋给 z^{α} 唯一值. 这个特殊复变幂函数的值称为 z^{α} 的**主值**，其定义为

$$z^{\alpha} = e^{\alpha \ln z} \tag{2.48}$$

其中，α 是复数，且 $z \neq 0$.

通常，由式(2.48)定义的复变幂函数 z^{α} 的主值在复平面上不是连续函数，因为函数 $\operatorname{Ln} z$ 在复平面上是不连续的. 但是，由于函数 $e^{\alpha z}$ 在整个复平面上是连续的，且函数 $\ln z$ 在定义域 $|z| > 0, -\pi < \arg z < \pi$ 上是连续的，因此可以得出结论，函数 z^{α} 在定义域 $|z| > 0, -\pi < \arg z < \pi$ 上是连续的.

式(2.48)的导数可以用导数的链式法则求得：

$$\frac{\mathrm{d}}{\mathrm{d}z} z^{\alpha} = \frac{\mathrm{d}}{\mathrm{d}z} e^{\alpha \ln z} = e^{\alpha \operatorname{Ln} z} \frac{\mathrm{d}}{\mathrm{d}z} [\alpha \ln z] = \frac{\alpha}{z} e^{\alpha \ln z} \tag{2.49}$$

利用主值 $z^{\alpha} = e^{\alpha \ln z}$ 可将式(2.49)简化为 $\mathrm{d}z^{\alpha} / \mathrm{d}z = \alpha z^{\alpha} / z = \alpha z^{\alpha-1}$，即在定义域 $|z| > 0$，$-\pi < \arg z < \pi$ 上，复变幂函数 z^{α} 的主值是可导的，且

$$\frac{\mathrm{d}}{\mathrm{d}z} z^{\alpha} = \alpha z^{\alpha-1} \tag{2.50}$$

这表明式(2.6)所给求导幂法则适用于所给定义域内复变幂函数的主值.

2.3.4 复变三角函数和复变双曲函数

利用欧拉公式 $e^{iy} = \cos y + i \sin y$ 可将实正弦函数和实余弦函数用 e^{iy} 和 e^{-iy} 表示为

$$\sin y = \frac{e^{iy} - e^{-iy}}{2i}, \quad \cos y = \frac{e^{iy} + e^{-iy}}{2}$$

采用与实函数相同的方法，可以用复变指数函数 e^{iz} 和 e^{-iz} 来定义复变正弦函数和复变余弦函数，即

$$\sin z = \frac{e^{iz} - e^{-iz}}{2i}, \quad \cos z = \frac{e^{iz} + e^{-iz}}{2}$$

其他复变三角函数可以通过常用的公式用复变正弦函数和复变余弦函数来定义，即

$$\tan z = \frac{\sin z}{\cos z}, \quad \cot z = \frac{\cos z}{\sin z}, \quad \sec z = \frac{1}{\cos z}, \quad \csc z = \frac{1}{\sin z}$$

复变正弦函数和复变余弦函数都是全纯函数,因为它们是由全纯函数 e^{iz} 和 e^{-iz} 线性组合而成的. 函数 $\tan z$ 和 $\sec z$ 在不包括 $\cos z = 0$ 的点 z 的任何区域内都是解析的. 类似地,函数 $\cot z$ 和 $\csc z$ 在除了使 $\sin z = 0$ 的点 z 外的任何区域内都解析.

设 $z = x + iy$,则

$$e^{iz} = e^{-y}(\cos x + i\sin x), \quad e^{-iz} = e^{y}(\cos x - i\sin x)$$

复变正弦函数和复变余弦函数分别为

$$\sin z = \sin x \cosh y + i \cos x \sinh y$$
$$\cos z = \cos x \cosh y - i \sin x \sinh y$$

此外,它们的模为

$$|\sin z| = \sqrt{\sin^2 x + \sinh^2 y}, \quad |\cos z| = \sqrt{\cos^2 x + \sinh^2 y}$$

由于 $\sinh y$ 在 y 较大时是无界的,因此上述模量可以(像 y 一样)无限增加. 尽管实正弦函数和实余弦函数的值介于 $-1 \sim 1$,但它们的复变函数是无界的.

接下来,用与实双曲函数相同的方式来定义复变双曲函数. 它们的定义式为

$$\sinh z = \frac{e^z - e^{-z}}{2}, \quad \cosh z = \frac{e^z + e^{-z}}{2}, \quad \tanh z = \frac{\sinh z}{\cosh z} \tag{2.51}$$

其他复变双曲函数 $\operatorname{csch} z$,$\operatorname{sech} z$ 和 $\coth z$ 可分别定义为 $\sinh z$,$\cosh z$ 与 $\tanh z$ 的倒数.

事实上,复变双曲函数与复变三角函数是密切相关的. 假设用 iz 代替式(2.51)中的 z,得到

$$\sinh(iz) = i\sin z$$

同样,可以证明

$$\sin(iz) = i\sinh z, \quad \cosh(iz) = \cos z, \quad \cos(iz) = \cosh z$$

而 $\sinh z$ 和 $\cosh z$ 分别为

$$\sinh z = \sinh x \cos y + i \cosh x \sin y$$
$$\cosh z = \cosh x \cos y - i \sinh x \sin y$$

它们的模为

$$|\sinh z| = \sqrt{\sinh^2 x + \sin^2 y}, \quad |\cosh z| = \sqrt{\cosh^2 x - \sin^2 y}$$

复变双曲函数 $\sinh z$ 和 $\cosh z$ 都是以 $2\pi i$ 为基本周期的周期函数,而 $\tanh z$ 是以 πi 为基本周期的周期函数. 因此,复变双曲函数是周期性的,与实双曲函数是非周期性的不同.

函数 $f(z)$ 的零点 α 满足 $f(\alpha) = 0$. 与实函数一样,$\sin z$ 的零点是 $k\pi$,$\cos z$ 的零点是 $k\pi + \pi/2$,其中 k 是任意整数. 实双曲函数 $\cosh x$ 没有零点,$\sinh x$ 在 $x = 0$ 处只有一个零点;而复变双曲函数 $\cosh z$ 和 $\sinh z$ 有无穷多个零点.

计算 $\sinh z$ 的零点:

$$\sinh z = 0 \Leftrightarrow |\sinh z| = 0 \Leftrightarrow \sinh^2 x + \sin^2 y = 0$$

因此,x 和 y 必须满足 $\sinh x = 0$,$\sin y = 0$,从而得到 $x = 0$ 和 $y = k\pi$,其中 k 是任意整数. $\sinh z$ 的零点是 $z = k\pi i$,其中 k 是任意整数. 同理,$\cosh z$ 的零点为 $z = (k + 1/2)\pi i$,

其中 k 为任意整数.

已知 e^z 的导数,则复变三角函数和复变双曲函数的导数就很容易求得.实际上,复变三角函数和复变双曲函数的导数公式与对应实函数的导数公式完全相同.此外,实三角函数和实双曲函数的复合角公式也适用于对应的复变函数.例如:

$$\cos(z_1 \pm z_2) = \cos z_1 \cos z_2 \mp \sin z_1 \sin z_2$$

$$\sinh(z_1 \pm z_2) = \sinh z_1 \cosh z_2 \pm \cosh z_1 \sinh z_2$$

$$\tan(z_1 \pm z_2) = \frac{\tan z_1 \pm \tan z_2}{1 \mp \tan z_1 \tan z_2}$$

2.3.5　复变反三角函数和复变反双曲函数

由于复变三角函数和复变双曲函数是用复变指数函数定义的,因此这些函数的反函数也可以用复变对数函数表示.与对应的实函数类似,复变反三角函数和复变反双曲函数也是多值函数.

考虑复变反正弦函数 $w = \sin^{-1} z$,或将它等价地写为

$$z = \sin w = \frac{e^{iw} - e^{-iw}}{2i} \tag{2.52}$$

式(2.52)可以看作 e^{iw} 的二次方程,即

$$e^{2iw} - 2iz e^{iw} - 1 = 0 \tag{2.53}$$

求解方程(2.53)得

$$e^{iw} = iz + (1 - z^2)^{1/2} \tag{2.54}$$

对方程(2.54)两边取对数,可得

$$w = \sin^{-1} z = \frac{1}{i} \mathrm{Ln} \left[iz + (1 - z^2)^{1/2} \right]$$

当 $z \neq \pm 1$ 时,$(1 - z^2)^{1/2}$ 有两个可能的值.对于每个值,取对数都会生成无限多个值.因此,$\sin^{-1} z$ 有两组无限数量的值.例如:

$$\sin^{-1} \frac{1}{2} = \frac{1}{i} \mathrm{Ln} \left(\frac{i}{2} \pm \frac{\sqrt{3}}{2} \right)$$

$$= \frac{1}{i} \left[\ln 1 + i \left(\frac{\pi}{6} + 2k\pi \right) \right] \quad 或 \quad \frac{1}{i} \left[\ln 1 + i \left(\frac{5\pi}{6} + 2k\pi \right) \right]$$

$$= \frac{\pi}{6} + 2k\pi \quad 或 \quad \frac{5\pi}{6} + 2k\pi \, (k \text{ 是任意整数})$$

用类似的方式,可以推导出其他复变反三角函数和复变反双曲函数的公式为

$$\cos^{-1} z = \frac{1}{i} \mathrm{Ln} \left[z + (z^2 - 1)^{1/2} \right]$$

$$\tan^{-1} z = \frac{1}{2i} \mathrm{Ln} \frac{1 + iz}{1 - iz}, \quad \cot^{-1} z = \frac{1}{2i} \mathrm{Ln} \frac{z + i}{z - i}$$

$$\sinh^{-1} z = \mathrm{Ln} \left[z + (1 + z^2)^{1/2} \right], \quad \cosh^{-1} z = \mathrm{Ln} \left[z + (z^2 - 1)^{1/2} \right]$$

$$\tanh^{-1} z = \frac{1}{2} \mathrm{Ln} \frac{1 + z}{1 - z}, \quad \coth^{-1} z = \frac{1}{2} \mathrm{Ln} \frac{z + 1}{z - 1}$$

复变反三角函数的导数公式为

$$\frac{\mathrm{d}}{\mathrm{d}z}\sin^{-1}z = \frac{1}{(1-z^2)^{1/2}}, \quad \frac{\mathrm{d}}{\mathrm{d}z}\cos^{-1}z = -\frac{1}{(1-z^2)^{1/2}}, \quad \frac{\mathrm{d}}{\mathrm{d}z}\tan^{-1}z = \frac{1}{1+z^2}$$

习 题

1. 求下列函数 f 的导数 f'.

(a) $f(z)=z^2\mathrm{e}^{z+\mathrm{i}}$;
   (b) $f(z)=\dfrac{3\mathrm{e}^{2z}-\mathrm{i}\mathrm{e}^{-z}}{z^3-1+\mathrm{i}}$;

(c) $f(z)=\mathrm{e}^{\mathrm{i}z}-\mathrm{e}^{-\mathrm{i}z}$;
   (d) $f(z)=\mathrm{i}\mathrm{e}^{1/z}$.

2. 将下列表达式用 x 和 y 表示.

(a) $|\mathrm{e}^{z^2-z}|$;
   (b) $\arg \mathrm{e}^{z-\mathrm{i}/z}$;
   (c) $\arg \mathrm{e}^{\mathrm{i}(z+\bar{z})}$;
   (d) $\overline{\mathrm{i}\mathrm{e}^z+1}$.

3. 将下列函数 f 表示为 $f(z)=u(x,y)+\mathrm{i}v(x,y)$ 的形式.

(a) $f(z)=\mathrm{e}^{-\mathrm{i}z}$;
   (b) $f(z)=\mathrm{e}^{2\bar{z}+\mathrm{i}}$;
   (c) $f(z)=\mathrm{e}^{z^2}$;
   (d) $f(z)=\mathrm{e}^{1/z}$.

4. 求下列复变对数函数的所有复数值.

(a) $\mathrm{Ln}(-5)$;
   (b) $\mathrm{Ln}(-\mathrm{e}\mathrm{i})$;
   (c) $\mathrm{Ln}(-2+2\mathrm{i})$;
   (d) $\mathrm{Ln}(1+\mathrm{i})$;

(e) $\mathrm{Ln}(\sqrt{2}+\sqrt{6}\,\mathrm{i})$;
   (f) $\mathrm{Ln}(-\sqrt{3}+\mathrm{i})$.

5. 将下列复变对数函数的主值写成 $a+\mathrm{i}b$ 的形式.

(a) $\ln(6-6\mathrm{i})$;
   (b) $\ln(-\mathrm{e}^2)$;
   (c) $\ln(-12+5\mathrm{i})$;
   (d) $\ln(3-4\mathrm{i})$;

(e) $\ln(1+\sqrt{3}\,\mathrm{i})^5$;
   (f) $\ln(1+\mathrm{i})^4$.

6. 求出满足下列方程的所有 z 的复数值.

(a) $\mathrm{e}^z=4\mathrm{i}$;
   (b) $\mathrm{e}^{1/z}=-1$;

(c) $\mathrm{e}^{z-1}=-\mathrm{i}\mathrm{e}^3$;
   (d) $\mathrm{e}^{2z}+\mathrm{e}^z+1=0$.

7. 求下列函数 f 的可微定义域,并求导数 f'.

(a) $f(z)=3z^2-\mathrm{e}^{2\mathrm{i}z}+\mathrm{i}\ln z$;
   (b) $f(z)=(z+1)\ln z$;

(c) $f(z)=\dfrac{\ln(2z-\mathrm{i})}{z^2+1}$;
   (d) $f(z)=\ln(z^2+1)$.

8. 求出下列复变幂函数的所有值.

(a) $(-1)^{3\mathrm{i}}$;
   (b) $3^{2\mathrm{i}/\pi}$;
   (c) $(1+\mathrm{i})^{1-\mathrm{i}}$
   (d) $(1+\sqrt{3}\,\mathrm{i})^{\mathrm{i}}$;

(e) $(-\mathrm{i})^{\mathrm{i}}$;
   (f) $(\mathrm{e}\mathrm{i})^{\sqrt{2}}$.

9. 求下列复变幂函数的主值.

(a) $(-1)^{3\mathrm{i}}$;
   (b) $3^{2\mathrm{i}/\pi}$;
   (c) $2^{4\mathrm{i}}$;
   (d) $\mathrm{i}^{\mathrm{i}/\pi}$;

(e) $(1+\sqrt{3}\,\mathrm{i})^{3\mathrm{i}}$;
   (f) $(1+\mathrm{i})^{2-\mathrm{i}}$.

10. 证明 $\dfrac{z^{\alpha_1}}{z^{\alpha_2}}=z^{\alpha_1-\alpha_2}$,其中 $z\neq0$.

11. 设 z^α 表示定义在区域 $|z|>0$,$-\pi<\arg z<\pi$ 上的复变幂函数的主值,求下列函数在给定点的导数.

(a) $z^{3/2}$;$z=1+\mathrm{i}$;
   (b) $z^{2\mathrm{i}}$;$z=\mathrm{i}$;
   (c) $z^{1+\mathrm{i}}$;$z=1+\sqrt{3}\,\mathrm{i}$;
   (d) $z^{\sqrt{2}}$;$z=-\mathrm{i}$.

12. 将下列复变三角函数的值用 $a+ib$ 的形式表示.

(a) $\sin(4i)$；   (b) $\cos(-3i)$；   (c) $\cos(2-4i)$；   (d) $\sin\left(\dfrac{\pi}{4}+i\right)$；

(e) $\tan(2i)$；   (f) $\cot(\pi+2i)$；   (g) $\sec\left(\dfrac{\pi}{2}-i\right)$；   (h) $\csc(1+i)$.

13. 求出满足下列方程的所有复数值 z.

(a) $\sin z=i$；   (b) $\cos z=4$；

(c) $\sin z=\cos z$；   (d) $\cos z=i\sin z$.

14. 验证下列三角恒等式.

(a) $\sin(-z)=-\sin z$；

(b) $\cos(z_1+z_2)=\cos z_1\cos z_2-\sin z_1\sin z_2$；

(c) $\overline{\cos z}=\cos \bar{z}$；

(d) $\sin\left(z-\dfrac{\pi}{2}\right)=-\cos z$.

15. 求下列函数的导数.

(a) $\sin(z^2)$；   (b) $\cos(ie^z)$；

(c) $z\tan\dfrac{1}{z}$；   (d) $\sec[z^2+(1-i)z+i]$.

16. 将下列复变双曲函数的值用 $a+ib$ 的形式表示.

(a) $\cosh(\pi i)$；   (b) $\sinh\left(\dfrac{\pi}{2}i\right)$；

(c) $\cosh\left(1+\dfrac{\pi}{6}i\right)$；   (d) $\tanh(2+3i)$.

17. 求出满足下列方程的所有复数值 z.

(a) $\cosh z=i$；   (b) $\sinh z=-1$；

(c) $\sinh z=\cosh z$；   (d) $\sinh z=e^z$.

18. 验证下列双曲恒等式.

(a) $\cosh^2 z-\sinh^2 z=1$；

(b) $\sinh(z_1+z_2)=\sinh z_1\cosh z_2+\cosh z_1\sinh z_2$；

(c) $|\sinh z|^2=\sinh^2 x+\sin^2 y$；

(d) $\operatorname{Im}(\cosh z)=\sinh x\sin y$.

19. 求下列函数的导数.

(a) $\sin z\sinh z$；   (b) $\tanh z$；

(c) $\tanh(iz-2)$；   (d) $\cosh(iz+e^{iz})$.

20. 求出下列函数的所有值.

(a) $\cos^{-1} i$；   (b) $\sin^{-1} 1$；   (c) $\sin^{-1}\sqrt{2}$；   (d) $\cos^{-1}\dfrac{5}{3}$；

(e) $\tan^{-1} 1$；   (f) $\tan^{-1} 2i$；   (g) $\sinh^{-1} i$；   (h) $\cosh^{-1}\dfrac{1}{2}$；

(i) $\tanh^{-1}(1+2i)$ (j) $\tanh^{-1}(\sqrt{2}i)$.

21. 利用多值函数 $z^{1/2}$ 的指定分支和 $\ln z$ 的主值支求复变反三角函数或复变反双曲函数在给定点的值,并计算函数在给定点的导数值.

(a) $\sin^{-1} z$, $z = \dfrac{1}{2}$i;使用 $z^{1/2}$ 的主值支;

(b) $\cos^{-1} z$, $z = \dfrac{5}{3}$;使用 $z^{1/2}$ 的 $\sqrt{r}\, e^{i\theta/2}$, $0 < \theta < 2\pi$ 分支;

(c) $\tan^{-1} z$, $z = 1 + $i;

(d) $\sinh^{-1} z$, $z = 0$;使用 $z^{1/2}$ 的主值支;

(e) $\cosh^{-1} z$, $z = -$i;使用 $z^{1/2}$ 的 $\sqrt{r}\, e^{i\theta/2}$, $0 < \theta < 2\pi$ 分支;

(f) $\tanh^{-1} z$, $z = 3$i.

本章小结

本章的重点内容是柯西-黎曼方程和初等复变解析函数.本章介绍的初等复变解析函数在特定的区域内都是解析的,并且它们的导数与对应的实函数的导数是一样的.

1. 解析函数的概念

(1) 复变函数的导数与微分

复变函数的导数:设复变函数 f 在点 z_0 的邻域内有定义,将函数 f 在点 z_0 处的导数记作 $f'(z_0)$,计算式为

$$f'(z_0) = \lim_{\Delta z \to 0} \frac{f(z_0 + \Delta z) - f(z_0)}{\Delta z}$$

这里假设上面的极限是存在的.

求导法则:实变量微积分中的求导法则可以推广到复变量的微积分中.

(2) 解析函数及其简单性质

一点处的解析性:如果复变函数 f 在点 z_0 及其邻域内处处可导,那么称复变函数 $w = f(z)$ 在点 z_0 处解析.

函数在一点处解析和在一点处可导是两个不等价的概念.

全纯函数:在复平面上每一点 z 处都解析的函数.

奇点:一般来说,复变函数 $w = f(z)$ 不解析的点 z 称为 f 的奇点.

2. 柯西-黎曼方程

设 U 是 C 上的一个开集,u 和 v 是定义在 U 上的实值函数,则复变函数 $f(x+iy) = u(x,y) + iv(x,y)$ 在 U 上解析的充分必要条件是,u 和 v 是 U 上的可导函数且在 U 上的所有点满足

$$\frac{\partial u}{\partial x} = \frac{\partial v}{\partial y}, \quad \frac{\partial u}{\partial y} = -\frac{\partial v}{\partial x}$$

如果满足上述条件,那么对于所有的 $(x,y) \in U$,有

$$f'(x+iy) = u_x(x,y) + iv_x(x,y) \quad \text{或} \quad f'(x+iy) = v_y(x,y) - iu_y(x,y)$$

判断函数的解析性的方法:

① 用定义判断：一点解析、区域内解析.

② 用柯西-黎曼方程.

③ 解析函数的和、差、积、商（分母 $\neq 0$）、复合函数仍为解析函数.

3. 初等复变解析函数

(1) 复变指数函数

$$e^z = e^x(\cos y + i\sin y), \quad z = x + iy$$

复变指数函数具有如下特性：

处处解析：$\dfrac{d}{dz}e^z = e^z, z \in \mathbb{C}$.

加法定理：$e^{z_1+z_2} = e^{z_1}e^{z_2}$.

周期性：$e^{z+2k\pi i} = e^z$，对于任意 z 和整数 k 都成立.

(2) 复变对数函数

$\mathrm{Ln}\, z = \ln z + 2k\pi i, k$ 是任意整数.

复变对数函数的主值：$\ln z = \ln|z| + i\arg z, -\pi < \arg z \leqslant \pi$.

加法定理：$\mathrm{Ln}(z_1 z_2) = \mathrm{Ln}\, z_1 + \mathrm{Ln}\, z_2$. 式中等号的含义是，$\ln(z_1 z_2)$ 的任意值等于 $\mathrm{Ln}\, z_1$ 的某一个值加上 $\mathrm{Ln}\, z_2$ 的某一个值. 其他类似.

减法定理：$\mathrm{Ln}\left(\dfrac{z_1}{z_2}\right) = \mathrm{Ln}\, z_1 - \mathrm{Ln}\, z_2$.

解析性：复变对数函数是其定义域上的解析函数.

(3) 复变幂函数

$$z^a = e^{(\mathrm{Ln}\, z)a}$$

复变幂函数具有如下特性：

当 $a = n$ 且 n 为整数时，$z^n = |z|^n e^{in\,\mathrm{Arg}\, z}$ 是单值函数.

当 a 为有理数时，即 $a = m/n$，其中 m, n 是不可约整数，复变幂函数有 n 个不同的分支：

$$z^{\frac{m}{n}} = e^{\frac{m}{n}\ln z} = |z|^{\frac{m}{n}} e^{i\frac{m}{n}\arg z} e^{2k\frac{m}{n}\pi i}, \quad k = 0, 1, \cdots, n-1$$

当 $a = \alpha + i\beta$ 时，有

$$z^a = e^{(\alpha+i\beta)[\ln|z|+i(\arg z+2k\pi)]}$$
$$= e^{[\alpha\ln|z|-\beta(\arg z+2k\pi)]} e^{i[\beta\ln|z|+\alpha(\arg z+2k\pi)]}$$
$$= |z|^\alpha e^{-\beta(\arg z+2k\pi)} \{\cos[\beta\ln|z| + \alpha(\arg z + 2k\pi)]\} +$$
$$\quad i\sin[\beta\ln|z| + \alpha(\arg z + 2k\pi)], \quad k = 0, \pm 1, \pm 2, \cdots$$

在这种情况下，z^a 有无限多个分支.

复变幂函数的主值：$z^\alpha = e^{\alpha\ln z}$，其中 α 是复数，且 $z \neq 0$.

解析性：在定义域 $|z| > 0, -\pi < \arg z < \pi$ 上，复变幂函数 z^α 的主值是可导的，且

$$\frac{d}{dz}z^\alpha = \alpha z^{\alpha-1}$$

(4) 复变三角函数和复变双曲函数

复变三角函数：$\sin z = \dfrac{e^{iz} - e^{-iz}}{2i}$，$\cos z = \dfrac{e^{iz} + e^{-iz}}{2}$；其他复变三角函数可以通过常用的公式用复变正弦函数和复变余弦函数来定义，即

$$\tan z = \frac{\sin z}{\cos z}, \quad \cot z = \frac{\cos z}{\sin z}, \quad \sec z = \frac{1}{\cos z}, \quad \csc z = \frac{1}{\sin z}$$

复变双曲函数：$\sinh z = \dfrac{e^z - e^{-z}}{2}$，$\cosh z = \dfrac{e^z + e^{-z}}{2}$，$\tanh z = \dfrac{\sinh z}{\cosh z}$；其他复变双曲函数 $\operatorname{csch} z$，$\operatorname{sech} z$ 和 $\coth z$ 可分别定义为 $\sinh z$，$\cosh z$ 与 $\tanh z$ 的倒数.

复变双曲函数与复变三角函数的关系：

$$\sinh(iz) = i\sin z, \quad \sin(iz) = i\sinh z, \quad \cosh(iz) = \cos z, \quad \cos(iz) = \cosh z$$

解析性：复变正弦函数和复变余弦函数都是全纯函数，因为它们是由全纯函数 e^{iz} 和 e^{-iz} 线性组合而成的；函数 $\tan z$ 和 $\sec z$ 在不包括 $\cos z = 0$ 的点 z 的任何区域内都是解析的；类似地，函数 $\cot z$ 和 $\csc z$ 在除了使 $\sin z = 0$ 的点 z 外的任何区域内都解析.

周期性：复变三角函数是周期性的；复变双曲函数也是周期性的，与实双曲函数是非周期性的不同.

有界性：尽管实正弦函数和复变余弦函数的值介于 $-1 \sim 1$，但它们的复变函数是无界的.

三角公式：实三角函数和实双曲函数的复合角公式也适用于对应的复变函数.

(5) 复变反三角函数和复变反双曲函数

$$\sin^{-1} z = \frac{1}{i} \operatorname{Ln}\left[iz + (1 - z^2)^{1/2}\right], \quad \cos^{-1} z = \frac{1}{i} \operatorname{Ln}\left[z + (z^2 - 1)^{1/2}\right]$$

$$\tan^{-1} z = \frac{1}{2i} \operatorname{Ln}\frac{1 + iz}{1 - iz}, \quad \cot^{-1} z = \frac{1}{2i} \operatorname{Ln}\frac{z + i}{z - i}$$

$$\sinh^{-1} z = \operatorname{Ln}\left[z + (1 + z^2)^{1/2}\right], \quad \cosh^{-1} z = \operatorname{Ln}\left[z + (z^2 - 1)^{1/2}\right]$$

$$\tanh^{-1} z = \frac{1}{2} \operatorname{Ln}\frac{1 + z}{1 - z}, \quad \coth^{-1} z = \frac{1}{2} \operatorname{Ln}\frac{z + 1}{z - 1}$$

复变反三角函数的导数公式：

$$\frac{d}{dz}\sin^{-1} z = \frac{1}{(1 - z^2)^{1/2}}, \quad \frac{d}{dz}\cos^{-1} z = -\frac{1}{(1 - z^2)^{1/2}}, \quad \frac{d}{dz}\tan^{-1} z = \frac{1}{1 + z^2}$$

作 业

解析函数的概念与柯西-黎曼方程

1. 下列函数何处可导？何处解析？

(1) $f(z) = x^2 - iy$；

(2) $f(z) = 2x^3 + 3y^3 i$；

(3) $f(z) = xy^2 + ix^2 y$；

(4) $f(z) = \sin x \cosh y + \cos x \sinh y$.

2. 指出下列函数 $f(z)$ 的解析区域，并求出其导数：

(1) $(z - 1)^5$；

(2) $z^3 + 2iz$；

(3) $\dfrac{1}{z^2-1}$；

(4) $\dfrac{az+b}{cz+d}$（c,d 中至少有一个不为 0）．

3. 求下列函数的奇点：

(1) $\dfrac{z+1}{z(z^2+1)}$；

(2) $\dfrac{z-2}{(z+1)^2(z^2+1)}$．

4. 判断下列命题的真假. 若真,则请给以证明;若假,则请举例说明：

(1) 如果 $f(z)$ 在点 z_0 处连续,那么 $f'(z_0)$ 存在；

(2) 如果 $f'(z_0)$ 存在,那么 $f(z)$ 在点 z_0 处解析；

(3) 如果点 z_0 是 $f(z)$ 的奇点,那么 $f(z)$ 在点 z_0 处不可导；

(4) 如果点 z_0 是 $f(z)$ 和 $g(z)$ 的奇点,那么点 z_0 也是 $f(z)+g(z)$ 与 $f(z)/g(z)$ 的奇点；

(5) 如果 $u(x,y)$ 和 $v(x,y)$ 可导（指偏导数存在）,那么 $f(z)=u+\mathrm{i}v$ 亦可导；

(6) 设 $f(z)=u+\mathrm{i}v$ 在区域 D 内是解析的,如果 u 是实常数,那么 $f(z)$ 在整个 D 内是常数;如果 v 是实常数,那么 $f(z)$ 在 D 内也是常数.

5. 设 $my^3+nx^2y+\mathrm{i}(x^3+lxy^2)$ 为解析函数,试确定 l,m,n 的值.

6. 证明如果函数 $f(z)=u+\mathrm{i}v$ 在区域 D 内解析,并且满足下列条件之一,那么 $f(z)$ 是常数：

(1) $f(z)$ 恒取实值；

(2) $\overline{f(z)}$ 在 D 内解析；

(3) $|f(z)|$ 在 D 内是个常数；

(4) $\arg f(z)$ 在 D 内是个常数；

(5) $au+bv=c$,其中 a,b 与 c 为不全为零的实常数.

初等复变解析函数

1. 找出下列方程的全部解：

(1) $\sin z=0$；

(2) $\cos z=0$；

(3) $1+\mathrm{e}^z=0$；

(4) $\sin z+\cos z=0$．

2. 证明：

(1) $\cos(z_1+z_2)=\cos z_1\cos z_2-\sin z_1\sin z_2$,　$\sin(z_1+z_2)=\sin z_1\cos z_2+\cos z_1\sin z_2$；

(2) $\sin^2 z+\cos^2 z=1$；

(3) $\sin(2z)=2\sin z\cos z$；

(4) $\tan(2z)=\dfrac{2\tan z}{1-\tan^2 z}$；

(5) $\sin\left(\dfrac{\pi}{2}-z\right)=\cos z$,　$\cos(z+\pi)=-\cos z$；

(6) $|\cos z|^2=\cos^2 x+\sinh^2 y$,　$|\sin z|^2=\sin^2 x+\sinh^2 y$．

3. 求 $\mathrm{Ln}(-\mathrm{i})$,$\mathrm{Ln}(-3+4\mathrm{i})$ 和它们的主值.

4. 求 $\mathrm{e}^{1-\mathrm{i}\frac{\pi}{2}}$,$\exp[(1+\mathrm{i}\pi)/4]$,$3^{\mathrm{i}}$ 和 $(1+\mathrm{i})^{\mathrm{i}}$ 的值.

第 3 章 复变函数的积分

本章将讨论复变函数的积分方法及其基本理论.复积分的基础是柯西-古萨(Cauchy-Goursat)定理和柯西积分公式.从柯西积分公式可以推导出一个有趣的结论:如果一个复变函数在某一点处是解析的,那么它的所有阶导数都存在,并且这些导数在该点处都是解析的.

复积分的许多性质与实线积分非常相似.例如,当被积函数满足一定条件时,可以通过找到被积函数的原函数,并通过计算原函数在积分路径的两个端点处的值来计算积分.然而,在复平面上的积分还有一些独特的性质.

在 3.7 节中将物理中保守场的研究与解析函数和复积分的数学理论联系起来.由于一些保守场的势函数是由拉普拉斯方程控制的,因此它们的解是调和函数.复变函数方法已被证明是解析求解这些物理模型的有效工具.

3.1 复变函数积分的概念

3.1.1 复积分的定义

曲线回顾 设连续实函数 $x=x(t),y=y(t),a\leqslant t\leqslant b$ 是复平面上曲线 C 的参数方程.如果将这些方程用作 $z=x+iy$ 的实部和虚部,那么可以用实变量 t 的复值函数来描述曲线 C 上的点.这称作曲线 C 的**参数化**:

$$z(t)=x(t)+iy(t),\quad a\leqslant t\leqslant b \tag{3.1}$$

例如,参数方程 $x=\cos t,y=\sin t,0\leqslant t\leqslant 2\pi$ 描述了一个以原点为圆心的单位圆周,这个圆周的参数化形式是 $z(t)=\cos t+i\sin t$,或者 $z(t)=e^{it},0\leqslant t\leqslant 2\pi$.

点 $z(a)=x(a)+iy(a)$ 或 $A=(x(a),y(a))$ 称作曲线 C 的**起点**,点 $z(b)=x(b)+iy(b)$ 或 $B=(x(b),y(b))$ 称作曲线 C 的**终点**.由 1.2 节可知 $z(t)=x(t)+iy(t)$ 也可以解释为一个二维向量函数.因此,$z(a)$ 和 $z(b)$ 可以被看作位置向量.当 t 从 $t=a$ 到 $t=b$ 变化时,可以将曲线 C 想象为移动箭头 $z(t)$ 的轨迹.

路径 复平面上的光滑曲线、分段光滑曲线、简单曲线、闭曲线和简单闭曲线很容易用式(3.1)所给向量函数表示.设式(3.1)的导数是 $z'(t)=x'(t)+iy'(t)$.如果 $z'(t)$ 在 $a\leqslant t\leqslant b$ 内连续且不为零,则称曲线 C 在复平面上是**光滑的**.如图 3.1 所示,因为向量 $z'(t)$ 在曲线 C 上任意点 P 处不为零,所以向量 $z'(t)$ 在点 P 处与曲线 C 相切.换句话说,光滑曲线的切线是连续转动的;或者说,光滑曲线没有尖角或尖点(见图 3.2).**分段光滑曲线**除在子光滑曲线 $C_1,C_2,\cdots,C_n$ 的连接点之外,切线是连续转动的.对于复平面上的曲线 C,如果当 $t_1\neq t_2$ 且 $t\neq a,t\neq b$ 时总有 $z(t_1)\neq z(t_2)$,则称它是**简单曲线**;当 $z(a)=z(b)$ 时,曲线 C 被称作闭曲线;如果当 $z(a)=z(b)$ 且 $t_1\neq t_2$ 时 $z(t_1)\neq z(t_2)$,则称曲线

C 是简单闭曲线. 在复分析中, 分段光滑曲线被称作围道(contour)或**路径**.

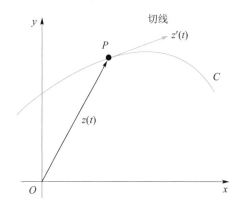

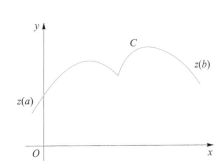

图 3.1　曲线 C 的切向量 $z'(t)=x'(t)+\mathrm{i}y'(t)$　　图 3.2　曲线 C 不光滑(其上有一个尖点)

　　如前所述, 将曲线 C 的**正方向**定义为对应于参数 t 增加的曲线方向. 也就是说, 曲线 C 有方向. 对于简单闭曲线 C, 其正方向大致对应于逆时针方向, 或者是一个人沿曲线 C 行走时曲线内部位于其左边的曲线方向, 如图 3.3 所示. 例如, 圆周 $z(t)=\mathrm{e}^{\mathrm{i}t}$, $0\leqslant t\leqslant 2\pi$ 有正方向. 曲线 C 的**负方向**是与正方向相反的方向. 如果曲线 C 有方向, 则**反向曲线**(即方向相反的曲线)用 $-C$ 表示. 对于简单闭曲线, 负方向对应于顺时针方向.

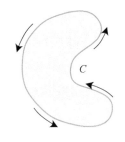

(a) 逆时针方向　　　　(b) 一个人沿曲线 C 行走时曲线内部位于其左边的曲线方向

图 3.3　简单闭曲线 C 的正方向

　　复积分　　在曲线 C 上定义的复变量 z 的函数 f 的积分称为**复积分**, 用 $\displaystyle\int_C f(z)\mathrm{d}z$ 表示. 下面的一系列假设是定义复积分的前提条件.

　　定义复积分的步骤:

　　① 设 f 是复变量 z 的函数, 将复变量 z 定义为复平面某区域的光滑曲线 C 上的任意点. 设 C 由参数曲线 $z(t)=x(t)+\mathrm{i}y(t)$, $a\leqslant t\leqslant b$ 定义.

　　② 令 P 是将参数区间 $[a,b]$ 划分为长度为 $\Delta t_k=t_k-t_{k-1}$ 的 n 个子区间 $[t_{k-1},t_k]$ 的分割:

$$a=t_0<t_1<t_2<\cdots<t_{n-1}<t_n=b$$

分割 P 将光滑曲线 C 划分成 n 条子曲线, 这些子曲线的起点和终点是下列复数对:

$$z_0=x(t_0)+\mathrm{i}y(t_0),\quad z_1=x(t_1)+\mathrm{i}y(t_1)$$

$$z_1 = x(t_1) + \mathrm{i}y(t_1), \quad z_2 = x(t_2) + \mathrm{i}y(t_2)$$
$$\vdots \qquad\qquad\qquad \vdots$$
$$z_{n-1} = x(t_{n-1}) + \mathrm{i}y(t_{n-1}), \quad z_n = x(t_n) + \mathrm{i}y(t_n)$$

令 $\Delta z_k = z_k - z_{k-1}$,其中 $k = 1, 2, \cdots, n$,如图 3.4 所示.

③ 设 $\|P\|$ 为 $[a, b]$ 的分割 P 的范数,即最长子区间的长度.

④ 在光滑曲线 C 的每条子曲线上选择一个点 $z_k^* = x_k^* + \mathrm{i}y_k^*$(见图 3.4).

⑤ 求 n 个乘积 $f(z_k^*)\Delta z_k$,$k = 1, 2, \cdots, n$,然后对这些积求和 $\sum\limits_{k=1}^{n} f(z_k^*)\Delta z_k$.

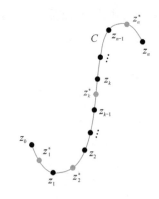

图 3.4 通过参数区间 $[a, b]$ 的分割 P 将光滑曲线 C 划分为 n 条子曲线

【定义 3.1.1】(复积分) 在曲线 C 上的关于 f 的复积分为

$$\int_C f(z)\mathrm{d}z = \lim_{\|P\| \to 0} \sum_{k=1}^{n} f(z_k^*)\Delta z_k \tag{3.2}$$

如果式(3.2)的极限存在,则称 f 在曲线 C 上是**可积的**. 只要 f 在曲线 C 的所有点上都是连续的,并且曲线 C 光滑或分段光滑,则该极限总是存在的. 因此,本书默认这些条件是满足的. 此外,将用符号 $\oint_C f(z)\mathrm{d}z$ 表示沿正向闭曲线 C 的复积分. 如果沿闭曲线积分的方向很重要,那么将使用符号 $\oint_C f(z)\mathrm{d}z$ 和 $\oint_C f(z)\mathrm{d}z$ 分别表示沿正方向与负方向的积分.

由于实积分和复积分的定义在形式上是相同的,因此本书将使用**路径积分**这个更通用的名称来指代复积分 $\int_C f(z)\mathrm{d}z$.

3.1.2 路径积分的计算

实变量的复值函数 在讨论路径积分的计算和路径积分的性质之前,需要先讨论一下**实变量的复值函数**这个概念. 式(3.1)所示曲线 C 的参数化就是一个典型例子. 下面给出另一个简单例子. 如果 t 代表一个实数,那么函数 $f(t) = (2t + \mathrm{i})^2$ 的输出是一个复数. 对于 $t = 2$,有 $f(2) = (4 + \mathrm{i})^2 = 16 + 8\mathrm{i} + \mathrm{i}^2 = 15 + 8\mathrm{i}$. 一般来说,如果 f_1 和 f_2 是实变量 t 的实值函数(也就是实函数),则 $f(t) = f_1(t) + \mathrm{i}f_2(t)$ 是实变量 t 的复值函数. 下面要讨论的是形如 $\int_a^b f(t)\mathrm{d}t$ 的定积分,换句话说,是实变量 t 的复值函数 $f(t) = f_1(t) + \mathrm{i}f_2(t)$ 在实区间内的积分. 函数 $f(t) = (2t + \mathrm{i})^2$ 在 $0 \leqslant t \leqslant 1$ 上的积分可以写为

$$\int_0^1 (2t + \mathrm{i})^2 \mathrm{d}t = \int_0^1 (4t^2 - 1 + 4t\mathrm{i})\mathrm{d}t = \int_0^1 (4t^2 - 1)\mathrm{d}t + \mathrm{i}\int_0^1 4t\,\mathrm{d}t \tag{3.3}$$

式(3.3)中的积分 $\int_0^1 (4t^2 - 1)\mathrm{d}t$ 和 $\int_0^1 4t\,\mathrm{d}t$ 都是实数,人们倾向于分别称它们为 $\int_0^1 (2t + \mathrm{i})^2\mathrm{d}t$ 的实部和虚部. 每一个实积分都可以用微积分基本定理求得:

$$\int_0^1 (4t^2 - 1)\,\mathrm{d}t = \left[\frac{4}{3}t^3 - t\right]_0^1 = \frac{1}{3}, \qquad \int_0^1 4t\,\mathrm{d}t = 2[t^2]_0^1 = 2$$

因此,式(3.3)为 $\displaystyle\int_0^1 (2t + \mathrm{i})^2 \,\mathrm{d}t = \frac{1}{3} + 2\mathrm{i}.$

由于前面的积分看起来具有一定的代表性,因此在其基础上给出如下推广.如果 f_1 和 f_2 是实变量 t 在 $a \le t \le b$ 上的连续实值函数,那么用 f 的实部和虚部的定积分来定义复值函数 $f(t) = f_1(t) + \mathrm{i}f_2(t)$ 在 $a \le t \le b$ 上的积分:

$$\int_a^b f(t)\,\mathrm{d}t = \int_a^b f_1(t)\,\mathrm{d}t + \mathrm{i}\int_a^b f_2(t)\,\mathrm{d}t \tag{3.4}$$

其中,f_1 和 f_2 在 $[a,b]$ 上的连续性保证了 $\displaystyle\int_a^b f_1(t)\,\mathrm{d}t$ 与 $\displaystyle\int_a^b f_2(t)\,\mathrm{d}t$ 都存在.

下面的积分性质都可以直接通过式(3.4)所给定义进行证明.如果 $f(t) = f_1(t) + \mathrm{i}f_2(t)$ 和 $g(t) = g_1(t) + \mathrm{i}g_2(t)$ 是实变量 t 在 $a \le t \le b$ 上的连续复值函数,则

$$\int_a^b k f(t)\,\mathrm{d}t = k\int_a^b f(t)\,\mathrm{d}t \,(k \text{ 是复常数}) \tag{3.5}$$

$$\int_a^b [f(t) + g(t)]\,\mathrm{d}t = \int_a^b f(t)\,\mathrm{d}t + \int_a^b g(t)\,\mathrm{d}t \tag{3.6}$$

$$\int_a^b f(t)\,\mathrm{d}t = \int_a^c f(t)\,\mathrm{d}t + \int_c^b f(t)\,\mathrm{d}t \tag{3.7}$$

$$\int_b^a f(t)\,\mathrm{d}t = -\int_a^b f(t)\,\mathrm{d}t \tag{3.8}$$

在式(3.7)中,假设实数 c 位于 $[a,b]$ 内.

路径积分的计算　为了方便讨论路径积分 $\displaystyle\int_C f(z)\,\mathrm{d}z$ 的计算,将式(3.2)写成更简洁的形式.如果用 $u + \mathrm{i}v$ 表示 f,用 $\Delta x + \mathrm{i}\Delta y$ 表示 Δz,用 $\lim$ 表示 $\displaystyle\lim_{\|P\| \to 0}$,用 $\displaystyle\sum$ 表示 $\displaystyle\sum_{k=1}^n$,并去掉所有下标,则式(3.2)成为

$$\int_C f(z)\,\mathrm{d}z = \lim \sum (u + \mathrm{i}v)(\Delta x + \mathrm{i}\Delta y)$$
$$= \lim \left[\sum (u\Delta x - v\Delta y) + \mathrm{i}\sum (v\Delta x + u\Delta y)\right] \tag{3.9}$$

式(3.9)可以解释为

$$\int_C f(z)\,\mathrm{d}z = \int_C u\,\mathrm{d}x - v\,\mathrm{d}y + \mathrm{i}\int_C v\,\mathrm{d}x + u\,\mathrm{d}y \tag{3.10}$$

换句话说,路径积分 $\displaystyle\int_C f(z)\,\mathrm{d}z$ 的实部和虚部分别是实线积分 $\displaystyle\int_C u\,\mathrm{d}x - v\,\mathrm{d}y$ 与 $\displaystyle\int_C v\,\mathrm{d}x + u\,\mathrm{d}y$.如果将曲线 C 的参数方程表示为 $x = x(t), y = y(t), a \le t \le b$,则 $\mathrm{d}x = x'(t)\,\mathrm{d}t$,$\mathrm{d}y = y'(t)\,\mathrm{d}t$.将符号 $x, y, \mathrm{d}x$ 和 $\mathrm{d}y$ 分别替换为 $x(t), y(t), x'(t)\,\mathrm{d}t$ 与 $y'(t)\,\mathrm{d}t$,则式(3.10)变成

$$\int_C f(z)\,\mathrm{d}z = \overbrace{\int_a^b [u(x(t), y(t))x'(t) - v(x(t), y(t))y'(t)]\,\mathrm{d}t}^{\int_C u\,\mathrm{d}x - v\,\mathrm{d}y} +$$

$$\overbrace{\mathrm{i}\int_a^b [v(x(t), y(t))x'(t) + u(x(t), y(t))y'(t)]\,\mathrm{d}t}^{\int_C v\,\mathrm{d}x + u\,\mathrm{d}y} \tag{3.11}$$

如果用复值函数(3.1)来描述曲线 C,那么式(3.11)与 $\int_a^b f[z(t)]z'(t)\mathrm{d}t$ 是等价的. 将该被积函数展开:

$$f[z(t)]z'(t) = [u(x(t),y(t)) + \mathrm{i}v(x(t),y(t))][x'(t) + \mathrm{i}y'(t)]$$

然后将 $\int_a^b f[z(t)]z'(t)\mathrm{d}t$ 表示为实部和虚部的形式,即可得到式(3.11). 由此得到一种计算路径积分的实用方法.

【定理3.1.1】(路径积分的计算) 设参数化光滑曲线 C 可表示为 $z(t) = x(t) + \mathrm{i}y(t)$, $a \leqslant t \leqslant b$,如果函数 f 在该曲线上连续,则

$$\int_C f(z)\mathrm{d}z = \int_a^b f[z(t)]z'(t)\mathrm{d}t \tag{3.12}$$

式(3.11)和式(3.12)给出的结果可以理解为:设 $z(t) = x(t) + \mathrm{i}y(t)$,则 $z'(t) = x'(t) + \mathrm{i}y'(t)$,于是被积函数 $f[z(t)]z'(t)$ 是实变量 t 的复值函数. 因此,积分 $\int_a^b f[z(t)]z'(t)\mathrm{d}t$ 可以用式(3.4)所给方式计算.

【例3.1.1】(路径积分的计算) 计算 $\int_C \bar{z}\mathrm{d}z$,其中积分路径 C 由 $x = 3t$, $y = t^2$, $-1 \leqslant t \leqslant 4$ 给出.

【解】由式(3.1)得积分路径 C 的参数方程为 $z(t) = 3t + \mathrm{i}t^2$. 因此,由 $f(z) = \bar{z}$ 可得 $f[z(t)] = 3t - \mathrm{i}t^2$. 由 $z'(t) = 3 + 2\mathrm{i}t$ 和式(3.12)可得该积分为

$$\int_C \bar{z}\mathrm{d}z = \int_{-1}^4 (3t - \mathrm{i}t^2)(3 + 2\mathrm{i}t)\mathrm{d}t = \int_{-1}^4 (2t^3 + 9t + 3t^2\mathrm{i})\,\mathrm{d}t \tag{3.13}$$

对比式(3.4),可得式(3.13)等同于

$$\int_C \bar{z}\mathrm{d}z = \int_{-1}^4 (2t^3 + 9t)\mathrm{d}t + \mathrm{i}\int_{-1}^4 3t^2\mathrm{d}t$$

$$= \left[\frac{1}{2}t^4 + \frac{9}{2}t^2\right]_{-1}^4 + \mathrm{i}[t^3]_{-1}^4 = 195 + 65\mathrm{i}$$

【例3.1.2】(路径积分的计算) 计算积分 $\oint_C \dfrac{1}{z}\mathrm{d}z$,其中积分路径 C 是圆周 $x = \cos t$, $y = \sin t$, $0 \leqslant t \leqslant 2\pi$.

【解】在本例中 $z(t) = \cos t + \mathrm{i}\sin t = \mathrm{e}^{\mathrm{i}t}$, $z'(t) = \mathrm{i}\mathrm{e}^{\mathrm{i}t}$. 由于 $f[z(t)] = \dfrac{1}{z(t)} = \mathrm{e}^{-\mathrm{i}t}$,因此

$$\oint_C \frac{1}{z}\mathrm{d}z = \int_0^{2\pi} (\mathrm{e}^{-\mathrm{i}t})\mathrm{i}\mathrm{e}^{\mathrm{i}t}\mathrm{d}t = \mathrm{i}\int_0^{2\pi}\mathrm{d}t = 2\pi\mathrm{i}$$

【例3.1.3】(路径积分的计算) 计算积分 $\int_C \dfrac{1}{z^2}\mathrm{d}z$,其中积分路径 C 为:

(a) 连接 1 和 $2+\mathrm{i}$ 的直线段;

(b) 先沿水平线从 1 到 2、再沿垂直线从 2 到 $2+\mathrm{i}$ 的折线.

【解】(a) 连接 1 和 $2+\mathrm{i}$ 的直线段的参数方程为 $z(t) = 1 + (1+\mathrm{i})t$, $0 \leqslant t \leqslant 1$. 因此该

路径积分可表示为

$$\int_0^1 \frac{1}{[1+(1+i)t]^2}(1+i)dt = 1 - \frac{1}{2+i} = \frac{3+i}{5}$$

（b）该路径积分可表示为

$$\int_1^2 \frac{1}{x^2}dx + \int_0^1 \frac{1}{(2+iy)^2}idy = \left(1 - \frac{1}{2}\right) + \left(\frac{1}{2} - \frac{1}{2+i}\right) = \frac{3+i}{5}$$

注意　显然,例 3.1.3 的积分值与积分路径无关,可以直接求得:

$$\int_1^{2+i} \frac{1}{z^2}dz = \left[-\frac{1}{z}\right]_1^{2+i} = \frac{3+i}{5}$$

其中,$-1/z$ 是 $1/z^2$ 的原函数(关于原函数的定义见推论 3.2.2).

【例 3.1.4】（路径积分的计算）计算积分 $\int_C |z|^2 dz$,其中积分路径 C 为:

（a）起点为 -1、终点为 i 的直线段;

（b）位于单位圆周 $|z|=1$ 上、沿顺时针方向的弧段,起点为 -1,终点为 i.

这两个结果是否一致?

【解】（a）该直线段可参数化为 $z=-1+(1+i)t, 0\leqslant t\leqslant 1$,因此
$$|z|^2 = (-1+t)^2 + t^2, \quad dz = (1+i)dt$$

则该路径积分的值为

$$\int_C |z|^2 dz = \int_0^1 (2t^2 - 2t + 1)(1+i)dt = \frac{2}{3}(1+i)$$

（b）根据单位圆周 $|z|=1$,有 $z=e^{i\theta}$ 和 $dz=ie^{i\theta}d\theta$.该积分路径的起点和终点分别对应于 $\theta=\pi$ 与 $\theta=\pi/2$,于是该路径积分的值为

$$\int_C |z|^2 dz = \int_\pi^{\pi/2} ie^{i\theta}d\theta = [e^{i\theta}]_\pi^{\pi/2} = 1+i$$

这里(a)和(b)的结果不一致.因此,该路径积分的值与积分路径相关.

对于一些曲线,实变量 x 本身可以用作参数.例如,为了计算沿直线段 $y=5x, 0\leqslant x\leqslant 2$ 上的积分 $\int_C (8x^2 - iy)dz$,令 $z=x+5xi$,于是 $dz=(1+5i)dx$,从而 $\int_C (8x^2 - iy)dz = \int_0^2 (8x^2 - 5ix)(1+5i)dx$,然后按通常的方法计算积分:

$$\int_C (8x^2 - iy)dz = (1+5i)\int_0^2 (8x^2 - 5ix)dx$$

$$= (1+5i)\left[\frac{8}{3}x^3\right]_0^2 - (1+5i)i\left[\frac{5}{2}x^2\right]_0^2 = \frac{214}{3} + \frac{290}{3}i$$

一般来说,如果 x 和 y 可以通过一个连续实函数 $y=f(x)$ 联系起来,那么复平面上对应的曲线 C 可以参数化为 $z(x)=x+if(x)$.等价地,可以令 $x=t$,从而可得曲线 C 的参数方程为 $x=t, y=f(t)$.

3.1.3 路径积分的性质

路径积分的下列性质类似于实线积分的性质以及式(3.5)～式(3.8)中列出的性质.

【定理 3.1.2】（路径积分的性质）设函数 f 和 g 在定义域 D 内连续,曲线 C 是一条完全位于 D 内的光滑曲线,则

(i) $\int_C kf(z)\mathrm{d}z = k\int_C f(z)\mathrm{d}z$,其中 k 是复常数;

(ii) $\int_C [f(z)+g(z)]\mathrm{d}z = \int_C f(z)\mathrm{d}z + \int_C g(z)\mathrm{d}z$;

(iii) $\int_C f(z)\mathrm{d}z = \int_{C_1} f(z)\mathrm{d}z + \int_{C_2} f(z)\mathrm{d}z$,其中曲线 C 由首尾相连的光滑曲线 C_1 和 C_2 组成;

(iv) $\int_{-C} f(z)\mathrm{d}z = -\int_C f(z)\mathrm{d}z$,其中 $-C$ 是与 C 方向相反的曲线.

如果 C 是 D 中的分段光滑曲线,则定理 3.1.2 的四个结论也成立.

【例 3.1.5】（积分路径 C 分段光滑）计算积分 $\int_C (x^2+\mathrm{i}y^2)\mathrm{d}z$,其中积分路径 C 如图 3.5 所示.

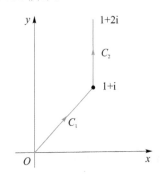

图 3.5　积分路径 C 分段光滑

【解】根据定理 3.1.2(iii),该积分可写为

$$\int_C (x^2+\mathrm{i}y^2)\mathrm{d}z = \int_{C_1} (x^2+\mathrm{i}y^2)\mathrm{d}z + \int_{C_2} (x^2+\mathrm{i}y^2)\mathrm{d}z$$

由于曲线 C_1 可以表示为 $y=x$,因此将 x 作为参数是有意义的. 于是,$z(x)=x+\mathrm{i}x$,从而 $z'(x)=1+\mathrm{i}$,由 $f(z)=x^2+\mathrm{i}y^2$ 可得 $f[z(x)]=x^2+\mathrm{i}x^2$,进而得

$$\int_{C_1} (x^2+\mathrm{i}y^2)\mathrm{d}z = \int_0^1 \overbrace{(x^2+\mathrm{i}x^2)}^{(1+\mathrm{i})x^2}(1+\mathrm{i})\mathrm{d}x$$

$$= (1+\mathrm{i})^2 \int_0^1 x^2\mathrm{d}x = \frac{(1+\mathrm{i})^2}{3} = \frac{2}{3}\mathrm{i} \quad (3.14)$$

曲线 C_2 可以表示为 $x=1, 1\leqslant y\leqslant 2$. 如果将 y 作为参数,那么 $z(y)=1+\mathrm{i}y$,从而 $z'(y)=\mathrm{i}$,于是 $f[z(y)]=1+\mathrm{i}y^2$,进而得

$$\int_{C_2} (x^2+\mathrm{i}y^2)\mathrm{d}z = \int_1^2 (1+\mathrm{i}y^2)\mathrm{i}\mathrm{d}y = -\int_1^2 y^2\mathrm{d}y + \mathrm{i}\int_1^2 \mathrm{d}y = -\frac{7}{3}+\mathrm{i} \quad (3.15)$$

结合式(3.14)和式(3.15)可得

$$\int_C (x^2+\mathrm{i}y^2)\mathrm{d}z = \frac{2}{3}\mathrm{i} + \left(-\frac{7}{3}+\mathrm{i}\right) = -\frac{7}{3}+\frac{5}{3}\mathrm{i}$$

在复积分的应用中,有时需要求得路径积分的绝对值或模的上界.在定理 3.1.3 中将会用到平面曲线的长度 $L = \int_a^b \sqrt{[x'(t)]^2+[y'(t)]^2}\,\mathrm{d}t$. 如果 $z'(t)=x'(t)+\mathrm{i}y'(t)$,则

$|z'(t)|=\sqrt{[x'(t)]^2+[y'(t)]^2}$，于是 $L=\int_a^b|z'(t)|\,\mathrm{d}t$.

【定理 3.1.3】（界限定理/积分的估值不等式）如果函数 f 在光滑曲线 C 上连续，且 $|f(z)|\leqslant M$ 对 C 上的所有 z 都成立，则 $\left|\int_C f(z)\mathrm{d}z\right|\leqslant ML$，其中 L 为光滑曲线 C 的长度.

【证明】根据 1.2 节中式(1.24)所给三角形不等式可得

$$\left|\sum_{k=1}^n f(z_k^*)\Delta z_k\right|\leqslant\sum_{k=1}^n|f(z_k^*)||\Delta z_k|\leqslant M\sum_{k=1}^n|\Delta z_k| \tag{3.16}$$

因为 $|\Delta z_k|=\sqrt{(\Delta x_k)^2+(\Delta y_k)^2}$，所以可以把 $|\Delta z_k|$ 解释为 C 上连接点 z_k 和 z_{k-1} 的弦长. 此外，由于弦长之和不能大于光滑曲线 C 的长度 L，因此由不等式(3.16)进一步可得 $\left|\sum_{k=1}^n f(z_k^*)\Delta z_k\right|\leqslant ML$. 而函数 f 的连续性保证了积分 $\int_C f(z)\mathrm{d}z$ 的存在. 因此，如果让 $\|\boldsymbol{P}\|\to 0$，则可得 $\left|\int_C f(z)\mathrm{d}z\right|\leqslant ML$.

定理 3.1.3 在路径积分理论中经常使用，有时被称为**ML 不等式**. 由 1.6 节可知，由于 f 在光滑曲线 C 上是连续的，因此定理 3.1.3 中函数 $f(z)$ 的上限 M 总是存在的.

【例 3.1.6】（路径积分的上限）求积分 $\oint_C\dfrac{\mathrm{e}^z}{z+1}\mathrm{d}z$ 绝对值的上界，其中积分路径 C 为圆周 $|z|=4$.

【解】首先，该半径为 4 的圆周的长度 L（周长）是 8π. 其次，由 1.2 节中的不等式(1.20)可知，对于圆周上的所有点 z，有 $|z+1|\geqslant|z|-1=4-1=3$. 因此

$$\left|\frac{\mathrm{e}^z}{z+1}\right|\leqslant\frac{|\mathrm{e}^z|}{|z|-1}=\frac{|\mathrm{e}^z|}{3} \tag{3.17}$$

另外，$|\mathrm{e}^z|=|\mathrm{e}^x(\cos y+\mathrm{i}\sin y)|=\mathrm{e}^x$. 对于圆周 $|z|=4$ 上的点，$x=\mathrm{Re}\,z$ 的最大值为 4，因此由式(3.17)可得

$$\left|\frac{\mathrm{e}^z}{z+1}\right|\leqslant\frac{\mathrm{e}^4}{3}$$

由 ML 不等式(定理 3.1.3)可得

$$\left|\oint_C\frac{\mathrm{e}^z}{z+1}\mathrm{d}z\right|\leqslant\frac{8\pi\mathrm{e}^4}{3}$$

习　题

1. 沿给定的积分路径计算下列积分.

(a) $\int_C(z+3)\mathrm{d}z$，其中积分路径 C 的参数方程是 $x=2t$，$y=4t-1$，$1\leqslant t\leqslant 3$；

(b) $\int_C(2\bar{z}-z)\mathrm{d}z$，其中积分路径 C 的参数方程是 $x=-t$，$y=t^2+2$，$0\leqslant t\leqslant 2$；

(c) $\int_C z^2 dz$，其中积分路径 C 的参数方程是 $z(t)=3t+2it$，$-2\leqslant t\leqslant 2$；

(d) $\int_C (3z^2-2z)dz$，其中积分路径 C 的参数方程是 $z(t)=t+it^2$，$0\leqslant t\leqslant 1$；

(e) $\int_C \dfrac{z+1}{z}dz$，其中积分路径 C 是圆周 $|z|=1$ 的右半个圆弧，起点和终点分别为 $z=-i$ 与 $z=i$；

(f) $\int_C |z|^2 dz$，其中积分路径 C 的参数方程是 $x=t^2$，$y=1/t$，$1\leqslant t<2$；

(g) $\oint_C \mathrm{Re}(z)dz$，其中积分路径 C 是圆周 $|z|=1$；

(h) $\oint_C \left(\dfrac{1}{(z+i)^3}-\dfrac{5}{z+i}+8\right)dz$，其中积分路径 C 是圆周 $|z+i|=1$，$0\leqslant t\leqslant 2\pi$；

(i) $\int_C (x^2+iy^3)dz$，其中积分路径 C 是从 $z=1$ 到 $z=i$ 的直线段；

(g) $\int_C (x^2-iy^3)dz$，其中积分路径 C 是圆周 $|z|=1$ 的下半个圆弧，起点和终点分别为 $z=-1$ 与 $z=1$；

(k) $\int_C e^z dz$，其中积分路径 C 由多边形线段组成：从 $z=0$ 到 $z=2$ 的线段，从 $z=2$ 到 $z=1+\pi i$ 的线段；

(l) $\int_C \sin z dz$，其中积分路径 C 由多边形线段组成：从 $z=0$ 到 $z=1$ 的线段，从 $z=1$ 到 $z=1+i$ 的线段；

(m) $\int_C \mathrm{Im}(z-i)dz$，其中积分路径 C 由曲边多边形线段组成：沿圆周 $|z|=1$ 从 $z=1$ 到 $z=i$ 的圆弧，从 $z=i$ 到 $z=-1$ 的直线段.

2. 沿图 3.6 所示积分路径 C 计算下列积分.

(a) $\oint_C x dz$；   (b) $\oint_C (2z-1)dz$；   (c) $\oint_C z^2 dz$；   (d) $\oint_C \bar{z}^2 dz$.

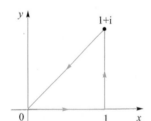

图 3.6 习题 2 的积分路径

3. 沿着指定积分路径求下列积分绝对值的上界.

(a) $\oint_C \dfrac{e^z}{z^2+1}dz$，其中积分路径 C 是圆周 $|z|=5$；

(b) $\oint_C \dfrac{1}{z^2-2i}dz$，其中积分路径 C 是沿圆周 $|z|=6$ 从 $z=-6i$ 到 $z=6i$ 的右半圆弧；

(c) $\int_C (z^2+4)dz$，其中积分路径 C 是从 $z=0$ 到 $z=1+i$ 的直线段；

(d) $\int_C \dfrac{1}{z^3}dz$，其中积分路径 C 是沿 $|z|=4$ 从 $z=4i$ 到 $z=4$ 的 1/4 圆周.

3.2　柯西-古萨基本定理

读者不禁要问,在什么条件下路径积分与积分路径无关,即在什么条件下等式

$$\int_{C_1} f(z)\mathrm{d}z = \int_{C_2} f(z)\mathrm{d}z \tag{3.18}$$

成立? 其中,C_1 和 C_2 是定义域 D 内起点与终点相同的两条积分路径,函数 $f(z)$ 在 D 内分段连续.在例 3.1.3 中,函数 $f(z)=1/z^2$ 的积分是与积分路径无关的,但是例 3.1.4 中的 $f(z)=|z|^2$ 的积分却是与积分路径相关的.关于式(3.18)的讨论与下面的问题等价:在什么条件下

$$\oint_C f(z)\mathrm{d}z = 0 \tag{3.19}$$

成立? 其中积分路径 C 是完全位于 D 内的闭曲线.如果把 C 看作 $C_1 \bigcup -C_2$,就可以验证式(3.18)与式(3.19)的等价性.例 3.1.3 中的 $f(z)=1/z^2$ 在除 $z=0$ 外的任何地方都是解析的,但例 3.1.4 中的 $f(z)=|z|^2$ 在任何地方都不解析.这表明,被积函数的解析性可能与式(3.19)的成立密切相关.这个猜想被著名的柯西(Cauchy)积分定理所证实.

【定理 3.2.1】(柯西积分定理) 设 $f(z)$ 在简单闭曲线 C 上及其内部都是解析的,并且 $f'(z)$ 在 C 上和 C 的内部都是连续的,则 $\oint_C f(z)\mathrm{d}z = 0$.

【证明】柯西积分定理的证明需要用实数微积分中的格林(Green)定理.格林定理可以表述为:给出一个正向闭曲线 C,如果两个实函数 $P(x,y)$ 和 $Q(x,y)$ 在由 C 上与 C 内所有点组成的封闭区域内具有连续的一阶偏导数,则

$$\oint_C P\mathrm{d}x + Q\mathrm{d}y = \iint_D (Q_x - P_y)\mathrm{d}x\mathrm{d}y$$

其中,D 是以 C 为边界的单连通域.

根据方程(3.11),令

$$f(z) = u(x,y) + \mathrm{i}v(x,y), \quad z = x + \mathrm{i}y$$

于是有

$$\oint_C f(z)\mathrm{d}z = \oint_C u\mathrm{d}x - v\mathrm{d}y + \mathrm{i}\oint_C v\mathrm{d}x + u\mathrm{d}y \tag{3.20}$$

可以从 $f'(z)$ 的连续性推断出 $u(x,y)$ 和 $v(x,y)$ 在 C 上与 C 内均有连续的一阶偏导数.根据格林定理,式(3.20)中的两个实线积分可以转化为二重积分,由此得

$$\oint_C f(z)\mathrm{d}z = \iint_D (-v_x - u_y)\mathrm{d}x\mathrm{d}y + \mathrm{i}\iint_D (u_x - v_y)\mathrm{d}x\mathrm{d}y \tag{3.21}$$

根据柯西-黎曼方程,式(3.21)中两个二重积分中的被积数均为零,从而柯西积分定理得证.

古萨(Goursat)在 1903 年得到了与方程(3.19)相同的结果,并且无须假设 $f'(z)$ 的连续性.这个更强的结论被称作**古萨定理**.省略连续性假设很重要.基于古萨定理,无须假设 f' 是连续的,也可以证明导数 f' 是解析的.

【定理 3.2.2】(古萨定理) 给定一条简单闭曲线 C,设 $f(z)$ 在 C 上和 C 内解析,则

$$\oint_C f(z)\mathrm{d}z = 0.$$

由于古萨定理的证明过程相对复杂,因此这里省略. 对证明过程感兴趣的读者可以参考其他复变函数教材.

【推论 3.2.1】 单连通域 D 内解析函数 $f(z)$ 的积分取决于两个端点的位置,而不取决于具体积分路径. 假设 α 和 β 是 D 内的两个点,曲线 C_1 和 C_2 是 D 内连接 α 与 β 的任意积分路径,则有

$$\int_{C_1} f(z)\mathrm{d}z = \int_{C_2} f(z)\mathrm{d}z$$

这一推论的作用已在本节的开头讨论过. 根据这个推论,古萨定理还可以表述为如下形式:如果函数 $f(z)$ 是单连通域 D 内的解析函数,那么对于任何完全位于 D 内的简单闭曲线 C,有 $\oint_C f(z)\mathrm{d}z = 0$.

【推论 3.2.2】 设函数 $f(z)$ 在单连通域 D 内解析,给定一个点 $z_0 \in D$,根据推论 3.2.1,可以推导出在 D 内关系

$$F(z) = \int_{z_0}^{z} f(\zeta)\mathrm{d}\zeta$$

对于任意 $z \in D$ 总是成立. 而且还可以证明 $F'(z) = f(z)$,对于任意 $z \in D$ 成立(这将在3.4 节中进一步讨论). 因此 $F(z)$ 在 D 内解析. 在这里 $F(z)$ 可以看作函数 $f(z)$ 的一个原函数.

这个推论可以看作与实数微积分基本定理对应的复数定理. 如果对函数 $f(z)$ 沿 D 内点 α 和点 β 的连线积分,则积分值为

$$\int_{\alpha}^{\beta} f(z)\mathrm{d}z = F(\beta) - F(\alpha) \quad (\alpha, \beta \in D) \tag{3.22}$$

公式(3.22)已在例 3.1.3 中得到验证.

【例 3.2.1】(柯西-古萨定理的应用) 计算积分 $\oint_C \dfrac{1}{z^2}\mathrm{d}z$,其中积分路径 C 是椭圆 $(x-2)^2 + \dfrac{(y-5)^2}{4} = 1$.

【解】 有理函数 $f(z) = \dfrac{1}{z^2}$ 在除 $z = 0$ 之外的区域内解析. 但 $z = 0$ 不是简单封闭椭圆积分路径 C 内部或边界上的点. 因此,由定理 3.2.2 可得 $\oint_C \dfrac{1}{z^2}\mathrm{d}z = 0$.

3.3 多连通域的柯西-古萨定理

如果函数 f 在多连通域 D 中是解析的,那么对于 D 中任意一条简单闭曲线 C,并不

能得出 $\oint_C f(z)\mathrm{d}z = 0$ 的结论. 首先, 假设 D 是一个双连通域, C 和 C_1 是简单闭曲线, C_1 围成区域中的一个"洞"并且位于 C 的内部, 如图 3.7(a)所示. 其次, 假设 f 在 C, C_1 及 C 和 C_1 之间的区域上的每一点都是解析的. 引入如图 3.7(b)所示的横切线 AB, 这些曲线围成的区域现在就成为单连通的. 根据定理 3.1.2(iv), 从 A 到 B 的积分值与从 B 到 A 的积分值相反, 因此根据定理 3.2.2 可得

$$\oint_C f(z)\mathrm{d}z + \int_{AB} f(z)\mathrm{d}z + \int_{-AB} f(z)\mathrm{d}z + \oint_{-C_1} f(z)\mathrm{d}z = 0$$

或
$$\oint_C f(z)\mathrm{d}z = \oint_{C_1} f(z)\mathrm{d}z \qquad (3.23)$$

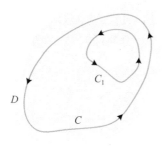 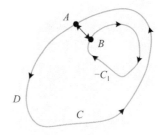

(a) 简单闭曲线 C, C_1　　　　　(b) 简单闭曲线 C, C_1 间的横切线 AB

图 3.7　双连通域 D

式(3.23)也被称为**闭路变形原理**, 因为可以把积分路径 C_1 看作由积分路径 C 连续变形得到的. 在这种积分路径变形下, 积分的值不变. 换句话说, 式(3.23)表明在计算复杂的简单闭曲线 C 上的积分时, 可以用更方便的积分路径 C_1 来替换 C.

【例 3.3.1】(闭路变形原理的应用)计算积分 $\oint_C \mathrm{d}z/(z-\mathrm{i})$, 其中 C 是图 3.8 中黑色部分所示积分路径.

【解】根据式(3.23), 选择图 3.8 中更方便的彩色圆形积分路径 C_1. 令圆的半径 $r=1$, 这样可以保证 C_1 位于 C 内. 于是, C_1 成为圆周 $|z-\mathrm{i}|=1$, 可参数化为 $z=\mathrm{i}+\mathrm{e}^{\mathrm{i}t}, 0 \leqslant t \leqslant 2\pi$. 由 $z-\mathrm{i}=\mathrm{e}^{\mathrm{i}t}$ 和 $\mathrm{d}z = \mathrm{i}\mathrm{e}^{\mathrm{i}t}\mathrm{d}t$ 可得

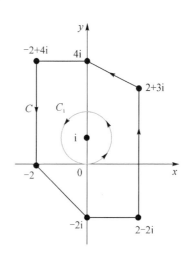

图 3.8　例 3.3.1 的积分路径

$$\oint_C \frac{\mathrm{d}z}{z-\mathrm{i}} = \oint_{C_1} \frac{\mathrm{d}z}{z-\mathrm{i}} = \int_0^{2\pi} \frac{\mathrm{i}\mathrm{e}^{\mathrm{i}t}}{\mathrm{e}^{\mathrm{i}t}}\mathrm{d}t = \mathrm{i}\int_0^{2\pi}\mathrm{d}t = 2\pi\mathrm{i}$$

例 3.3.1 的结果可以进一步推广. 利用闭路变形原理(3.23), 通过类似上述的步骤可以证明, 如果 z_0 是任意简单闭曲线 C 内的任意复常数, 那么对于整数 n, 有如下结论:

$$\oint_C \frac{\mathrm{d}z}{(z-z_0)^n} = \begin{cases} 2\pi\mathrm{i}, & n=1 \\ 0, & n \neq 1 \end{cases} \tag{3.24}$$

当 $n \neq 1$ 时,式(3.24)中的积分为零,这一结论的一部分来自柯西-古萨定理. 当 n 为零或负整数时,$1/(z-z_0)^n$ 是一个多项式,因此是全纯函数,结合定理3.2.2,可知 $\oint_C \mathrm{d}z/(z-z_0)^n = 0$;当 n 是一个大于1的正整数时,式(3.24)中的积分仍然为零,这留作练习,请读者自行证明.

【例 3.3.2】(公式(3.24)的应用) 计算积分 $\oint_C \dfrac{5z+7}{z^2+2z-3}\mathrm{d}z$,其中积分路径 C 是圆周 $|z-2|=2$.

【解】因为分母可以因式分解为 $z^2+2z-3=(z-1)(z+3)$,所以被积函数在 $z=1$ 和 $z=-3$ 处不解析. 在这两个点中,只有 $z=1$ 位于积分路径 C 内,这里 C 是半径为 $r=2$、以 $z=2$ 为圆心的圆周. 通过分式分解可得

$$\frac{5z+7}{z^2+2z-3} = \frac{3}{z-1} + \frac{2}{z+3}$$

因此
$$\oint_C \frac{5z+7}{z^2+2z-3}\mathrm{d}z = 3\oint_C \frac{1}{z-1}\mathrm{d}z + 2\oint_C \frac{1}{z+3}\mathrm{d}z \tag{3.25}$$

根据式(3.24)可知,式(3.25)右端第一个积分的值为 $2\pi\mathrm{i}$;根据柯西-古萨定理可知,式(3.25)右边第二个积分的值为 0. 因此,式(3.25)成为

$$\oint_C \frac{5z+7}{z^2+2z-3}\mathrm{d}z = 3 \times 2\pi\mathrm{i} + 2 \times 0 = 6\pi\mathrm{i}$$

如果 C,C_1 和 C_2 是如图3.9(a)所示的简单闭曲线,函数 f 在三条积分路径上都是解析的,并且 f 在 C,C_1 和 C_2 之间的区域上的每一点都是解析的,那么通过引入 C_1 和 C 之间以及 C_2 与 C 之间的横切线(见图3.9(b)),可以由定理3.2.2得

$$\oint_C f(z)\mathrm{d}z + \oint_{-C_1} f(z)\mathrm{d}z + \oint_{-C_2} f(z)\mathrm{d}z = 0$$

因此
$$\oint_C f(z)\mathrm{d}z = \oint_{C_1} f(z)\mathrm{d}z + \oint_{C_2} f(z)\mathrm{d}z$$

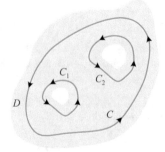

(a) 简单闭曲线 C,C_1 和 C_2

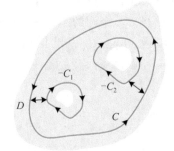

(b) 闭曲线间引入横切线

图 3.9 三连通域 D

定理 3.3.1 总结了含 n 个"孔"的多连通域内的一般结论.

【定理 3.3.1】(多连通域的柯西-古萨定理) 设 $C,C_1,\cdots,C_n$ 是正向简单闭曲线,并且 $C_1,\cdots,C_n$ 位于 C 的内部,但在 $C_k(k=1,2,\cdots,n)$ 的内部没有公共区域.如果 f 在每条简单闭曲线上都是解析的,在 C 与 $C_k(k=1,2,\cdots,n)$ 之间的区域上的每一点也是解析的,那么

$$\oint_C f(z)\mathrm{d}z = \sum_{k=1}^{n} \oint_{C_k} f(z)\mathrm{d}z$$

【例 3.3.3】(定理 3.3.1 的应用) 计算积分 $\oint_C \dfrac{\mathrm{d}z}{z^2+1}$,其中积分路径 C 是圆周 $|z|=4$.

【解】 在本例中,被积函数的分母为 $z^2+1=(z-\mathrm{i})(z+\mathrm{i})$.因此,被积函数 $1/(z^2+1)$ 在 $z=\mathrm{i}$ 和 $z=-\mathrm{i}$ 处不解析.这两个点都位于积分路径 C 内.通过分式分解可得

$$\frac{1}{z^2+1} = \frac{1}{2\mathrm{i}}\frac{1}{z-\mathrm{i}} - \frac{1}{2\mathrm{i}}\frac{1}{z+\mathrm{i}}$$

从而有

$$\oint_C \frac{\mathrm{d}z}{z^2+1} = \frac{1}{2\mathrm{i}}\oint_C \left(\frac{1}{z-\mathrm{i}} - \frac{1}{z+\mathrm{i}}\right)\mathrm{d}z \tag{3.26}$$

现在在 C 内围绕 $z=\mathrm{i}$ 和 $z=-\mathrm{i}$ 选取圆形积分路径 C_1 和 C_2.具体来说,对于 C_1,选取 $|z-\mathrm{i}|=1/2$;对于 C_2,选取 $|z+\mathrm{i}|=1/2$ 就足够了,如图 3.10 所示.根据定理 3.3.1 可将式(3.26)写为

$$\oint_C \frac{\mathrm{d}z}{z^2+1} = \frac{1}{2\mathrm{i}}\oint_{C_1}\left(\frac{1}{z-\mathrm{i}} - \frac{1}{z+\mathrm{i}}\right)\mathrm{d}z + \frac{1}{2\mathrm{i}}\oint_{C_2}\left(\frac{1}{z-\mathrm{i}} - \frac{1}{z+\mathrm{i}}\right)\mathrm{d}z$$

$$= \frac{1}{2\mathrm{i}}\oint_{C_1}\frac{1}{z-\mathrm{i}}\mathrm{d}z - \frac{1}{2\mathrm{i}}\oint_{C_1}\frac{1}{z+\mathrm{i}}\mathrm{d}z + \frac{1}{2\mathrm{i}}\oint_{C_2}\frac{1}{z-\mathrm{i}}\mathrm{d}z - \frac{1}{2\mathrm{i}}\oint_{C_2}\frac{1}{z+\mathrm{i}}\mathrm{d}z$$

$$\tag{3.27}$$

$1/(z+\mathrm{i})$ 在 C_1 上是解析的,在 C_1 内部的每一点也都是解析的;而 $1/(z-\mathrm{i})$ 在 C_2 上是解析的,在 C_2 内部的每一点也都是解析的.因此,由定理 3.2.2 可知 $\oint_{C_1}\dfrac{1}{z+\mathrm{i}}\mathrm{d}z=0, \oint_{C_2}\dfrac{1}{z-\mathrm{i}}\mathrm{d}z=0$.根据式(3.24)并取 $n=1$,可得

$$\oint_{C_1}\frac{1}{z-\mathrm{i}}\mathrm{d}z=2\pi\mathrm{i}, \quad \oint_{C_2}\frac{1}{z+\mathrm{i}}\mathrm{d}z=2\pi\mathrm{i}$$

因此,式(3.27)成为

$$\oint_C \frac{\mathrm{d}z}{z^2+1} = \pi - \pi = 0$$

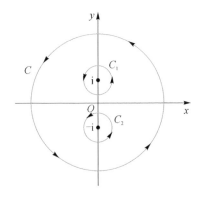

图 3.10 例 3.3.3 的积分路径

习　题

1. 证明 $\oint_C f(z)\mathrm{d}z = 0$，其中 f 为下列给定函数，积分路径 C 为单位圆周 $|z|=1$.

(a) $f(z) = z^3 - 1 + 3\mathrm{i}$；

(b) $f(z) = z^2 + \dfrac{1}{z-4}$；

(c) $f(z) = \dfrac{z}{2z+3}$；

(d) $f(z) = \dfrac{z-3}{z^2+2z+2}$；

(e) $f(z) = \dfrac{\sin z}{(z^2-23)(z^2+9)}$；

(f) $f(z) = \dfrac{\mathrm{e}^z}{2z^2+11z+15}$；

(g) $f(z) = \tan z$；

(h) $f(z) = \dfrac{z^2-9}{\cosh z}$.

2. 计算积分 $\oint_C (1/z)\mathrm{d}z$，其中 C 是如图 3.11 所示的积分路径.

3. 计算积分 $\oint_C \mathrm{d}z/(5z+1+\mathrm{i})$，其中 C 是如图 3.12 所示的积分路径.

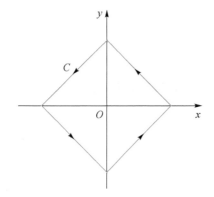

图 3.11　习题 2 的积分路径　　　　**图 3.12　习题 3 的积分路径**

4. 计算下列沿所给积分路径的积分.

(a) $\oint_C \left(z + \dfrac{1}{z}\right)\mathrm{d}z$；$|z|=2$；

(b) $\oint_C \left(z + \dfrac{1}{z^2}\right)\mathrm{d}z$；$|z|=2$；

(c) $\oint_C \dfrac{z}{z^2-\pi^2}\mathrm{d}z$；$|z|=3$；

(d) $\oint_C \dfrac{10}{(z+\mathrm{i})^4}\mathrm{d}z$；$|z+\mathrm{i}|=1$；

(e) $\oint_C \dfrac{2z+1}{z^2+z}\mathrm{d}z$；$|z|=\dfrac{1}{2}$；$|z|=2$；$|z-3\mathrm{i}|=1$；

(f) $\oint_C \dfrac{2z}{z^2+3}\mathrm{d}z$；$|z|=1$；$|z-2\mathrm{i}|=1$；$|z|=4$；

(g) $\oint_C \dfrac{-3z+2}{z^2-8z+12}\mathrm{d}z$；$|z-5|=2$；$|z|=9$；

(h) $\oint_C \left(\dfrac{3}{z+2} - \dfrac{1}{z-2\mathrm{i}}\right)\mathrm{d}z$；$|z|=5$；$|z-2\mathrm{i}|=\dfrac{1}{2}$.

3.4　原函数与不定积分

3.2 节中的柯西-古萨定理表明,解析意味着积分与积分路径无关.因此,对于解析函数的曲线积分,存在更简单的计算方法.但在进一步讨论之前,先给出一个定义.

【定义 3.4.1】(原函数) 设函数 f 在区域 D 上是连续的.如果存在一个函数 F,使得对于 D 中的每一个 z,都有 $F'(z)=f(z)$,则称 F 为 f 的**原函数**.

例如,因为 $F'(z)=\sin z$,所以函数 $F(z)=-\cos z$ 是 $f(z)=\sin z$ 的一个原函数.就像在实变量微积分中一样,函数 $f(z)$ 的更一般的原函数(或**不定积分**)可以写成 $\int f(z)\mathrm{d}z=F(z)+c$ 的形式,其中 $F'(z)=f(z)$,c 是一个复常数.例如,$\int \sin z\mathrm{d}z=-\cos z+c$.

由于函数 f 的原函数 F 在区域 D 内的每一点都可导,因此它必然是解析的,并且在 D 内的每一点都是连续的.

现在可以证明式(3.22)所给路径积分了.

【定理 3.4.1】(路径积分基本定理) 设函数 f 在区域 D 上连续,而 F 是 f 在 D 上的原函数,那么对于 D 内任意起点为 z_0、终点为 z_1 的积分路径 C,有

$$\int_C f(z)\mathrm{d}z=F(z_1)-F(z_0) \tag{3.28}$$

【证明】设积分路径 C 可用参数方程表示为 $z=z(t)$,$a\leqslant t\leqslant b$,在此基础上证明式(3.28).积分路径 C 的起点和终点分别为 $z(a)=z_0$,$z(b)=z_1$.根据 3.1 节的式(3.12),以及对于 D 内的任意点 z 有 $F'(z)=f(z)$,因此

$$\begin{aligned}
\int_C f(z)\mathrm{d}z &=\int_a^b f[z(t)]z'(t)\mathrm{d}t=\int_a^b F'[z(t)]z'(t)\mathrm{d}t \\
&=\int_a^b \frac{\mathrm{d}}{\mathrm{d}z}F[z(t)]z'(t)\mathrm{d}t \quad \leftarrow \text{链式法则} \\
&=[F[z(t)]]_a^b \\
&=F[z(b)]-F[z(a)]=F(z_1)-F(z_0)
\end{aligned}$$

【例 3.4.1】(定理 3.4.1 的应用) 计算积分 $\int_C \cos z\mathrm{d}z$,其中积分路径 C 是起点为 $z_0=0$、终点为 $z_1=2+\mathrm{i}$ 的任意曲线.

【解】因为 $F'(z)=\cos z=f(z)$,所以 $F(z)=\sin z$ 是 $f(z)=\cos z$ 的一个原函数.因此,根据式(3.28),有

$$\int_C \cos z\mathrm{d}z=\int_0^{2+\mathrm{i}} \cos z\mathrm{d}z=[\sin z]_0^{2+\mathrm{i}}=\sin(2+\mathrm{i})-\sin(0)=\sin(2+\mathrm{i})$$

可以根据定理 3.4.1 推导出原函数存在的充分条件(见推论 3.4.1).推论 3.4.1 很重要,值得加以证明.

【**推论 3.4.1**】如果函数 f 连续且积分 $\int_C f(z)\,\mathrm{d}z$ 在区域 D 内与积分路径 C 无关,那么 f 在 D 内处处存在原函数.

【**证明**】设在区域 D 内函数 f 连续,积分 $\int_C f(z)\mathrm{d}z$ 与积分路径无关,函数 F 是由 $F(z)=\int_{z_0}^{z} f(s)\mathrm{d}s$ 定义的函数,其中 s 为复变量,z_0 为 D 中一个给定的点,z 表示 D 中的任意点.现在需要证明 $F'(z)=f(z)$,即证明

$$F(z)=\int_{z_0}^{z} f(s)\mathrm{d}s \qquad (3.29)$$

是 D 内 f 的原函数.由式(3.29)可得

$$F(z+\Delta z)-F(z)=\int_{z_0}^{z+\Delta z} f(s)\mathrm{d}s-\int_{z_0}^{z} f(s)\mathrm{d}s$$

$$=\int_{z}^{z+\Delta z} f(s)\mathrm{d}s \qquad (3.30)$$

因为 D 是一个区域,所以存在 Δz,使 $z+\Delta z$ 仍然位于 D 中,并且 z 和 $z+\Delta z$ 可以用一条直线段连接起来,如图 3.13 所示.这是在式(3.30)右端的积分中使用的积分路径.由于 z 是不变的,因此式(3.30)可以写成

$$f(z)\Delta z=f(z)\int_{z}^{z+\Delta z} \mathrm{d}s=\int_{z}^{z+\Delta z} f(z)\mathrm{d}s \quad 或$$

$$f(z)=\frac{1}{\Delta z}\int_{z}^{z+\Delta z} f(z)\mathrm{d}s \qquad (3.31)$$

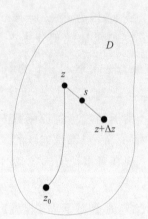

图 3.13　证明推论 **3.4.1** 中使用的积分路径

根据式(3.30)和式(3.31)可得

$$\frac{F(z+\Delta z)-F(z)}{\Delta z}-f(z)=\frac{1}{\Delta z}\int_{z}^{z+\Delta z} [f(s)-f(z)]\mathrm{d}s$$

f 在 z 点是连续的,这意味着对于任意的 $\varepsilon>0$,存在 $\delta>0$,使得当 $|s-z|<\delta$ 时,有 $|f(s)-f(z)|<\varepsilon$.因此,如果选择 Δz 使得 $|\Delta z|<\delta$,则可以根据 3.1 节的 ML 不等式得

$$\left|\frac{F(z+\Delta z)-F(z)}{\Delta z}-f(z)\right|=\left|\frac{1}{\Delta z}\int_{z}^{z+\Delta z} [f(s)-f(z)]\mathrm{d}s\right|$$

$$=\left|\frac{1}{\Delta z}\right|\left|\int_{z}^{z+\Delta z} [f(s)-f(z)]s\right|$$

$$\leqslant \left|\frac{1}{\Delta z}\right|\varepsilon\mid\Delta z\mid=\varepsilon$$

故证明了

$$\lim_{\Delta z\to 0}\frac{F(z+\Delta z)-F(z)}{\Delta z}=f(z) \quad 或 \quad F'(z)=f(z)$$

如果函数 f 是单连通域 D 内的解析函数,那么它必然在整个 D 中是连续的.该结论与推论 3.2.1 和推论 3.4.1 结合起来可得到一个定理,该定理指出解析函数的原函数也是解析的.

【定理 3.4.2】（原函数的存在性）设函数 f 在单连通域 D 内是解析函数，则 f 在 D 内存在原函数，即对于 D 中的所有 z，存在一个函数 F，使得 $F'(z)=f(z)$.

根据 2.3.2 节中的式(2.41)可知，在区域 $|z|>0,-\pi<\arg z<\pi$ 内，$1/z$ 是 $\ln z$ 的导数. 这意味着在某些情况下，$\ln z$ 是 $1/z$ 的一个原函数. 但是在使用这个结论时必须小心. 例如，假设 D 是除原点外的整个复平面，则函数 $1/z$ 在该多连通域中是解析的. 如果 C 是包含原点的任意简单闭曲线，则无法使用式(3.19)的结论 $\oint_C \mathrm{d}z/z=0$. 事实上，根据 3.3 节中的式(3.24)，取 $n=1$ 和 $z_0=0$ 可得

$$\oint_C \frac{1}{z}\mathrm{d}z = 2\pi\mathrm{i}$$

在这种情况下，$\ln z$ 不再是 D 中 $1/z$ 的原函数，因为 $\ln z$ 在 D 内不是解析的. 联系 2.3.2 节的结论可知，$\ln z$ 在非正实轴上不解析.

【例 3.4.2】（对数函数的应用）计算积分 $\displaystyle\int_C \frac{1}{z}\mathrm{d}z$，其中积分路径 C 是如图 3.14 所示的曲线.

【解】设 D 是由 $x>0,y>0$ 定义的单连通域，即 D 是 z 平面的第一象限. 在这种情况下，$\ln z$ 是 $1/z$ 的一个原函数，因为二者都是 D 内的解析函数. 因此，由式(3.28)可得

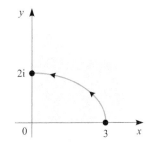

图 3.14　例 3.4.2 的积分路径

$$\int_3^{2\mathrm{i}} \frac{1}{z}\mathrm{d}z = [\ln z]_3^{2\mathrm{i}} = \ln 2\mathrm{i} - \ln 3$$

根据 2.3.2 节的式(2.37)可得

$$\ln 2\mathrm{i} = \ln 2 + \frac{\pi}{2}\mathrm{i}, \quad \ln 3 = \ln 3$$

因此

$$\int_3^{2\mathrm{i}} \frac{1}{z}\mathrm{d}z = \ln\frac{2}{3} + \frac{\pi}{2}\mathrm{i}$$

【例 3.4.3】（$z^{-1/2}$ 的原函数的应用）计算积分 $\displaystyle\int_C z^{-1/2}\,\mathrm{d}z$，其中积分路径 C 是连接 $z_0=\mathrm{i}$ 和 $z_1=9$ 的直线段.

【解】在整个求解过程中，将 $f_1(z)=1/z^{1/2}$ 看作平方根函数的主值支. 在定义域 $|z|>0,-\pi<\arg z<\pi$ 内，函数 $f_1(z)=1/z^{1/2}=z^{-1/2}$ 是解析函数，具有原函数 $F(z)=2z^{1/2}$（见 2.3.3 节的式(2.50)）. 因此

$$\int_{\mathrm{i}}^9 \frac{1}{z^{1/2}}\mathrm{d}z = [2z^{1/2}]_{\mathrm{i}}^9 = 2\left[3-\left(\frac{\sqrt{2}}{2}+\mathrm{i}\frac{\sqrt{2}}{2}\right)\right] = (6-\sqrt{2})-\sqrt{2}\,\mathrm{i}$$

注意　**分部积分**：设函数 f 和 g 在单连通域 D 内解析，则

$$\int f(z)g'(z)\mathrm{d}z = f(z)g(z) - \int g(z)f'(z)\mathrm{d}z$$

此外，如果 z_0 和 z_1 是完全位于 D 内的积分路径 C 的起点与终点，则

$$\int_{z_0}^{z_1} f(z)g'(z)\mathrm{d}z = \left[f(z)g(z)\right]_{z_0}^{z_1} - \int_{z_0}^{z_1} g(z)f'(z)\mathrm{d}z \tag{3.32}$$

结合定理 3.4.1 和函数 $\dfrac{\mathrm{d}}{\mathrm{d}z}fg$，容易证明这些结论.

习 题

1. 使用定理 3.4.1 计算下列积分，并把结果写成 $a+ib$ 的形式.

(a) $\displaystyle\int_0^{3+i} z^2 \mathrm{d}z$；

(b) $\displaystyle\int_{-2i}^1 (3z^2 - 4z + 5i)\mathrm{d}z$；

(c) $\displaystyle\int_{1-i}^{1+i} z^3 \mathrm{d}z$；

(d) $\displaystyle\int_{-3i}^{3i} (z^3 - z)\mathrm{d}z$；

(e) $\displaystyle\int_{-i/2}^{1-i} (2z + 1)^2 \mathrm{d}z$；

(f) $\displaystyle\int_1^i (iz + 1)\mathrm{d}z$；

(g) $\displaystyle\int_{i/2}^i e^{\pi z} \mathrm{d}z$；

(h) $\displaystyle\int_{1-i}^{1+2i} z e^{z^2} \mathrm{d}z$；

(i) $\displaystyle\int_{\pi}^{\pi+2i} \sin \frac{z}{2} \mathrm{d}z$；

(j) $\displaystyle\int_{1-2i}^{\pi i} \cos z \, \mathrm{d}z$；

(k) $\displaystyle\int_{\pi i}^{2\pi i} \cosh z \, \mathrm{d}z$；

(l) $\displaystyle\int_i^{1+(\pi/2)i} \sinh 3z \, \mathrm{d}z$；

(m) $\displaystyle\int_C \frac{1}{z}\mathrm{d}z$，其中积分路径 C 是圆弧 $z = 4e^{it}$，$-\pi/2 \leqslant t \leqslant \pi/2$；

(n) $\displaystyle\int_C \frac{1}{z}\mathrm{d}z$，其中积分路径 C 是连接 $1+i$ 和 $4+4i$ 的直线段；

(o) $\displaystyle\int_C \frac{1}{z^2}\mathrm{d}z$，其中 C 是不经过原点的连接 $-4i$ 和 $4i$ 的任意积分路径；

(p) $\displaystyle\int_C \left(\frac{1}{z} + \frac{1}{z^2}\right)\mathrm{d}z$，其中 C 是右半平面 $\mathrm{Re}\, z > 0$ 的连接 $1-i$ 和 $1+\sqrt{3}\,i$ 的任意积分路径.

2. 用分部积分公式 (3.32) 计算下列积分，并把结果写成 $a+ib$ 的形式.

(a) $\displaystyle\int_{\pi}^i e^z \cos z \, \mathrm{d}z$；

(b) $\displaystyle\int_0^i z \sin z \, \mathrm{d}z$；

(c) $\displaystyle\int_i^{1+i} z e^z \mathrm{d}z$；

(d) $\displaystyle\int_0^{\pi i} z^2 e^z \mathrm{d}z$.

3.5 柯西积分公式

柯西积分公式是解析函数理论中最重要和最有用的结论之一. 在最基础的应用方面，它提供了一个用于计算多种路径积分的有用工具. 更重要的是，柯西积分公式在解析函数理论更复杂的主题中也发挥着重要的作用.

【定理 3.5.1】（柯西积分公式）设函数 $f(z)$ 在正向简单闭曲线 C 上及其内部解析，z 是 C 内的任意点，那么

$$f(z) = \frac{1}{2\pi i} \oint_C \frac{f(\zeta)}{\zeta - z} d\zeta \tag{3.33}$$

【证明】取一个半径为 r、以 z 点为圆心的圆周 C_r，设它小到足以完全位于 C 内（见图 3.15）. 由于 $f(\zeta)/(\zeta-z)$ 在 C_r 和 C 之间的区域上是解析的，因此根据多连通域的柯西-古萨定理（定理 3.3.1），有

$$\frac{1}{2\pi i} \oint_C \frac{f(\zeta)}{\zeta - z} d\zeta = \frac{1}{2\pi i} \oint_{C_r} \frac{f(\zeta)}{\zeta - z} d\zeta$$

$$= \frac{1}{2\pi i} \oint_{C_r} \frac{f(\zeta) - f(z)}{\zeta - z} d\zeta + \frac{f(z)}{2\pi i} \oint_{C_r} \frac{1}{\zeta - z} d\zeta \tag{3.34}$$

根据式（3.24）的结果，式（3.34）中最后一个积分等于 $f(z)$. 为了完成证明，只需证明式（3.34）右端第一个积分的值为 0 即可.

由于函数 f 在 z 处连续，因此对于任意的 $\varepsilon > 0$，存在 $\delta > 0$，使得

$$|f(\zeta) - f(z)| < \varepsilon \quad (|\zeta - z| < \delta)$$

现在假设 $r < \delta$，从而确保 C_r 完全位于简单闭曲线 C 内. 根据 ML 不等式（定理 3.1.3），式（3.34）右端第一个积分的绝对值的上限是

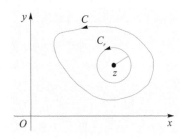

图 3.15　以 z 点为圆心的圆周 C_r

$$\left| \frac{1}{2\pi i} \oint_{C_r} \frac{f(\zeta) - f(z)}{\zeta - z} d\zeta \right| \leqslant \frac{1}{2\pi} \oint_{C_r} \frac{|f(\zeta) - f(z)|}{|\zeta - z|} d\zeta$$

$$= \frac{1}{2\pi r} \oint_{C_r} |f(\zeta) - f(z)| d\zeta$$

$$< \frac{\varepsilon}{2\pi r} \oint_{C_r} d\zeta = \frac{\varepsilon}{2\pi r} 2\pi r = \varepsilon$$

由于上述积分的绝对值小于任意正数 ε，因此该积分的值必然为零.

柯西积分公式很有意义. 它表明，函数 $f(z)$ 在简单闭曲线 C 内任意点处的值，可以通过它在 C 上的函数值来确定.

柯西积分公式（3.33）可用于计算闭合路径积分，下面是一些例子.

【例 3.5.1】（柯西积分公式的应用）计算积分 $\oint_C \frac{z^2 - 4z + 4}{z + i} dz$，其中积分路径 C 是圆周 $|z| = 2$.

【解】$f(z) = z^2 - 4z + 4$，$z_0 = -i$ 是 C 内的点，f 在简单闭曲线 C 上及其内任意点处都是解析的. 因此，根据柯西积分公式（3.33）可得

$$\oint_C \frac{z^2 - 4z + 4}{z + i} dz = 2\pi i f(-i) = 2\pi i(3 + 4i) = \pi(-8 + 6i)$$

【例 3.5.2】（柯西积分公式的应用）计算积分 $\oint_C \frac{z}{z^2 + 9} dz$，其中积分路径 C 是圆周

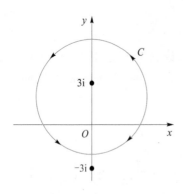

图 3.16 例 3.5.2 的积分路径

$|z-2i|=4.$

【解】通过对分母因式分解得 $z^2+9=(z-3i)(z+3i)$，发现 $3i$ 是简单闭曲线 C 内唯一使得被积函数不解析的点，如图 3.16 所示. 于是，被积函数可改写为

$$\frac{z}{z^2+9}=\frac{\overbrace{\dfrac{z}{z+3i}}^{f(z)}}{z-3i}$$

而 $f(z)=z/(z+3i)$，它在简单闭曲线 C 上及其内任意点处都是解析的. 因此，根据柯西积分公式 (3.33) 可得

$$\oint_C \frac{z}{z^2+9}\,\mathrm{d}z=\oint_C \frac{\dfrac{z}{z+3i}}{z-3i}\,\mathrm{d}z=2\pi i\,f(3i)=2\pi i\,\frac{3i}{6i}=\pi i$$

由柯西积分公式可推导出许多重要的定理，其中很多定理在复分析和其他数学领域中需要用到. 这些定理既重要又有趣，比如下面介绍的高斯中值定理.

【定理 3.5.2】（高斯中值定理）如果函数 $f(z)$ 在圆周 $C_r:|z-z_0|=r$ 上及其内部是解析的，则

$$f(z_0)=\frac{1}{2\pi}\int_0^{2\pi}f(z_0+re^{i\theta})\,\mathrm{d}\theta$$

【证明】根据柯西积分公式，有

$$\begin{aligned}f(z_0)&=\frac{1}{2\pi i}\oint_{C_r}\frac{f(z)}{z-z_0}\,\mathrm{d}z\\&=\frac{1}{2\pi i}\int_0^{2\pi}\frac{f(z_0+re^{i\theta})ire^{i\theta}}{re^{i\theta}}\,\mathrm{d}\theta\\&=\frac{1}{2\pi}\int_0^{2\pi}f(z_0+re^{i\theta})\,\mathrm{d}\theta\end{aligned}$$

【例 3.5.3】（高斯中值定理的应用）求函数 x^2-y^2+x 在圆周 $|z-i|=2$ 上的平均值.

【解】由于 $x^2-y^2+x=\mathrm{Re}(z^2+z)$，因此它在圆周 $|z-i|=2$ 上的平均值可定义为

$$\frac{1}{2\pi}\int_0^{2\pi}f(i+2e^{i\theta})\,\mathrm{d}\theta$$

其中，$f(z)=\mathrm{Re}(z^2+z)$. 根据高斯中值定理，有

$$\frac{1}{2\pi}\int_0^{2\pi}f(i+2e^{i\theta})\,\mathrm{d}\theta=\mathrm{Re}(z^2+z)\big|_{z=i}=\mathrm{Re}(-1+i)=-1$$

3.6　解析函数的高阶导数公式

3.6.1　路径积分的导数

将柯西积分公式(3.33)左右两边对 z 求导(保持 ζ 不变).假设在积分号下的微分运算是合理的,得

$$f'(z) = \frac{1}{2\pi i} \oint_c \frac{\mathrm{d}}{\mathrm{d}z} \frac{f(\zeta)}{\zeta - z} \mathrm{d}\zeta = \frac{1}{2\pi i} \oint_c \frac{f(\zeta)}{(\zeta - z)^2} \mathrm{d}\zeta \tag{3.35}$$

能否证明对柯西积分公式中的被积函数直接进行微分运算的合理性?假设 z 和 $z + h$ 都在积分路径 C 内,考虑表达式

$$\frac{f(z + h) - f(z)}{h} - \frac{1}{2\pi i} \oint_c \frac{f(\zeta)}{(\zeta - z)^2} \mathrm{d}\zeta$$

$$= \frac{1}{h} \left\{ \frac{1}{2\pi i} \oint_c \left[\frac{f(\zeta)}{\zeta - z - h} - \frac{f(\zeta)}{\zeta - z} - h \frac{f(\zeta)}{(\zeta - z)^2} \right] \mathrm{d}\zeta \right\}$$

$$= \frac{h}{2\pi i} \oint_c \frac{f(\zeta)}{(\zeta - z - h)(\zeta - z)^2} \mathrm{d}\zeta \tag{3.36}$$

为了证明式(3.35)的合理性,只需证明当 $h \to 0$ 时式(3.36)最后一个积分的值趋于 0 即可.为了估算最后一个积分的值,作圆周 C_{2d}:$|\zeta - z| = 2d$,使它完全位于 C 围成的区域内,并且选择 h 使 $0 < |h| < d$.这样 C 上的每个点 ζ 都位于圆周 C_{2d} 之外,从而

$$|\zeta - z| > d, \quad |\zeta - z - h| > d \tag{3.37}$$

设 M 为 $|f(z)|$ 在 C 上值的上界,L 为 C 的长度.根据 ML 不等式(定理 3.1.3),并结合不等式(3.37),可得

$$\left| \frac{h}{2\pi i} \oint_c \frac{f(\zeta)}{(\zeta - z - h)(\zeta - z)^2} \mathrm{d}\zeta \right| \leqslant \frac{|h|}{2\pi} \frac{ML}{d^3}$$

当在 $h \to 0$ 时,有

$$\lim_{h \to 0} \left| \frac{h}{2\pi i} \oint_c \frac{f(\zeta)}{(\zeta - z - h)(\zeta - z)^2} \mathrm{d}\zeta \right| \leqslant \lim_{h \to 0} \frac{|h|}{2\pi} \frac{ML}{d^3} = 0$$

因此

$$f'(z) = \lim_{h \to 0} \frac{f(z + h) - f(z)}{h} = \frac{1}{2\pi i} \oint_c \frac{f(\zeta)}{(\zeta - z)^2} \mathrm{d}\zeta$$

通过归纳,可以得到**广义柯西积分公式**:

$$f^{(n)}(z) = \frac{n!}{2\pi i} \oint_c \frac{f(\zeta)}{(\zeta - z)^{n+1}} \mathrm{d}\zeta, \quad n = 1, 2, 3, \cdots \tag{3.38}$$

从广义柯西积分公式(3.38)可得出的直接结论是,仅假设函数 f 在某一点处解析,就足以保证 f 在该点处任意阶导数的存在性.定理 3.6.1 给出了此结论的准确表述.

【**定理 3.6.1**】如果函数 $f(z)$ 在某一点处解析,那么它的所有阶导数在该点处也解析.

【证明】如果函数 f 在点 z 处解析,那么在点 z 的周围存在一个邻域 $|\zeta-z|<\varepsilon$,使得 f 在该邻域内处处解析.设 C_ε 表示正向圆 $|\zeta-z|<\varepsilon'$,其中 $\varepsilon'<\varepsilon$,从而 f 在 C_ε 内和在 C_ε 上都是解析的.根据式(3.38),在 C_ε 内任意一点处导数 f'' 都存在,因此 f' 在 z 点是解析的.重复函数 f' 在 z 点解析的论证,可以得出结论,f'' 在 z 点也是解析的.以此类推,函数 f 在 z 点的任意高阶导数都是解析的.

注意 ① 定理 3.6.1 仅适用于复变函数.事实上,对于实可微函数,没有类似的结论.很容易找到实值函数 $f(x)$ 的例子,它在某一点处 $f'(x)$ 存在,但在该点处 $f''(x)$ 并不存在.

② 设定义在区域 D 内的解析函数可表示为 $f(z)=u(x,y)+\mathrm{i}v(x,y),z=x+\mathrm{i}y$.由于 f 的任意阶导数都是解析函数,因此 $u(x,y)$ 和 $v(x,y)$ 的任意阶偏导数都存在并且是连续的.

类似多连通域的柯西-古萨定理(定理 3.3.1),可将单连通域的柯西积分公式推广到多连通域.实际上,假设 $C,C_1,C_2,\cdots,C_n$ 和 $f(z)$ 遵循定理 3.3.1 所需条件,那么对于 $z\in C\cup C_1\cup C_2\cup\cdots\cup C_n$ 的任意点,有

$$f(z)=\frac{1}{2\pi\mathrm{i}}\oint_C\frac{f(\zeta)}{\zeta-z}\mathrm{d}\zeta-\sum_{k=1}^n\frac{1}{2\pi\mathrm{i}}\oint_{C_k}\frac{f(\zeta)}{\zeta-z}\mathrm{d}\zeta \qquad (3.39)$$

同样可以通过"搭桥"的方式将内外简单闭曲线连接起来证明式(3.39)(见图 3.9).

【定理 3.6.2】(柯西不等式) 设函数 $f(z)$ 在圆周 $|z-z_0|=r,0<r<+\infty$ 上及其内部解析,令 $M(r)=\max\limits_{|z-z_0|=r}|f(z)|$,那么

$$\frac{|f^{(n)}(z)|}{n!}\leqslant\frac{M(r)}{r^n}, \quad n=0,1,2,\cdots \qquad (3.40)$$

不等式(3.40)可由广义柯西积分公式(3.38)得出.

【证明】根据假设可得

$$\left|\frac{f(\zeta)}{(z-z_0)^{n+1}}\right|=\frac{|f(\zeta)|}{r^{n+1}}\leqslant\frac{M(r)}{r^{n+1}}$$

因此,根据式(3.38)和 ML 不等式(定理 3.1.3)可得

$$|f^{(n)}(z_0)|=\frac{n!}{2\pi}\left|\oint_C\frac{f(\zeta)}{(\zeta-z)^{n+1}}\mathrm{d}\zeta\right|\leqslant\frac{n!}{2\pi}\frac{M(r)}{r^{n+1}}2\pi r=\frac{n!M(r)}{r^n}$$

定理 3.6.2 中 M 的值取决于圆周 $|z-z_0|=r$.注意在式(3.40)中,如果 $n=0$,则只要 C 位于 D 内,对于任何以 z_0 为圆心的圆周 C,都有 $M\geqslant|f(z_0)|$,即在 C 上 $|f(z)|$ 的上限 M 不可能小于 $|f(z_0)|$.

【例 3.6.1】(用柯西积分公式计算导数) 计算积分 $\oint_C\frac{z+1}{z^4+2\mathrm{i}z^3}\mathrm{d}z$,其中积分路径 C 是圆周 $|z|=1$.

【解】观察被积函数可以发现,该被积函数在 $z=0$ 和 $z=-2\mathrm{i}$ 处不解析,但只有 $z=0$ 位于积分路径 C 内.把被积函数写成

$$\frac{z+1}{z^4+2\mathrm{i}z^3}=\frac{\dfrac{z+1}{z+2\mathrm{i}}}{z^3}$$

对比柯西积分公式,可以确定 $z_0=0,n=2$ 以及 $f(z)=(z+1)/(z+2\mathrm{i})$. 根据除法的求导法则可得 $f''(z)=(2-4\mathrm{i})/(z+2\mathrm{i})^3$,因此 $f''(0)=(2\mathrm{i}-1)/4\mathrm{i}$. 从而由式 (3.38) 可得

$$\oint_c \frac{z+1}{z^4+2\mathrm{i}z^3}\mathrm{d}z=\frac{2\pi\mathrm{i}}{2!}f''(0)=-\frac{\pi}{4}+\frac{\pi}{2}\mathrm{i}$$

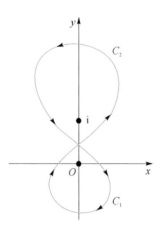

【例 3.6.2】(用柯西积分公式计算导数) 计算积分 $\displaystyle\oint_c \frac{z^3+3}{z(z-\mathrm{i})^2}\mathrm{d}z$,其中积分路径 C 是如图 3.17 所示的 8 字形闭曲线.

【解】尽管积分路径 C 不是一条简单闭曲线,但可以将它看作如图 3.17 所示的两条简单闭合曲线 C_1 和 C_2 的组合. 由于 C_1 的箭头是顺时针指向,方向为负,因此其反向曲线 $-C_1$ 是正向的. 由此可得

图 3.17　例 3.6.2 的积分路径

$$\oint_c \frac{z^3+3}{z(z-\mathrm{i})^2}\mathrm{d}z=\oint_{C_1}\frac{z^3+3}{z(z-\mathrm{i})^2}\mathrm{d}z+\oint_{C_2}\frac{z^3+3}{z(z-\mathrm{i})}\mathrm{d}z$$

$$=-\oint_{-C_1}\frac{\dfrac{z^3+3}{(z-\mathrm{i})^2}}{z}\mathrm{d}z+\oint_{C_2}\frac{\dfrac{z^3+3}{z}}{(z-\mathrm{i})^2}\mathrm{d}z=-I_1+I_2$$

现在可以使用公式 (3.33) 和公式 (3.38) 了.

为了计算 I_1 的值,对比柯西积分公式可以确定 $z_0=0,f(z)=(z^3+3)/(z-\mathrm{i})^2$,于是 $f(0)=-3$. 根据式 (3.33) 可得

$$I_1=\oint_{-C_1}\frac{\dfrac{z^3+3}{(z-\mathrm{i})^2}}{z}\mathrm{d}z=2\pi\mathrm{i}f(0)=2\pi\mathrm{i}(-3)=-6\pi\mathrm{i}$$

为了计算 I_2 的值,对比柯西积分公式可以确定 $z_0=\mathrm{i},n=1,f(z)=(z^3+3)/z$,于是 $f'(z)=(2z^3-3)/z^2$,从而 $f'(\mathrm{i})=3+2\mathrm{i}$. 根据式 (3.38) 可得

$$I_2=\oint_{C_2}\frac{\dfrac{z^3+3}{z}}{(z-\mathrm{i})^2}\mathrm{d}z=\frac{2\pi\mathrm{i}}{1!}f'(\mathrm{i})=2\pi\mathrm{i}(3+2\mathrm{i})=-4\pi+6\pi\mathrm{i}$$

最后,可以得到

$$\oint_c \frac{z^3+3}{z(z-\mathrm{i})^2}\mathrm{d}z=-I_1+I_2=6\pi\mathrm{i}+(-4\pi+6\pi\mathrm{i})=-4\pi+12\pi\mathrm{i}$$

3.6.2　莫雷拉定理

柯西-古萨定理的逆命题即是莫雷拉(Morera)定理.

【定理 3.6.3】（莫雷拉定理）设函数 $f(z)$ 在单连通域 D 内连续,并且对于 D 内的任意一条简单闭曲线 C,都有

$$\oint_C f(z)\mathrm{d}z = 0 \tag{3.41}$$

那么 $f(z)$ 在 D 内解析.

【证明】由函数 $f(z)$ 的连续性及式(3.41)定义的性质,可以推导出 $f(z)$ 的下述原函数:

$$F(z) = \int_{z_0}^{z} f(\zeta)\mathrm{d}\zeta, \quad z \in D \tag{3.42}$$

其中,z_0 是 D 内部的一个给定的点.函数 $F(z)$ 是单值的,否则将不符合式(3.41)中的性质.进一步可得

$$F'(z) = f(z), \quad z \in D \tag{3.43}$$

因此 $F(z)$ 在 D 内处处解析.根据定理 3.6.1 可知,$F'(z)$ 在该区域内也是解析的.综上所述,$f(z)$ 是 D 内的解析函数.

注意 定理 3.6.3 的证明和论据与柯西-古萨定理的推论 3.2.2 非常相似.不同之处在于,证明式(3.42)和式(3.43)不需要假设 $f(z)$ 是解析的.

习 题

恰当使用公式(3.33)和公式(3.38)计算下列沿闭合积分路径的积分.

(a) $\oint_C \dfrac{4}{z-3\mathrm{i}}\mathrm{d}z\,;\,|z|=5\,;$

(b) $\oint_C \dfrac{z^2}{(z-3\mathrm{i})^2}\mathrm{d}z\,;\,|z|=5\,;$

(c) $\oint_C \dfrac{\mathrm{e}^z}{z-\pi\mathrm{i}}\mathrm{d}z\,;\,|z|=4\,;$

(d) $\oint_C \dfrac{1+\mathrm{e}^z}{z}\mathrm{d}z\,;\,|z|=1\,;$

(e) $\oint_C \dfrac{z^2-3z+4\mathrm{i}}{z+2\mathrm{i}}\mathrm{d}z\,;\,|z|=3\,;$

(f) $\oint_C \dfrac{\cos z}{3z-\pi}\mathrm{d}z\,;\,|z|=1.1\,;$

(g) $\oint_C \dfrac{\mathrm{e}^{z^2}}{(z-\mathrm{i})^3}\mathrm{d}z\,;\,|z-\mathrm{i}|=1\,;$

(h) $\oint_C \dfrac{z}{(z+\mathrm{i})^4}\mathrm{d}z\,;\,|z|=2\,;$

(i) $\oint_C \dfrac{\cos 2z}{z^5}\mathrm{d}z\,;\,|z|=1\,;$

(j) $\oint_C \dfrac{z^2+4}{z^2-5\mathrm{i}z-4}\mathrm{d}z\,;\,|z-3\mathrm{i}|=1.3\,;$

(k) $\oint_C \dfrac{\sin z}{z^2+\pi^2}\mathrm{d}z\,;\,|z-2\mathrm{i}|=2\,;$

(l) $\oint_C \dfrac{\mathrm{e}^{-z}\sin z}{z^3}\mathrm{d}z\,;\,|z-1|=3\,;$

(m) $\oint_C \left[\dfrac{\mathrm{e}^{2\mathrm{i}z}}{z^4}-\dfrac{z^4}{(z-\mathrm{i})^3}\right]\mathrm{d}z\,;\,|z|=6\,;$

(n) $\oint_C \left[\dfrac{\cosh z}{(z-\pi)^3}-\dfrac{\sin^2 z}{(2z-\pi)^3}\right]\mathrm{d}z\,;\,|z|=3\,;$

(o) $\oint_C \dfrac{1}{z^3(z-1)^2}\mathrm{d}z\,;\,|z-2|=5\,;$

(p) $\oint_C \dfrac{z^2}{z^2+4}\mathrm{d}z\,;\,|z-\mathrm{i}|=2\,;\,|z+2\mathrm{i}|=1\,;$

(q) $\oint_c \dfrac{z^2 + 3z + 2i}{z^2 + 3z - 4} dz$; $|z| = 2$; $|z + 5| = \dfrac{3}{2}$.

3.7 解析函数与调和函数的关系

如果含两个实变量 x 和 y 的实值函数 $\phi(x,y)$ 在区域 D 内具有二阶连续偏导数且满足拉普拉斯 (Laplace) 方程 $\phi_{xx}(x,y) + \phi_{yy}(x,y) = 0$, 则称 $\phi(x,y)$ 是 $x-y$ 平面上给定区域 D 中的**调和函数**. 有趣的是, 解析函数与调和函数密切相关. 设

$$f(z) = u(x,y) + iv(x,y), \quad z = x + iy$$

在区域 D 内解析, 下面将证明分量函数 $u(x,y)$ 和 $v(x,y)$ 在区域 D 内都是调和函数. 证明该结论需要用到 3.6 节中的一个结论: 如果一个复变函数在某一点处解析, 那么它的实部和虚部在该点处具有任意阶连续偏导数 (参见定理 3.6.1).

设函数 f 在区域 D 内解析, 那么柯西-黎曼方程在整个 D 内都成立, 即 $u_x = v_y$, $v_x = -u_y$. 而 $f(z)$ 在 D 内的解析性决定了 $u(x,y)$ 和 $v(x,y)$ 在 D 中任意阶偏导数的连续性. 将柯西-黎曼方程左右两边对 x 求导, 可得

$$u_{xx} = v_{yx}, \quad v_{xx} = -u_{yx} \tag{3.44}$$

类似地, 将柯西-黎曼方程左右两边对 y 求导, 有

$$u_{xy} = v_{yy}, \quad v_{xy} = -u_{yy} \tag{3.45}$$

由于式 (3.44) 和式 (3.45) 的偏导数都是连续的, 因此

$$u_{xy} = u_{yx}, \quad v_{xy} = v_{yx} \tag{3.46}$$

联立方程式 (3.44)~式 (3.46), 可得 $v_{yy} = u_{xy} = u_{yx} = -v_{xx}$, 即 $v_{xx} + v_{yy} = 0$. 类似地, 可得 $-u_{yy} = v_{xy} = v_{yx} = u_{xx}$, 即 $u_{xx} + u_{yy} = 0$. 因此, $u(x,y)$ 和 $v(x,y)$ 都是区域 D 内的调和函数.

给定两个调和函数 $\phi(x,y)$ 和 $\psi(x,y)$, 若二者在整个区域 D 内满足柯西-黎曼方程, 即

$$\phi_x = \psi_y, \quad \phi_y = -\psi_x \tag{3.47}$$

则称 ψ 是区域 D 内 ϕ 的**共轭调和函数**.

解析函数与共轭调和函数之间有着密切的联系. 设函数 $f = u + iv$ 在区域 D 内解析, 已经证明 u 和 v 在区域 D 内是调和函数, 而且根据定理 2.2.1 可知 u 和 v 满足柯西-黎曼方程. 因此, v 是区域 D 内 u 的共轭调和函数. 逆命题是否成立呢? 如果 v 是区域 D 内 u 的共轭调和函数, 那么复变函数 $f = u + iv$ 是否在区域 D 内解析? 逆命题可直接根据定理 2.2.1 进行证明. 该结论可以用定理 3.7.1 简明概括.

【**定理 3.7.1**】复变函数 $f(z) = u(x,y) + iv(x,y)$, $z = x + iy$ 是定义在区域 D 内的解析函数的充分必要条件是, v 是 u 在区域 D 内的共轭调和函数.

注意 共轭调和不是一种对称关系, 因为第二个柯西-黎曼方程中有负号. 事实上, 虽然 ϕ 的共轭调和函数是 ψ, 但 ψ 的共轭调和函数是 $-\phi$.

若已知 $\phi(x,y)$ 是单连通域 D 中的调和函数, 则可以证明通过积分运算总是可以得到它的共轭调和函数 $\psi(x,y)$. 下面从微分形式 $d\psi = \psi_x dx + \psi_y dy$ 出发证明该结论.

利用柯西-黎曼方程, 可得

$$d\psi = -\varphi_y dx + \varphi_x dy \tag{3.48}$$

由于 $\phi(x,y)$ 是已知的,因此式(3.48)右侧只包含了已知项 ϕx 和 ϕy. 为了求得 ψ,可以沿连接定点 (x_0,y_0) 到 (x,y) 的某一积分路径 Γ 进行积分,即

$$\psi(x,y) = \int_\Gamma -\varphi_y dx + \varphi_x dy \tag{3.49}$$

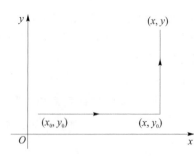

图 3.18 选取由水平和垂直线段
组成的积分路径

式(3.49)的线积分可以精确计算的前提条件是

$$-(-\varphi_y)_y + (\varphi_x)_x = 0 \tag{3.50}$$

式(3.50)的条件容易满足,因为这恰好是 ϕ 的调和函数特性.此外,由于 D 是一个单连通域,因此式(3.49)的线积分的值与所选路径 Γ 无关.为了简化计算,选择如图 3.18 所示的水平和垂直线段组成的积分路径,即

$$\psi(x,y) = \int_{x_0}^x -\phi_y(x,y_0) dx + \int_{y_0}^y \phi_x(x_0,y) dy \tag{3.51}$$

选取不同的积分路径起点 (x_0,y_0) 只会改变 $\psi(x,y)$ 中附加常数的值.事实上,共轭调和函数的唯一性只取决于附加常数的值,因为 $\psi(x,y)$ 的控制方程只包含 $\psi(x,y)$ 的导数(见式(3.47)).

【**例 3.7.1**】(共轭调和函数)(a)验证函数 $u(x,y) = x^3 - 3xy^2 - 5y$ 在整个复平面内是调和函数;

(b)求 u 的共轭调和函数.

【**解**】(a)由偏导数

$$\frac{\partial u}{\partial x} = 3x^2 - 3y^2, \quad \frac{\partial^2 u}{\partial x^2} = 6x, \quad \frac{\partial u}{\partial y} = -6xy - 5, \quad \frac{\partial^2 u}{\partial y^2} = -6x$$

可以看出 u 满足拉普拉斯方程

$$\frac{\partial^2 u}{\partial x^2} + \frac{\partial^2 u}{\partial y^2} = 6x - 6x = 0$$

(b)由于共轭调和函数 v 必须满足柯西-黎曼方程 $\partial v/\partial y = \partial u/\partial x$ 和 $\partial v/\partial x = -\partial u/\partial y$,因此必然有

$$\frac{\partial v}{\partial y} = 3x^2 - 3y^2, \quad \frac{\partial v}{\partial x} = 6xy + 5 \tag{3.52}$$

将式(3.52)中的第一个方程对变量 y 求偏积分可得 $v(x,y) = 3x^2 y - y^3 + h(x)$,将该结果对 x 求偏导数得

$$\frac{\partial v}{\partial x} = 6xy + h'(x) \tag{3.53}$$

把式(3.53)代入式(3.52)中的第二个方程,可得 $h'(x) = 5$,因此 $h(x) = 5x + c$,其中 c 是一个实常数.故 u 的共轭调和函数为 $v(x,y) = 3x^2 y - y^3 + 5x + c$.

在例 3.7.1 中,将 u 及其共轭调和函数 v 组合成 $u(x,y) + \mathrm{i}v(x,y)$,所得复变函数

$$f(z) = x^3 - 3xy^2 - 5y + \mathrm{i}(3x^2y - y^3 + 5x + c)$$

是整个复平面内的解析函数.

【例 3.7.2】（共轭调和函数）给定调和函数 $u(x, y) = \mathrm{e}^{-x}\cos y + xy$，求与曲线族 $u(x, y) = \alpha$（α 是常数）正交的曲线族.

【解】可以看出 $u(x, y)$ 是整个复平面上的调和函数. 设 $v(x, y)$ 为 $u(x, y)$ 的共轭调和函数（唯一性取决于附加常数）. 由例 2.2.6 的结果可知，待求的正交曲线族为 $v(x, y) = \beta$（β 是常数）. 除式（3.51）所给线积分法外，这里给出求共轭调和函数的其他三种方法.

方法一 根据柯西-黎曼方程可得

$$\frac{\partial v}{\partial y} = \frac{\partial u}{\partial x} = -\mathrm{e}^{-x}\cos y + y \tag{3.54}$$

将式（3.54）对 y 求积分，可得

$$v(x, y) = -\mathrm{e}^{-x}\sin y + \frac{y^2}{2} + \eta(x)$$

其中，$\eta(x)$ 是由积分产生的任意函数. 根据柯西-黎曼方程可得

$$\frac{\partial v}{\partial x} = \mathrm{e}^{-x}\sin y + \eta'(x) = -\frac{\partial u}{\partial y} = \mathrm{e}^{-x}\sin y - x$$

对比类似项，可得 $\eta'(x) = -x$，因此

$$\eta(x) = -\frac{x^2}{2} + c（c \text{ 是任意常数}）$$

因此，可以找到一个共轭调和函数（为了方便计算将 c 赋值为 0）为

$$v(x, y) = -\mathrm{e}^{-x}\sin y + \frac{y^2 - x^2}{2}$$

相对应的解析函数 $f = u + \mathrm{i}v$ 为

$$f(z) = \mathrm{e}^{-z} - \frac{\mathrm{i}z^2}{2}, \quad z = x + \mathrm{i}y$$

可见这是一个全纯函数.

方法二 容易看出

$$\mathrm{e}^{-x}\cos y = \mathrm{Re}(\mathrm{e}^{-z}), \quad xy = \frac{1}{2}\mathrm{Im}(z^2)$$

由于 $\mathrm{Re}(\mathrm{e}^{-z})$ 的共轭调和函数是 $\mathrm{Im}(\mathrm{e}^{-z})$，而 $\frac{1}{2}\mathrm{Im}(z^2)$ 的共轭调和函数为 $-\frac{1}{2}\mathrm{Re}(z^2)$，因此 $u(x, y)$ 的共轭调和函数可取为

$$v(x, y) = \mathrm{Im}(\mathrm{e}^{-z}) - \frac{1}{2}\mathrm{Re}(z^2) = -\mathrm{e}^{-x}\sin y + \frac{y^2 - x^2}{2}$$

方法三 根据已知信息可得

$$f'(z) = \frac{\partial u}{\partial x}(x, y) - \mathrm{i}\frac{\partial u}{\partial y}(x, y), \quad z = x + \mathrm{i}y$$

取 $y = 0$，可得

$$f'(x) = \frac{\partial u}{\partial x}(x, 0) - \mathrm{i}\frac{\partial u}{\partial y}(x, 0) \tag{3.55}$$

将式(3.55)的 x 替换为 z,可得

$$f'(z) = \frac{\partial u}{\partial x}(z,0) - i\frac{\partial u}{\partial y}(z,0)$$

代入已知条件,有

$$\frac{\partial u}{\partial x}(z,0) = -e^{-z}, \quad \frac{\partial u}{\partial y}(z,0) = z$$

因此
$$f'(z) = -e^{-z} - iz$$

将式(3.56)对 z 求积分,可得

$$f(z) = e^{-z} - \frac{iz^2}{2}$$

习　题

1. 验证下列函数 u 在适当的区域 D 内是调和函数.

(a) $u(x,y) = x$;　　　　　　　　　　(b) $u(x,y) = 2x - 2xy$;

(c) $u(x,y) = x^2 - y^2$;　　　　　　　(d) $u(x,y) = x^3 - 3xy^2$;

(e) $u(x,y) = \ln(x^2 + y^2)$;　　　　　(f) $u(x,y) = \cos x \cosh y$;

(g) $u(x,y) = e^x(\cos y - y\sin y)$;　　(h) $u(x,y) = -e^{-x}\sin y$.

2. 对于习题 1 中的每一个函数 $u(x,y)$,求出 u 的共轭调和函数 $v(x,y)$,并将它们组合成相应的解析函数 $f(z) = u + iv$.

本章小结

本章介绍了复变函数的积分方法及其基本理论,以及解析函数与调和函数的关系.复积分的基础是柯西-古萨定理和柯西积分公式.

1. 复变函数积分的概念

(1) 复积分的定义

在曲线 C 上的关于 f 的复积分为

$$\int_C f(z)dz = \lim_{\|P\| \to 0} \sum_{k=1}^{n} f(z_k^*)\Delta z_k$$

(2) 路径积分的计算

设参数化光滑曲线 C 可表示为 $z(t) = x(t) + iy(t), a \leqslant t \leqslant b$,如果函数 f 在该曲线上连续,则

$$\int_C f(z)dz = \int_a^b f[z(t)]z'(t)dt$$

(3) 路径积分的性质

设函数 f 和 g 在定义域 D 内连续,曲线 C 是一条完全位于 D 内的光滑曲线,则

(i) $\displaystyle\int_C kf(z)\mathrm{d}z = k\int_C f(z)\mathrm{d}z$，其中 k 是复常数；

(ii) $\displaystyle\int_C \left[f(z)+g(z)\right]\mathrm{d}z = \int_C f(z)\mathrm{d}z + \int_C g(z)\mathrm{d}z$；

(iii) $\displaystyle\int_C f(z)\mathrm{d}z = \int_{C_1} f(z)\mathrm{d}z + \int_{C_2} f(z)\mathrm{d}z$，其中曲线 C 由首尾相连的光滑曲线 C_1 和 C_2 组成；

(iv) $\displaystyle\int_{-C} f(z)\mathrm{d}z = -\int_C f(z)\mathrm{d}z$，其中 $-C$ 是与 C 方向相反的曲线.

界限定理（积分的估值不等式）：如果函数 f 在光滑曲线 C 上连续，且 $|f(z)|\leqslant M$ 对 C 上的所有 z 都成立，则 $\left|\displaystyle\int_C f(z)\,\mathrm{d}z\right|\leqslant ML$，其中 L 为光滑曲线 C 的长度.

2. 柯西–古萨基本定理

柯西积分定理：设 $f(z)$ 在简单闭曲线 C 上及其内部都是解析的，并且 $f'(z)$ 在 C 上和 C 的内部都是连续的，则

$$\oint_C f(z)\mathrm{d}z = 0$$

在单连通域 D 内解析函数 $f(z)$ 的积分取决于两个端点的位置，而不取决于具体积分路径. 假设 α 和 β 是 D 内的两个点，曲线 C_1 和 C_2 是 D 内连接 α 与 β 的任意积分路径，则有

$$\int_{C_1} f(z)\mathrm{d}z = \int_{C_2} f(z)\mathrm{d}z$$

设函数 $f(z)$ 在单连通域 D 内解析，给定一个点 $z_0\in D$，可以推导出在 D 内关系

$$F(z) = \int_{z_0}^{z} f(\zeta)\mathrm{d}\zeta$$

对于任意 $z\in D$ 总是成立. 而且还可以证明 $F'(z)=f(z)$ 对于任意 $z\in D$ 成立. 因此 $F(z)$ 在 D 内解析. 在这里 $F(z)$ 可以看作函数 $f(z)$ 的一个原函数.

3. 多连通域的柯西–古萨定理

闭路变形原理：解析函数沿闭曲线的积分，不因闭曲线在区域内作连续变形而改变它的值.

注意：在变形过程中闭曲线不经过函数 $f(z)$ 不解析的点.

重要结论：如果 z_0 是任意简单闭曲线 C 内的任意复常数，那么对于整数 n，有

$$\oint_C \frac{\mathrm{d}z}{(z-z_0)^n} = \begin{cases} 2\pi\mathrm{i}, & n=1 \\ 0, & n\neq 1 \end{cases}$$

多连通域的柯西–古萨定理：设 $C,C_1,\cdots,C_n$ 是正向简单闭曲线，并且 $C_1,\cdots,C_n$ 位于 C 的内部，但在 $C_k(k=1,2,\cdots,n)$ 的内部没有公共区域. 如果 f 在每条简单闭曲线上是解析的，在 C 与 $C_k(k=1,2,\cdots,n)$ 之间的区域上的每一点也是解析的，那么

$$\oint_C f(z)\mathrm{d}z = \sum_{k=1}^{n} \oint_{C_k} f(z)\mathrm{d}z$$

4. 原函数与不定积分

原函数：设函数 f 在区域 D 上是连续的. 如果存在一个函数 F，使得对于 D 中的每

一个 z，都有 $F'(z)=f(z)$，则称 F 为 f 的原函数.

不定积分：就像在实变量微积分中一样，函数 $f(z)$ 的更一般的原函数（或不定积分）可以写成 $\int f(z)\mathrm{d}z=F(z)+c$ 的形式，其中 $F'(z)=f(z)$，c 是一个复常数.

路径积分基本定理：设函数 f 在区域 D 上连续，而 F 是 f 在 D 上的原函数，那么对于 D 内任意起点为 z_0、终点为 z_1 的积分路径 C，有

$$\int_C f(z)\mathrm{d}z=F(z_1)-F(z_0)$$

分部积分：设函数 f 和 g 在单连通域 D 内解析，则

$$\int f(z)g'(z)\mathrm{d}z=f(z)g(z)-\int g(z)f'(z)\mathrm{d}z$$

此外，如果 z_0 和 z_1 是完全位于 D 内的积分路径 C 的起点与终点，则

$$\int_{z_0}^{z_1}f(z)g'(z)\mathrm{d}z=\left[f(z)g(z)\right]_{z_0}^{z_1}-\int_{z_0}^{z_1}g(z)f'(z)\mathrm{d}z$$

5. 柯西积分公式

柯西积分公式：设函数 $f(z)$ 在正向简单闭曲线 C 上及其内部解析，z 是 C 内的任意点，那么

$$f(z)=\frac{1}{2\pi\mathrm{i}}\oint_C\frac{f(\zeta)}{\zeta-z}\mathrm{d}\zeta$$

该公式表明，函数 $f(z)$ 在简单闭曲线 C 内任意点处的值，可以通过它在 C 上的函数值来确定.

高斯中值定理：如果函数 $f(z)$ 在圆周 $C_r:|z-z_0|=r$ 上及其内部是解析的，则

$$f(z_0)=\frac{1}{2\pi}\int_0^{2\pi}f(z_0+r\mathrm{e}^{\mathrm{i}\theta})\mathrm{d}\theta$$

6. 解析函数的高阶导数公式

(1) 路径积分的导数

广义柯西积分公式：

$$f^{(n)}(z)=\frac{n!}{2\pi\mathrm{i}}\oint_C\frac{f(\zeta)}{(\zeta-z)^{n+1}}\mathrm{d}\zeta,\quad n=1,2,3,\cdots$$

高阶导数公式的作用，不在于通过积分来求导，而在于通过求导来求积分.

如果函数 $f(z)$ 在某一点处解析，那么它的所有阶导数在该点处也解析.

柯西不等式：设函数 $f(z)$ 在圆周 $|z-z_0|=r,0<r<+\infty$ 上及其内部解析，令 $M(r)=\max\limits_{|z-z_0|=r}|f(z)|$，那么

$$\frac{|f^{(n)}(z)|}{n!}\leqslant\frac{M(r)}{r^n},\quad n=0,1,2,\cdots$$

(2) 莫雷拉定理

设函数 $f(z)$ 在单连通域 D 内连续，并且对于 D 内的任意一条简单闭曲线 C，都有

$$\oint_C f(z)\mathrm{d}z=0$$

那么 $f(z)$ 在 D 内解析.

7. 解析函数与调和函数的关系

拉普拉斯方程：$\phi_{xx}(x,y)+\phi_{yy}(x,y)=0$.

调和函数：如果含两个实变量 x 和 y 的实值函数 $\phi(x,y)$ 在区域 D 内具有二阶连续偏导数且满足拉普拉斯方程，则称 $\phi(x,y)$ 是 $x-y$ 平面上给定区域 D 中的调和函数.

解析函数与调和函数的关系：如果 $f(z)=u(x,y)+iv(x,y)$，$z=x+iy$ 在区域 D 内解析，那么分量函数 $u(x,y)$ 和 $v(x,y)$ 在区域 D 内都是调和函数.

共轭调和函数：给定两个调和函数 $\phi(x,y)$ 和 $\psi(x,y)$，若二者在整个区域 D 内满足柯西-黎曼方程，即 $\phi_x=\psi_y$，$\phi_y=-\psi_x$，则称 ψ 是区域 D 内 ϕ 的**共轭调和函数**.

复变函数 $f(z)=u(x,y)+iv(x,y)$，$z=x+iy$ 是定义在区域 D 内的解析函数的充分必要条件是，v 是 u 在区域 D 内的共轭调和函数.

作　　业

复变函数积分的概念与柯西-古萨定理

1. 分别沿 $y=x$ 与 $y=x^2$ 算出积分 $\displaystyle\int_0^{1+i}(x^2+iy)\,dz$ 的值.

2. 设 $f(z)$ 在单连通域 B 内处处解析，C 为 B 内任意一条正向简单闭曲线，问

$$\oint_C \mathrm{Re}\,[f(z)]\,dz=0,\qquad \oint_C \mathrm{Im}\,[f(z)]\,dz=0$$

是否成立？如果成立，则给出证明；如果不成立，则举例说明.

3. 计算积分 $\displaystyle\oint_C \frac{\bar{z}}{|z|}\,dz$ 的值，其中 C 为下面的正向圆周：

(1) $|z|=2$; (2) $|z|=4$.

4. 试用观察法求出下列积分的值，并说明观察时所依据的是什么，C 是正向圆周 $|z|=1$.

(1) $\displaystyle\oint_C \frac{dz}{z-2}$;

(2) $\displaystyle\oint_C \frac{dz}{z^2+2z+4}$;

(3) $\displaystyle\oint_C \frac{dz}{\cos z}$;

(4) $\displaystyle\oint_C \frac{dz}{z-\dfrac{1}{2}}$;

(5) $\displaystyle\oint_C z\,e^z\,dz$;

(6) $\displaystyle\oint_C \frac{dz}{\left(z-\dfrac{i}{2}\right)(z+2)}$.

5. 沿指定曲线的正方向计算下列各积分：

(1) $\displaystyle\oint_C \frac{e^z}{z-2}\,dz$；$C:|z-2|=1$;

(2) $\displaystyle\oint_C \frac{dz}{z^2-a^2}$；$C:|z-a|=a$;

(3) $\displaystyle\oint_C \frac{e^{iz}}{z^2+1}\,dz$；$C:|z-2i|=\dfrac{3}{2}$;

(4) $\displaystyle\oint_C \frac{\sin z\,dz}{\left(z-\dfrac{\pi}{2}\right)^2}$；$C:|z|=1$.

6. 计算下列各题：

(1) $\int_{-\pi i}^{3\pi i} e^{2z} dz$； (2) $\int_{\frac{\pi}{6}i}^{0} \cosh 3z \, dz$；

(3) $\int_{-\pi i}^{\pi i} \sin^2 z \, dz$； (4) $\int_{0}^{1} z \sin z \, dz$；

(5) $\int_{0}^{i} (z-1) e^{-z} dz$；

(6) $\int_{1}^{i} \dfrac{1 + \tan z}{\cos^2 z} dz$（沿 1 到 i 的直线段）.

7. 下列两个积分的值是否相等？积分(2)的值能否利用闭路变形原理从(1)的值得到？为什么？

(1) $\oint_{|z|=2} \dfrac{\bar{z}}{z} dz$； (2) $\oint_{|z|=4} \dfrac{\bar{z}}{z} dz$.

不定积分、柯西积分公式与解析函数的高阶导数公式

1. 计算下列积分：

(1) $\oint_C \left(\dfrac{4}{z+1} + \dfrac{3}{z+2i} \right) dz$，其中 C 为正向圆周 $|z|=4$；

(2) $\oint_{C=C_1+C_2} \dfrac{\cos z}{z^3} dz$，其中 C_1 为正向圆周 $|z|=2$，C_2 为正向圆周 $|z|=3$；

(3) $\oint_C \dfrac{e^z}{(z-\alpha)^3} dz$，其中 α 为 $|\alpha| \neq 1$ 的任何复数，C 为正向圆周 $|z|=1$.

2. 设 C_1 与 C_2 为相交于 M, N 两点的简单闭曲线，它们所围成的区域分别为 B_1 与 B_2. B_1 与 B_2 的公共部分为 B. 证明：如果 $f(z)$ 在 $B_1 - B$ 与 $B_2 - B$ 内解析，在 C_1, C_2 上也解析，则 $\oint_{C_1} f(z) dz = \oint_{C_2} f(z) dz$.

3. 设 C 为不经过 α 与 $-\alpha$ 的正向简单闭曲线，α 为不等于零的任意复数. 试就 α 与 $-\alpha$ 跟 C 的各种不同位置，计算积分 $\oint_C \dfrac{z}{z^2 - \alpha^2} dz$ 的值.

解析函数与调和函数的关系

1. 证明：如果 $\phi(x, y)$ 和 $\psi(x, y)$ 都具有二阶连续偏导数，且符合拉普拉斯方程，而 $s = \phi_y - \psi_x$，$t = \phi_x + \psi_y$，那么 $s + it$ 是 $x + iy$ 的解析函数.

2. 设 u 和 v 都是调和函数，如果 v 是 u 的共轭调和函数，那么 u 也是 v 的共轭调和函数. 这句话对吗？为什么？

3. 证明：一对共轭调和函数的乘积仍为调和函数.

4. 设 $f(z) = u + iv$ 是解析函数，试证：

(1) $\overline{i\overline{f(z)}}$ 也是解析函数；

(2) $-u$ 是 v 的共轭调和函数；

(3) $\dfrac{\partial^2 |f(z)|}{\partial x^2} + \dfrac{\partial^2 |f(z)|}{\partial y^2} = 4(u_x^2 + v_x^2) = 4|f'(z)|^2$.

5. 证明：$u = x^2 - y^2$ 和 $v = y/(x^2 + y^2)$ 都是调和函数，但是 $u + iv$ 不是解析函数.

6. 由下列各已知调和函数求解析函数 $f(z)=u+\mathrm{i}v$：

(1) $u=(x-y)(x^2+4xy+y^2)$；

(2) $v=\dfrac{y}{x^2+y^2}$，$f(2)=0$；

(3) $u=2(x-1)y$，$f(2)=-\mathrm{i}$；

(4) $v=\arctan\dfrac{y}{x}$，$x>0$.

7. 设 $v=\mathrm{e}^{px}\sin y$，求 p 的值使 v 为调和函数，并求出解析函数 $f(z)=u+\mathrm{i}v$.

第4章 级 数

在微积分中使用泰勒(Taylor)级数来表示以固定点为中心的区间上的函数,其收敛半径可以是正数、无穷大或零,具体取决于与函数相关的余项. 例如,函数 $\cos x$, e^x, $1/(1+x^2)$ 和函数 $f(x)=-e^{-1/x^2}$(如果 $x\neq 0$ 则 $f(x)$ 取该值,如果 $x=0$ 则 $f(x)=0$)对于所有实数 x 都是无穷可微的. 函数 $\cos x$, e^x 在零附近的泰勒级数的收敛半径是 ∞,函数 $1/(1+x^2)$ 的泰勒级数的收敛半径是 1,函数 $f(x)=-e^{-1/x^2}$ 的泰勒级数的收敛半径是 0. 在复分析中,泰勒级数具有更好的性能,因为其余项对收敛性没有影响. 如果一个函数在以 z_0 为中心、半径为 R 的圆形域上解析,则其以 z_0 为中心的泰勒级数的半径至少为 R. 例如函数 $1/(1+z^2)$ 在区域 $|z|<1$ 内解析,但是由于它在 $z=\pm i$ 处不可微,因此相应级数的收敛半径不会大于 1.

泰勒级数及更一般的洛朗(Laurent)级数可用于研究解析函数的重要性质,例如函数的零点和奇点的孤立性问题. 洛朗级数的概念会引出留数的概念,由此可得到另一种计算复积分的方法,并且在某些情况下可用于计算实积分.

本章介绍的幂级数理论在很大程度上应归功于德国数学家卡尔·魏尔斯特拉斯(Karl Weierstrass, 1815—1897). 魏尔斯特拉斯在证明中的引入 (ε, δ) 表示法,用于取代柯西的术语,例如"无限接近某个极限"和"无限增加".

4.1 复数项级数

4.1.1 复数列的收敛性

数列 $\{z_n\}$ 可以看作一个函数,其定义域是正整数的集合,其值域是复数 $\mathbf{C}$ 的子集. 换句话说,对于每个整数 $n=1,2,3,\cdots$,对应一个复数 z_n. 例如,数列 $\{1+i^n\}$ 是

$$
\begin{array}{ccccc}
1+i, & 0, & 1-i, & 2, & 1+i, \quad \cdots \\
\uparrow & \uparrow & \uparrow & \uparrow & \uparrow \\
n=1, & n=2, & n=3, & n=4, & n=5, \quad \cdots
\end{array}
\tag{4.1}
$$

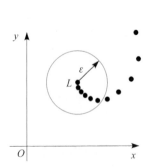

图 4.1 数列 $\{z_n\}$ 收敛于 L

如果 $\lim\limits_{n\to\infty} z_n = L$,那么就说数列 $\{z_n\}$ 是**收敛**的. 换句话说,如果对于每个正实数 ε 可以找到一个整数 N 使得当 $n>N$ 时总有 $|z_n-L|<\varepsilon$,那么就可以认为 $\{z_n\}$ 收敛于复数 L. 因为 $|z_n-L|$ 是距离,所以数列 $\{z_n\}$ 收敛于 L 意味着 z_n 任意趋近于 L. 换句话说,当一个数列 $\{z_n\}$ 收敛于 L 时,除有限项之外数列的所有项都位于 L 的 ε 邻域内,如图 4.1 所示. 不收敛的数列被称为是**发散**的.

式(4.1)所示数列$\{1+\mathrm{i}^n\}$是发散的,因为一般项$z_n=1+\mathrm{i}^n$在$n\to\infty$时不会趋近于固定的复数.实际上,可以验证随着n的增加,该数列前四项会无休止地重复.

【例 4.1.1】(收敛数列)因为$\lim\limits_{n\to\infty}(\mathrm{i}^{n+1}/n)=0$,所以数列$\{\mathrm{i}^{n+1}/n\}$是收敛的,正如

$$-1,-\frac{\mathrm{i}}{2},\frac{1}{3},\frac{\mathrm{i}}{4},-\frac{1}{5},\cdots$$

随着n的增加,如图 4.2 所示用圆点标记的数列项螺旋趋近于$z=0$点.

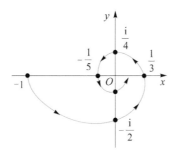

图 4.2　数列$\{\mathrm{i}^{n+1}/n\}$的项螺旋趋近于 0

关于数列的定理 4.1.1 类似于 1.6 节中的定理 1.6.1.

【定理 4.1.1】(数列的收敛准则)数列$\{z_n\}$收敛于复数$z=x+\mathrm{i}y$的充分必要条件是,$\mathrm{Re}(z_n)$收敛于$\mathrm{Re}(z)=x$,$\mathrm{Im}(z_n)$收敛于$\mathrm{Im}(z)=y$.

【证明】假设将$z_n(n=1,2,\cdots)$和z分离为实部与虚部并写为$z_n=x_n+\mathrm{i}y_n$,$z=x+\mathrm{i}y$,那么

$$|x_n-x|\leqslant|z_n-z|\leqslant|x_n-x|+|y_n-y|$$
$$|y_n-y|\leqslant|z_n-z|\leqslant|x_n-x|+|y_n-y| \tag{4.2}$$

使用不等式(4.2)容易证明

$$\lim_{n\to\infty}z_n=z\Leftrightarrow\lim_{n\to\infty}x_n=x,\quad\lim_{n\to\infty}y_n=y$$

因此,对复数列收敛性的研究等价于对两个实数列收敛性的研究.

【例 4.1.2】(定理 4.1.1 示例)考虑数列$\{(3+n\mathrm{i})/(n+2n\mathrm{i})\}$,根据

$$z_n=\frac{3+n\mathrm{i}}{n+2n\mathrm{i}}=\frac{(3+n\mathrm{i})(n-2n\mathrm{i})}{n^2+4n^2}=\frac{2n^2+3n}{5n^2}+\mathrm{i}\frac{n^2-6n}{5n^2}$$

可以看到,当$n\to\infty$时,有

$$\mathrm{Re}(z_n)=\frac{2n^2+3n}{5n^2}=\frac{2}{5}+\frac{3}{5n}\to\frac{2}{5}$$

$$\mathrm{Im}(z_n)=\frac{n^2-6n}{5n^2}=\frac{1}{5}-\frac{6}{5n}\to\frac{1}{5}$$

根据定理 4.1.1,最后的结果足以得出结论,所给数列收敛于$a+\mathrm{i}b=2/5+\mathrm{i}/5$.

4.1.2 复数项级数的概念

复数项无穷级数

$$\sum_{n=1}^{\infty} z_n = z_1 + z_2 + \cdots + z_n + \cdots \tag{4.3}$$

收敛于和函数 S 的条件是,其部分和

$$S_N = \sum_{n=1}^{N} z_n = z_1 + z_2 + \cdots + z_n \quad (N = 1, 2, \cdots) \tag{4.4}$$

收敛于 S,因此 $\sum_{n=1}^{\infty} z_n = S$.

    注意 由于一个数列最多可以有一个极限,因此一个数列最多可以有一个和函数. 当一个级数不收敛时,称它是发散的.

    【定理 4.1.2】(级数的收敛准则)设 $z_n = x_n + \mathrm{i} y_n (n = 1, 2, \cdots)$,$S = X + \mathrm{i} Y$,复数项级数收敛于 S,即

$$\sum_{n=1}^{\infty} z_n = S \tag{4.5}$$

的充分必要条件是

$$\sum_{n=1}^{\infty} x_n = X, \quad \sum_{n=1}^{\infty} y_n = Y \tag{4.6}$$

    【证明】将部分和(4.4)写为

$$S_N = X_N + \mathrm{i} Y_N \tag{4.7}$$

其中,$X_N = \sum_{n=1}^{N} x_n$,$Y_N = \sum_{n=1}^{N} y_n$. 式(4.5)成立的充分必要条件是

$$\lim_{N \to \infty} S_N = S \tag{4.8}$$

根据式(4.7)和定理 4.1.1,式(4.8)成立的充分必要条件是

$$\lim_{N \to \infty} X_N = X, \quad \lim_{N \to \infty} Y_N = Y \tag{4.9}$$

因此,式(4.9)说明式(4.5)成立,反之亦然. 由于 X_N 和 Y_N 是级数(4.6)的部分和,因此该定理得证.

    定理 4.1.2 说明,对于写法

$$\sum_{n=1}^{\infty} (x_n + \mathrm{i} y_n) = \sum_{n=1}^{\infty} x_n + \mathrm{i} \sum_{n=1}^{\infty} y_n$$

无论右侧两个数列或左侧一个数列是否收敛都是可以的.

    定理 4.1.2 的用处在于,可以将微积分中许多熟悉的级数性质用于复数项级数.

    几何级数 几何级数是如下形式的级数:

$$\sum_{n=0}^{\infty} a z^n = a + a z + a z^2 + \cdots + a z^n + \cdots \tag{4.10}$$

根据式(4.10),其部分和数列的第 n 项是

$$S_n = a + az + az^2 + \cdots + az^n \tag{4.11}$$

当无穷级数是几何级数时,总是可以求得 S_n 的公式.下面给出具体推导过程.在式(4.11)的两侧乘以 z,得到

$$zS_n = az + az^2 + az^3 + \cdots + az^{n+1} \tag{4.12}$$

用式(4.11)减式(4.12),发现除 S_n 的第一项和 zS_n 的最后一项外,其他所有项都抵消了:

$$S_n - zS_n = (a + az + az^2 + \cdots + az^n) - (az + az^2 + az^3 + \cdots + az^n + az^{n+1})$$
$$= a - az^{n+1} \tag{4.13}$$

或者写成 $(1-z)S_n = a(1-z^{n+1})$.由方程(4.13)中求出 S_n,可得

$$S_n = \frac{a(1-z^{n+1})}{1-z} \tag{4.14}$$

只要 $|z| < 1$,当 $n \to \infty$ 时,总有 $z^n \to 0$,因此 $S_n \to a/(1-z)$,即

$$\frac{a}{1-z} = a + az + az^2 + \cdots + az^{n-1} + \cdots \tag{4.15}$$

当 $|z| \geqslant 1$ 时,几何级数(4.10)发散.

几何级数特例　接下来,将根据式(4.14)和式(4.15)推导出两个直接的结论,这些结论在本章接下来的三节中特别有用.如果令 $a = 1$,则式(4.15)成为

$$\frac{1}{1-z} = 1 + z + z^2 + z^3 + \cdots \tag{4.16}$$

如果将式(4.16)中的变量 z 替换为 $-z$,则可得到类似的结果:

$$\frac{1}{1+z} = 1 - z + z^2 - z^3 + \cdots \tag{4.17}$$

与式(4.15)类似,式(4.17)在 $|z| < 1$ 时有效,因为 $|-z| = |z|$.

【推论 4.1.1】如果复数项级数收敛,则当 n 趋向于无穷大时,第 n 项会趋向于零.

【证明】设级数(4.3)收敛,由定理 4.1.2 可知,如果

$$z_n = x_n + \mathrm{i}y_n \quad (n = 1, 2, \cdots)$$

则数列

$$\sum_{n=1}^{\infty} x_n, \quad \sum_{n=1}^{\infty} y_n \tag{4.18}$$

也收敛.此外,从微积分中可知,当 n 趋于无穷时,实数收敛数列第 n 项的值趋向于零.因此,由定理 4.1.1 可知

$$\lim_{n\to\infty} z_n = \lim_{n\to\infty} x_n + \mathrm{i}\lim_{n\to\infty} y_n = 0 + \mathrm{i} \cdot 0 = 0$$

例如,级数 $\sum_{k=1}^{\infty} (\mathrm{i}k + 5)/k$ 是发散的,因为当 $n \to \infty$ 时 $z_n = (\mathrm{i}n + 5)/n \to \mathrm{i} \neq 0$.当 $|z| \geqslant 1$ 时,几何级数(4.10)发散,因为虽然 $\lim_{n\to\infty} |z_n|$ 存在,但是该极限不为零.

根据推论 4.1.1 可知,收敛级数的项是有界的.也就是说,如果级数(4.3)收敛,则存在一个正常数 M,使得对于任意正整数 n 总有 $|z_n| \leqslant M$.

复数项级数与微积分中对应的另一个重要性质是,如果级数(4.3)满足下面的条件,

即关于实数 $\sqrt{x_n^2+y_n^2}$ 的级数 $\sum\limits_{n=1}^{\infty}|z_n|=\sum\limits_{n=1}^{\infty}\sqrt{x_n^2+y_n^2}$ $(z_n=x_n+\mathrm{i}y_n)$ 收敛,则称该级数是**绝对收敛**的.

【推论 4.1.2】如果复数项级数绝对收敛,则该级数必收敛.

【证明】对于这个推论,首先假设级数(4.3)绝对收敛.因为

$$|x_n|\leqslant\sqrt{x_n^2+y_n^2}, \quad |y_n|\leqslant\sqrt{x_n^2+y_n^2}$$

所以根据微积分中的比值法可知,级数 $\sum\limits_{n=1}^{\infty}|x_n|$ 和 $\sum\limits_{n=1}^{\infty}|y_n|$ 必然收敛.此外,由于实数项级数的绝对收敛意味着对应级数本身收敛,因此式(4.18)中的两个级数都收敛.根据定理 4.1.2,级数(4.3)收敛.

【例 4.1.3】(绝对收敛)因为级数 $\sum\limits_{k=1}^{\infty}\left|\dfrac{i^k}{k^2}\right|$ 与实收敛 p 级数 $\sum\limits_{k=1}^{\infty}\dfrac{1}{k^2}$ 相同(这里 $p=2>1$),所以级数 $\sum\limits_{k=1}^{\infty}\dfrac{i^k}{k^2}$ 绝对收敛.

在计算级数的**和函数**时,为了确定结果是定数 S,通常为了方便会定义第 N 项之后的余项和 ρ_N,根据部分和(4.4)可得

$$\rho_N=S-S_N$$

因此 $S=S_N+\rho_N$.并且,因为 $|S_N-S|=|\rho_N|$,所以一个级数收敛于 S 的充分必要条件是其余项和趋向于零.在处理幂级数时将充分利用这一结论.**幂级数**的形式如下:

$$\sum_{n=0}^{\infty}a_n(z-z_0)^n=a_0+a_1(z-z_0)+a_2(z-z_0)^2+\cdots+a_n(z-z_0)^n+\cdots$$

其中,z_0 和系数 a_n 是复常数,z 是包含 z_0 的特定区域内的任意点.在此类含变量 z 的级数中,将分别用 $S(z)$、$S_N(z)$ 和 $\rho_N(z)$ 来表示和函数、部分和以及余项和.

【例 4.1.4】(级数的余项)请借助余项和验证求和公式:

$$\sum_{n=0}^{\infty}z^n=\frac{1}{1-z} \quad (|z|<1) \tag{4.19}$$

【解】根据等式

$$1+z+z^2+\cdots+z^n=\frac{1-z^{n+1}}{1-z} \quad (z\neq 1)$$

可将部分和写为

$$S_N(z)=\sum_{n=0}^{N-1}z^n=1+z+z^2+\cdots+z^{N-1} \quad (z\neq 1)$$

或

$$S_N(z)=\frac{1-z^N}{1-z}$$

因为 $S(z)=\dfrac{1}{1-z}$,所以

$$\rho_N(z) = S(z) - S_N(z) = \frac{z^N}{1-z} \quad (z \neq 1)$$

于是 $|\rho_N(z)| = \frac{|z|^N}{|1-z|}$，从中可以清楚地看出，当 $|z| < 1$ 时，余项和 $\rho_N(z)$ 趋于零. 因此，求和公式(4.19)成立.

习 题

1. 确定下列数列是收敛的还是发散的.

(a) $\left\{ \dfrac{3n\mathrm{i}+2}{n+n\mathrm{i}} \right\}$；

(b) $\left\{ \dfrac{n\mathrm{i}+2^n}{3n\mathrm{i}+5^n} \right\}$；

(c) $\left\{ \dfrac{(n\mathrm{i}+2)^2}{n^2\mathrm{i}} \right\}$；

(d) $\left\{ \dfrac{n(n+\mathrm{i}^n)}{n+1} \right\}$；

(e) $\left\{ \dfrac{n+\mathrm{i}^n}{\sqrt{n}} \right\}$.

2. 请使用部分和数列证明下列级数是收敛的.

(a) $\displaystyle\sum_{k=1}^{\infty} \left[\frac{1}{k+2\mathrm{i}} - \frac{1}{k+1+2\mathrm{i}} \right]$；

(b) $\displaystyle\sum_{k=1}^{\infty} \frac{\mathrm{i}}{k(k+1)}$.

3. 确定下列几何级数是收敛的还是发散的. 如果收敛，则求其和函数.

(a) $\displaystyle\sum_{k=0}^{\infty} (1-\mathrm{i})^k$；

(b) $\displaystyle\sum_{k=1}^{\infty} 4\mathrm{i}\left(\frac{1}{3}\right)^{k-1}$；

(c) $\displaystyle\sum_{k=1}^{\infty} \left(\frac{\mathrm{i}}{2}\right)^k$；

(d) $\displaystyle\sum_{k=0}^{\infty} 3\left(\frac{2}{1+2\mathrm{i}}\right)^k$；

(e) $\displaystyle\sum_{k=2}^{\infty} \frac{\mathrm{i}^k}{(1+\mathrm{i})^{k-1}}$.

4.2 幂级数

4.2.1 幂级数的概念

首先讨论复变函数数列和复变函数项级数的收敛性. 用 $\{f_n(z)\}$ 表示定义在复平面上集合 D 内的复数 z 的单值函数数列 $f_1(z), f_2(z), \cdots, f_n(z), \cdots$ 对于某个点 $z_0 \in D$，$\{f_n(z_0)\}$ 为复数列. 假设数列 $\{f_n(z_0)\}$ 收敛，并且极限是唯一的，该极限值取决于 z_0，记

$$f(z_0) = \lim_{n \to \infty} f_n(z_0) \tag{4.20}$$

如果式(4.20)对于任意 $z \in D$ 都成立，则复变函数数列 $\{f_n(z)\}$ 定义了集合 D 上的复变函数 $f(z)$，可以具体表示为

$$f(z) = \lim_{n \to \infty} f_n(z)$$

【定义 4.2.1】在集合 D 上定义的复变函数数列 $\{f_n(z)\}$ **收敛**于定义在该集合中的复变函数 $f(z)$ 的充分必要条件是,对于任何给定的小正数 ε,总是可以找到一个正整数 $N(\varepsilon,z)$(通常 $N(\varepsilon,z)$ 取决于 ε 和 z),使得对于任意 $n>N(\varepsilon,z)$,总有 $|f(z)-f_n(z)|<\varepsilon$ 成立.集合 D 称为复变函数数列的**收敛区域**.

一般来说,无法找到适合于 D 内所有点的单个 $N(\varepsilon)$.在这种情况下,称 $\{f_n(z)\}$ 为**逐点收敛**.否则,如果 N 只取决于 ε,则称 $\{f_n(z)\}$ 在 D 内**一致收敛**于 $f(z)$.

复变函数项无穷级数

$$f_1(z)+f_2(z)+f_3(z)+\cdots=\sum_{k=1}^{\infty}f_k(z) \tag{4.21}$$

与部分和数列 $\{S_n(z)\}$ 相关联,二者的关系由

$$S_n(z)=\sum_{k=1}^{n}f_k(z) \tag{4.22}$$

定义.类似地,对式(4.21)所给无穷级数收敛性的讨论,可以归结为对式(4.22)所定义的部分和的讨论.如果关系

$$\lim_{n\to\infty}S_n(z)=S(z) \tag{4.23}$$

成立,则称式(4.21)的无穷级数**收敛**,其中 $S(z)$ 是**和函数**.如果式(4.23)的极限不存在,则式(4.21)的无穷级数是**发散**的.

定义式(4.21)所给复变函数项无穷级数第 n 项后的余项和为

$$R_n(z)=S(z)-\sum_{k=1}^{n}f_k(z)=S(z)-S_n(z)$$

式(4.21)的无穷级数在某个集合 D 中**一致收敛**于 $S(z)$ 的充分必要条件是,对于任意正数 ε,总是可以找到一个与 z 无关的足够大的正整数 N,使得对于任意 $z\in D$ 都有 $|R_n(z)|<\varepsilon$ 对于任意 $n>N$ 成立.

一致收敛是复变函数项无穷级数的一个很强的属性,这会将成员函数 $f_k(z)$ 的连续性或解析性等性质传递给和函数 $S(z)$.准确地说,假设 $\sum f_k(z)$ 在某个集合 D 中一致收敛于 $S(z)$,如果 $f_k(z)$ 在 D 中是连续的,那么和函数 $S(z)$ 在集合 D 中也是连续的.

此外,在积分路径 C 上由连续函数构成的一致收敛级数可以逐项积分,即

$$\int_C S(z)\mathrm{d}z=\int_C\sum_{k=1}^{\infty}f_k(z)\mathrm{d}z=\sum_{k=1}^{\infty}\int_C f_k(z)\mathrm{d}z$$

其中,C 可以是成员函数 $f_k(z)$ 在其上连续的任何积分路径.

类似的结论对于逐项微分也成立.假设成员函数 $f_k(z)$ 在单连通域 D 内解析,并且无穷级数 $\sum_{k=1}^{\infty}f_k(z)$ 在 D 的任何紧致子集中一致收敛于 $S(z)$,那么 $S(z)$ 在 D 内也是解析的,并且

$$S'(z)=\frac{\mathrm{d}}{\mathrm{d}z}\sum_{k=1}^{\infty}f_k(z)=\sum_{k=1}^{\infty}f'_k(z) \tag{4.24}$$

魏尔斯特拉斯 M 准则 提供了一个用于测试复变函数项无穷级数一致收敛的简单方法.该准则指出,如果 $|f_k(z)|\leqslant M_k$,其中 M_k 与集合 D 内的 z 无关并且无穷级数

$\sum_{k=1}^{\infty} M_k$ 收敛,那么无穷级数 $\sum_{k=1}^{\infty} f_k(z)$ 在集合 D 内既绝对收敛也一致收敛.

幂级数的概念在研究解析函数中很重要,其无穷级数形式为

$$\sum_{k=0}^{\infty} a_k(z-z_0)^k = a_0 + a_1(z-z_0) + a_2(z-z_0)^2 + \cdots \tag{4.25}$$

其中,系数 a_k 是复常数.级数(4.25)称为 $z-z_0$ 的**幂级数**.幂级数(4.25)以 z_0 为中心,复数点 z_0 称为级数的中心.为了方便,在式(4.25)中直接定义 $(z-z_0)^0 = 1$ 在 $z=z_0$ 时也成立.

4.2.2 收敛圆和收敛半径

幂级数定义了一个在某些点 z 处收敛的函数 $f(z)$.定理 4.2.1 给出了幂级数的绝对收敛性质.

【定理 4.2.1】(幂级数的绝对收敛性质/阿贝尔(Abel)定理) 如果幂级数 $\sum_{n=0}^{\infty} a_n(z-z_0)^n$ 在 $z=z_1$ 处收敛,其中 z_1 是 z_0 以外的某一点,则该幂级数在圆形域 $|z-z_0| < R_1$ 内绝对收敛,其中 $R_1 = |z_1-z_0|$.

【证明】因为 $\sum_{n=0}^{\infty} a_n(z_1-z_0)^n$ 在 $z_1 \neq z_0$ 处收敛,所以当 $n \to \infty$ 时 $a_n(z_1-z_0)^n$ 趋近于 0.因此,当 $n > N$ 时,有 $|a_n(z_1-z_0)^n| < 1$.假设 z 位于圆形域 $|z-z_0| < |z_1-z_0|$ 内,可以得到该级数第 N 项之后的余项和的绝对值的上界为

$$\sum_{n=N+1}^{\infty} |a_n(z-z_0)^n| = \sum_{n=N+1}^{\infty} |a_n||z-z_0|^n \leq \sum_{n=N+1}^{\infty} \frac{|z-z_0|^n}{|z_1-z_0|^n}$$

因为 z 满足 $|z-z_0| < |z_1-z_0|$,所以上述无穷级数的成员函数的绝对值小于 1.对比 4.1.2 节讨论过的几何级数,无穷级数 $\sum_{n=N+1}^{\infty} \frac{|z-z_0|^n}{|z_1-z_0|^n}$ 在圆形域 $|z-z_0| < |z_1-z_0|$ 内收敛.根据收敛性的比较法则,幂级数 $\sum_{n=0}^{\infty} a_n(z-z_0)^n$ 在圆形域 $|z-z_0| < |z_1-z_0|$ 内绝对收敛.

定理 4.2.1 表明,如果幂级数在 z_0 以外的某个点收敛,则该幂级数在某个以 z_0 为中心的圆形域内绝对收敛.可以推测,存在一个以 z_0 为圆心的最大圆周,使得该幂级数在该圆周内的所有点都绝对收敛.这个圆周称为该幂级数的**收敛圆**.该幂级数在收敛圆外的任何一点都不收敛,否则,它在以 z_0 为圆心的更大的新圆周内的所有点都绝对收敛,而这违反了之前定义的圆周是收敛圆的假设.

总之,对于一个给定的幂级数 $\sum_{n=0}^{\infty} a_n(z-z_0)^n$,总是存在一个非负实数 R(其中 R 可以是零或无穷大),使得该幂级数在 $|z-z_0| < R$ 时绝对收敛、在 $|z-z_0| > R$ 时发散.其中,R 称为**收敛半径**,圆周 $|z-z_0| = R$ 称为**收敛圆**.幂级数在收敛圆上可能收敛也可能

不收敛,它在收敛圆上某一点处的收敛性必须具体讨论.收敛半径可以是下列值:

① $R=0$,在这种情况下式(4.25)只在其中心 $z=z_0$ 处收敛.

② R 是一个有限正数,在这种情况下式(4.25)在圆周 $|z-z_0|=R$ 内任意点处都收敛.

③ $R=\infty$,在这种情况下式(4.25)对所有 z 都收敛.

4.2.3 收敛半径的求法

以下是判断级数收敛性最常用的审敛法则,这些方法是求收敛半径的基础.

比较法:如果 $|z_n|\leqslant\alpha_n$ 且 $\sum\alpha_n$ 收敛,那么级数 $\sum z_n$ 绝对收敛.

比值法:假设 $\lim\limits_{n\to\infty}\left|\dfrac{z_{n+1}}{z_n}\right|$ 收敛于 L,当 $L<1$ 时级数 $\sum z_n$ 绝对收敛;当 $L>1$ 时级数 $\sum z_n$ 发散;当 $L=1$ 时,比值法失效.

根值法:假设实数列 $\langle|z_n|^{1/n}\rangle$ 的上界是 L,当 $L<1$ 时 $\sum z_n$ 绝对收敛;当 $L>1$ 时级数 $\sum z_n$ 发散;当 $L=1$ 时,根值法失效.

高斯法:当比值法失效时,此方法可能有用.假设比值存在如下渐近展开式:

$$\left|\frac{z_{n+1}}{z_n}\right|=1-\frac{k}{n}+\frac{\alpha_n}{n^2}+\cdots$$

对于足够大的 N,如果当 $n>N$ 时 $|\alpha_n|$ 总是有界的,那么当 $k>1$ 时级数 $\sum z_n$ 绝对收敛,当 $k\leqslant 1$ 时级数 $\sum z_n$ 发散或条件收敛.

注意 ① 有界单调递增或递减数列是收敛的.

② 从无穷级数中删除或添加有限数量的项不会改变级数的收敛性或发散性.

【例 4.2.1】(收敛圆)求幂级数 $\sum\limits_{k=1}^{\infty}\dfrac{z^{k+1}}{k}$ 的收敛圆,并讨论该幂级数在收敛圆上的收敛性.

【解】根据比值法可求得

$$\lim_{n\to\infty}\left|\frac{\dfrac{z^{n+2}}{n+1}}{\dfrac{z^{n+1}}{n}}\right|=\lim_{n\to\infty}\frac{n}{n+1}|z|=|z|$$

因此该幂级数在 $|z|<1$ 内绝对收敛,其收敛圆是 $|z|=1$,收敛半径为 $R=1$.注意在收敛圆 $|z|=1$ 上,该幂级数并不绝对收敛,因为 $\sum\limits_{k=1}^{\infty}1/k$ 是著名的发散调和级数.请记住,这并不是说该幂级数在收敛圆上发散.例如,当 $z=-1$ 时,$\sum\limits_{k=1}^{\infty}(-1)^{k+1}/k$ 是收敛的交变调和级数,可以证明该幂级数在收敛圆 $|z|=1$ 上除 $z=1$ 外的所有点处都收敛.

从**比值法**和例 4.2.1 中可以清楚地看出,对于幂级数 $\sum\limits_{k=0}^{\infty} a_k(z-z_0)^k$,极限 $\lim\limits_{n\to\infty}\left|\dfrac{z_{n+1}}{z_n}\right|$ 仅取决于系数 a_k:

① 若 $\lim\limits_{n\to\infty}\left|\dfrac{a_{n+1}}{a_n}\right|=L\neq 0$,则收敛半径 $R=1/L$.

② 若 $\lim\limits_{n\to\infty}\left|\dfrac{a_{n+1}}{a_n}\right|=0$,则收敛半径 $R=\infty$.

③ 若 $\lim\limits_{n\to\infty}\left|\dfrac{a_{n+1}}{a_n}\right|=\infty$,则收敛半径 $R=0$.

对于**根值法**也存在类似的结论,即利用 $\lim\limits_{n\to\infty}\sqrt[n]{|a_n|}$. 如果 $\lim\limits_{n\to\infty}\sqrt[n]{|a_n|}=L\neq 0$,则收敛半径 $R=1/L$.

【例 4.2.2】(收敛圆) 求幂级数 $\sum\limits_{k=1}^{\infty}\left(\dfrac{6k+1}{2k+5}\right)^k(z-2\mathrm{i})^k$ 的收敛圆,并讨论绝对收敛范围.

【解】 因为 $a_n=\left(\dfrac{6n+1}{2n+5}\right)^n$,根据根值法可得

$$\lim_{n\to\infty}\sqrt[n]{|a_n|}=\lim_{n\to\infty}\frac{6n+1}{2n+5}=3$$

所以该幂级数的收敛半径为 $R=1/3$,收敛圆是 $|z-2\mathrm{i}|=1/3$. 当 $|z-2\mathrm{i}|<1/3$ 时,该幂级数绝对收敛.

4.2.4　幂级数的运算和性质

有时为了方便需要对一个或多个幂级数做**算术运算**. 尽管以正式的方式深入研究幂级数的性质(陈述和证明定理)会比较复杂,但了解幂级数的运算和性质对于读者学习本章的内容是有帮助的. 下面是一些结论:

① 幂级数 $\sum\limits_{n=0}^{\infty} a_n(z-z_0)^n$ 乘以一个非零复常数 c 不会改变其收敛性或发散性.

② 可以通过同类项加减来实现两个幂级数的加减. 具体来说,设两个幂级数

$$f(z)=\sum_{n=0}^{\infty} a_n(z-z_0)^n,\quad g(z)=\sum_{n=0}^{\infty} b_n(z-z_0)^n$$

都在区域 $|z-z_0|<R$ 内收敛,那么其和或差

$$f(z)\pm g(z)=\sum_{n=0}^{\infty}(a_n\pm b_n)(z-z_0)^n$$

在该收敛圆内也收敛.

③ 两个幂级数可以相乘或相除(相除时要注意),乘积

$$f(z)g(z)=\sum_{n=0}^{\infty}\alpha_n(z-z_0)^n\quad\left(\alpha_n=\sum_{k=0}^{n} a_k b_{n-k}\right)$$

在两个幂级数共同的收敛圆内收敛.新的幂级数 $\sum\limits_{n=0}^{\infty} \alpha_n (z-z_0)^n$ 称作幂级数 $f(z)$ 和 $g(z)$ 的柯西积.

可以这样直观地理解,如果一个幂级数的收敛半径 $r>0$,而另一个幂级数的收敛半径 $R>0$,其中 $r \neq R$,则 $\sum\limits_{n=0}^{\infty}(a_n \pm b_n)(z-z_0)^n$ 的收敛半径为 r 和 R 两个数中较小的一个.对于两个幂级数的乘积也是如此.

【定理 4.2.2】(一致收敛性) 若幂级数 $\sum\limits_{n=0}^{\infty} a_n (z-z_0)^n$ 的收敛圆是 $|z-z_0|=R$,其中 $0<R<\infty$,则该幂级数在圆形闭域 $|z-z_0| \leqslant r_0$ 内一致收敛到其逐点和函数,其中 $0<r_0<R$.

【证明】在圆形闭域 $|z-z_0| \leqslant r_0$ 内,对于任意 n,有
$$|a_n(z-z_0)^n| \leqslant |a_n| r_0^n$$
根据定理 4.2.1,该幂级数绝对收敛,因此 $\sum\limits_{n=0}^{\infty} |a_n| r_0^n$ 收敛.根据魏尔斯特拉斯 M 准则,取 $M_n = |a_n| r_0^n$.因为 $\sum\limits_{n=0}^{\infty} M_n$ 收敛,所以该幂级数在圆形闭域 $|z-z_0| \leqslant r_0$ 上一致收敛,其中 $0<r_0<R$.

由幂级数在收敛圆内以 z_0 为中心的任何圆形闭域内的一致收敛特性,可以推导出幂级数在其收敛圆内可以逐项积分的特性.对位于收敛圆内的任何闭曲线 C,因为 $\sum\limits_{n=0}^{\infty} a_n(z-z_0)^n$ 是 C 上的一致收敛连续函数项级数,所以
$$\int_C \sum_{n=0}^{\infty} a_n (z-z_0)^n \mathrm{d}z = \sum_{n=0}^{\infty} a_n \int_C (z-z_0)^n \mathrm{d}z$$
也可以对幂级数在收敛圆内的积分路径上进行逐项微分.

【例 4.2.3】(逐项积分) 对于几何级数
$$\frac{1}{1+\zeta} = \sum_{n=0}^{\infty}(-1)^n \zeta^n, \quad |\zeta|<1 \tag{4.26}$$
由于在该圆形域内对解析函数的积分与积分路径无关,因此对式(4.26)两边从 0 到 z 积分,其中 $|z|<1$,可得
$$\int_0^z \frac{1}{1+\zeta} \mathrm{d}\zeta = \sum_{n=0}^{\infty}(-1)^n \int_0^z \zeta^n \mathrm{d}\zeta$$
利用该积分的路径无关性和 $\dfrac{\mathrm{d}}{\mathrm{d}z}\ln(1+z)=1/(1+z)$ 及 $\ln 1=0$,得
$$\ln(1+z) = \sum_{n=0}^{\infty}(-1)^n \frac{z^{n+1}}{n+1}, \quad |z|<1$$

【例 4.2.4】(逐项微分) 求 $\sum\limits_{n=0}^{\infty} nz^n$ 的和函数并确定其收敛半径.

【解】该级数看起来像几何级数

$$\frac{1}{1-z} = \sum_{n=0}^{\infty} z^n, \quad |z| < 1$$

的导数.事实上,对这个级数逐项微分,可得幂级数

$$\frac{\mathrm{d}}{\mathrm{d}z}\left(\frac{1}{1-z}\right) = \frac{1}{(1-z)^2} = \sum_{n=1}^{\infty} nz^{n-1}, \quad |z| < 1 \tag{4.27}$$

将式(4.27)两边乘以 z,可得

$$\frac{z}{(1-z)^2} = \sum_{n=1}^{\infty} nz^n = \sum_{n=0}^{\infty} nz^n, \quad |z| < 1$$

显然,收敛半径为 1.

习　题

1. 求下列幂级数的收敛圆和收敛半径.

(a) $\displaystyle\sum_{k=0}^{\infty} \frac{1}{(1-2\mathrm{i})^{k+1}}(z-2\mathrm{i})^k$;

(b) $\displaystyle\sum_{k=1}^{\infty} \frac{1}{k}\left(\frac{\mathrm{i}}{1+\mathrm{i}}\right)z^k$;

(c) $\displaystyle\sum_{k=1}^{\infty} \frac{(-1)^k}{k\,2^k}(z-1-\mathrm{i})^k$;

(d) $\displaystyle\sum_{k=1}^{\infty} \frac{1}{k^2(3+4\mathrm{i})^k}(z+3\mathrm{i})^k$;

(e) $\displaystyle\sum_{k=0}^{\infty} (1+3\mathrm{i})^k(z-\mathrm{i})^k$;

(f) $\displaystyle\sum_{k=1}^{\infty} \frac{z^k}{k^k}$;

(g) $\displaystyle\sum_{k=0}^{\infty} \frac{(z-4-3\mathrm{i})^k}{5^{2k}}$;

(h) $\displaystyle\sum_{k=0}^{\infty} \frac{(2k)!}{(k+2)(k!)^2}(z-\mathrm{i})^{2k}$;

(i) $\displaystyle\sum_{k=0}^{\infty} \frac{k!}{(2k)^k}z^{3k}$.

2. 证明幂级数 $\displaystyle\sum_{k=1}^{\infty} \frac{(z-\mathrm{i})^k}{k\,2^k}$ 在其收敛圆上不是绝对收敛的,并至少给出幂级数在收敛圆上的一个收敛点.

4.3　泰勒级数

由 4.2 节可知,幂级数在其收敛圆内定义了一个解析函数.本节将介绍如何将解析函数展开成幂级数.事实上,解析函数与收敛幂级数密切相关.

【定理 4.3.1】(泰勒级数定理) 设 $f(z)$ 在含边界 ∂D 的闭域 D 内解析,$z_0 \in D$,如果定义满足如下条件的半径 R:

$$R = \min\{|z-z_0|, z \in \partial D\}$$

那么存在一个幂级数使得

$$f(z) = \sum_{k=0}^{\infty} a_k(z-z_0)^k \tag{4.28}$$

在 $|z-z_0|<R$ 内收敛于 $f(z)$，泰勒系数

$$a_k = \frac{1}{2\pi i}\oint_C \frac{f(\zeta)}{(\zeta-z_0)^{k+1}}d\zeta = \frac{f^{(k)}(z_0)}{k!}, \quad k=0,1,\cdots$$

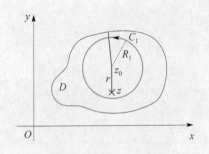

图 4.3 完全位于 D 内并包含点 z 的圆周 C_1：$|z-z_0|=R_1$

其中，C 是一个完全位于 D 内且包含 z_0 的任意简单闭合积分路径. 式（4.28）称为泰勒级数展开式，其右端的幂级数称为函数 $f(z)$ 在 z_0 处的泰勒级数.

【证明】在圆 $N(z_0;R)$ 内取一点 z 并定义 $|z-z_0|$ 的值为 r，显然有 $r<R$. 以 R_1 为半径围绕 z_0 绘制圆周 C_1，使得 $r<R_1<R$（见图 4.3）. 由于点 z 也位于 C_1 内，因此由柯西积分公式得

$$f(z)=\frac{1}{2\pi i}\oint_{C_1}\frac{f(\zeta)}{\zeta-z}d\zeta$$

通过观察关系可得 $|z-z_0|<|\zeta-z_0|$，其中 ζ 是 C_1 上的任意点. 于是可以执行如下级数展开：

$$\frac{1}{\zeta-z}=\frac{1}{\zeta-z_0}\frac{1}{1-\frac{z-z_0}{\zeta-z_0}}=\frac{1}{\zeta-z_0}\left[1+\frac{z-z_0}{\zeta-z_0}+\cdots+\left(\frac{z-z_0}{\zeta-z_0}\right)^n+\frac{\left(\frac{z-z_0}{\zeta-z_0}\right)^{n+1}}{1-\frac{z-z_0}{\zeta-z_0}}\right]$$

$$(4.29)$$

接下来，将等式（4.29）的两边同乘以 $f(\zeta)/2\pi i$ 并沿 C_1 进行线积分. 根据基于柯西积分公式的导数公式（3.38），可得

$$\frac{1}{2\pi i}\oint_{C_1}\frac{f(\zeta)}{(\zeta-z_0)^{k+1}}d\zeta=\frac{f^{(k)}(z_0)}{k!} \tag{4.30}$$

合并同类项，可得

$$f(z)=\sum_{k=0}^{n}\frac{f^{(k)}(z_0)}{k!}(z-z_0)^k+R_n$$

其中，余项和 R_n 可以表示为

$$R_n=\frac{1}{2\pi i}\oint_{C_1}\frac{f(\zeta)}{\zeta-z_0}\left(\frac{z-z_0}{\zeta-z_0}\right)^{n+1}d\zeta$$

为了完成证明，只需证明 $\lim\limits_{n\to\infty}R_n=0$. 使用 3.1 节中的 ML 不等式估算 $|R_n|$. 沿积分路径的弧长为 $L=2\pi R_1$. 因为 $f(z)$ 在 D 内是连续的，所以其模量的上界是 C_1 上的某个常数 M，即

$$|f(\zeta)|\leqslant M, \quad \zeta\in C_1$$

由于 $|z-z_0|=r$，$|\zeta-z_0|=R_1$，以及

$$|\zeta-z|=|(\zeta-z_0)-(z-z_0)|\geqslant|\zeta-z_0|-|z-z_0|=R_1-r$$

因此
$$\left|\frac{f(\zeta)}{\zeta-z_0}\right|\left|\frac{z-z_0}{\zeta-z_0}\right|^{n+1}\leqslant\frac{M}{R_1-r}\left(\frac{r}{R_1}\right)^{n+1}$$

把这些结果结合起来可得
$$|R_n|\leqslant\left|\frac{1}{2\pi i}\right|\frac{M}{R_1-r}\left(\frac{r}{R_1}\right)^{n+1}2\pi R_1=\frac{MR_1}{R_1-r}\left(\frac{r}{R_1}\right)^{n+1}$$

很明显,因为 $r/R_1<1$,所以当 $n\to\infty$ 时 $|R_n|$ 会趋向于 0.

根据式(4.30),泰勒系数
$$a_k=\frac{1}{2\pi i}\oint_{C_1}\frac{f(\zeta)}{(\zeta-z_0)^{k+1}}\mathrm{d}\zeta=\frac{f^{(k)}(z_0)}{k!},\quad k=0,1,\cdots \tag{4.31}$$

由于式(4.31)的积分中的被积函数在区域 D 内除 z_0 外是解析的,所以根据柯西-古萨定理,积分路径 C_1 可以用任意位于 D 内且包含 z_0 的简单封闭积分路径 C 代替.

注意　泰勒级数定理指出,可以将复变函数在其解析点的邻域内展开成幂级数.事实上,解析函数 $f(z)$ 的任何幂级数展开式必然是其泰勒级数.换句话说,函数 $f(z)$ 在给定点处的泰勒幂级数展开式是唯一的.

以 $z_0=0$ 为中心的泰勒级数 $f(z)=\sum\limits_{k=0}^{\infty}\frac{f^{(k)}(0)}{k!}z^k$ 被称为**麦克劳林(Maclaurin)级数**.

一些重要的麦克劳林级数:
$$\mathrm{e}^z=1+\frac{z}{1!}+\frac{z^2}{2!}+\cdots=\sum_{k=0}^{\infty}\frac{z^k}{k!} \tag{4.32}$$

$$\sin z=z-\frac{z^3}{3!}+\frac{z^5}{5!}-\cdots=\sum_{k=0}^{\infty}(-1)^k\frac{z^{2k+1}}{(2k+1)!}$$
$$\cos z=1-\frac{z^2}{2!}+\frac{z^4}{4!}-\cdots=\sum_{k=0}^{\infty}(-1)^k\frac{z^{2k}}{(2k)!} \tag{4.33}$$

【**例 4.3.1**】(麦克劳林级数) 设 $f(z)=1/(1+z)^2$,请使用关系 $f(z)(1+z)^2=1$ 求 $f(z)$ 在 $z=0$ 处的泰勒级数以及该幂级数的收敛半径.

【**解**】这里给出求解该题的两种不同方法.

方法一　假设泰勒级数展开式为 $f(z)=\sum\limits_{k=0}^{\infty}a_k z^k$,那么
$$f(z)(1+z)^2=a_0+(2a_0+a_1)z+\sum_{k=2}^{\infty}(a_{k-2}+2a_{k-1}+a_k)z^k=1 \tag{4.34}$$

令等式(4.34)两边幂次相似的项的系数相等,可推断出
$$a_0=1,\quad a_1=-2,\quad a_2=3,\quad a_3=-4,\quad\cdots$$

于是可得 $f(z)$ 在 $z=0$ 处的泰勒级数为
$$f(z)=\sum_{k=0}^{\infty}(-1)^k(k+1)z^k$$

收敛半径 R 可以通过比值法求得:
$$R=\lim_{k\to\infty}\left|\frac{(-1)^k(k+1)}{(-1)^{k+1}(k+2)}\right|=1$$

正如预期的那样,收敛半径等于从 $z=0$ 到不解析点 $z=-1$ 的距离.

方法二 回顾 4.1 节中的式(4.17),对于 $|z|<1$,有

$$\frac{1}{1+z}=1-z+z^2-z^3+\cdots \tag{4.35}$$

如果将式(4.35)两边对 z 进行微分,则可得

$$\frac{\mathrm{d}}{\mathrm{d}z}\left(\frac{1}{1+z}\right)=\frac{\mathrm{d}}{\mathrm{d}z}1-\frac{\mathrm{d}}{\mathrm{d}z}z+\frac{\mathrm{d}}{\mathrm{d}z}z^2-\frac{\mathrm{d}}{\mathrm{d}z}z^3+\cdots$$

即

$$-\frac{1}{(1+z)^2}=0-1+2z-3z^2+\cdots=\sum_{k=1}^{\infty}k(-1)^k z^{k-1}$$

得

$$\frac{1}{(1+z)^2}=\sum_{k=0}^{\infty}(-1)^k(k+1)z^k$$

使用式(4.24)可得该幂级数的收敛半径与原幂级数相同,为 $R=1$.

【例 4.3.2】(麦克劳林级数) 将下列函数展开成 z^3 以内的麦克劳林级数:

(a) $\sin^{-1}z$ (主值);

(b) $\mathrm{e}^{\mathrm{e}^z}$.

【解】(a) 令 $f(z)=\sin^{-1}z$,那么 $z=\sin f(z)$,将该式反复对 z 求导,可得

$$\begin{cases}1=f'(z)\cos f(z)\\ 0=f''(z)\cos f(z)-\left[f'(z)\right]^2\sin f(z)\\ 0=f'''(z)\cos f(z)-3f''(z)f'(z)\sin f(z)-\left[f'(z)\right]^3\cos f(z)\end{cases} \tag{4.36}$$

在式(4.36)中取 $z=0$,可得

$$f(0)=0(\text{主值}),\quad f'(0)=1,\quad f''(0)=0,\quad f'''(0)=1$$

于是,麦克劳林级数的前四项为

$$\sin^{-1}z=f(0)+f'(0)z+\frac{f''(0)}{2!}z^2+\frac{f'''(0)}{3!}z^3+\cdots=z+\frac{z^3}{3!}+\cdots$$

(b) 令 $f(z)=\mathrm{e}^{\mathrm{e}^z}$,可得 $f(z)$ 的高阶导数依次为

$$\begin{cases}f'(z)=\mathrm{e}^z\mathrm{e}^{\mathrm{e}^z}\\ f''(z)=\mathrm{e}^z\mathrm{e}^{\mathrm{e}^z}+(\mathrm{e}^z)^2\mathrm{e}^{\mathrm{e}^z}\\ f'''(z)=\mathrm{e}^z\mathrm{e}^{\mathrm{e}^z}+3(\mathrm{e}^z)^2\mathrm{e}^{\mathrm{e}^z}+(\mathrm{e}^z)^3\mathrm{e}^{\mathrm{e}^z}\end{cases} \tag{4.37}$$

将 $z=0$ 代入式(4.37)中,可得

$$f(0)=\mathrm{e},\quad f'(0)=\mathrm{e},\quad f''(0)=2\mathrm{e},\quad f'''(0)=5\mathrm{e}$$

因此,待求的麦克劳林级数为

$$\mathrm{e}^{\mathrm{e}^z}=f(0)+f'(0)z+\frac{f''(0)}{2!}z^2+\frac{f'''(0)}{3!}z^3+\cdots=\mathrm{e}+\mathrm{e}z+\mathrm{e}z^2+\frac{5\mathrm{e}}{6}z^3+\cdots$$

【例 4.3.3】(泰勒级数) 将 $f(z)=1/(1-z)$ 以 $z_0=2\mathrm{i}$ 为中心展开为泰勒级数.

【解】本题仍然使用几何级数(4.15).通过在 $1/(1-z)$ 的分母中加上和减去 $2\mathrm{i}$,可得

$$\frac{1}{1-z}=\frac{1}{1-z+2\mathrm{i}-2\mathrm{i}}=\frac{1}{1-2\mathrm{i}-(z-2\mathrm{i})}=\frac{1}{1-2\mathrm{i}}\frac{1}{1-\dfrac{z-2\mathrm{i}}{1-2\mathrm{i}}}$$

根据式(4.15)把其中的变量 z 替换为 $\dfrac{z-2\mathrm{i}}{1-2\mathrm{i}}$,可得 $\dfrac{1}{1-\dfrac{z-2\mathrm{i}}{1-2\mathrm{i}}}$ 的幂级数展开式:

$$\frac{1}{1-z}=\frac{1}{1-2\mathrm{i}}\left[1+\frac{z-2\mathrm{i}}{1-2\mathrm{i}}+\left(\frac{z-2\mathrm{i}}{1-2\mathrm{i}}\right)^2+\left(\frac{z-2\mathrm{i}}{1-2\mathrm{i}}\right)^3+\cdots\right]$$

即

$$\frac{1}{1-z}=\sum_{k=0}^{\infty}\frac{1}{(1-2\mathrm{i})^{k+1}}(z-2\mathrm{i})^k \tag{4.38}$$

由于从中心 $z_0=2\mathrm{i}$ 到最近的奇点 $z=1$ 的距离是 $\sqrt{5}$,因此可知式(4.38)的收敛圆是 $|z-2\mathrm{i}|=\sqrt{5}$.该结论可以通过 4.2 节中的比值法来验证.

习 题

1. 根据已知的展开式将下列函数展开为麦克劳林级数,并求出每个级数的收敛半径 R.

(a) $f(z)=\dfrac{z}{1+z}$;

(b) $f(z)=\dfrac{1}{4-2z}$;

(c) $f(z)=\dfrac{1}{(1+2z)^2}$;

(d) $f(z)=\dfrac{z}{(1-z)^3}$;

(e) $f(z)=\mathrm{e}^{-2z}$;

(f) $f(z)=z\mathrm{e}^{-z^2}$;

(g) $f(z)=\sinh z$;

(h) $f(z)=\cosh z$;

(i) $f(z)=\cos\dfrac{z}{2}$;

(j) $f(z)=\sin 3z$;

(k) $f(z)=\sin z^2$;

(l) $f(z)=\cos^2 z$.

2. 以指定点 z_0 为中心将下列函数展开为泰勒级数,并求出每个级数的收敛半径 R.

(a) $f(z)=\dfrac{1}{z}$,$z_0=1$;

(b) $f(z)=\dfrac{1}{z}$,$z_0=1+\mathrm{i}$;

(c) $f(z)=\dfrac{1}{3-z}$,$z_0=2\mathrm{i}$;

(d) $f(z)=\dfrac{1}{1+z}$,$z_0=-\mathrm{i}$;

(e) $f(z)=\dfrac{z-1}{3-z}$,$z_0=1$;

(f) $f(z)=\dfrac{1+z}{1-z}$,$z_0=\mathrm{i}$;

(g) $f(z)=\cos z$,$z_0=\pi/4$;

(h) $f(z)=\sin z$,$z_0=\pi/2$.

4.4　洛朗级数

泰勒级数展开式可表示其收敛圆内的解析函数.在实际应用中经常遇到多连通域上的解析函数.在这种情况下,泰勒级数不能正确描述这类复变函数的幂级数展开式.

对于具有负幂形式的无穷级数

$$b_1(z-z_0)^{-1} + b_2(z-z_0)^{-2} + \cdots = \sum_{n=1}^{\infty} b_n(z-z_0)^{-n} \tag{4.39}$$

为了求得该级数的收敛区域,令 $w=1/(z-z_0)$,于是式(4.39)的级数成为关于 w 的泰勒级数.根据比值法,假设 $R'=\lim\limits_{n\to\infty}\left|\dfrac{b_n}{b_{n+1}}\right|$ 存在,则新级数对于任意满足 $|w|<R'$ 的 w 都收敛.就 z 而言,收敛区域是圆周 $|z-z_0|=1/R'$ 外的区域.

下面考虑更一般的情况,具有正幂项和负幂项的无穷级数

$$\sum_{n=0}^{\infty} a_n(z-z_0)^n + \sum_{n=1}^{\infty} b_n(z-z_0)^{-n}$$

被称为在 $z=z_0$ 处的**洛朗级数**,其中正幂项和负幂项分别称为洛朗级数的解析部分和主要部分.

假设极限 $R=\lim\limits_{n\to\infty}\left|\dfrac{a_n}{a_{n+1}}\right|$ 和 $R'=\lim\limits_{n\to\infty}\left|\dfrac{b_n}{b_{n+1}}\right|$ 存在,并且 $RR'>1$,那么在环形域 $\{z\mid 1/R'<|z-z_0|<R\}$ 内,洛朗级数是收敛的.如果 $R=\infty$,则该环形域会退化成带孔平面;如果 $R'=\infty$,则该环形域成为去心圆形域.当 $RR'\le 1$ 时,不存在这样的环形收敛区域.

洛朗级数定义了一个位于环形收敛域内的函数 $f(z)$.反过来说,定义在环形域内的解析函数可以展开成洛朗级数.

【定理 4.4.1】(洛朗级数定理)设 $f(z)$ 在环形域 $A:R_1<|z-z_0|<R_2$ 内解析,那么 $f(z)$ 可以表示为洛朗级数,即

$$f(z) = \sum_{k=-\infty}^{\infty} c_k(z-z_0)^k \tag{4.40}$$

该级数在环形域内收敛于 $f(z)$.洛朗系数

$$c_k = \frac{1}{2\pi i}\oint_C \frac{f(\zeta)}{(\zeta-z_0)^{k+1}}d\zeta, \quad k=0,\pm 1,\pm 2,\cdots \tag{4.41}$$

其中,C 是位于环形域内并包含 z_0 的任意简单闭合积分路径.

【证明】取任意点 $z\in A$ 并定义 $r=|z-z_0|$.取两个以 z_0 为圆心的正向圆周 γ 和 Γ,二者的半径分别为 r_1 和 r_2,其中 $R_1<r_1<r<r_2<R_2$(见图 4.4).由于由 Γ 和 γ 围成的环形域是双连通的,因此对该区域应用柯西积分公式可得

$$f(z) = \frac{1}{2\pi i}\oint_\Gamma \frac{f(\zeta)}{\zeta-z}d\zeta - \frac{1}{2\pi i}\oint_\gamma \frac{f(\zeta)}{\zeta-z}d\zeta \tag{4.42}$$

对于式(4.42)右端第一个积分,采用与证明泰勒级数定理时相同的计算方法,可得

$$\frac{1}{2\pi i}\oint_\Gamma \frac{f(\zeta)}{\zeta-z}d\zeta = \sum_{k=0}^{\infty} a_k(z-z_0)^k$$

其中

$$a_k = \frac{1}{2\pi i}\oint_\Gamma \frac{f(\zeta)}{(\zeta-z_0)^{k+1}}d\zeta, \quad k=0,1,2,\cdots \tag{4.43}$$

对于式(4.42)右端第二个积分,由于对于 $\zeta\in\gamma$ 有 $|\zeta-z_0|<|z-z_0|$,因此

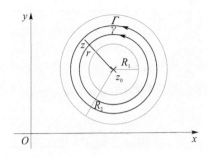

图 4.4　点 z 位于两个同心圆周 γ 和 Γ 组成的环形域内 ($R_1 < r_1 < r < r_2 < R_2$)

$$-\frac{1}{\zeta-z}=\frac{1}{z-z_0}\frac{1}{1-\dfrac{\zeta-z_0}{z-z_0}}=\frac{1}{z-z_0}\left[1+\frac{\zeta-z_0}{z-z_0}+\cdots+\left(\frac{\zeta-z_0}{z-z_0}\right)^{n-1}+\frac{\left(\dfrac{\zeta-z_0}{z-z_0}\right)^{n}}{1-\dfrac{\zeta-z_0}{z-z_0}}\right]$$

$$(4.44)$$

在式 (4.44) 两边同乘以 $f(\zeta)/2\pi i$ 并沿圆周 γ 积分，可得

$$-\frac{1}{2\pi i}\oint_{\gamma}\frac{f(\zeta)}{\zeta-z}\mathrm{d}\zeta=\left[\frac{1}{2\pi i}\oint_{\gamma}f(\zeta)\mathrm{d}\zeta\right]\frac{1}{z-z_0}+\cdots+$$

$$\left[\frac{1}{2\pi i}\oint_{\gamma}f(\zeta)(\zeta-z_0)^{n-1}\mathrm{d}\zeta\right]\frac{1}{(z-z_0)^{n}}+\hat{R}_n$$

其中
$$\hat{R}_n=\frac{1}{2\pi i}\oint_{\gamma}\frac{f(\zeta)}{z-\zeta}\left(\frac{\zeta-z_0}{z-z_0}\right)^{n}\mathrm{d}\zeta$$

接下来只需证明当 $n\to\infty$ 时，$\hat{R}n\to0$. 令 $M_{\gamma}=\max\limits_{\zeta\in\gamma}|f(\zeta)|$，并注意 ζ 位于 γ 上，于是有

$$|z-\zeta|=|(z-z_0)-(\zeta-z_0)|\geqslant|z-z_0|-|\zeta-z_0|=r-r_1$$

因此余项和 $\hat{R}_n$ 的模的上界为

$$|\hat{R}_n|\leqslant\left|\frac{1}{2\pi i}\right|\frac{M_{\gamma}}{r-r_1}\left(\frac{r_1}{r}\right)^{n}2\pi r_1=M_{\gamma}\frac{r_1}{r-r_1}\left(\frac{r_1}{r}\right)^{n}\qquad(4.45)$$

因为 $r_1/r<1$，所以当 $n\to\infty$ 时式 (4.45) 趋于零，即 $\lim\limits_{n\to\infty}\hat{R}_n=0$. 于是有

$$-\frac{1}{2\pi i}\oint_{\gamma}\frac{f(\zeta)}{\zeta-z}\mathrm{d}\zeta=\sum_{k=1}^{\infty}b_k(z-z_0)^{-k}$$

其中
$$b_k=\frac{1}{2\pi i}\oint_{\gamma}f(\zeta)(\zeta-z_0)^{k-1}\mathrm{d}\zeta,\quad k=1,2,\cdots\qquad(4.46)$$

由于式 (4.43) 和式 (4.46) 中的被积函数在环形域 A 内解析，因此可以用 A 内包含点 z_0 的任意简单闭合积分路径 C 来代替积分路径 Γ 和 γ. 将这两个结果结合起来，即可得到式 (4.40) 和式 (4.41) 定义的洛朗级数展开式.

注意　① 假设 $f(z)$ 在没有孔洞的整个圆形域 $|z-z_0|<R_2$ 内解析（与泰勒级数定理中假设的函数 $f(z)$ 的解析区域相同），那么式 (4.46) 中的被积函数在 $|z-z_0|<R_2$ 内

解析.根据柯西-古萨定理可得 $b_k=0,k=1,2,\cdots$ 这是意料之中的,这时洛朗级数会退化为泰勒级数.

② 通常不会通过使用式(4.41)计算洛朗系数的方法来求洛朗级数.洛朗级数可以用任何方法求得,根据洛朗级数展开式的唯一性,用不同方法得到的洛朗级数都是一样的.

③ 洛朗级数的一些系数可能与需要的积分有关.例如,在式(4.41)中,当 $k=-1$ 时,得到

$$2\pi i c_{-1}=\oint_C f(\zeta)\,\mathrm{d}\zeta$$

【例4.4.1】(洛朗级数) 函数 $f(z)=\sin z/z^4$ 在孤立奇点 $z=0$ 处不解析,因此不能展开成麦克劳林级数.然而,$\sin z$ 是一个全纯函数,根据4.3节中的式(4.33)可知其麦克劳林级数

$$\sin z=z-\frac{z^3}{3!}+\frac{z^5}{5!}-\frac{z^7}{7!}+\frac{z^9}{9!}-\cdots \tag{4.47}$$

在 $|z|<\infty$ 内收敛.通过将幂级数(4.47)除以 z^4 可得一个关于 f 的级数

$$f(z)=\frac{\sin z}{z^4}=\overbrace{\frac{1}{z^3}-\frac{1}{3!z}}^{主要部分}+\overbrace{\frac{z}{5!}-\frac{z^3}{7!}+\frac{z^5}{9!}-\cdots}^{解析部分} \tag{4.48}$$

式(4.48)中级数的解析部分的收敛范围是 $|z|<\infty$,主要部分的收敛范围是 $|z|>0$.因此式(4.48)在除 $z=0$ 之外的所有区域收敛,即该级数展开式在 $0<|z|<\infty$ 内收敛.

【例4.4.2】(洛朗级数) 将函数 $f(z)=1/z(z-1)$ 在下列环形域内展开为洛朗级数.

(a) $0<|z|<1$;

(b) $1<|z|$;

(c) $0<|z-1|<1$

(d) $1<|z-1|$.

【解】上述四个环形域如图4.5所示,图中的黑点代表函数 $f(z)$ 的两个孤立奇点 $z=0$ 和 $z=1$.在(a)和(b)中,希望将函数 $f(z)$ 表示为 z 的负整数幂和非负整数幂的级数,而在(c)和(d)中,希望将函数 $f(z)$ 表示为 $z-1$ 的负整数幂和非负整数幂的级数.

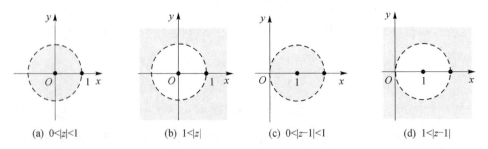

(a) $0<|z|<1$ (b) $1<|z|$ (c) $0<|z-1|<1$ (d) $1<|z-1|$

图4.5 例4.4.2中的环形域

(a) 将函数 $f(z)$ 写为

$$f(z)=-\frac{1}{z}\frac{1}{1-z}$$

根据 4.1 节中的式(4.15)可以将 $f(z)$ 写成如下级数：

$$f(z) = -\frac{1}{z}(1 + z + z^2 + z^3 + \cdots)$$

其中,括号内的无穷级数在 $|z| < 1$ 内收敛,但是对此表达式乘以 $-1/z$ 后,所得级数

$$f(z) = -\frac{1}{z} - 1 - z - z^2 - z^3 - \cdots$$

在 $0 < |z| < 1$ 内收敛.

(b) 为了得到一个在 $1 < |z|$ 内收敛的级数,首先构造在 $|1/z| < 1$ 内收敛的级数.为此,将给定的函数 $f(z)$ 写为

$$f(z) = \frac{1}{z^2}\,\frac{1}{1 - \dfrac{1}{z}}$$

再次使用 4.1 节中的式(4.15),将 z 替换为 $1/z$,可得

$$f(z) = \frac{1}{z^2}\left(1 + \frac{1}{z} + \frac{1}{z^2} + \frac{1}{z^3} + \cdots\right)$$

其中,括号中的级数在 $|1/z| < 1$ 内收敛,该范围等价于 $1 < |z|$.因此所求洛朗级数是

$$f(z) = \frac{1}{z^2} + \frac{1}{z^3} + \frac{1}{z^4} + \frac{1}{z^5} + \cdots$$

(c) 本题基本上与(a)相同,但是现在需要将 $f(z)$ 展开成 $z-1$ 的幂的级数.为此,将 4.1 节中式(4.17)的 z 替换为 $z - 1$,可得

$$f(z) = \frac{1}{(1 - 1 + z)(z - 1)}$$

$$= \frac{1}{(z-1)\big[1 + (z-1)\big]}$$

$$= \frac{1}{z-1}\big[1 - (z-1) + (z-1)^2 - (z-1)^3 + \cdots\big]$$

$$= \frac{1}{z-1} - 1 + (z-1) - (z-1)^2 + \cdots$$

其中的条件 $z \neq 1$ 等价于 $0 < |z-1|$,几何级数 $1 - (z-1) + (z-1)^2 - (z-1)^3 + \cdots$ 在 $|z-1| < 1$ 内收敛.因此级数

$$f(z) = \frac{1}{z-1} - 1 + (z-1) - (z-1)^2 + \cdots$$

在 $0 < |z-1|$ 和 $|z-1| < 1$ 内收敛,该范围等价于 $0 < |z-1| < 1$.

(d) 类似于(b),将函数 $f(z)$ 写为

$$f(z) = \frac{1}{z-1}\,\frac{1}{1 + (z-1)} = \frac{1}{(z-1)^2}\,\frac{1}{1 + \dfrac{1}{z-1}}$$

$$= \frac{1}{(z-1)^2}\left[1 - \frac{1}{z-1} + \frac{1}{(z-1)^2} - \frac{1}{(z-1)^3} + \cdots\right]$$

$$= \frac{1}{(z-1)^2} - \frac{1}{(z-1)^3} + \frac{1}{(z-1)^4} - \frac{1}{(z-1)^5} + \cdots$$

因为级数 $1-\dfrac{1}{z-1}+\dfrac{1}{(z-1)^2}-\dfrac{1}{(z-1)^3}+\cdots$ 在 $|1/(z-1)|<1$ 内收敛,所以最终所得级数在 $1<|z-1|$ 内收敛.

【例 4.4.3】(洛朗级数) 将函数 $f(z)=\mathrm{e}^{3/z}$ 在 $0<|z|<\infty$ 内展开为洛朗级数.

【解】 由 4.3 节中的式(4.32)可知,对于任意 z 的有限值,即 $|z|<\infty$,存在如下展开式:

$$\mathrm{e}^z=1+z+\frac{z^2}{2!}+\frac{z^3}{3!}+\cdots \tag{4.49}$$

只需简单地将式(4.49)中的 z 替换为 $3/z$,其中 $z\neq0$,即可得到 f 的洛朗级数

$$\mathrm{e}^{3/z}=1+\frac{3}{z}+\frac{3^2}{2!z^2}+\frac{3^3}{3!z^3}+\cdots \tag{4.50}$$

式(4.50)所示级数对任意 $z\neq0$ 有效,即对 $0<|z|<\infty$ 有效.

习　题

1. 将下列函数在给定环形域内展开成洛朗级数.

(a) $f(z)=\dfrac{\cos z}{z},0<|z|$;　　　　　(b) $f(z)=\dfrac{z-\sin z}{z^5},0<|z|$;

(c) $f(z)=\mathrm{e}^{-1/z^2},0<|z|$;　　　　　(d) $f(z)=\dfrac{1-\mathrm{e}^z}{z^2},0<|z|$;

(e) $f(z)=\dfrac{\mathrm{e}^z}{z-1},0<|z-1|$;　　　　(f) $f(z)=z\cos\dfrac{1}{z},0<|z|$.

2. 将函数 $f(z)=1/z(z-3)$ 在下列环形域内展开成洛朗级数.

(a) $0<|z|<3$;　　　　　　　(b) $|z|>3$;

(c) $0<|z-3|<3$;　　　　　　(d) $|z-3|>3$;

(e) $1<|z-4|<4$;　　　　　　(f) $1<|z+1|<4$.

3. 将函数 $f(z)=(z^2-2z+2)/(z-2)$ 在下列给定的环形域内展开成洛朗级数.

(a) $1<|z-1|$;　　　　　　　(b) $0<|z-2|$.

本章小结

本章首先介绍了复数项级数和幂级数的一些基本概念、准则,然后介绍了泰勒级数及更一般的洛朗级数.由于级数比初等函数更具一般性,因此它有很大的实用价值.

1. 复数项级数

(1) 复数列的收敛性

数列的定义:数列 $\{z_n\}$ 可以看作一个函数,其定义域是正整数的集合,其值域是复数 $\mathbb{C}$ 的子集.

数列的收敛准则:数列 $\{z_n\}$ 收敛于复数 $z=x+\mathrm{i}y$ 的充分必要条件是,$\mathrm{Re}(z_n)$ 收敛

于 $\mathrm{Re}(z_n)=x$，$\mathrm{Im}(z_n)$ 收敛于 $\mathrm{Im}(z_n)=y$．

（2）复数项级数的概念

复数项无穷级数：$\displaystyle\sum_{n=1}^{\infty} z_n = z_1 + z_2 + \cdots + z_n + \cdots$．

部分和：$\displaystyle S_N = \sum_{n=1}^{N} z_n = z_1 + z_2 + \cdots + z_n\,(N=1,2,\cdots)$．

级数的收敛准则：设 $z_n = x_n + \mathrm{i}y_n\,(n=1,2,\cdots)$，$S=X+\mathrm{i}Y$，复数项级数收敛于 S，即

$$\sum_{n=1}^{\infty} z_n = S$$

收敛的充分必要条件是

$$\sum_{n=1}^{\infty} x_n = X, \quad \sum_{n=1}^{\infty} y_n = Y$$

几何级数是如下形式的级数：

$$\sum_{n=0}^{\infty} az^n = a + az + az^2 + \cdots + az^n + \cdots$$

其部分和数列的第 n 项是

$$S_n = \frac{a(1-z^{n+1})}{1-z}$$

2. 幂级数

（1）幂级数的概念

以 z_0 为中心的幂级数是如下形式的无穷级数：

$$\sum_{k=0}^{\infty} a_k(z-z_0)^k = a_0 + a_1(z-z_0) + a_2(z-z_0)^2 + \cdots$$

其中，系数 a_k 是复常数．

（2）收敛圆和收敛半径

幂级数的绝对收敛性质：如果幂级数 $\displaystyle\sum_{n=0}^{\infty} a_n(z-z_0)^n$ 在 $z=z_1$ 处收敛，其中 z_1 是 z_0 以外的某一点，则该幂级数在圆形域 $|z-z_0|<R_1$ 内绝对收敛，其中 $R_1=|z_1-z_0|$．

对于一个给定的幂级数 $\displaystyle\sum_{n=0}^{\infty} a_n(z-z_0)^n$，总是存在一个非负实数 R（其中 R 可以是零或无穷大），使得该幂级数在 $|z-z_0|<R$ 时绝对收敛、在 $|z-z_0|>R$ 时发散．其中，R 称为收敛半径，圆周 $|z-z_0|=R$ 称为收敛圆．

（3）收敛半径的求法

从审敛法则的**比值法**可以看出，对于幂级数 $\displaystyle\sum_{k=0}^{\infty} a_k(z-z_0)^k$，极限 $\displaystyle\lim_{n\to\infty}\left|\frac{z_{n+1}}{z_n}\right|$ 仅取决于系数 a_k：

① $\displaystyle\lim_{n\to\infty}\left|\frac{a_{n+1}}{a_n}\right| = L \neq 0$，则收敛半径是 $R=1/L$．

② $\lim\limits_{n\to\infty}\left|\dfrac{a_{n+1}}{a_n}\right|=0$，则收敛半径是 $R=\infty$.

③ $\lim\limits_{n\to\infty}\left|\dfrac{a_{n+1}}{a_n}\right|=\infty$，则收敛半径是 $R=0$.

对于**根值法**也存在类似的结论，即利用 $\lim\limits_{n\to\infty}\sqrt[n]{|a_n|}$. 如果 $\lim\limits_{n\to\infty}\sqrt[n]{|a_n|}=L\neq 0$，则收敛半径是 $R=1/L$.

(4) 幂级数的运算和性质

一致收敛性：若幂级数 $\sum\limits_{n=0}^{\infty}a_n(z-z_0)^n$ 的收敛圆是 $|z-z_0|<R$，其中 $0<R<\infty$，则该幂级数在圆形闭域 $|z-z_0|\leqslant r_0$ 内一致收敛到其逐点和函数，其中 $0<r_0<R$.

在两个幂级数共同的收敛圆内可进行有理运算（和、差、积、商（相除时要注意））和复合运算.

由幂级数在收敛圆内以 z_0 为中心的任何圆形闭域内的一致收敛特性，可以推导出幂级数在其收敛圆内可以逐项积分或微分的特性.

3. 泰勒级数

泰勒级数定理：设 $f(z)$ 在含边界 ∂D 的闭域 D 内解析，$z_0\in D$，如果定义满足如下条件的半径 R：

$$R=\min\{|z-z_0|,z\in\partial D\}$$

那么存在一个幂级数使得

$$f(z)=\sum_{k=0}^{\infty}a_k(z-z_0)^k$$

在 $|z-z_0|<R$ 内收敛于 $f(z)$，泰勒系数

$$a_k=\frac{1}{2\pi i}\oint_C\frac{f(\zeta)}{(\zeta-z_0)^{k+1}}d\zeta=\frac{f^{(k)}(z_0)}{k!},\quad k=0,1,\cdots$$

其中，C 是一个完全位于 D 内且包含 z_0 的任意简单闭合积分路径.

麦克劳林级数：以 $z_0=0$ 为中心的泰勒级数 $f(z)=\sum\limits_{k=0}^{\infty}\dfrac{f^{(k)}(0)}{k!}z^k$.

一些重要的麦克劳林级数：

$$e^z=1+\frac{z}{1!}+\frac{z^2}{2!}+\cdots=\sum_{k=0}^{\infty}\frac{z^k}{k!}$$

$$\sin z=z-\frac{z^3}{3!}+\frac{z^5}{5!}-\cdots=\sum_{k=0}^{\infty}(-1)^k\frac{z^{2k+1}}{(2k+1)!}$$

$$\cos z=1-\frac{z^2}{2!}+\frac{z^4}{4!}-\cdots=\sum_{k=0}^{\infty}(-1)^k\frac{z^{2k}}{(2k)!}$$

4. 洛朗级数

洛朗级数定理：设 $f(z)$ 在环形域 $A:R_1<|z-z_0|<R_2$ 内解析，那么 $f(z)$ 可以表示为洛朗级数，即

$$f(z) = \sum_{k=-\infty}^{\infty} c_k (z - z_0)^k$$

该级数在环形域内收敛于 $f(z)$. 洛朗系数

$$c_k = \frac{1}{2\pi i} \oint_C \frac{f(\zeta)}{(\zeta - z_0)^{k+1}} d\zeta, \quad k = 0, \pm 1, \pm 2, \cdots$$

其中, C 是位于环形域内并包含 z_0 的任意简单闭合积分路径.

将函数展开成洛朗级数的步骤:

① 画图, 确定函数所有奇点和 z_0 的位置.

② 以 z_0 为中心、最靠近 z_0 的奇点为半径画圆; 以 z_0 为中心、次靠近 z_0 的奇点为半径画同心圆; 依次画下去……

③ 讨论解析区域.

④ 设法利用已学的直接或间接方法将函数在各解析域内分别展开成洛朗级数.

典型的洛朗级数展开式:

$$\frac{1}{z - z_p} = -\frac{1}{(z_p - z_0)} \left[1 + \left(\frac{z - z_0}{z_p - z_0} \right) + \left(\frac{z - z_0}{z_p - z_0} \right)^2 + \left(\frac{z - z_0}{z_p - z_0} \right)^3 + \cdots \right]$$

（其中 $|z - z_0| < |z_p - z_0|$）

$$\frac{1}{z - z_p} = \frac{1}{(z - z_0)} \left[1 + \left(\frac{z_p - z_0}{z - z_0} \right) + \left(\frac{z_p - z_0}{z - z_0} \right)^2 + \left(\frac{z_p - z_0}{z - z_0} \right)^3 + \cdots \right]$$

（其中 $|z - z_0| > |z_p - z_0|$）

作　业

复数项级数与幂级数

1. 下列数列 $\{\alpha_n\}$ 是否收敛? 如果收敛, 则求出它们的极限:

(1) $\alpha_n = \dfrac{1 + n i}{1 - n i}$;
　　　　　　(2) $\alpha_n = \left(1 + \dfrac{i}{2} \right)^{-n}$;

(3) $\alpha_n = (-1)^n + \dfrac{i}{n+1}$;
　　　　　　(4) $\alpha_n = \dfrac{1}{n} e^{-n\pi i/2}$.

2. 证明: $\displaystyle\lim_{n \to \infty} \alpha^n = \begin{cases} 0, & |\alpha| < 1 \\ \infty, & |\alpha| > 1 \\ 1, & \alpha = 1 \\ \text{不存在}, & |\alpha| = 1, \quad \alpha \neq 1 \end{cases}$.

3. 判断下列级数的绝对收敛性与收敛性:

(1) $\displaystyle\sum_{n=1}^{\infty} \frac{i^n}{n}$;
　　　　　　(2) $\displaystyle\sum_{n=2}^{\infty} \frac{i^n}{\ln n}$;

(3) $\displaystyle\sum_{n=0}^{\infty} \frac{(6 + 5i)^n}{8^n}$;
　　　　　　(4) $\displaystyle\sum_{n=0}^{\infty} \frac{\cos in}{2^n}$.

4. 下列说法是否正确? 为什么?

(1) 每一个幂级数在它的收敛圆上处处收敛.

（2）每一个幂级数的和函数在收敛圆内可能有奇点.

（3）每一个在 z_0 连续的函数一定可以在 z_0 的邻域内展开成泰勒级数.

5. 幂级数 $\displaystyle\sum_{n=0}^{\infty} c_n(z-2)^n$ 能否在 $z=0$ 处收敛而在 $z=3$ 处发散？

6. 求下列幂级数的收敛半径：

（1）$\displaystyle\sum_{n=1}^{\infty} \frac{(n!)^2}{n^n} z^n$；

（2）$\displaystyle\sum_{n=0}^{\infty} (1+i)^n z^n$；

（3）$\displaystyle\sum_{n=1}^{\infty} i^{i\frac{\pi}{n}} z^n$；

（4）$\displaystyle\sum_{n=1}^{\infty} \left(\frac{z}{\ln in}\right)^n$.

7. 证明：如果 $\displaystyle\lim_{n\to\infty} \frac{c_{n+1}}{c_n}$ 存在且 $\displaystyle\lim_{n\to\infty} \frac{c_{n+1}}{c_n} \neq \infty$，则下列三个幂级数有相同的收敛半径.

（1）$\displaystyle\sum c_n z^n$；

（2）$\displaystyle\sum \frac{c_n}{n+1} z^{n+1}$；

（3）$\displaystyle\sum nc_n z^{n-1}$.

8. 设级数 $\displaystyle\sum_{n=0}^{\infty} c_n$ 收敛，而 $\displaystyle\sum_{n=0}^{\infty} |c_n|$ 发散，证明 $\displaystyle\sum_{n=0}^{\infty} c_n z^n$ 的收敛半径为 1.

泰勒级数与洛朗级数

1. 求下列各函数在指定点 z_0 处的泰勒级数展开式，并指出它们的收敛半径：

（1）$\dfrac{z-1}{z+1}$，$z_0=1$；

（2）$\dfrac{z}{(z+1)(z+2)}$，$z_0=2$；

（3）$\dfrac{1}{z^2}$，$z_0=-1$；

（4）$\dfrac{1}{4-3z}$，$z_0=1+i$；

（5）$\tan z$，$z_0=\dfrac{\pi}{4}$；

（6）$\arctan z$，$z_0=0$.

2. 把下列各函数在指定的圆环域内展开成洛朗级数：

（1）$\dfrac{1}{(z^2+1)(z-2)}$，$1<|z|<2$；

（2）$\dfrac{1}{z(1-z^2)}$，$0<|z|<1$；$0<|z-1|<1$；

（3）$e^{\frac{1}{1-z}}$，$1<|z|<\infty$；

（4）$\dfrac{1}{z^2(z-i)}$，以 i 为中心的去心圆环域内；

（5）$\sin\dfrac{1}{1-z}$，在 $z=1$ 的去心邻域内.

3. 函数 $\tan(1/z)$ 能否在圆环域 $0<|z|<R(0<R<+\infty)$ 内展开成洛朗级数？为什么？

4. 如果 C 为正向圆周 $|z|=3$，则求积分 $\displaystyle\int_C f(z)\,\mathrm{d}z$ 的值，设 $f(z)$ 为：

(1) $\dfrac{1}{z(z+2)}$；

(2) $\dfrac{z+2}{z(z+1)}$；

(3) $\dfrac{1}{z(z+1)^2}$；

(4) $\dfrac{z}{(z+1)(z+2)}$.

5. 试求积分 $\oint_C \left(\sum\limits_{n=-2}^{\infty} z^n \right) \mathrm{d}z$ 的值，其中 C 为单位圆周 $|z|=1$ 内的任何一条不经过原点的简单闭曲线.

第 5 章　留　数

本章将讨论复变函数孤立奇点的分类,该分类可以通过研究复变函数在孤立奇点的去心邻域内的洛朗级数展开式实现.孤立奇点可以是极点、可去奇点或本性奇点.本章还将研究复变函数在孤立奇点附近的各种行为;介绍复变函数在孤立奇点上的留数的定义,以及如何用留数来计算 3 种不同类型的积分.

5.1　孤立奇点

根据定义,函数 $f(z)$ 的奇点是 $f(z)$ 的不解析点.函数 $f(z)$ 的解析点称为 $f(z)$ 的**正则点**(regular point).如果存在 z_0 的一个去心邻域,使得在该邻域内 z_0 是 $f(z)$ 的唯一奇点,那么 z_0 称为 $f(z)$ 的**孤立奇点**.例如,$\pm i$ 是 $f(z)=1/(z^2+1)$ 的孤立奇点.更一般地,有理函数 $P(z)/Q(z)$ 的奇点是 $Q(z)$ 的零点,并且都是孤立奇点.csc z 的奇点都是孤立的,它们是 sin z 的零点,即 $z=k\pi$,其中 k 是任意整数.

当然,可能有非孤立的奇点.例如,负实轴上的每个点都是 ln z 的非孤立奇点.由于函数 $f(z)=\bar{z}$ 处处不解析,因此复平面上的每个点都是其非孤立奇点.一个有趣的例子是函数 $f(z)=$ csc π/z:所有点 $z=1/n(n=\pm 1,\pm 2,\cdots)$ 都是其孤立奇点;但是,原点是其一个非孤立奇点,因为原点的每个邻域都包含着其他奇点.

本节只讨论孤立奇点.假设 z_0 是一个孤立奇点,那么存在一个正数 r 使得函数 $f(z)$ 在去心邻域 $0<|z-z_0|<r$ 内解析.这形成了一个环形域,在其内可以应用洛朗级数定理.假设 $f(z)$ 在 z_0 的去心邻域内有如下洛朗级数展开式:

$$f(z)=\sum_{n=0}^{\infty}a_n(z-z_0)^n+\sum_{n=1}^{\infty}b_n(z-z_0)^{-n},\quad 0<|z-z_0|<r$$

其中,孤立奇点 z_0 可根据洛朗级数的主要部分进行分类.

5.1.1　可去奇点

在这种情况下,洛朗级数的主要部分消失,因此在本质上它变成了泰勒级数.这时该级数表示圆形域 $|z-z_0|<r$ 内的解析函数.由于这时洛朗级数中没有负幂项,因此极限 $\lim_{z\to z_0}f(z)$ 存在且等于 a_0.因为可以通过定义 $f(z_0)=a_0$ 去除奇点 z_0,所以说奇点 z_0 是可去的.

例如,函数 $(\sin z)/z$ 在 $z=0$ 处没有定义.$(\sin z)/z$ 在 $z=0$ 的去心邻域内的洛朗级数展开式为

$$f(z)=\frac{\sin z}{z}=1-\frac{z^2}{3!}+\frac{z^4}{5!}-\frac{z^6}{7!}+\cdots$$

该洛朗级数没有负幂项.函数 $f(z)=(\sin z)/z$ 的奇点 $z=0$ 可以通过定义 $f(0)=1$ 来

去除.

5.1.2 本性奇点

在本性奇点处,洛朗级数的主要部分有无穷多个非零项.例如,$z=0$ 是函数 $z^2 e^{1/z}$ 的本性奇点.在环形域 $0<|z|<\infty$ 内,可得 $z^2 e^{1/z}$ 的洛朗级数展开式为

$$f(z)=z^2+z+\frac{1}{2!}+\frac{1}{3!}\frac{1}{z}+\frac{1}{4!}\frac{1}{z^2}+\cdots$$

5.1.3 极 点

在这种情况下,洛朗级数的主要部分有有限个非零项,其中最后一个非零项的系数是 b_k.也就是说,在 z_0 的去心邻域内的洛朗级数展开式可以表示为

$$f(z)=\sum_{n=0}^{\infty}a_n(z-z_0)^n+b_1(z-z_0)^{-1}+b_2(z-z_0)^{-2}+\cdots+b_k(z-z_0)^{-k},\quad b_k\neq 0$$

$$(5.1)$$

当 $k=1$ 时 $z=z_0$ 称为简单极点.例如,$z=\mathrm{i}$ 和 $z=-\mathrm{i}$ 是 $1/(z^2+1)$ 的简单极点;$z=0$ 是 $(\sin z)/z^3$ 的 2 阶极点,因为

$$\frac{\sin z}{z^3}=\frac{1}{z^2}-\frac{1}{3!}+\frac{z^2}{5!}-\cdots+\cdots,\quad 0<|z|<\infty$$

上述 3 种情况是互斥的,即孤立奇点必须是可去奇点、本性奇点或极点的某一种.如果一个复变函数在有限复平面上除极点外处处解析,则称它为**亚纯函数**.亚纯函数在有限复平面上没有本性奇点,尽管它在无穷远处可能有一个本性奇点.亚纯函数在有限复平面上的极点数可以是无穷多,它的一个示例是 $\tan z$,其极点(无穷多个)是 $\cos z$ 的零点.

函数 $f(z)$ 在孤立奇点 $z=z_0$ 周围的性质也可用于判断奇点的类型:

① 如果 z_0 是可去奇点,则 $\lim\limits_{z\to z_0}f(z)$ 存在且 $|f(z)|$ 在 z_0 附近有界.

② 如果 z_0 是有限阶极点,则显然会有极限 $\lim\limits_{z\to z_0}f(z)=\infty$.

③ 如果 z_0 是一个本性奇点,则 $f(z)$ 在 z_0 附近的行为很复杂.事实上,在本性奇点 z_0 的每个邻域内,函数 $f(z)$ 都可以任意趋近任何复数值.魏尔斯特拉斯-卡索拉蒂 (Weierstrass-Casorati)定理更准确地描述了 $f(z)$ 在 z_0 处的极限行为.

【定理 5.1.1】(魏尔斯特拉斯-卡索拉蒂定理)设 z_0 是函数 $f(z)$ 的本性奇点,令 λ 是任意给定的复数.对于任意小正数 ε,总是存在一个与 z_0 不同的点 z,使得在 z_0 的邻域内 $|f(z)-\lambda|<\varepsilon$ 成立.

【证明】假设上述结论不成立,即存在 $\varepsilon>0$ 和 $\delta>0$ 使得

$$|f(z)-\lambda|\geqslant\varepsilon\quad(0<|z-z_0|<\delta)$$

根据该假设定义如下函数:

$$g(z)=\frac{1}{f(z)-\lambda}$$

其中,函数 g 在 z_0 处的 δ 去心邻域内是解析的,并且 $|g(z)| \leqslant 1/\varepsilon$,那么可以得出 z_0 是 $g(z)$ 的可去奇点的结论. 因此,定义

$$g(z_0) = \lim_{z \to z_0} g(z)$$

于是,可以在邻域 $|z-z_0| < \delta$ 内将函数 $g(z)$ 展开为泰勒级数,即

$$g(z) = (z-z_0)^m \sum_{k=0}^{\infty} a_k (z-z_0)^k$$

其中,m 是一个有限的非负整数,并且 $a_m \neq 0$. 分两种情况进行讨论:

① 当 $m = 0$ 时 $g(z_0) = a_0 \neq 0$,所以

$$\frac{1}{g(z)} = f(z) - \lambda$$

在 z_0 处是解析的,这与"z_0 是函数 $f(z)$ 的本性奇点"矛盾.

② 当 $m > 0$ 时 $1/g(z)$ 有一个 m 阶的极点. 同样,出现了与①类似的矛盾.

注意 事实上,除了魏尔斯特拉斯-卡索拉蒂定理之外,还有一个更强有力的定理可以描述函数 f 在本性奇点附近的行为. 皮卡(Picard)定理指出,函数 $f(z)$ 在本性奇点的任何邻域内,除了一个可能的例外,总是取有限值.

作为一个例子,研究函数 $f(z) = e^{1/z}$ 在其本性奇点 $z = 0$ 附近的行为. 让 z 沿不同方向趋近于零. 如果 z 沿 x 轴正向趋近于零,则

$$\lim_{z \to 0} e^{1/z} = \lim_{x \to 0^+} e^{1/x} = \infty, \quad z = x, x > 0$$

然而,当 z 沿 x 轴负向近于零时,可得

$$\lim_{z \to 0} e^{1/z} = \lim_{x \to 0-} e^{1/x} = 0, \quad z = x, x < 0$$

在一般情况下,如果 z 沿射线 $\arg z = \theta$ 趋近于零,则

$$\lim_{z \to 0} e^{1/z} = \lim_{r \to 0} e^{\cos\theta/r} e^{-i\sin\theta/r}, \quad z = r e^{i\theta}$$

对于任何给定的 r 值(或 $z = 0$ 的任何邻域)和任意复数 λ,总是可以找到一个 θ 使得 $e^{\cos\theta/r} e^{-i\sin\theta/r}$ 任意接近 λ.

5.1.4 复无穷处的奇点

复变函数 $f(z)$ 在扩展复平面 $\mathbb{C}_\infty$ 上的复无穷处的行为,可以通过研究函数 $f(1/z)$ 在 0 点的邻域内的行为来讨论. 例如,复变指数函数 $f(z) = e^z$ 是全纯函数,它在复无穷处的行为可以通过研究 $f(1/z) = e^{1/z}$ 在 0 点的邻域内的行为来讨论,而 $z = 0$ 是其本性奇点. 因此,复变指数函数在复无穷处有一个本性奇点.

5.1.5 函数的零点与极点的关系

根据式(5.1)可以观察到,如果 z_0 是 $f(z)$ 的 k 阶极点,则

$$\lim_{z \to z_0} (z-z_0)^k f(z) = b_k, \quad b_k \neq 0$$

一般来说,如果对函数 $f(z)$ 乘以 $(z-z_0)^m$ 并取极限 $z \to z_0$,则可以得到

$$\lim_{z \to z_0}(z-z_0)^m f(z) = \begin{cases} b_k, & m=k \\ 0, & m>k \\ \infty, & m<k \end{cases} \tag{5.2}$$

公式(5.2)为求得极点的阶次 k 提供了简单方法.首先对 $f(z)$ 乘以一个因子 $(z-z_0)^m$,其中 m 是某个整数;然后计算当 $z \to z_0$ 时乘积 $(z-z_0)^m f(z)$ 的极限.如果 m 太小,则该极限不存在;如果 m 太大,则该极限为零.只有当 $m=k$ 时,该极限才存在并且是一个非零有限值.1 阶极点称为**简单极点**.

回想一下,如果函数 $f(z_0)=0$,那么 z_0 为 f 的零点.如果关系

$$f(z_0)=0, \quad f'(z_0)=0, \cdots, f^{(n-1)}(z_0)=0, \quad f^{(n)}(z_0) \neq 0 \tag{5.3}$$

成立,就称解析函数 f 在 $z=z_0$ 处有 n 阶零点.

n 阶零点也称为**n 重零点**.例如,对于函数 $f(z)=(z-5)^3$,有 $f(5)=0, f'(5)=0,$ $f''(5)=0$,但是 $f'''(5)=6 \neq 0$.因此 f 在 $z_0=5$ 处零点的阶次(重数)为 3.通常将 1 阶零点称为**简单零点**.

定理 5.1.2 是由式(5.3)得到的一个结论.

【定理 5.1.2】(n 阶零点)对于某个在圆形域 $|z-z_0|<R$ 内解析的函数 f,如果它在 $z=z_0$ 处具有 n 阶零点,那么可以将 f 写为

$$f(z)=(z-z_0)^n \phi(z) \tag{5.4}$$

其中,ϕ 在 $z=z_0$ 处解析并且 $\phi(z_0) \neq 0$.

可以用类似式(5.4)的方式来表征 n 阶极点.

【定理 5.1.3】(n 阶极点)函数 f 在去心圆形域 $0<|z-z_0|<R$ 内解析并在 $z=z_0$ 处有一个 n 阶极点的充分必要条件是,f 可以写成如下形式:

$$f(z)=\frac{\phi(z)}{(z-z_0)^n}$$

其中,ϕ 在 $z=z_0$ 处解析并且 $\phi(z_0) \neq 0$.

定理 5.1.4 可以在某些情况下帮助读者通过观察确定函数极点的阶次.

【定理 5.1.4】(n 阶极点)如果函数 g 和 h 在 $z=z_0$ 处解析,并且 h 在 $z=z_0$ 处具有 n 阶零点且 $g(z_0) \neq 0$,那么函数 $f(z)=g(z)/h(z)$ 在 $z=z_0$ 处具有 n 阶极点.

【证明】因为 z_0 为函数 h 的 n 阶零点,所以根据式(5.4)给出 $h(z)=(z-z_0)^n \phi(z)$,其中 ϕ 在 $z=z_0$ 处解析并且 $\phi(z_0) \neq 0$.因此可以将 f 写成

$$f(z)=\frac{g(z)/\phi(z)}{(z-z_0)^n} \tag{5.5}$$

由于 g 和 ϕ 在 $z=z_0$ 处解析且 $\phi(z_0) \neq 0$,因此函数 g/ϕ 在 z_0 处解析.此外,由 $g(z_0) \neq 0$ 可得 $g(z_0)/\phi(z_0) \neq 0$.根据定理 5.1.3 可知,函数 f 在 z_0 处具有 n 阶极点.

在式(5.5)中当 $n=1$ 时,$f(z)=g(z)/h(z)$ 的分母 h 具有一个 1 阶零点或简单零点,对应的 f 具有一个简单极点.

【例 5.1.1】(极点的阶次)(a)观察有理函数

$$f(z) = \frac{2z+5}{(z-1)(z+5)(z-2)^4}$$

可以发现,分母在 $z=1$ 和 $z=-5$ 处具有 1 阶零点、在 $z=2$ 处具有 4 阶零点.由于分子在这些点中的任何一点处都不为零,因此 f 具有简单极点 $z=1$ 和 $z=-5$,以及 4 阶极点 $z=2$.

（b）观察有理函数

$$f(z) = \frac{1}{z \sin z^2}$$

用 z^2 替换 4.3 节式(4.33)中的 z,可得如下麦克劳林展开式:

$$\sin z^2 = z^2 - \frac{z^6}{3!} + \frac{z^{10}}{5!} - \cdots \tag{5.6}$$

通过将级数(5.6)的因式 z^2 提取出来,可以将 f 重写为

$$f(z) = \frac{1}{z \sin z^2} = \frac{1}{z^3 \varphi(z)}, \quad \phi(z) = 1 - \frac{z^4}{3!} + \frac{z^8}{5!} - \cdots \tag{5.7}$$

其中, $\phi(0)=1$.通过与式(5.4)相比,可见式(5.7)中的结果表明 $z=0$ 是 f 的分母的 3 阶零点.根据定理 5.1.4 可得出结论,函数 $f(z)=1/(z \sin z^2)$ 在 $z=0$ 处具有 3 阶极点.

【例 5.1.2】（极点的阶次）设函数 $f(z)$ 在 z_0 处具有 k 阶极点.求一个多项式 $p(z)$ 使得 $f(z)-p(z)/(z-z_0)^k$ 在 z_0 处是解析的(或具有可去奇点).

【解】设 D 是 z_0 的一个去心邻域,在其内函数 $f(z)$ 是解析的.由于 $f(z)$ 在 z_0 处具有 k 阶极点,因此其洛朗级数展开式为

$$f(z) = \sum_{n=-k}^{\infty} f_n (z-z_0)^n, \quad z \in D$$

其中, f_n 是洛朗系数.定义函数

$$g(z) = f(z) - \frac{p(z)}{(z-z_0)^k}$$

其中,多项式 $p(z)$ 是待定的.由于 $p(z)$ 在有限复平面上处处解析,因此 $g(z)$ 在相同的去心邻域 D 内解析.假设 $p(z)$ 是 $N(N \geqslant k-1)$ 次多项式,那么 $p(z)$ 在 z_0 处的泰勒级数展开式为

$$p(z) = \sum_{n=0}^{N} \frac{p^{(n)}(z_0)}{n!} (z-z_0)^n$$

其中, $p^{(n)}(z_0)$ 是 $p(z)$ 在 z_0 处的 n 阶导数值.在去心邻域 D 内, $g(z)$ 在 z_0 处的洛朗级数展开式为

$$g(z) = \frac{f_{-k} - p(z_0)}{(z-z_0)^k} + \frac{f_{-k+1} - p'(z_0)}{(z-z_0)^{k-1}} + \cdots + \frac{f_{-1} - p^{(k-1)}(z_0)/(k-1)!}{Z-Z_0} +$$

$$\sum_{n=0}^{N-k} \left[f_n - \frac{p^{(n+k)}(z_0)}{(n+k)!} \right] (z-z_0)^n + \sum_{n=N-k+1}^{\infty} f_n (z-z_0)^n$$

假设所选 $p(z)$ 满足以下条件:

$$\frac{p^{(n)}(z_0)}{n!} = f_{-k+n}, \quad 0 \leqslant n \leqslant k-1 \tag{5.8}$$

那么在去心邻域 D 内 $g(z)$ 的洛朗级数展开式中的主要部分消失.换句话说,对于任何

$N \geqslant k-1$ 次并且满足条件(5.8)的多项式 $p(z)$,对应的 $g(z)$ 都在 z_0 处解析(或具有可去奇点).

习　题

1. 证明 $z=0$ 是下列函数的可去奇点,并提供一个 $f(0)$ 的值,使得 f 在 $z=0$ 处解析.

(a) $f(z)=\dfrac{e^{2z}-1}{z}$；

(b) $f(z)=\dfrac{z^3-4z^2}{1-e^{z^2/2}}$；

(c) $f(z)=\dfrac{\sin 4z-4z}{z^2}$；

(d) $f(z)=\dfrac{1-\dfrac{1}{2}z^{10}-\cos z^5}{\sin z^2}$.

2. 确定下列函数的零点及其阶次.

(a) $f(z)=(z+2-i)^2$；

(b) $f(z)=z^4-16$；

(c) $f(z)=z^4+z^2$；

(d) $f(z)=\sin^2 z$；

(e) $f(z)=e^{2z}-e^z$；

(f) $f(z)=ze^z-z$.

3. 下列给定的点是所给函数的零点,用麦克劳林或泰勒级数确定零点的阶次.

(a) $f(z)=z(1-\cos^2 z)$；$z=0$；

(b) $f(z)=z-\sin z$；$z=0$；

(c) $f(z)=1-e^{z-1}$；$z=1$；

(d) $f(z)=1-\pi i+z+e^z$；$z=\pi i$.

4. 确定下列函数的极点阶次.

(a) $f(z)=\dfrac{3z-1}{z^2+2z+5}$；

(b) $f(z)=5-\dfrac{6}{z^2}$；

(c) $f(z)=\dfrac{1+4i}{(z+2)(z+i)^4}$；

(d) $f(z)=\dfrac{z-1}{(z+1)(z^3+1)}$；

(e) $f(z)=\tan z$；

(f) $f(z)=\dfrac{\cot \pi z}{z^2}$.

(g) $f(z)=\dfrac{1}{1+e^z}$；

(h) $f(z)=\dfrac{e^z-1}{z^2}$；

(i) $f(z)=\dfrac{\sin z}{z^2-z}$；

(j) $f(z)=\dfrac{\cos z-\cos 2z}{z^6}$.

5. 证明下列给定的点是所给函数的本性奇点.

(a) $f(z)=z^3\sin \dfrac{1}{z}$；$z=0$；

(b) $f(z)=(z-1)\cos\left(\dfrac{1}{z+2}\right)$；$z=-2$.

5.2　留数和留数定理

5.2.1　留数的定义及留数定理

设函数 $f(z)$ 在由 $0<|z-z_0|<\rho$ 定义的区域 D 内解析,$z=z_0$ 是 $f(z)$ 的孤立奇点.

函数 $f(z)$ 在 D 内的洛朗级数展开式（见 4.4 节）为

$$f(z) = \sum_{n=-\infty}^{\infty} C_n (z-z_0)^n \tag{5.9}$$

其中

$$C_n = \frac{1}{2\pi i} \oint_C \frac{f(z)\mathrm{d}z}{(z-z_0)^{n+1}} \tag{5.10}$$

其中，C 是位于 D 内的简单闭合积分路径. 级数的负幂部分 $\sum\limits_{n=-\infty}^{-1} C_n (z-z_n)^n$ 称为该级数的**主要部分**. 系数 C_{-1} 称为 $f(z)$ 在 z_0 处的**留数**，通常表示为

$$C_{-1} = \mathrm{Res}\,[f(z); z_0]$$

当 $n=-1$ 时，由式 (5.10) 可得

$$\oint_C f(z)\mathrm{d}z = 2\pi i C_{-1} \tag{5.11}$$

可以验证，如果在 C 上对洛朗级数 (5.9) 逐项积分，并使用当 $n \neq -1$ 时 $\oint_C (z-z_0)^n \mathrm{d}z = 0$ 的结论，以及当 $n=-1$ 时 $\oint_C 1/(z-z_0)\,\mathrm{d}z = 2\pi i$ 的结论（见式 3.24），则可以得到 $\oint_C f(z)\mathrm{d}z = 2\pi i C_{-1}$.

因此，可以将柯西-古萨定理推广到有一个孤立奇点的函数 $f(z)$. 也就是说，对于在 D 内解析的函数 $f(z)$，其积分 $\oint_C f(z)\mathrm{d}z = 0$，其中 C 是 D 内的闭合积分路径. 方程 (5.11) 表明，当 $f(z)$ 在 $z_0 \in D$ 内有一个孤立奇点时，该积分与函数 $f(z)$ 在 z_0 点的留数 (C_{-1}) 成正比. 事实上，这个结论很容易推广到具有有限数量孤立奇点的函数，所得结论通常被称为**留数定理**.

【定理 5.2.1】（留数定理）设函数 $f(z)$ 除在 C 内的孤立奇点 $z_1, z_2, z_3, \cdots, z_n$ 外，在简单闭曲线 C 上及其内部解析，那么

$$\oint_C f(z)\mathrm{d}z = 2\pi i \sum_{k=1}^{n} \mathrm{Res}\,[f(z); z_k] \tag{5.12}$$

【证明】针对每个奇点 z_k 在 C 内构造一个圆形积分路径 C_k，并使它满足 $C_j \bigcap C_k = \varnothing$，其中 $j \neq k$（见图 5.1）. 根据多连通域的柯西-古萨定理可得

$$\oint_C f(z)\mathrm{d}z = \oint_{C_1} f(z)\mathrm{d}z + \oint_{C_2} f(z)\mathrm{d}z + \cdots + \oint_{C_n} f(z)\mathrm{d}z$$

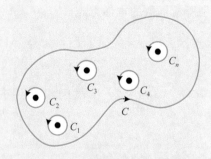

图 5.1　多连通域上的积分路径

其中沿每个内部积分路径的积分是逆时针方向的. 令式 (5.11) 中 $C=C_k$, 可得对于每个 k 有

$$C_{-1}^{(k)}=\frac{1}{2\pi\mathrm{i}}\oint_{C_k}f(z)\mathrm{d}z=\mathrm{Res}\left[f(z);z_k\right]$$

于是定理得证.

【例 5.2.1】（留数）计算积分 $I=\dfrac{1}{2\pi\mathrm{i}}\oint_{C_0}z\mathrm{e}^{1/z}\mathrm{d}z$, 其中 C_0 是单位圆周 $|z|=1$.

【解】函数 $f(z)=z\mathrm{e}^{1/z}$ 在 C_0 内除 $z=0$ 外解析, 它关于 $z=0$ 的洛朗级数展开式为

$$z\mathrm{e}^{1/z}=z\left(1+\frac{1}{z}+\frac{1}{2!z^2}+\frac{1}{3!z^3}+\cdots\right)$$

于是可得留数 $\mathrm{Res}(z\mathrm{e}^{1/z};0)=\dfrac{1}{2!}$, 因此 $I=\dfrac{1}{2}$.

5.2.2　留数的计算规则

事实上, 柯西积分公式是留数定理的一个特例. 为了说明这一点, 假设 $f(z)$ 在包含 z_0 的简单闭曲线 C 上及其内部解析. 如果 $f(z_0)\neq0$, 那么函数 $g(z)=f(z)/(z-z_0)$ 在 z_0 处有一个简单极点, $g(z)$ 在 z_0 处的留数

$$\mathrm{Res}\left[g(z);z_0\right]=\lim_{z\to z_0}(z-z_0)g(z)=f(z_0)$$

于是

$$\oint_C g(z)\mathrm{d}z=\oint_C\frac{f(z)}{z-z_0}\mathrm{d}z=2\pi\mathrm{i}f(z_0)$$

因此, 柯西积分公式是留数定理的一个特例.

接下来, 假设函数 $f(z)$ 在 $z=z_0$ 处具有 k 阶极点, 求 $f(z)$ 的留数 C_{-1}. 根据洛朗级数可得

$$(z-z_0)^k f(z)=C_{-k}+C_{-k+1}(z-z_0)+\cdots+C_{-1}(z-z_0)^{k-1}+g(z)(z-z_0)^k$$

$$(5.13)$$

其中, $g(z)$ 在 $z=z_0$ 处解析. 对式 (5.13) 在 $z=z_0$ 处求 $(k-1)$ 次微分, 可得定理 5.2.2.

【定理 5.2.2】（k 阶极点处的留数）设函数 $f(z)$ 在 $z=z_0$ 处具有 k 阶极点, 那么

$$\mathrm{Res}\left[f(z);z_0\right]=\frac{1}{(k-1)!}\lim_{z\to z_0}\frac{\mathrm{d}^{k-1}}{\mathrm{d}z^{k-1}}\left[(z-z_0)^k f(z)\right] \qquad (5.14)$$

特别是, 如果 f 在 z_0 处有一个简单极点, 那么

$$\mathrm{Res}\left[f(z);z_0\right]=\lim_{z\to z_0}(z-z_0)f(z) \qquad (5.15)$$

下面的特例常常会被用到.

【定理 5.2.3】（简单极点处的留数）设函数 $f(z)$ 和 $g(z)$ 在 z_0 处解析, 如果 $g(z)$ 在 z_0 处有一个简单极点, 并且 $f(z_0)\neq0$, 那么

$$\mathrm{Res}\left[\frac{f(z)}{g(z)};z_0\right]=\frac{f(z_0)}{g'(z_0)}, \quad \mathrm{Res}\left[\frac{1}{g(z)};z_0\right]=\frac{1}{g'(z_0)} \tag{5.16}$$

【证明】根据假设，$f(z)/g(z)$ 在 z_0 处有一个简单极点. 因为 $g(z_0)=0$ 和 $g'(z_0)\neq0$，所以根据定理 5.2.2 可得

$$\mathrm{Res}\left[\frac{f(z)}{g(z)};z_0\right]=\lim_{z\to z_0}\left(\frac{z-z_0}{g(z)-g(z_0)}\right)f(z)=\frac{f(z_0)}{g'(z_0)}$$

【例 5.2.2】（极点处的留数）函数 $f(z)=\dfrac{1}{(z-1)^2(z-3)}$ 有一个在 $z=3$ 处的简单极点和一个在 $z=1$ 处的 2 阶极点. 请使用定理 5.2.2 求其留数.

【解】由于 $z=3$ 是一个简单极点，因此根据式(5.15)可得

$$\mathrm{Res}[f(z);3]=\lim_{z\to3}(z-3)f(z)=\lim_{z\to3}\frac{1}{(z-1)^2}=\frac{1}{4}$$

对于 2 阶极点，根据式(5.14)可得

$$\mathrm{Res}[f(z),1]=\lim_{z\to1}\frac{\mathrm{d}}{\mathrm{d}z}\left[(z-1)^2 f(z)\right]=\lim_{z\to1}\frac{\mathrm{d}}{\mathrm{d}z}\left[\frac{1}{z-3}\right]=\lim_{z\to1}\frac{-1}{(z-3)^2}=-\frac{1}{4}$$

【例 5.2.3】（利用式(5.16)计算留数）计算积分 $I=\dfrac{1}{2\pi\mathrm{i}}\oint_{C_0}\cot z\,\mathrm{d}z$，其中 C_0 是单位圆周 $|z|=1$.

【解】函数 $\cot z=\cos z/\sin z$ 是两个解析函数的比值，它的奇点是 $\sin z$ 的零点 $z=n\pi, n=0,\pm1,\pm2,\cdots$. 由于积分路径 C_0 只包含了奇点 $z=0$，因此根据式(5.16)可得

$$I=\lim_{z\to0}\frac{\cos z}{(\sin z)'}=1$$

【例 5.2.4】（留数定理的应用）计算积分 $\oint_c\dfrac{1}{(z-1)^2(z-3)}\mathrm{d}z$，其中

(a) 积分路径 C 是由 $x=0, x=4, y=-1, y=1$ 构成的矩形；

(b) 积分路径 C 是圆周 $|z|=2$.

【解】(a) 因为 $z=1$ 和 $z=3$ 都是位于该矩形内的极点，所以根据式(5.12)可得

$$\oint_c\frac{1}{(z-1)^2(z-3)}\mathrm{d}z=2\pi\mathrm{i}\{\mathrm{Res}[f(z);1]+\mathrm{Res}[f(z);3]\}$$

在例 5.2.2 中已经计算了这些留数. 因此

$$\oint_c\frac{1}{(z-1)^2(z-3)}\mathrm{d}z=2\pi\mathrm{i}\left[\left(-\frac{1}{4}\right)+\frac{1}{4}\right]=0$$

(b) 因为只有极点 $z=1$ 位于圆周 $|z|=2$ 的内部，所以根据式(5.12)可得

$$\oint_c\frac{1}{(z-1)^2(z-3)}\mathrm{d}z=2\pi\mathrm{i}\{\mathrm{Res}[f(z);1]\}=2\pi\mathrm{i}\left(-\frac{1}{4}\right)=-\frac{\pi}{2}\mathrm{i}$$

5.2.3 无穷远点的留数

假设 $z=\infty$ 是 $f(z)$ 的孤立奇点，那么 $f(z)$ 在 $z=\infty$ 的去心邻域中是解析的. 因此，根

据洛朗级数定理,对 $\delta>0$ 可以将 $f(z)$ 展开为

$$f(z)=\sum_{n=-\infty}^{\infty}C_{n}z^{n}\quad(\delta<|z|<\infty)\tag{5.17}$$

选择 $R>\delta$ 并令 C 为以 0 为圆心、半径为 R 的顺时针方向圆周,这样无穷远处的孤立奇点位于圆周的左侧. 因为当 $n\neq-1$ 时 $\oint_{C}z^{n}\mathrm{d}z=0$,而 $\oint_{C}z^{-1}\mathrm{d}z=-2\pi\mathrm{i}$,所以由 $f(z)$ 在 $|z|=R$ 上一致收敛可得

$$\frac{1}{2\pi\mathrm{i}}\oint_{C}f(z)\mathrm{d}z=\frac{1}{2\pi\mathrm{i}}\sum_{n=-\infty}^{\infty}C_{n}\oint_{C}z^{n}\mathrm{d}z=-C_{-1}$$

因此,将 $f(z)$ 在 $z=\infty$ 处的留数定义为

$$\mathrm{Res}\,[f(z);\infty]=\frac{1}{2\pi\mathrm{i}}\oint_{C}f(z)\mathrm{d}z=-\frac{1}{2\pi\mathrm{i}}\oint_{|z|=R}f(z)\mathrm{d}z=-C_{-1}$$

其中 $R>\delta$. 此外,因为 $f(1/z)=\sum_{n=-\infty}^{\infty}C_{n}z^{-n}$ 在 $0<|z|<1/R$ 上解析,所以 $f(z)=$

$\sum_{n=-\infty}^{\infty}C_{n}z^{n}$ 在 $|z|>R$ 上解析. 将洛朗级数展开式(5.17)中的 z 替换为 $1/z$,可得

$$\frac{1}{z^{2}}f\left(\frac{1}{z}\right)=\sum_{n=-\infty}^{\infty}\frac{C_{n}}{z^{n+2}}=\sum_{n=-\infty}^{\infty}\frac{C_{n-2}}{z^{n}},\quad 0<|z|<\frac{1}{R}$$

由此可见 C_{-1} 是新级数中 $1/z$ 的系数,即

$$C_{-1}=\mathrm{Res}\left[\frac{1}{z^{2}}f\left(\frac{1}{z}\right);0\right]$$

所以
$$\mathrm{Res}\,[f(z);\infty]=-\mathrm{Res}\left[\frac{1}{z^{2}}f\left(\frac{1}{z}\right);0\right]$$

例如,如果函数 $f(z)=1-1/z$ 定义在 $0<|z|<\infty$ 上,那么
$$g(z)=f(1/z)=1-z,\quad(1/z^{2})f(1/z)=z^{-2}-z^{-1}$$

这说明 $g(z)$ 在原点有一个可去奇点;换句话说,$f(z)$ 在无穷远点有一个可去奇点,并且 $\mathrm{Res}[f(z);\infty]=1$. 还应注意,$z=0$ 是 C 中 $f(z)$ 的唯一奇点并且是一个简单极点,且 $\mathrm{Res}[f(z);0]=-1$. 因此,
$$\mathrm{Res}\,[f(z);0]+\mathrm{Res}\,[f(z);\infty]=0$$

这正好证明了下面的结论.

【定理 5. 2. 4】($\mathbb{C}_{\infty}$ 上的留数定理)假设函数除了在 $z_1,z_2,z_3,\cdots,z_n,\infty$ 处的孤立奇点外,在扩展复平面 $\mathbb{C}_{\infty}$ 上解析,那么它的留数之和(包括无穷远点)为零,即

$$\mathrm{Res}\,[f(z);\infty]+\sum_{k=1}^{n}\mathrm{Res}\,[f(z);z_{k}]=0$$

【证明】选择足够大的半径 R 使得 $\mathbb{C}_{\infty}$ 上所有孤立奇点包含在 $|z|<R$ 之内. 于是,由定理 5.2.1 可得

$$\frac{1}{2\pi\mathrm{i}}\int_{|z|=R}f(z)\mathrm{d}z=\sum_{k=1}^{n}\mathrm{Res}\,[f(z);z_{k}]\tag{5.18}$$

因式(5.18)左边的积分等于 $-\mathrm{Res}[f(z);\infty]$,故可得待证明的结论.

【例 5.2.5】（无穷远点的留数）计算下面的积分：

$$I = \frac{1}{2\pi i} \int_{|z|=2} f(z) \mathrm{d}z, \quad f(z) = \frac{1}{(z-3)(z^n-1)} \quad (n \in \mathbf{N})$$

【解】根据留数定理，$I = \sum_{k=1}^{n} \mathrm{Res}[f(z);z_k]$，其中 z_k 是第 k 个奇点. 然而，根据扩展复平面上的留数定理，还存在如下关系：

$$\sum_{k=1}^{n} \mathrm{Res}[f(z);z_k] = -\{\mathrm{Res}[f(z);3] + \mathrm{Res}[f(z);\infty]\}$$

由于 $\mathrm{Res}[f(z);3] = \lim_{z \to 3}(z-3)f(z) = (3^n-1)^{-1}$ 以及

$$\mathrm{Res}[f(z);\infty] = -\mathrm{Res}\left[\frac{1}{z^2}f(\frac{1}{z});0\right] = -\mathrm{Res}\left[\frac{z^{n-1}}{(1-3z)(1-z^n)};0\right] = 0$$

因此 $I = -1/(3^n-1)$.

【例 5.2.6】（无穷远点的留数）通过求得函数

$$f(z) = \frac{z^n \mathrm{e}^{1/z}}{1+z}, \quad n \in \mathbf{N}$$

在所有奇点处的留数验证定理 5.2.4.

【解】该函数在 $z=-1$ 处有一个简单极点，在 $z=0$ 处有一个本性奇点. 因此，$\mathrm{Res}[f(z);-1] = (-1)^n/\mathrm{e}$. 定义 $w = z^{-1}$，可以得到

$$f(z) = f(1/w) = \frac{\mathrm{e}^w}{w^{n-1}(1+w)}, \quad 0 < |w| < 1 \tag{5.19}$$

这意味着 $z=\infty$ 是 $f(z)$ 的 $n-1$ 阶极点. 由于 $z=0$ 是 $f(z)$ 的本性奇点，因此可以利用 $f(z)$ 在 0 附近的洛朗级数展开式来求该留数. 而

$$f(z) = \left(\sum_{k=0}^{\infty}(-1)^k z^{n+k}\right)\left(\sum_{m=0}^{\infty}\frac{z^{-m}}{m!}\right), \quad 0 < |z| < 1$$

整合包含 $1/z$ 的项（使用两个收敛级数的柯西积），可得

$$\mathrm{Res}[f(z);0] = C_{-1} = \sum_{k=1}^{\infty}\frac{(-1)^{k-1}}{(n+k)!}$$

接下来确定 $z=\infty$ 处的留数. 为此，根据式(5.19)可以定义

$$F(w) = \frac{f(1/w)}{w^2} = \frac{\mathrm{e}^w}{w^{n+1}(1+w)}$$

$$= w^{-n-1}\left[\sum_{k=0}^{\infty}(-1)^k w^k\right]\left[\sum_{m=0}^{\infty}\frac{w^m}{m!}\right], \quad 0 < |w| < 1$$

同样整合包含 $1/w$ 的项（再次使用两个收敛级数的柯西积），可得

$$\mathrm{Res}[F(w);0] = \sum_{k=0}^{n}\frac{(-1)^{n-k}}{k!}$$

根据无穷远点留数的定义，得

$$\mathrm{Res}[f(z);\infty] = -\mathrm{Res}[F(w);0] = -\sum_{k=0}^{n}\frac{(-1)^{n-k}}{k!}$$

可以看到 $\mathrm{Res}[f(z);0] + \mathrm{Res}[f(z);-1] + \mathrm{Res}[f(z);\infty] = 0$ 成立.

习 题

1. 使用适当的洛朗级数来计算下列留数.

(a) $f(z) = \dfrac{2}{(z-1)(z+4)}$; $\text{Res}\,[f(z);1]$;

(b) $f(z) = \dfrac{1}{z^3(1-z)^3}$; $\text{Res}\,[f(z);0]$;

(c) $f(z) = \dfrac{4z-6}{z(2-z)}$; $\text{Res}\,[f(z);0]$;

(d) $f(z) = (z+3)^2 \sin\left(\dfrac{2}{z+3}\right)$; $\text{Res}\,[f(z);-3]$;

(e) $f(z) = e^{-2/z^2}$; $\text{Res}\,[f(z);0]$;

(f) $f(z) = \dfrac{e^{-z}}{(z-2)^2}$; $\text{Res}\,[f(z);2]$.

2. 使用式(5.14)、式(5.15)或者式(5.16)计算下列函数在每个极点处的留数.

(a) $f(z) = \dfrac{z}{z^2+16}$;

(b) $f(z) = \dfrac{4z+8}{2z-1}$;

(c) $f(z) = \dfrac{1}{z^4+z^3-2z^2}$;

(d) $f(z) = \dfrac{1}{(z^2-2z+2)^2}$;

(e) $f(z) = \dfrac{5z^2-4z+3}{(z+1)(z+2)(z+3)}$;

(f) $f(z) = \dfrac{2z-1}{(z-1)^4(z+3)}$;

(g) $f(z) = \dfrac{\cos z}{z^2(z-\pi)^3}$;

(h) $f(z) = \dfrac{e^z}{e^z-1}$;

(i) $f(z) = \dfrac{1}{z\sin z}$.

3. 使用留数定理计算沿所给积分路径的积分.

(a) $\oint_C \dfrac{1}{z^2+4z+13}\,dz$; $C: |z-3i|=3$;

(b) $\oint_C \dfrac{1}{z^3(z-1)^4}\,dz$; $C: |z-2|=\dfrac{3}{2}$;

(c) $\oint_C \dfrac{z}{z^4-1}\,dz$; $C: |z|=2$;

(d) $\oint_C \dfrac{z}{(z+1)(z^2+1)}\,dz$; $C: 16x^2+y^2=4$;

(e) $\oint_C \dfrac{z\,e^z}{z^2-1}\,dz$; $C: |z|=2$;

(f) $\oint_C \dfrac{e^z}{z^3+2z^2}\,dz$; $C: |z|=3$;

(g) $\oint_C \dfrac{\cos z}{(z-1)^2(z^2+9)}\,dz$; $C: |z-1|=1$;

(h) $\oint_C \left(z^2 e^{1/\pi z} + \dfrac{z e^z}{z^4 - \pi^4} \right) dz$; $C:4x^2 + y^2 = 16$.

5.3 留数在定积分计算中的应用

留数可用于有效地计算各种各样的积分,包括实数定积分.相关计算技巧可以分为多种类别,下面给出其中较常用的 3 种方法.

5.3.1 三角函数在 $[0,2\pi]$ 上的积分

考虑如下形式的包含三角函数的实积分

$$\int_0^{2\pi} R(\cos\theta, \sin\theta) d\theta$$

其中,$R(x,y)$ 是定义在单位圆周 $|z|=1$ 内的有理函数,这里 $z = x + iy$.该实积分可以通过以下变量代换转换为沿单位圆周的路径积分

$$z = e^{i\theta}, \quad dz = ie^{i\theta} d\theta = iz\, d\theta$$

$$\cos\theta = \frac{e^{i\theta} + e^{-i\theta}}{2} = \frac{1}{2}\left(z + \frac{1}{z}\right)$$

$$\sin\theta = \frac{e^{i\theta} - e^{-i\theta}}{2i} = \frac{1}{2i}\left(z - \frac{1}{z}\right)$$

于是该实积分转换为

$$\int_0^{2\pi} R(\cos\theta, \sin\theta) d\theta = \oint_{|z|=1} \frac{1}{iz} R\left(\frac{z^2+1}{2z}, \frac{z^2-1}{2iz}\right) dz = \oint_{|z|=1} f(z) dz$$

$$= 2\pi i \left[单位周围 \; |z|=1 \; 内函数 \frac{1}{iz} R\left(\frac{z^2+1}{2z}, \frac{z^2-1}{2iz}\right) 的留数和 \right]$$

$$= 2\pi i \sum_{k=1}^{n} \left[f(z); z_k \right] \tag{5.20}$$

【例 5.3.1】(三角函数的实积分) 求下面的实定积分:

$$I = \int_0^\pi \frac{1}{a - b\cos\theta} d\theta, \quad a > b > 0$$

【解】 由于被积函数关于 $\theta = \pi$ 对称,因此可以将积分区间扩展到 $[0,2\pi]$,从而得到

$$I = \frac{1}{2} \int_0^{2\pi} \frac{1}{a - b\cos\theta} d\theta = \int_0^{2\pi} \frac{e^{i\theta}}{2ae^{i\theta} - b(e^{2i\theta}+1)} d\theta$$

令 $z = e^{i\theta}$ 并让 θ 从 0 增加到 2π,这时 z 围绕单位圆周 $|z|=1$ 移动.由式(5.20)可得,该实积分可以转化为如下路径积分:

$$I = -\frac{1}{i} \oint_{|z|=1} \frac{1}{bz^2 - 2az + b} dz$$

其中,积分路径为单位圆周 $|z|=1$.被积函数有两个简单极点,二者可由分母的零点求得.因两个极点的乘积为 1,令 α 表示单位圆周上的一个极点,另一个极点则是 $1/\alpha$.可求

得两个极点为

$$\alpha = \frac{a - \sqrt{a^2 - b^2}}{b}, \quad \frac{1}{\alpha} = \frac{a + \sqrt{a^2 - b^2}}{b}$$

由于 $a > b > 0$,因此这两个极点是不同的. 于是可得

$$I = -\frac{1}{\mathrm{i}b} \oint_{|z|=1} \frac{1}{(z-\alpha)\left(z - \dfrac{1}{\alpha}\right)} \mathrm{d}z$$

$$= -\frac{2\pi\mathrm{i}}{\mathrm{i}b} \operatorname{Res}\left[\frac{1}{(z-\alpha)\left(z - \dfrac{1}{\alpha}\right)}; \alpha\right]$$

$$= -\frac{2\pi\mathrm{i}}{\mathrm{i}b\left(\alpha - \dfrac{1}{\alpha}\right)} = \frac{2\pi}{\sqrt{a^2 - b^2}}$$

5.3.2 形如 $\displaystyle\int_{-\infty}^{\infty} f(x)\mathrm{d}x$ 的积分

假设 $y = f(x)$ 是一个在区间 $[0, \infty)$ 上定义且连续的实函数. 在初等微积分中,用下面的极限来定义广义积分 $I_1 = \displaystyle\int_0^\infty f(x)\mathrm{d}x$,即

$$I_1 = \int_0^\infty f(x)\mathrm{d}x = \lim_{R\to\infty}\int_0^R f(x)\mathrm{d}x \tag{5.21}$$

如果该极限存在,则称积分 I_1 是收敛的;否则,它是发散的. 广义积分 $I_2 = \displaystyle\int_{-\infty}^0 f(x)\mathrm{d}x$ 的定义类似:

$$I_2 = \int_{-\infty}^0 f(x)\mathrm{d}x = \lim_{R\to\infty}\int_{-R}^0 f(x)\mathrm{d}x \tag{5.22}$$

如果 f 在 $(-\infty, \infty)$ 上是连续的,并且积分 I_1 和 I_2 是收敛的,那么 $I = \displaystyle\int_{-\infty}^\infty f(x)\mathrm{d}x$ 可以定义为

$$\int_{-\infty}^\infty f(x)\mathrm{d}x = \int_{-\infty}^0 f(x)\mathrm{d}x + \int_0^\infty f(x)\mathrm{d}x = I_1 + I_2 \tag{5.23}$$

如果 I_1 或 I_2 中任何一个是发散的,那么 $\displaystyle\int_{-\infty}^\infty f(x)\mathrm{d}x$ 也是发散的. 需要注意的是,式(5.23)的右侧与下式是不一样的:

$$\lim_{R\to\infty}\left[\int_{-R}^0 f(x)\mathrm{d}x + \int_0^R f(x)\mathrm{d}x\right] = \lim_{R\to\infty}\int_{-R}^R f(x)\mathrm{d}x \tag{5.24}$$

要使积分 $\displaystyle\int_{-\infty}^\infty f(x)\mathrm{d}x$ 收敛,式(5.21)和式(5.22)中的极限必须存在且彼此独立. 但是,如果事先知道广义积分 $\displaystyle\int_{-\infty}^\infty f(x)\mathrm{d}x$ 收敛,那么可以通过式(5.24)的单一极限来计算:

$$\int_{-\infty}^\infty f(x)\mathrm{d}x = \lim_{R\to\infty}\int_{-R}^R f(x)\mathrm{d}x \tag{5.25}$$

另外,即使广义积分 $\int_{-\infty}^{\infty} f(x)\mathrm{d}x$ 是发散的,式(5.25)中的对称极限也可能存在. 例如,如果 $\lim\limits_{R\to\infty}\int_0^R f(x)\mathrm{d}x = \lim\limits_{R\to\infty}(1/2)R^2 = \infty$,则积分 $\int_{-\infty}^{\infty} f(x)\mathrm{d}x$ 是发散的. 然而,根据式(5.25)可得

$$\lim_{R\to\infty}\int_{-R}^{R} f(x)\mathrm{d}x = \lim_{R\to\infty}\frac{1}{2}\left[R^2 + (-R)^2\right] = 0 \tag{5.26}$$

如果式(5.25)中的极限存在,则称下面的积分为柯西主值(P. V.),并记为

$$\mathrm{P.\,V.}\int_{-\infty}^{\infty} f(x)\mathrm{d}x = \lim_{R\to\infty}\int_{-R}^{R} f(x)\mathrm{d}x \tag{5.27}$$

在式(5.26)中已经证明 $\mathrm{P.\,V.}\int_{-\infty}^{\infty} x\,\mathrm{d}x = 0$. 总结起来有如下定义:

【定义 5.3.1】(柯西主值)当积分 $\int_{-\infty}^{\infty} f(x)\mathrm{d}x$ 存在时,其柯西主值与该积分值相同. 如果该积分发散,则它仍然可能具有柯西主值(5.27).

关于柯西主值还需要注意:假设 $f(x)$ 在 $(-\infty,\infty)$ 上连续并且是一个偶函数,即 $f(-x) = f(x)$. 这时它的图形关于 y 轴对称,因此

$$\int_{-R}^{0} f(x)\mathrm{d}x = \int_0^R f(x)\mathrm{d}x \tag{5.28}$$

所以 $$\int_{-R}^{R} f(x)\mathrm{d}x = \int_{-R}^{0} f(x)\mathrm{d}x + \int_0^R f(x)\mathrm{d}x = 2\int_0^R f(x)\mathrm{d}x \tag{5.29}$$

从式(5.28)和式(5.29)可以得出结论,如果柯西主值(5.27)存在,那么 $\int_0^{\infty} f(x)\mathrm{d}x$ 和 $\int_{-\infty}^{\infty} f(x)\mathrm{d}x$ 都收敛. 这时积分值为

$$\int_0^{\infty} f(x)\mathrm{d}x = \frac{1}{2}\mathrm{P.\,V.}\int_{-\infty}^{\infty} f(x)\mathrm{d}x, \quad \int_{-\infty}^{\infty} f(x)\mathrm{d}x = \mathrm{P.\,V.}\int_{-\infty}^{\infty} f(x)\mathrm{d}x$$

为了计算积分 $\int_{-\infty}^{\infty} f(x)\mathrm{d}x$,其中的有理函数 $f(x) = p(x)/q(x)$ 在 $(-\infty,\infty)$ 上连续,根据留数定理,将 x 替换为复变量 z,然后对函数 f 沿图 5.2 所示积分路径 C 积分,积分路径 C 为由半圆周 C_R 和实轴上的区间 $[-R,R]$ 组成的闭合积分路径,并且半径 R 应大到足以将 $f(z) = p(z)/q(z)$ 在上半平面 $\mathrm{Im}(z) > 0$ 中的所有极点包围在内. 根据定理 5.2.1,有

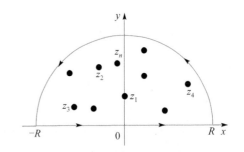

图 5.2 半圆积分路径

$$\oint_C f(z)\mathrm{d}z = \int_{C_R} f(z)\mathrm{d}z + \int_{-R}^{R} f(z)\mathrm{d}z = 2\pi\mathrm{i}\sum_{k=1}^{n}\mathrm{Res}\left[f(z);z_k\right] \tag{5.30}$$

其中,$z_k(k = 1,2,\cdots,n)$ 表示上半平面中的极点. 如果能证明当 $R\to\infty$ 时,积分 $\int_{C_R} f(z)\mathrm{d}z \to 0$,那么

$$\text{P. V.} \int_{-\infty}^{\infty} f(x)\,\mathrm{d}x = \lim_{R\to\infty} \int_{-R}^{R} f(x)\,\mathrm{d}x = 2\pi\mathrm{i} \sum_{k=1}^{n} \operatorname{Res}\left[f(z);z_k\right] \tag{5.31}$$

【定理 5.3.1】(当 $R\to\infty$ 时的积分) 设 $f(z)=P(z)/Q(z)$ 是一个有理函数,其中 $P(z)$ 的阶次是 n,$Q(z)$ 的阶次是 $m(m\geqslant n+2)$. 如果 C_R 是一个半圆形积分路径 $z=R\mathrm{e}^{\mathrm{i}\theta},0\leqslant\theta\leqslant\pi$,那么当 $R\to\infty$ 时积分 $\int_{C_R} f(z)\,\mathrm{d}z \to 0$.

【证明】设积分路径 C 是由上半圆 C_R 和从 $-R$ 到 R 的线段组成的闭合积分路径(见图 5.2),其中 C_R 以原点为中心,其半径 R 大到足以包围 Q 在上半平面的所有零点. 为了计算 $\int_{C_R} \dfrac{P}{Q}\,\mathrm{d}z$,注意到 $\deg Q - \deg P\geqslant 2$,根据 ML 不等式可知存在常数 A 使得

$$\int_{C_R} \frac{P(z)}{Q(z)}\,\mathrm{d}z \leqslant \int_{C_R} \frac{A}{|z^2|}\,\mathrm{d}z = \pi\cdot R\cdot \frac{A}{R^2}$$

因此
$$\lim_{R\to\infty} \int_{C_R} \frac{P(z)}{Q(z)}\,\mathrm{d}z = 0 \tag{5.32}$$

结合式(5.30)和式(5.32)可得

$$\int_{-\infty}^{\infty} \frac{P(x)}{Q(x)}\,\mathrm{d}x = 2\pi\mathrm{i}\sum_{k=1}^{n} \operatorname{Res}\left[\frac{P(z)}{Q(z)};z_k\right]$$

【例 5.3.2】(广义积分的柯西主值) 计算积分 $\int_{-\infty}^{\infty} \dfrac{1}{x^4+1}\,\mathrm{d}x$ 的柯西主值.

【解】观察被积函数可以看出,定理 5.3.1 所给条件可以满足. 此外,根据 1.3 节中的式(1.31)可知 $f(z)=1/(z^4+1)$ 在上半平面有简单极点 $z_1=\mathrm{e}^{\pi\mathrm{i}/4}$ 和 $z_2=\mathrm{e}^{3\pi\mathrm{i}/4}$. 根据式(5.16)可得这些极点的留数为

$$\operatorname{Res}\left[f(z);z_1\right] = \frac{1}{4z_1^3} = -\frac{1}{4\sqrt{2}} - \frac{1}{4\sqrt{2}}\mathrm{i}, \quad \operatorname{Res}\left[f(z);z_2\right] = \frac{1}{4z_2^3} = \frac{1}{4\sqrt{2}} - \frac{1}{4\sqrt{2}}\mathrm{i}$$

因此,根据式(5.31)可得

$$\text{P. V.} \int_{-\infty}^{\infty} \frac{1}{x^4+1}\,\mathrm{d}x = 2\pi\mathrm{i}\{\operatorname{Res}\left[f(z);z_1\right] + \operatorname{Res}\left[f(z);z_2\right]\} = \frac{\pi}{\sqrt{2}}$$

因为被积函数是偶函数,所以原积分收敛于 $\pi/\sqrt{2}$.

5.3.3 形如 $\int_{-\infty}^{\infty} f(x)\cos x\,\mathrm{d}x$ 或 $\int_{-\infty}^{\infty} f(x)\sin x\,\mathrm{d}x$ 的积分

假设 $f(x)=P(x)/Q(x)$,其中 P 和 Q 是多项式并且 $Q(x)\neq 0$(除了可能在 $\cos x$ 或 $\sin x$ 的零点处),只要 $\deg Q > \deg P$,上述积分就会收敛.

对 $f(z)\cos z$ 沿积分路径积分是不合适的,因为

$$\lim_{R\to\infty} \int_{C_R} f(z)\cos z\,\mathrm{d}z \neq 0$$

如果考虑 $\int_{C_R} f(z)\mathrm{e}^{\mathrm{i}z}\,\mathrm{d}z$,那么将能够证明

$$\int_C f(z) \mathrm{e}^{\mathrm{i}z} \mathrm{d}z \rightarrow \int_{-\infty}^{\infty} f(x) \mathrm{e}^{\mathrm{i}x} \mathrm{d}x \qquad (5.33)$$

从而 $\int_{-\infty}^{\infty} f(x) \cos x \mathrm{d}x$ 和 $\int_{-\infty}^{\infty} f(x) \sin x \mathrm{d}x$ 可以看成式(5.33)中极限的实部和虚部. 因此,在式(5.33)中应用留数定理,可得

$$\int_{-\infty}^{\infty} f(x) \cos x \mathrm{d}x = \mathrm{Re}\left\{2\pi\mathrm{i}\sum_{k=1}^{n} \mathrm{Res}\left[R(z)\mathrm{e}^{\mathrm{i}z} ; z_k\right]\right\}$$

$$\int_{-\infty}^{\infty} f(x) \sin x \mathrm{d}x = \mathrm{Im}\left\{2\pi\mathrm{i}\sum_{k=1}^{n} \mathrm{Res}\left[R(z)\mathrm{e}^{\mathrm{i}z} ; z_k\right]\right\}$$

其中,z_k 是 $f(z)$ 在上半平面的极点.

为了证明当 $R \rightarrow \infty$ 时 $\int_{C_R} f(z)\mathrm{e}^{\mathrm{i}z}\mathrm{d}z \rightarrow 0$ 并完成证明,需要用到不等式

$$\sin \theta \geqslant \frac{2\theta}{\pi} \quad \left(0 \leqslant \theta \leqslant \frac{\pi}{2}\right)$$

因为 $f(z) \leqslant K/|z|$ 以及 $|\mathrm{e}^z| = \mathrm{e}^{\mathrm{Re}(z)}$,所以

$$\int_{C_R} f(z)\mathrm{e}^{\mathrm{i}z}\mathrm{d}z \leqslant \frac{K}{R}\int_0^{\pi} |\mathrm{e}^{\mathrm{i}R\mathrm{e}^{\mathrm{i}\theta}}| R \mathrm{d}\theta$$

$$= K\int_0^{\pi} \mathrm{e}^{-R\sin\theta} \mathrm{d}\theta$$

$$= 2K\int_0^{\pi/2} \mathrm{e}^{-R\sin\theta} \mathrm{d}\theta$$

$$\leqslant 2K\int_0^{\pi/2} \mathrm{e}^{-2R\theta/\pi} \mathrm{d}\theta$$

$$= \frac{K\pi}{R}(1 - \mathrm{e}^{-R})$$

因此

$$\lim_{R \rightarrow \infty}\int_{C_R} f(z)\mathrm{e}^{\mathrm{i}z}\mathrm{d}z = 0$$

【例 5.3.3】(广义积分) 为了计算积分 $\int_{-\infty}^{\infty} (\sin x/x)\mathrm{d}x$,可以将它写为

$$\int_{-\infty}^{\infty} \frac{\sin x}{x}\mathrm{d}x = \mathrm{Im}\int_{-\infty}^{\infty} \frac{\mathrm{e}^{\mathrm{i}x}}{x}\mathrm{d}x$$

$\mathrm{e}^{\mathrm{i}x}/x$ 在 $x=0$ 处的极点迫使对上式稍加修改,于是得

$$\int_{-\infty}^{\infty} \frac{\sin x}{x}\mathrm{d}x = \mathrm{Im}\int_{-\infty}^{\infty} \frac{\mathrm{e}^{\mathrm{i}x}-1}{x}\mathrm{d}x$$

积分路径 C 如图 5.2 所示,由于

$$\int_C \frac{\mathrm{e}^{\mathrm{i}z}-1}{z}\mathrm{d}z = \int_{-R}^{R} \frac{\mathrm{e}^{\mathrm{i}x}-1}{x}\mathrm{d}x + \int_{C_R} \frac{\mathrm{e}^{\mathrm{i}z}-1}{z}\mathrm{d}z \qquad (5.34)$$

而式(5.34)左侧的被积函数没有极点,因此根据柯西积分定理有

$$\int_C \frac{\mathrm{e}^{\mathrm{i}z}-1}{z}\mathrm{d}z = 0$$

所以 $\quad \int_{-R}^{R} \frac{\mathrm{e}^{\mathrm{i}x}-1}{x}\mathrm{d}x = \int_{C_R} \frac{1-\mathrm{e}^{\mathrm{i}z}}{z}\mathrm{d}z = \int_{C_R} \frac{1}{z}\mathrm{d}z - \int_{C_R} \frac{\mathrm{e}^{\mathrm{i}z}}{z}\mathrm{d}z = \pi\mathrm{i} - \int_{C_R} \frac{\mathrm{e}^{\mathrm{i}z}}{z}\mathrm{d}z$

因为当 $R \to \infty$ 时, $\int_{C_R} (e^{iz}/z)dz$ 趋近于 0, 所以

$$\int_{-\infty}^{\infty} \frac{e^{ix}-1}{x}dx = \pi i$$

从而

$$\int_{-\infty}^{\infty} \frac{\sin x}{x}dx = \pi$$

习 题

1. 计算下列三角函数积分.

(a) $\int_0^{2\pi} \frac{1}{10-6\cos\theta}d\theta$;

(b) $\int_0^{2\pi} \frac{\cos\theta}{3+\sin\theta}d\theta$;

(c) $\int_0^{2\pi} \frac{1}{1+3\cos^2\theta}d\theta$;

(d) $\int_0^{\pi} \frac{1}{2-\cos\theta}d\theta$;

(e) $\int_0^{\pi} \frac{1}{1+\sin^2\theta}d\theta$;

(f) $\int_0^{2\pi} \frac{\sin^2\theta}{5+4\cos\theta}d\theta$;

(g) $\int_0^{2\pi} \frac{\cos^2\theta}{3-\sin\theta}d\theta$;

(h) $\int_0^{2\pi} \frac{\cos 3\theta}{5-4\cos\theta}d\theta$.

2. 计算下列广义积分的柯西主值.

(a) $\int_{-\infty}^{\infty} \frac{1}{x^2-2x+2}dx$;

(b) $\int_{-\infty}^{\infty} \frac{1}{x^2-6x+25}dx$;

(c) $\int_{-\infty}^{\infty} \frac{1}{(x^2+4)^2}dx$;

(d) $\int_{-\infty}^{\infty} \frac{x^2}{(x^2+1)^2}dx$;

(e) $\int_{-\infty}^{\infty} \frac{1}{(x^2+1)^3}dx$;

(f) $\int_{-\infty}^{\infty} \frac{x}{(x^2+4)^3}dx$;

(g) $\int_{-\infty}^{\infty} \frac{2x^2-1}{x^4+5x^2+4}dx$;

(h) $\int_{-\infty}^{\infty} \frac{x^2+1}{x^4+1}dx$.

3. 计算下列广义积分的柯西主值.

(a) $\int_{-\infty}^{\infty} \frac{\cos x}{x^2+1}dx$;

(b) $\int_{-\infty}^{\infty} \frac{\cos 2x}{x^2+1}dx$;

(c) $\int_{-\infty}^{\infty} \frac{x\sin x}{x^2+1}dx$;

(d) $\int_{-\infty}^{\infty} \frac{\cos x}{(x^2+4)^2}dx$;

(e) $\int_{-\infty}^{\infty} \frac{\cos 3x}{(x^2+1)^2}dx$;

(f) $\int_{-\infty}^{\infty} \frac{\sin x}{x^2+4x+5}dx$;

(g) $\int_0^{\infty} \frac{\cos 2x}{x^4+1}dx$;

(h) $\int_0^{\infty} \frac{x\sin x}{x^4+1}dx$.

本章小结

本章讨论了孤立奇点的分类、留数和留数定理,介绍了如何用留数来计算 3 种不同类

型的积分. 由于积分是复变函数的重要应用之一, 因此留数在复变函数的理论和应用中扮演着重要角色.

1. 孤立奇点

孤立奇点: 如果存在 z_0 的一个去心邻域, 使得在该邻域内 z_0 是 $f(z)$ 的唯一奇点, 那么 z_0 称为 $f(z)$ 的孤立奇点.

(1) 可去奇点

在这种情况下, 洛朗级数的主要部分消失, 因此在本质上它变成了泰勒级数.

(2) 本性奇点

在本性奇点处, 洛朗级数的主要部分有无穷多个非零项.

(3) 极　点

在这种情况下, 洛朗级数的主要部分有有限个非零项, 其中最后一个非零项的系数是 b_k. 也就是说, 在 z_0 的去心邻域内的洛朗级数展开式可以表示为

$$f(z) = \sum_{n=0}^{\infty} a_n (z-z_0)^n + b_1 (z-z_0)^{-1} + b_2 (z-z_0)^{-2} + \cdots + b_k (z-z_0)^{-k}, \quad b_k \neq 0$$

当 $k=1$ 时 $z=z_0$ 称为简单极点.

函数 $f(z)$ 在孤立奇点 $z=z_0$ 周围的性质也可用于判断奇点的类型:

① 如果 z_0 是可去奇点, 则 $\lim_{z \to z_0} f(z)$ 存在且 $|f(z)|$ 在 z_0 附近有界.

② 如果 z_0 是有限阶极点, 则显然会有极限 $\lim_{z \to z_0} f(z) = \infty$.

③ 如果 z_0 是一个本性奇点, 则在 z_0 的每个邻域内, 函数 $f(z)$ 都可以任意趋近任何复数值.

(4) 无穷远处的奇点

复变函数 $f(z)$ 在扩展复平面 $\mathbb{C}_\infty$ 上的复无穷处的行为, 可以通过研究函数 $f(1/z)$ 在 0 点的邻域内的行为来讨论.

(5) 函数的零点与极点的关系

n 阶零点: 如果关系

$$f(z_0) = 0, \quad f'(z_0) = 0, \cdots, f^{(n-1)}(z_0) = 0, \quad f^{(n)}(z_0) \neq 0$$

成立, 就称解析函数 f 在 $z=z_0$ 处有 n 阶零点.

极点阶次的计算方法 1: 函数 f 在去心圆形域 $0 < |z-z_0| < R$ 内解析并在 $z=z_0$ 处有一个 n 阶极点的充分必要条件是, f 可以写成如下形式:

$$f(z) = \frac{\phi(z)}{(z-z_0)^n}$$

其中, ϕ 在 $z=z_0$ 处解析并且 $\phi(z_0) \neq 0$.

极点阶次的计算方法 2: 如果函数 g 和 h 在 $z=z_0$ 处解析, 并且 h 在 $z=z_0$ 处具有 n 阶零点且 $g(z_0) \neq 0$, 那么函数 $f(z) = g(z)/h(z)$ 在 $z=z_0$ 处具有 n 阶极点.

2. 留数和留数定理

(1) 留数的定义及留数定理

留数：设函数 $f(z)$ 在由 $0<|z-z_0|<\rho$ 定义的区域 D 内解析，$z=z_0$ 是 $f(z)$ 的孤立奇点. 函数 $f(z)$ 在 D 内的洛朗级数展开式为

$$f(z)=\sum_{n=-\infty}^{\infty}C_n(z-z_0)^n$$

其中

$$C_n=\frac{1}{2\pi i}\oint_C\frac{f(z)\mathrm{d}z}{(z-z_0)^{n+1}}$$

其中，C 是位于 D 内的简单闭合积分路径. 级数的负幂部分 $\sum_{n=-\infty}^{-1}C_n(z-z_n)^n$ 称为该级数的**主要部分**. 系数 C_{-1} 称为 $f(z)$ 在 z_0 处的**留数**，有时表示为

$$C_{-1}=\mathrm{Res}\,[f(z);z_0]$$

当 $n=-1$ 时，由洛朗系数可得

$$\oint_C f(z)\mathrm{d}z=2\pi i C_{-1}$$

留数定理：设函数 $f(z)$ 除在 C 内的孤立奇点 $z_1,z_2,z_3,\cdots,z_n$ 外，在简单闭曲线 C 上及其内部解析，那么

$$\oint_C f(z)\mathrm{d}z=2\pi i\sum_{k=1}^{n}\mathrm{Res}\,[f(z);z_k]$$

(2) 留数的计算规则

k 阶极点处的留数：设函数 $f(z)$ 在 $z=z_0$ 处具有 k 阶极点，那么

$$\mathrm{Res}\,[f(z);z_0]=\frac{1}{(k-1)!}\lim_{z\to z_0}\frac{\mathrm{d}^{k-1}}{\mathrm{d}z^{k-1}}[(z-z_0)^k f(z)]$$

特别是，如果 f 在 z_0 处有一个简单极点，那么

$$\mathrm{Res}\,[f(z);z_0]=\lim_{z\to z_0}(z-z_0)f(z)$$

简单极点处的留数：设函数 $f(z)$ 和 $g(z)$ 在 z_0 处解析，如果 $g(z)$ 在 z_0 处有一个简单极点，并且 $f(z_0)\neq 0$，那么

$$\mathrm{Res}\left[\frac{f(z)}{g(z)};z_0\right]=\frac{f(z_0)}{g'(z_0)},\quad \mathrm{Res}\left[\frac{1}{g(z)};z_0\right]=\frac{1}{g'(z_0)}$$

(3) 无穷远点的留数

$$\mathrm{Res}\,[f(z);\infty]=-\mathrm{Res}\left[\frac{1}{z^2}f\left(\frac{1}{z}\right);0\right]$$

$\mathbb{C}_\infty$ 上的留数定理：假设函数除了在 $z_1,z_2,z_3,\cdots,z_n,\infty$ 处的孤立奇点外，在扩展复平面 $\mathbb{C}_\infty$ 上解析，那么它的留数之和（包括无穷远点）为零，即

$$\mathrm{Res}\,[f(z);\infty]+\sum_{k=1}^{n}\mathrm{Res}\,[f(z);z_k]=0$$

3. 留数在定积分计算上的应用

(1) 三角函数在 $[0, 2\pi]$ 上的积分

$$\int_0^{2\pi} R(\cos\theta, \sin\theta)\mathrm{d}\theta = \oint_{|z|=1} \frac{1}{iz}R\left(\frac{z^2+1}{2z}, \frac{z^2-1}{2iz}\right)\mathrm{d}z = \oint_{|z|=1} f(z)\mathrm{d}z$$

$$= 2\pi i\left[\text{单位圆周} \, |z| = 1 \, \text{内函数} \, \frac{1}{iz}R\left(\frac{z^2+1}{2z}, \frac{z^2-1}{2iz}\right) \, \text{的留数和}\right]$$

$$= 2\pi i\sum_{k=1}^{n}[f(z); z_k]$$

(2) 形如 $\int_{-\infty}^{\infty} f(x)\mathrm{d}x$ 的积分

设 $f(z) = P(z)/Q(z)$ 是一个有理函数,其中 $P(z)$ 的阶次是 n,$Q(z)$ 的阶次是 m $(m \geqslant n+2)$. 如果 C_R 是一个半圆形积分路径 $z = R\mathrm{e}^{i\theta}$,$0 \leqslant \theta \leqslant \pi$,那么当 $R \to \infty$ 时积分 $\int_{C_R} f(z)\mathrm{d}z \to 0$,于是

$$\int_{-\infty}^{\infty} \frac{P(x)}{Q(x)}\mathrm{d}x = 2\pi i\sum_{k=1}^{n}\text{Res}\left[\frac{P(z)}{Q(z)}; z_k\right]$$

(3) 形如 $\int_{-\infty}^{\infty} f(x)\cos x\,\mathrm{d}x$ 或 $\int_{-\infty}^{\infty} f(x)\sin x\,\mathrm{d}x$ 的积分

设 $f(x) = P(x)/Q(x)$,其中 P 和 Q 是多项式并且 $Q(x) \neq 0$(除了可能在 $\cos x$ 或 $\sin x$ 的零点处),只要 $\deg Q > \deg P$,即可得

$$\int_{-\infty}^{\infty} f(x)\cos x\,\mathrm{d}x = \text{Re}\left\{2\pi i\sum_{k=1}^{n}\text{Res}\left[R(z)\mathrm{e}^{iz}; z_k\right]\right\}$$

$$\int_{-\infty}^{\infty} f(x)\sin x\,\mathrm{d}x = \text{Im}\left\{2\pi i\sum_{k=1}^{n}\text{Res}\left[R(z)\mathrm{e}^{iz}; z_k\right]\right\}$$

作　　业

孤立奇点

1. 下列函数有些什么奇点? 如果是极点,则指出它的阶次:

(1) $\dfrac{1}{z(z^2+1)^2}$;

(2) $\dfrac{\sin z}{z^3}$;

(3) $\dfrac{1}{z^3-z^2-z+1}$;

(4) $\dfrac{\ln(z+1)}{z}$;

(5) $\dfrac{z}{(1+z^2)(1+\mathrm{e}^{\pi z})}$;

(6) $\dfrac{1}{\mathrm{e}^{z-1}}$;

(7) $\dfrac{1}{z^2(\mathrm{e}^z-1)}$;

(8) $\dfrac{z^{2n}}{1+z^n}$(n 为正整数);

(9) $\dfrac{1}{\sin z^2}$.

2. 求证：如果 z_0 是 $f(z)$ 的 m $(m>1)$ 阶零点，那么 z_0 是 $f'(z)$ 的 $m-1$ 阶零点.

3. $z=0$ 是函数 $(\sin z+\sinh z-2z)^{-2}$ 的几阶极点？

4. 设函数 $\phi(z)$ 和 $\psi(z)$ 分别以 $z=a$ 为 m 阶与 n 阶极点(或零点)，那么下列三个函数在 $z=a$ 处各有什么性质？

(1) $\phi(z)\psi(z)$;　　　　　(2) $\dfrac{\phi(z)}{\psi(z)}$;　　　　　(3) $\phi(z)+\psi(z)$.

留数和留数定理及留数在定积分计算中的应用

1. 函数 $f(z)=\dfrac{1}{z(z-1)^2}$ 在 $z=1$ 处有一个 2 阶极点；因为这个函数有洛朗展开式

$$\frac{1}{z(z-1)^2}=\cdots+\frac{1}{(z-1)^5}-\frac{1}{(z-1)^4}+\frac{1}{(z-1)^3}，\quad |z-1|>1$$

所以 $z=1$ 又是 $f(z)$ 的本性奇点；又由于其中不含 $(z-1)^{-1}$ 项，因此 $\text{Res}[f(z);1]=0$. 这些说法对吗？

2. 求下列各函数 $f(z)$ 在奇点处的留数：

(1) $\dfrac{z+1}{z^2-2z}$;　　　　　　(2) $\dfrac{1-\mathrm{e}^{2z}}{z^4}$;

(3) $\dfrac{1+z^4}{(z^2+1)^3}$;　　　　　　(4) $\dfrac{z}{\cos z}$;

(5) $\cos\dfrac{1}{1-z}$;　　　　　　(6) $z^2\sin\dfrac{1}{z}$;

(7) $\dfrac{1}{z\sin z}$.

3. 计算下列各积分(利用留数，圆周取正向)：

(1) $\oint\dfrac{\sin z}{z}\mathrm{d}z，C:\ |z|=\dfrac{3}{2}$;　　　　　(2) $\oint\dfrac{\mathrm{e}^{2z}}{(z-1)^2}\mathrm{d}z，C:\ |z|=2$;

(3) $\oint\tan\pi z\,\mathrm{d}z，C:\ |z|=3$;　　　　　(4) $\oint\tanh z\,\mathrm{d}z，C:\ |z-2\mathrm{i}|=1$;

(5) $\oint\dfrac{1}{(z-a)^n(z-b)^n}\mathrm{d}z$(其中 n 为正整数，且 $|a|\neq1,|b|\neq1,|a|<|b|$)，$C:$ $|z|=1$.

4. 判断 $z=\infty$ 是下列各函数的什么奇点？并求出各函数在无穷远的留数：

(1) $\mathrm{e}^{\frac{1}{z^2}}$;　　　　　(2) $\cos z-\sin z$;　　　　　(3) $\dfrac{2z}{3+z^2}$.

5. 求下列函数的 $\text{Res}[f(z);\infty]$ 的值：

(1) $f(z)=\dfrac{\mathrm{e}^z}{z^2-1}$;　　　　　　(2) $f(z)=\dfrac{1}{z(z+1)^4(z-4)}$.

6. 计算下列各积分，C 为正向圆周：

(1) $\oint_c\dfrac{z^{15}}{(z^2+1)(z^4+2)^3}\mathrm{d}z，C:\ |z|=3$;

(2) $\oint_c\dfrac{z^3}{1+z}\mathrm{e}^{\frac{1}{z}}\mathrm{d}z，C:\ |z|=2$;

(3) $\oint_c \dfrac{z^{2n}}{1+z^n} \mathrm{d}z$ （n 为正整数），C： $|z|=r>1.$

7. 计算下列积分：

(1) $\displaystyle\int_0^{2\pi} \dfrac{1}{5-3\sin\theta}\mathrm{d}\theta$ ；

(2) $\displaystyle\int_{-\infty}^{\infty} \dfrac{x\sin x}{1+x^2}\mathrm{d}x$ ；

(3) $\displaystyle\int_{-\infty}^{\infty} \dfrac{1}{(1+x^2)^2}\mathrm{d}x$ ；

(4) $\displaystyle\int_0^{\infty} \dfrac{x^2}{1+x^4}\mathrm{d}\theta$ ；

(5) $\displaystyle\int_{-\infty}^{\infty} \dfrac{\cos x}{x^2+4x+5}\mathrm{d}x$ ；

(6) $\displaystyle\int_0^{2\pi} \dfrac{\sin^2\theta}{a+b\cos\theta}\mathrm{d}\theta$ $(a>b>0).$

第6章 共形映射

复变函数 $w = f(z)$ 可以看作从它在 z 平面中的定义域到它在 w 平面中的值域的映射. 本章将在前 5 章的基础上, 进一步深入探讨与复变函数所表示的映射相关的几何特性. 本章将讨论复变函数的解析性与其映射的共形性之间的联系. 如果一个映射可以保持通过某点的两条光滑曲线之间的夹角不变, 则称该映射在该点是共形的. 在共形映射下, 拉普拉斯方程可以保持不变. 这种不变性使得人们可以使用共形映射来求解各种类型的物理问题, 例如线弹性力学、稳态温度分布、静电学以及流体流动的问题. 这些复杂构型问题可以转化为简单几何形状问题.

本章将介绍区域映射的方法, 对两类特殊映射作充分讨论, 即分式线性映射和施瓦茨-克里斯托费尔(Schwarz-Christoffel)映射. 分式线性映射不会改变直线和圆周的形状, 并且可以保证除极点外在每个点都是共形的. 施瓦茨-克里斯托费尔映射可以将半平面映射成多边形区域, 这些多边形区域的一个或多个顶点可以是无穷远点.

6.1 共形映射的概念

在 1.5.2 节中介绍了非常数线性映射对复平面上形状的旋转、缩放和平移作用. 可以看到, 在线性映射下, z 平面中两条任意相交的弧线之间的夹角, 与二者在 w 平面中的像之间的夹角相等. 具有这种保角特性的复映射称为**共形映射**. 本节将正式定义和讨论共形映射, 证明任意解析复变函数在其导数不为零的点处是共形的. 因此, 在第 2 章中研究过的所有初等复变解析函数在某个区域 D 中都是共形的.

6.1.1 解析函数导数的几何意义

设复变函数 f 在点 z_0 处解析且 $f'(z_0) \neq 0$, 用 γ 表示通过点 z_0 的有向光滑曲线, 其参数方程为

$$z(t) = x(t) + \mathrm{i}y(t), \quad a \leqslant t \leqslant b$$

且 $z(t_0) = z_0$. 如果 $x(t)$ 和 $y(t)$ 都连续可微, 并且 $x'(t)$ 和 $y'(t)$ 不会在同一 t 值处都为零, 则由 $z(t)$ 表示的曲线是光滑的. 设曲线 γ 在映射 $w = f(z)$ 下的像为 Γ, 其中 Γ 可以表示为

$$w(t) = f[z(t)], \quad a \leqslant t \leqslant b$$

要研究在映射 $w = f(z)$ 下过点 z_0 的曲线的方向变化, 根据微分的链式法则可得

$$w'(t) = f'[z(t)]z'(t), \quad a \leqslant t \leqslant b$$

代入 t_0 可得

$$w'(t_0) = f'(z_0)z'(t_0)$$

由于 $z'(t_0) \neq 0$(因为对应的曲线 γ 光滑), 且已知 $f'(z_0) \neq 0$, 于是 $w'(t_0)$ 也不为零, 因

此,有

$$\mathrm{Arg}\ w'(t_0) = \mathrm{Arg}\ f'(z_0) + \mathrm{Arg}\ z'(t_0) \tag{6.1}$$

其中,$\mathrm{Arg}\ z'(t_0)$ 和 $\mathrm{Arg}\ w'(t_0)$ 分别对应于曲线 γ 在点 z_0 处切向量的倾角,以及其像曲线 Γ 在点 $w_0 = f(z_0)$ 处切向量的倾角,如图 6.1 所示.根据式(6.1),曲线 γ 在点 z_0 处的切向量在映射 $w = f(z)$ 下沿逆时针方向旋转了 $\mathrm{Arg}\ f'(z_0)$.该旋转的幅度和方向仅取决于映射 $f(z)$,与曲线 γ 无关.

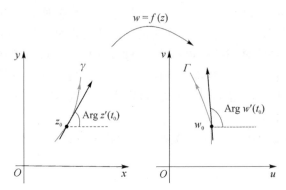

图 6.1 过点 z_0 的曲线 γ 被函数 $w = f(z)$ 映射为过点 $w_0 = f(z_0)$ 的曲线 Γ

缩放因子 $\mathrm{Arg}\ f'(z_0)$ 给出了曲线 γ 在点 z_0 处的切向量在映射 $w = f(z)$ 下的旋转角度.模量 $|f'(z_0)|$ 有没有附加的几何意义?令 $z - z_0 = r\mathrm{e}^{\mathrm{i}\theta}$,$w - w_0 = \rho\mathrm{e}^{\mathrm{i}\phi}$,其中 z 和 w 分别是曲线 γ 及其像曲线 Γ 上的点.设 Δs 是 γ 上点 z_0 和点 z 之间的弧长,$\Delta\sigma$ 是 Γ 上点 w_0 和点 w 之间的弧长.可以看到,当 z 趋向于 z_0 时,w 趋向于 w_0.考虑比值

$$\frac{w - w_0}{z - z_0} = \frac{f(z) - f(z_0)}{z - z_0} = \frac{\rho\mathrm{e}^{\mathrm{i}\phi}}{r\mathrm{e}^{\mathrm{i}\theta}} = \frac{\Delta\sigma}{\Delta s}\frac{\rho}{\Delta\sigma}\frac{\Delta s}{r}\mathrm{e}^{\mathrm{i}(\phi-\theta)}$$

并注意
$$\lim_{w \to w_0}\frac{\rho}{\Delta\sigma} = 1, \quad \lim_{z \to z_0}\frac{\Delta s}{r} = 1$$

于是可得

$$|f'(z_0)| = \left|\lim_{z \to z_0}\frac{f(z) - f(z_0)}{z - z_0}\right| = \lim_{z \to z_0}\frac{\Delta\sigma}{\Delta s} = \lim_{z \to z_0}\frac{|f(z) - f(z_0)|}{|z - z_0|} \tag{6.2}$$

当 $z \to z_0$ 时,$|f(z) - f(z_0)| \approx |f'(z_0)||z - z_0|$,因此可以将 $|f'(z_0)|$ 看作共形映射 $f(z)$ 在点 z_0 处的**缩放因子**.

6.1.2 共形映射的定义

设 γ_1 和 γ_2 为在点 z_0 处相交的一对光滑曲线,令 α 为在点 z_0 处两条曲线的切向量之间的夹角.由于两个切向量在映射 $w = f(z)$ 下旋转的方向和幅度相同,因此在点 $w_0 = f(z_0)$ 处像曲线 Γ_1 和 Γ_2 的切向量之间的夹角也是 α,如图 6.2 所示.这种在映射下的保角特性有如下定义:

【定义 6.1.1】(共形映射)如果一个映射可以使得两条光滑曲线过某点处的夹角的大小和方向保持不变,则称它为过该点的共形映射.

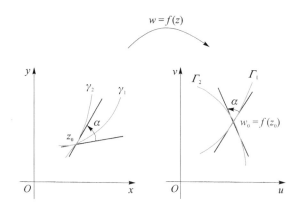

图 6.2　在映射 $w=f(z)$ 下光滑曲线过点 z_0 处的夹角保持不变

定理 6.1.1 解释了复变函数的解析性与上述保角性之间的关系.

【定理 6.1.1】（共形映射）解析函数 f 在 $f'(z_0)\neq 0$ 的每个点 z_0 处都是共形的.

【证明】在 z 平面上定义两条过点 z_0 的光滑曲线 γ_1 和 γ_2，二者的参数方程为

$$z_1(t)=x_1(t)+\mathrm{i}y_1(t),\quad a_1\leqslant t\leqslant b_1$$

$$z_2(s)=x_2(s)+\mathrm{i}y_2(s),\quad a_2\leqslant s\leqslant b_2$$

其中，$z_1(t_0)=z_2(s_0)=z_0$. 从切向量 $z_1'(t_0)$ 到切向量 $z_2'(s_0)$ 沿逆时针方向测量的夹角 α 由下式给出（见图 6.2）为

$$\alpha=\operatorname{Arg} z_2'(s_0)-\operatorname{Arg} z_1'(t_0)$$

需要特别注意的是，有时可能需要通过加减 2π 来适当调整其中一个切向量的辐角. 在映射 $w=f(z)$ 下的像曲线 Γ_1 和 Γ_2 下分别用 $w_1(t)=f(z_1(t))$ 和 $w_2(s)=f[z_2(s)]$ 表示，二者相交于点 $w_0=f(z_0)$，如图 6.2 所示. 从切向量 $w'(t_0)$ 到切向量 $w'(s_0)$ 沿逆时针方向测量的夹角为 $\operatorname{Arg} w_2'(s_0)-\operatorname{Arg} w_1'(t_0)$. 根据式(6.1)，映射曲线之间的夹角与 α 相同，因为

$$\operatorname{Arg} w_2'(s_0)-\operatorname{Arg} w_1'(t_0)=\left[\operatorname{Arg} f'(z_0)+\operatorname{Arg} z_2'(s_0)\right]-\left[\operatorname{Arg} f'(z_0)+\operatorname{Arg} z_1'(t_0)\right]$$

$$=\operatorname{Arg} z_2'(s_0)-\operatorname{Arg} z_1'(t_0) \tag{6.3}$$

注意式(6.3)成立的前提条件是 f 在 z_0 处解析且 $f'(z_0)$ 不为零. 可以看出，该映射可以保持过点 z_0 的任意两条光滑曲线之间夹角的大小和方向不变，因此函数 f 在点 z_0 处是共形的.

映射的一一对应属性与映射函数的导数不为零之间存在密切联系. 下面给出一个相关结论：如果函数 f 在点 z_0 处解析且 $z'(z_0)\neq 0$，则存在一个点 z_0 的邻域使得 f 在该邻域内是一一对应的. 这里省略其证明过程.

【例 6.1.1】（共形映射）讨论函数 $w=f(z)=z^2$ 在下面区域内的共形性质：

$$D=\left\{z \mid 0<|z|<1,\quad 0<\arg z<\frac{\pi}{2}\right\}$$

【解】由于解析函数 $w=f(z)=z^2$ 的导数 f' 仅在 $z=0$ 处（不在 D 内）为 0，因此它在 D 内任意点都是共形的. 在该映射下区域 D 在 w 平面中的像是一个上半圆，即

$$D' = \{w \mid 0 < |w| < 1, \quad 0 < \arg w < \pi\}$$

设 $\gamma = \gamma_1 \cup \gamma_2 \cup \gamma_3$ 是 D 的边界,其中 γ_1 是单位圆周的圆弧部分,γ_2 是沿虚轴的线段,而 γ_3 是沿实轴的线段.与 γ_1、γ_2 和 γ_3 对应的像曲线分别用 Γ_1、Γ_2 和 Γ_3 表示,如图 6.3 所示.

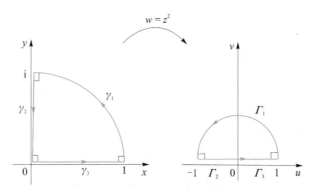

图 6.3 映射 $w = z^2$ 把在 z 平面中的 1/4 圆形域映射为 w 平面中的 1/2 圆形域

曲线 γ_1 和 γ_2 在 $z = i$ 处正交,二者的映射曲线 Γ_1 和 Γ_2 在 $w = -1$ 处正交.同样,曲线 γ_3 和 γ_1 在 $z = 1$ 处正交,二者的映射曲线 Γ_3 和 Γ_1 在 $w = 1$ 处正交.这些现象与 $w = z^2$ 在 $z = i$ 和 $z = 1$ 的共形特性一致.

然而,虽然曲线 γ_2 和 γ_3 在交点 $z = 0$ 处正交,但是映射后的曲线 Γ_2 和 Γ_3 在 $w = 0$ 处的尖角为零.这并不奇怪,因为映射 $w = z^2$ 在 $z = 0$ 处不共形.实际上,映射函数在临界点处对夹角的放大倍数取决于临界点的阶次(见 6.1.3 小节的讨论).

6.1.3 临界点附近的映射行为

假设 z_0 是解析函数 f 的一个临界点,即 $f'(z_0) = 0$.在这种情况下,f 在 z_0 处不共形.设 m 为满足 $f^{(m)}(z_0) \neq 0$ 的最低阶次,即 $f'(z_0) = \cdots = f^{(m-1)}(z_0) = 0$,那么 $w = f(z)$ 在 $z = z_0$ 附近的映射性质怎样?

函数 $f(z)$ 在 z_0 处的泰勒级数展开式为

$$w = f(z) = f(z_0) + \frac{f^{(m)}(z_0)}{m!}(z - z_0)^m + \frac{f^{(m+1)}(z_0)}{(m+1)!}(z - z_0)^{m+1} + \cdots$$

在 z_0 点的附近可以忽略高阶项,从而得到近似表达式

$$w - w_0 \approx \frac{f^{(m)}(z_0)}{m!}(z - z_0)^m, \quad w_0 = f(z_0)$$

于是 $w - w_0$ 和 $z - z_0$ 的辐角与模的近似关系为

$$\text{Arg}(w - w_0) \approx \text{Arg}\, f^{(m)}(z_0) + m\,\text{Arg}(z - z_0) \tag{6.4}$$

$$|w - w_0| \approx \left| \frac{f^{(m)}(z_0)}{m!} \right| |z - z_0|^m$$

假设 $z - z_0 = r\mathrm{e}^{\mathrm{i}\theta}$,$w - w_0 = \rho\mathrm{e}^{\mathrm{i}\phi}$,其中 z 和 w 分别是曲线 γ 及其像曲线 Γ 上的点.根

据式(6.4),可以推断出

$$\phi \approx \mathrm{Arg}\, f^{(m)}(z_0) + m\theta$$

当 $z \to z_0$ 时,θ 和 ϕ 分别趋近于曲线 γ 在 z_0 处的切向量的倾角及其像曲线 Γ 在 w_0 处对应的倾角. 设 α 是在 z_0 处两条相交光滑曲线 γ_1 和 γ_2 之间的夹角,那么 $\alpha = \theta_2 - \theta_1$,其中 θ_1 和 θ_2 分别是 γ_1 与 γ_2 在 z_0 处的切向量的倾角. 映射后的曲线 Γ_1 和 Γ_2 在交点 w_0 处的切向量之间的夹角为

$$[\mathrm{Arg}\, f^{(m)}(z_0) + m\theta_2] - [\mathrm{Arg}\, f^{(m)}(z_0) + m\theta_1] = m(\theta_2 - \theta_1) = m\alpha$$

也就是说,位于 w 平面中的像曲线之间的夹角是位于 z 平面中原光滑曲线之间的夹角的 m 倍.

例 6.1.1 中的映射函数 $w = z^2$ 的临界点 $z = 0$ 的阶次 $m = 2$. 考虑 z 平面上一对曲线 $z = t, t \geq 0$ 和 $z = is, s \geq 0$,它们的交点是 $z = 0$. 二者经 $w = z^2$ 映射后在 w 平面的像曲线为 $w = t^2, t \geq 0$ 和 $w = -s^2, s \geq 0$. 像曲线在 $w = 0$ 处相交. 在 z 平面中这对曲线之间的夹角为 $\pi/2$,而在 w 平面中的像曲线之间的交角是 π. 因为 $m = 2$,所以在该映射下夹角被放大了 2 倍.

【例 6.1.2】(共形映射) 假设共形映射 $w = f(z)$ 将 z 平面中的区域 D 映射为 w 平面中的区域 Δ. 请证明 Δ 的面积由 $A = \iint\limits_D |f'(z)|^2 \mathrm{d}x\mathrm{d}y$ 给出.

【证明】位于 w 平面上的区域 Δ 的面积

$$A = \iint\limits_\Delta \mathrm{d}u\,\mathrm{d}v = \iint\limits_D \frac{\partial(u,v)}{\partial(x,y)} \mathrm{d}x\,\mathrm{d}y, \quad w = u + iv, \quad z = x + iy$$

其中,$\partial(u,v)/\partial(x,y)$ 是该变换的雅可比行列式. 故根据柯西-黎曼方程可得

$$\frac{\partial(u,v)}{\partial(x,y)} = \frac{\partial u}{\partial x}\frac{\partial v}{\partial y} - \frac{\partial v}{\partial x}\frac{\partial u}{\partial y} = \left(\frac{\partial u}{\partial x}\right)^2 + \left(\frac{\partial u}{\partial y}\right)^2$$

另外,可以得到

$$f'(z) = \frac{\partial u}{\partial x} + i\frac{\partial v}{\partial x} = \frac{\partial u}{\partial x} - i\frac{\partial u}{\partial y}$$

因此
$$|f'(z)|^2 = \left(\frac{\partial u}{\partial x}\right)^2 + \left(\frac{\partial u}{\partial y}\right)^2$$

至此,面积公式证明完毕. 因为 $|f'(z)|$ 给出了共形映射在 z 处的局部缩放因子,所以该结论成立是自然的(参见公式 6.2).

习 题

1. 求下列映射共形的区域.

(a) $f(z) = z^3 - 3z + 1$;

(b) $f(z) = z^2 + 2iz - 3$;

(c) $f(z) = z - e^{-z} + 1 - i$;

(d) $f(z) = z e^{z^2 - 2}$;

(e) $f(z) = \tan z$;

(f) $f(z) = z - \mathrm{Ln}(z + i)$.

2. 证明下列函数在给定的点处不共形.

(a) $f(z)=(z-\mathrm{i})^3$；$z_0=\mathrm{i}$；

(b) $f(z)=(\mathrm{i}z-3)^2$；$z_0=-3\mathrm{i}$；

(c) $f(z)=\mathrm{e}^{z^2}$；$z_0=0$；

(d) $f(z)=z^{1/2}$ 的主值支；$z_0=0$.

6.2 分式线性映射

6.2.1 分式线性映射的定义

求解平面上拉普拉斯方程边值问题的关键,在于构造平面上区域之间的共形映射.研究特殊共形映射的一个不错的出发点是单位圆周,因为已知单位圆周上狄利克雷(Dirichlet)问题一般解的公式,即泊松(Poisson)积分公式.对于包含圆周和直线的区域,最合适的映射是

$$w=f(z)=\frac{az+b}{cz+d} \tag{6.5}$$

其中,a,b,c 和 d 是复数.当 $ad-bc\neq0$ 时,式(6.5)称作分式线性映射(或双线性映射).之所以如此命名,是因为式(6.5)由两个线性函数之比构成.分式线性映射可以分解为

$$w=f(z)=\frac{a}{c}+\frac{bc-ad}{c}\frac{1}{cz+d}, \quad c\neq0 \tag{6.6}$$

显然,限制条件 $ad-bc\neq0$ 是必不可少的,以确保 $f(z)$ 不是一个常值函数.当 $c=0$ 时,$f(z)$ 变成线性映射.

分式线性映射(6.6)可以概括为

$$w=f(z)=\begin{cases} \dfrac{az+b}{cz+d}, & z\neq-\dfrac{d}{c}, z\neq\infty \\[2mm] \infty, & z=-\dfrac{d}{c} \\[2mm] \dfrac{a}{c}, & z=\infty \end{cases} \tag{6.7}$$

一对一映射 分式线性映射是扩展复平面到其自身的**一对一映射**.换句话说,分式线性映射将不同的点映射到不同的像上.这意味着 $f(z_1)=f(z_2)$ 当且仅当 $z_1=z_2$ 时成立.这里的"必要性(当)"部分是显而易见的.为了显示"充分性(仅当)"部分,假设

$$\frac{az_1+b}{cz_1+d}=f(z_1)=f(z_2)=\frac{az_2+b}{cz_2+d}$$

经过适当化简,得到

$$(bc-ad)z_1=(bc-ad)z_2$$

由于 $ad-bc\neq0$,因此 $z_1=z_2$.

由于分式线性映射是一对一的,因此它的逆总是存在的.可以通过式(6.5)求解 z 得到逆映射,即

$$z=\frac{-dw+b}{cw-ad}$$

当 $c \neq 0$ 时，$w = f(z)$ 在 $-d/c$ 处有一个简单极点 $f(-d/c) = \infty$. 类似地，其逆映射在 a/c 处有一个简单极点，从而使得 $f(\infty) = a/c$. 当 $c = 0$ 时，$f(\infty) = \infty$.

函数 f 的导数如下：

$$f'(z) = \frac{ad - bc}{(cz + d)^2} \tag{6.8}$$

除了极点 $-d/c$ 之外，式 (6.8) 在复平面上处处有定义. 此外，因为 $ad - bc \neq 0$，所以 $f'(z)$ 在有限复平面上不会取零值. 因此，分式线性映射除了极点外在有限复平面上处处共形.

三对三映射　显然，在分式线性映射中有四个系数，但其中只有三个是独立的. 存在唯一的分式线性映射，它将 z 平面中的三个不同点 z_1, z_2, z_3 映射为 w 平面中的三个不同点 w_1, w_2, w_3. 假设这六个点都是有限值. 由于 z_j 映射为 $w_j, j = 1, 2, 3$，即

$$w_j = \frac{az_j + b}{cz_j + d}, \quad j = 1, 2, 3$$

使用关系式

$$w - w_j = \frac{(ad - bc)(z - z_j)}{(cz + d)(cz_j + d)}, \quad j = 1, 2$$

和

$$w_3 - w_j = \frac{(ad - bc)(z_3 - z_j)}{(cz_3 + d)(cz_j + d)}, \quad j = 1, 2$$

得到关于所需分式线性映射的如下公式：

$$\frac{w - w_1}{w - w_2} \bigg/ \frac{w_3 - w_1}{w_3 - w_2} = \frac{z - z_1}{z - z_2} \bigg/ \frac{z_3 - z_1}{z_3 - z_2} \tag{6.9}$$

当其中个别点不是有限值时会发生什么？例如，当 $z_1 \to \infty$ 时，式 (6.9) 的右边成为

$$\lim_{z_1 \to \infty} \frac{z - z_1}{z - z_2} \bigg/ \frac{z_3 - z_1}{z_3 - z_2} = \frac{z_3 - z_2}{z - z_2}$$

该方法可以应用于其他极限情况，如 $z_2 \to \infty, w_1 \to \infty$ 等，从而找到相应简化的分式线性映射.

【例 6.2.1】（分式线性映射）求将点 $-1, \infty, \mathrm{i}$ 映射成下列情况的分式线性映射.

(a) $\mathrm{i}, 1, 1 + \mathrm{i}$;

(b) $\infty, \mathrm{i}, 1$.

【解】 设 $z_1 = -1, z_2 = \infty$ 及 $z_3 = \mathrm{i}$.

(a) 令 $w_1 = \mathrm{i}, w_2 = 1$ 及 $w_3 = 1 + \mathrm{i}$. 式 (6.9) 中取极限 $z_2 \to \infty$，可得

$$\frac{w - \mathrm{i}}{w - 1} \bigg/ \frac{1 + \mathrm{i} - \mathrm{i}}{1 + \mathrm{i} - 1} = \frac{z - 1}{z + 1}$$

重新排列各项，可得 $w = \dfrac{z + 2 + \mathrm{i}}{z + 2 - \mathrm{i}}$.

(b) 令 $w_1 = \infty, w_2 = \mathrm{i}$ 及 $w_3 = 1$. 在式 (6.9) 中取极限 $z_2 \to \infty$ 和 $w_1 \to \infty$，可得

$$\frac{1 - \mathrm{i}}{w - \mathrm{i}} = \frac{z + 1}{\mathrm{i} + 1} \quad \text{或} \quad w = \frac{\mathrm{i}z + 2 + \mathrm{i}}{z + 1}$$

6.2.2 保圆性

对式(6.6)中的 $f(z)$ 进行分解表明,分式线性映射可以表示为下面三个连续映射的组合,即

① 线性映射:

$$w_1 = cz + d \qquad (6.10)$$

② 倒数映射:

$$w_2 = \frac{1}{w_1}$$

③ 线性映射:

$$w = f(z) = \frac{a}{c} + \frac{bc - ad}{c} w_2$$

用极坐标形式表示 c,即令 $c = re^{i\theta}$,则式(6.10)定义的线性映射可分解为:旋转映射 $z_1 = e^{i\theta} z$、缩放映射 $z_2 = rz_1$、平移映射 $w_1 = z_2 + d$. 将这些映射结合起来,一个分式线性映射就可以看作平移、旋转、缩放和倒数映射四种映射的组合.

上述四种类型的映射——平移、旋转、缩放和倒数映射都具有**保圆性**. 它们可以将圆周和直线映射为同一类形状. 在这里将直线视为具有无限半径的圆周. 很明显,平移、旋转和缩放映射确实具有保圆性. 因此接下来需要证明倒数映射也具有保圆性. 复平面中圆周的一般形式为 $|z - z_0| = R$ 或 $(z - z_0)(\bar{z} - \bar{z}_0) = R^2$ 或

$$z\bar{z} + \bar{B}z + B\bar{z} + c = 0, \quad B = -z_0, \quad c = |B|^2 - R^2 \qquad (6.11)$$

由此可得复平面中圆周的一般形式为

$$Az\bar{z} + \bar{E}z + E\bar{z} + D = 0 \quad (\text{其中 } A \text{ 和 } D \text{ 是实数}) \qquad (6.12)$$

其中,$A \neq 0$,$|E|^2 - AD > 0$. 当 $A = 0$ 时,式(6.12)表示一条直线. 考虑逆映射 $w = 1/z$,将 $z = 1/w$ 代入式(6.12)可得

$$Dw\bar{w} + \bar{E}\bar{w} + Ew + a = 0 \qquad (6.13)$$

当 $D \neq 0$ 时,式(6.13)是一个圆周的方程;当 $D = 0$ 时,式(6.13)是直线方程.

在什么情况下,式(6.5)定义的分式线性映射可以将一个圆周映射成一条直线? 由于一条直线经过无穷远点而 $f(-d/c) = \infty$,因此可以推断出一个分式线性映射将经过极点 $z = -d/c$ 的圆周或直线映射为一条直线.

【定理 6.2.1】(保圆性) 如果 C 是 z 平面上的一个圆周,函数 $f(z)$ 是由式(6.7)定义的分式线性映射,则在 $f(z)$ 映射下 C 在扩展复平面 w 上的像要么是一个圆周、要么是一条直线. 当且仅当 $c \neq 0$ 且极点 $z = -d/c$ 在圆周 C 上时,C 的像才是一条直线.

【例 6.2.2】(圆形域的像) 求在分式线性映射 $f(z) = (z + 2)/(z - 1)$ 下单位圆周 $|z| = 1$ 的像,该圆周内部 $|z| < 1$ 的像是什么?

【解】函数 $f(z)$ 的极点是 $z = 1$ 并且位于单位圆周 $|z| = 1$ 上. 因此,根据定理 6.2.1 可知,该单位圆周的像是一条线. 既然像是一条线,就可以用任意两点来确定. 由 $f(-1) =$

$-1/2$ 及 $f(\mathrm{i})=-1/2-(3/2)\mathrm{i}$ 可以看出像是直线 $u=-1/2$. 由于分式线性映射是一个有理函数,因此它在定义域上是连续的. 于是,单位圆周内部 $|z|<1$ 的像要么是半平面 $u<-1/2$,要么是半平面 $u>-1/2$. 以 $z=0$ 作为<u>测试点</u>,发现 $f(0)=-2$,它位于直线 $u=-1/2$ 的左侧,因此像是 $u<-1/2$ 的半平面. 该映射如图 6.4 所示. 在图 6.4(a) 中以彩色粗线表示圆周 $|z|=1$,对应的像 $u=-1/2$ 在图 6.4(b) 中也以彩色粗线表示.

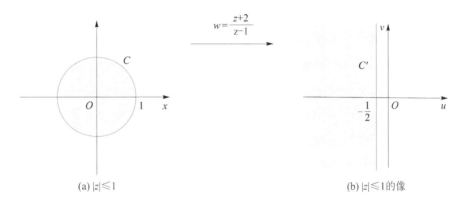

(a) $|z|\leqslant 1$ $\qquad$ (b) $|z|\leqslant 1$ 的像

图 6.4 分式线性映射 $f(z)=(z+2)/(z-1)$

【例 6.2.3】(圆域的像) 求在分式线性映射 $f(z)=(z+2)/(z-1)$ 下单位圆周 $|z|=2$ 的像,并讨论圆盘 $|z|\leqslant 2$ 在 f 下的像是什么?

【解】 在本例中,极点 $z=1$ 不在圆周 $|z|=2$ 上,因此根据定理 6.2.1 可知 $|z|=2$ 的像是一个圆周 C'. 为了求得 C' 的代数描述,注意到圆周 $|z|=2$ 关于 x 轴对称. 也就是说,如果 z 在圆周 $|z|=2$ 上,那么 $\bar{z}$ 也在圆周 $|z|=2$ 上. 此外,观察到对于所有 z,存在如下关系:

$$f(\bar{z})=\frac{\bar{z}+2}{\bar{z}-1}=\frac{\overline{z+2}}{\overline{z-1}}=\left(\overline{\frac{z+2}{z-1}}\right)=\overline{f(z)}$$

因此,如果 z 和 $\bar{z}$ 在圆周 $|z|=2$ 上,那么可以肯定 $w=f(z)$ 和 $\bar{w}=\overline{f(z)}=f(\bar{z})$ 也都在圆周 C' 上. 由此可知,C' 是关于 u 轴对称的. 由于 $z=2$ 和 $z=-2$ 在圆周 $|z|=2$ 上,因此 $f(2)=4$ 和 $f(-2)=0$ 两个点都在 C' 上. 由 C' 的对称性可知 0 和 4 是直径的端点,因此 C' 是圆周 $|w-2|=2$. 以 $z=0$ 为测试点,可得 $w=f(0)=-2$ 位于圆周 $|w-2|=2$ 之外. 因此,圆周 $|z|=2$ 内部的像是圆周 $|w-2|=2$ 的外部. 综上所述,通过分式线性映射 $f(z)=(z+2)/(z-1)$,可以将图 6.5(a) 中用彩色表示的圆盘 $|z|\leqslant 2$ 映射为图 6.5(b) 中用彩色表示的区域 $|w-2|\geqslant 2$.

6.2.3 保对称性

6.2.2 小节探讨了分式线性映射的保圆性. 本小节将进一步探讨分式线性映射的保对称性. 下面给出圆周的对称点的定义.

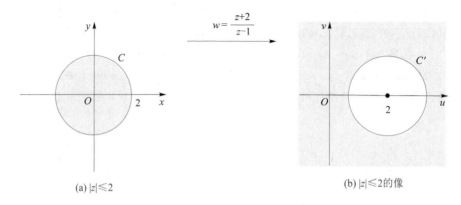

(a) $|z| \leqslant 2$ (b) $|z| \leqslant 2$ 的像

图 6.5 分式线性映射 $f(z) = (z+2)/(z-1)$

【定义 6.2.1】（圆的对称点）在 z 平面上给定一个圆周 C：$|z-\alpha| = R$，如果两个点 z_1 和 z_2 满足以下条件：

$$\arg(z_1 - \alpha) = \arg(z_2 - \alpha) \tag{6.14}$$

$$|z_1 - \alpha| \, |z_2 - \alpha| = R^2 \tag{6.15}$$

则称二者关于圆周 C 对称. 按照惯例,认为圆周 C 的中心 α 和复无穷 ∞ 关于 C 是对称的.

从几何学的角度看,根据关系式(6.14),对称点 z_1, z_2 和圆心 α 都位于经过 α 的同一条射线上,它们到圆心的距离满足关系式(6.15). 给定一个点 z_1,它关于圆周 C 的对称点可以用如图 6.6 所示的构造方法求得(图 6.6 显示了 $\alpha = 0$ 的特殊情况). 当 z_1 在圆周上时,其对称点就是它本身.式(6.14)和式(6.15)两个方程可以组合为一个方程:

$$(z_1 - \alpha)\overline{(z_2 - \alpha)} = R^2$$

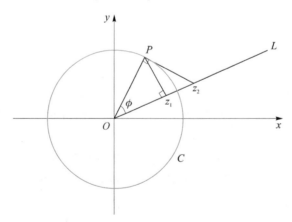

图 6.6 构造圆 C 的一对对称点

用对称点表示圆的方程 考虑圆周 C：$|z-\alpha| = R$,设 z_1 和 z_2 是关于 C 的一对对称点. 记 $z_1 = \alpha + d_1 e^{i\phi}$,其中 $d_1 = |z_1 - \alpha|$,$\phi = \arg(z_1 - \alpha)$. 由于 z_1, z_2 和 α 位于同一条射线上,因此根据式(6.15)的关系,可得 $z_2 = \alpha + d_2 e^{i\phi}$,其中 $d_2 = |z_2 - \alpha| = R^2/d_1$. 设 z 是圆周 C 上的一点,记为 $z = \alpha + R e^{i\theta}$,于是有

$$\left|\frac{z-z_1}{z-z_2}\right| = \left|\frac{R\mathrm{e}^{\mathrm{i}\theta}-d_1\mathrm{e}^{\mathrm{i}\phi}}{R\mathrm{e}^{\mathrm{i}\theta}-d_2\mathrm{e}^{\mathrm{i}\phi}}\right| = \frac{d_1}{R}\left|\frac{R\mathrm{e}^{\mathrm{i}\theta}-d_1\mathrm{e}^{\mathrm{i}\phi}}{d_1\mathrm{e}^{\mathrm{i}\phi}-R\mathrm{e}^{\mathrm{i}\phi}}\right|$$

根据对称性，模 $|R\mathrm{e}^{\mathrm{i}\theta}-d_1\mathrm{e}^{\mathrm{i}\phi}|$ 和 $|d_1\mathrm{e}^{\mathrm{i}\theta}-R\mathrm{e}^{\mathrm{i}\phi}|$ 的值相等，因此

$$\left|\frac{z-z_1}{z-z_2}\right| = \frac{d_1}{R} = \frac{R}{d_2}$$

这给出了圆周 C 的另一种用**对称点 z_1 和 z_2 表示的形式**.

反之，如果给出一个如下形式的方程

$$\left|\frac{z-z_1}{z-z_2}\right| = k \quad (\text{其中 } z_1 \neq z_2, k \text{ 是非负实数}) \tag{6.16}$$

则可以证明方程 (6.16) 表示一个圆周，其中 z_1 和 z_2 是圆周的一对对称点. 希望根据 z_1，z_2 和 k 求出圆心和半径. 利用式 (6.16) 可得

$$(z-z_1)(\bar{z}-\bar{z}_1) = k^2(z-z_2)(\bar{z}-\bar{z}_2) \tag{6.17}$$

将式 (6.17) 整理成式 (6.11) 的形式，可得

$$B = \frac{k^2 z_2 - z_1}{1-k^2}, \quad c = \frac{\bar{z}_1 z_1 - k^2 \bar{z}_2 \bar{z}_2}{1-k^2}$$

结合 $B = -z_0 = -\alpha$ 和 $c = |B|^2 - R^2$ 可得圆周的方程 $|z-\alpha| = R$，其中

$$\alpha = \frac{z_1 - k^2 z_2}{1-k^2}, \quad R = \frac{k|z_1-z_2|}{|1-k^2|} \tag{6.18}$$

进一步可得

$$z_1 - \alpha = \frac{k^2}{1-k^2}(z_2-z_1), \quad z_2 - \alpha = \frac{1}{1-k^2}(z_2-z_1)$$

由此可知，z_1 和 z_2 满足如下关系：

$$z_2 - \alpha = \frac{R^2}{\overline{z_1 - \alpha}}$$

因此，z_1 和 z_2 两点关于式 (6.18) 所给圆心与半径定义的圆周是对称的.

考虑 $k=0$ 和 $k=1$ 两种特殊情况. 当 $k=0$ 时，半径为零，圆周缩小成一个点. 当 $k=1$ 时，半径无穷大，圆周变成了一条直线. 事实上，方程 $|z-z_1| = |z-z_2|$ 表示连接点 z_1 和 z_2 的线段的垂直平分线，这两个对称点以垂直平分线互为镜像.

阿波罗尼奥斯 (Apollonius) 圆族　上述结果表明，任何圆周都可以用如下形式的方程表示：

$$\left|\frac{z-z_1}{z-z_2}\right| = k, \quad k > 0 \tag{6.19}$$

其中，z_1 和 z_2 是圆周的对称点. 当 $k \neq 1$ 时，圆心和半径由式 (6.18) 给出. 具有相同对称点 z_1 和 z_2 的圆周称为阿波罗尼奥斯 (Apollonius) 圆族. 或者，给定任意两个圆周 C_1 和 C_2，可以求得两个圆周的对称点 z_1 与 z_2. 因此，C_1 和 C_2 属于同一个阿波罗尼奥斯圆族. 另一个有用性质是，由之可直接推导出分成线性映射

$$w = \frac{z-z_1}{z-z_2} \tag{6.20}$$

分式线性映射 (6.20) 可以将式 (6.19) 定义的阿波罗尼奥斯圆族映射到同心圆族 $|w|=k$

上. 这些性质可用于求将给定的两个圆周映射成同心圆周的分式线性映射.

双线性映射下的对称点 考虑分式线性映射

$$w = f(z) = \frac{az+b}{cz+d} \tag{6.21}$$

它将 z 平面上的圆周 C_z 映射为 w 平面上的圆周 C_w. 设 z_1 和 z_2 是 C_z 上的一对对称点，其中 $z_1 \neq z_2$，而 $w_1 = f(z_1)$ 和 $w_2 = f(z_2)$ 分别是 z_1 与 z_2 的像点. 那么 w_1 和 w_2 是 C_w 上的一对对称点吗？考虑到分式线性映射的共形性，该问题的答案应该是"是". 这被称作分式线性映射的**保对称性**. 下面用代数方法证明这一性质的有效性.

该问题的代数证明较为简单. 圆周 C_z 的一对对称点 z_1 和 z_2 可以表示为

$$\left| \frac{z-z_1}{z-z_2} \right| = k, \quad k > 0 \tag{6.22}$$

式(6.21)所给分式线性映射的逆为

$$z = \frac{-dw+b}{cw-a} \tag{6.23}$$

将式(6.23)代入式(6.22)，可得

$$\left| \frac{(cz_1+d)w-(az_1+b)}{(cz_2+d)w-(az_2+b)} \right| = k \tag{6.24}$$

假设 z_1 和 z_2 都不等于 $-d/c$（分式线性映射的极点），式(6.24)可以改写为

$$\left| \frac{w-w_1}{w-w_2} \right| = k \left| \frac{cz_2+d}{cz_1+d} \right| = k', \quad k' > 0$$

这表明 w_1 和 w_2 是 C_w 上的一对对称点.

当 $z_1 = -d/c$ 时会发生什么？这时 $w_1 = f(-d/c) = \infty$. 通过观察可得 $cz_1+d=0$，$cz_2+d \neq 0$ 以及 $az_1+b \neq 0$，因此式(6.24)成为

$$|w-w_2| = \frac{1}{k} \left| \frac{az_1+b}{cz_2+d} \right|$$

这表明 C_w 是以 w_2 为圆心的圆周. 回想一下，圆心和复无穷是关于圆周对称的. 因此，w_1 和 w_2 关于 C_w 是对称的. 当 $z_2 = -d/c$ 时，也可以得到类似的结论.

习　题

1. 求在下列分式线性映射 f 下点 $0,1,\mathrm{i}$ 和 ∞ 的像.

(a) $f(z) = \dfrac{\mathrm{i}}{z}$；　　　　　　　　(b) $f(z) = \dfrac{2}{z-\mathrm{i}}$；

(c) $f(z) = \dfrac{z+\mathrm{i}}{z-\mathrm{i}}$；　　　　　　(d) $f(z) = \dfrac{z-1}{z}$.

2. 求在下列分式线性映射 f 下圆盘 $|z| \leqslant 1$ 和 $|z-\mathrm{i}| \leqslant 1$ 的像.

(a) $f(z) = \dfrac{\mathrm{i}}{z}$；　　　　　　　　(b) $f(z) = \dfrac{z}{z-\mathrm{i}}$；

(c) $f(z) = \dfrac{z+\mathrm{i}}{z-\mathrm{i}}$；　　　　　　(d) $f(z) = \dfrac{z-1}{z}$.

3. 求在下列分式线性映射 f 下半平面 $x \geqslant 0$ 和 $y \leqslant 1$ 的像.

(a) $f(z) = \dfrac{i}{z}$;

(b) $f(z) = \dfrac{z}{z-i}$;

(c) $f(z) = \dfrac{z+i}{z-i}$;

(d) $f(z) = \dfrac{z-1}{z}$.

4. 找到在下列分式线性映射下对应的彩色显示区域(见图 6.7)的像.

(a) $f(z) = \dfrac{z}{z-2}$;

(b) $f(z) = \dfrac{z-i}{z+1}$;

(c) $f(z) = \dfrac{z+1}{z-2}$;

(d) $f(z) = \dfrac{-z-1+i}{z-1+i}$.

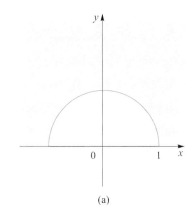

(a)

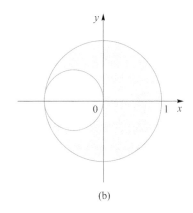

(b)

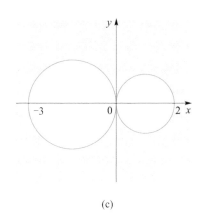

(c)

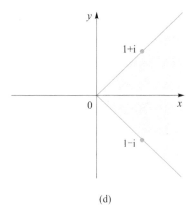

(d)

图 6.7 习题 4 的区域

6.3 施瓦茨–克里斯托费尔映射

本节将构建施瓦茨–克里斯托费尔映射,它将 x 轴和 z 平面的上半部分映射为 w 平面中给定的简单闭合多边形及其内部区域.该方法在求解流体流动和静电势理论问题中有应用.

6.3.1 将实轴映射为多边形

考虑一个位于有限 w 平面上顶点为 $w_1, w_2, \cdots, w_n$ 的闭合多边形,将连接 w_{k-1} 与 w_k 的第 k 条边的倾角记为 $\beta_k, k = 1, 2, \cdots, n$. 为了便于标记,将 w_n 记为 w_0,这样多边形的第一条边就是连接 w_n 与 w_1 的直线段. 两条相邻边在顶点 w_k 处的倾角的转角称为顶点 w_k 处的外角,设 θ_k 为 w_k 处的外角,则 θ_k 由 $\beta_{k+1} - \beta_k (k = 1, 2, \cdots, n)$ 给出,其中将 β_{n+1} 视作 β_1. 由初等几何可知,多边形的外角之和总是等于 2π.

在 z 平面实轴上选择满足 $x_1 < x_2 < \cdots < x_n$ 的 n 个不同的点 $x_1, x_2, \cdots, x_n$,并将它们映射为 w 平面中多边形的顶点. 用 $w = f(z)$ 表示待求的施瓦茨-克里斯托费尔映射,其中 $f(x_k) = w_k, k = 1, 2, \cdots, n$,如图 6.8 所示. 由关系式 $\mathrm{d}w/\mathrm{d}z = f'(z)$ 可以推导出

$$\mathrm{Arg}\ \mathrm{d}w = \mathrm{Arg}\ \mathrm{d}z + \mathrm{Arg}\ f'(z)$$

因为当 z 沿着实轴移动时 $\mathrm{Arg}\ \mathrm{d}z$ 变为零,所以

$$\mathrm{Arg}\ \mathrm{d}w = \mathrm{Arg}\ f'(z)$$

具体来说,当 z 沿实轴上的 (x_{k-1}, x_k) 移动时,像点 w 沿多边形的第 k 条边移动,将参数 $\mathrm{Arg}\ \mathrm{d}w$ 设为恒定值 β_k. 然而,当 z 沿着实轴穿过点 x_k 时,$\mathrm{Arg}\ \mathrm{d}w$ 跳跃了 θ_k 的量,从而成为一个新的常数值 β_{k+1}. 综上所述,当 z 在 $(x_{k-1}, x_k)(k = 2, 3, \cdots, n)$ 处取实数值时,$\mathrm{Arg}\ \mathrm{d}w = \beta_k, k = 2, 3, \cdots, n$;当 z 在 $(-\infty, x_1)$ 或 (x_n, ∞) 处取实数值时,$\mathrm{Arg}\ \mathrm{d}w = \beta_1$.

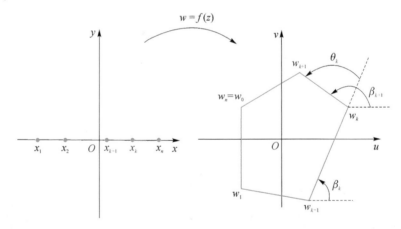

图 6.8 施瓦茨-克里斯托费尔映射将实轴映射为多边形

求解 $\mathrm{Arg}\ f'(z)$ 的问题可以等价于求解上半平面的稳态温度分布问题,其中温度沿实轴取离散常值,而 $\mathrm{Arg}\ f'(z)$ 的解由

$$\mathrm{Arg}\ f'(z) = \frac{\beta_1}{\pi} \mathrm{Arg}(z - x_1) + \frac{\beta_2}{\pi} \mathrm{Arg}\ \frac{z - x_2}{z - x_1} + \cdots + \frac{\beta_n}{\pi} \mathrm{Arg}\ \frac{z - x_n}{z - x_{n-1}} +$$

$$\frac{\beta_{n+1}}{\pi} \mathrm{Arg}[\pi - \arg(z - x_n)]$$

$$= \beta_1 - \sum_{k=1}^{n} \frac{\theta_k}{\pi}(z - x_k) \tag{6.25}$$

给出. 其中,$\beta_{n+1} = \beta_1, \theta_k = \beta_{k+1} - \beta_k, k = 1, 2, \cdots, n$. 可以推导出

$$f'(z) = K e^{i\beta_1} \prod_{k=1}^{n} (z - x_k)^{-\theta_k/\pi}$$

其中,K 是待求的实常数. 对 z 进行积分,可得施瓦茨-克里斯托费尔映射公式为

$$f(z) = w_1 + K e^{i\beta_1} \int_{x_1}^{z} \prod_{k=1}^{n} (\zeta - x_k)^{-\theta_k/\pi} \mathrm{d}\zeta \tag{6.26}$$

积分是沿着连接 x_1 和 z 的简单积分路径进行的. 为了求得实常数 K,设 $z = x_2$ 并观察 $w_2 = f(x_2)$,对方程两边取模值,得到

$$|w_2 - w_1| = K \left| \int_{x_1}^{x_2} \prod_{k=1}^{n} (\zeta - x_k)^{-\theta_k/\pi} \mathrm{d}\zeta \right|$$

注意 ① 为方便起见,通常取 x_n 为无穷大. 相应地,当式(6.25)的最后一项 $-(\theta_n/\pi)(z - x_n)$ 为零时,必须对式(6.25)进行修改,这时有

$$\mathrm{Arg}\, f'(z) = \beta_n - \sum_{k=1}^{n-1} \frac{\theta_k}{\pi}(z - x_k)$$

在这种情况下,映射公式简化为

$$f(z) = w_1 + K e^{i\beta_n} \int_{x_1}^{z} \prod_{k=1}^{n-1} (\zeta - x_k)^{-\theta_k/\pi} \mathrm{d}\zeta$$

② 由于映射公式中只涉及顶点处的外角,因此多边形可以是一个或多个顶点在无穷远处的无界多边形. 由于顶点处相邻边的倾角(即使在无穷远处)总是已知的,因此容易求得多边形的两条相邻边的倾角之差 θ_k.

【例 6.3.1】(扇形域的施瓦茨-克里斯托费尔映射)求可以将上半平面映射为如图 6.9 所示 $0 < \alpha < \pi$ 的扇形域的施瓦茨-克里斯托费尔映射.

【解】 显然,$f(z) = z^{\alpha/\pi}$ 是一个答案,但这个答案是如何从式(6.26)中得出的? 因为这个区域有两条边,所以 $n = 2$. 由图 6.9 可知,$w_1 = 0$ 处的外角为 $\pi - \alpha$. 在 z 平面上,选择 $x_1 = 0$,则由式(6.26)可得

$$f(z) = A \int z^{-\frac{\pi-\alpha}{\pi}} \mathrm{d}z + B = A \int z^{-1+\alpha/\pi} \mathrm{d}z + B$$

$$= A\, \frac{\alpha}{\pi} z^{\alpha/\pi} + B$$

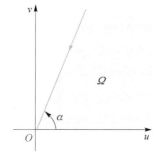

图 6.9 角度为 α 的扇形域

其中所有的分支都取主值支. 为了使 $f(0) = 0$,取 $B = 0$. 显然,A 取任意正值都成立,因此可以取 $f(z) = z^{\alpha/\pi}$.

6.3.2 施瓦茨-克里斯托费尔映射的概念

假设 Ω 是 w 平面上的一个区域,其边界由正向多边形 P 的 n 条边构成. 用 $w_1, w_2, \cdots, w_n$ 表示 P 的顶点,依次沿着边界的正方向连续编号. 如果 P 是有界的,则取点 w_n 作为闭合多边形 P 的起点和终点,当 $n = 5$ 时的情况如图 6.10 所示. 如果 P 是无界的,则取点 $w_n = \infty$,并将 P 看作有 $n-1$ 个顶点 $w_1, w_2, \cdots, w_{n-1}$ 的多边形,如图 6.11 所示. 因为测

量一个顶点处的外角相对方便,所以用 θ_j 表示多边形在 w_j 处的外角.取 $0<|\theta_j|<\pi$ ($j=1,\cdots,n$),正值对应左转,负值对应右转.在图 6.10 中,θ_2 为负,其他所有 θ_j 为正.

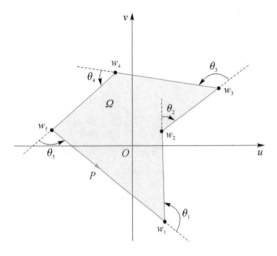

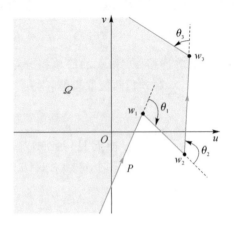

图 6.11　有 n 条边和 $n-1$ 个顶点的
无界多边形区域($n=4$)

图 6.10　有几条边的闭合多边形区域($n=5$)

【定理 6.3.1】(施瓦茨-克里斯托费尔映射) 设 Ω 是由多边形 P 围成的区域,多边形的顶点为 w_j(连续编号),对应的外角为 θ_j.那么存在一个从上半平面到 Ω 的一对一共形映射 f,使得

$$f'(z)=A(z-x_1)^{-\theta_1/\pi}(z-x_2)^{-\theta_2/\pi}\cdots(z-x_{n-1})^{-\theta_{n-1}/\pi} \qquad (6.27)$$

其中,A 是一个常数,x_j 是实数且满足 $x_1<x_2<\cdots<x_{n-1}$,$f(x_j)=w_j$,$\lim\limits_{z\to\infty}f(z)=w_n$,复数次幂取主值支.

位于 x 轴上的点 $x_j(j=1,\cdots,n-1)$ 是位于 w 平面上的多边形 P 的顶点的原像.结点 x_j 按升序排列.用 $f(\infty)=w_n$ 来表示 $\lim\limits_{z\to\infty}f(z)=w_n$.对于无界多边形 P,有 $f(\infty)=\infty$.

【定义 6.3.1】(施瓦茨-克里斯托费尔映射) 导数为式(6.27)的函数 f 的映射,称为施瓦茨-克里斯托费尔映射,这是以德国数学家卡尔·赫尔曼·阿曼杜斯·施瓦茨(Karl Herman Amandus Schwarz,1843—1921)和瑞士数学家埃尔文·布鲁诺·克里斯托费尔(Elwin Bruno Christoffel,1829—1900)的名字命名的.由于 f 是式(6.27)中的函数的原函数,因此可以令

$$f(z)=A\int(z-x_1)^{-\theta_1/\pi}(z-x_2)^{-\theta_2/\pi}\cdots(z-x_{n-1})^{-\theta_{n-1}/\pi}\,\mathrm{d}z+B \qquad (6.28)$$

常数 A 和 B 取决于多边形 P 的大小和位置.

定理 6.3.1 的完整证明过程是相当复杂的.这里只概述证明过程的一部分,目的在于说明构建该映射背后的理念.

【证明】(概要)考虑一个映射 f,其导数为式(6.27),用 w_j 表示 x_j 的像,其中 $x_1<x_2<\cdots<x_{n-1}$ 为实数.为了理解映射 f 对实轴的影响,回顾 6.1 节,在点 z_0 处的共形映射 f 的作用类似于旋转一个角度 $\operatorname{Arg} f'(z_0)$.因此导数为式(6.27)的映射的作用,就如

式(6.25)所示一样旋转了一定角度,即

$$\operatorname{Arg} f'(z) = \operatorname{Arg} A - \frac{\theta_1}{\pi}\operatorname{Arg}(z-x_1) - \frac{\theta_2}{\pi}\operatorname{Arg}(z-x_2) - \cdots - \frac{\theta_{n-1}}{\pi}\operatorname{Arg}(z-x_{n-1})$$

$$(6.29)$$

对于 x 轴上的 $z=x$,当 $x<x_1$ 时,有 $x-x_j<0, j=1,2,\cdots,n-1$,因此 $\operatorname{Arg}(x-x_j)=\pi$, $j=1,2,\cdots,n-1$,由式(6.29)可得

$$-\infty < x < x_1, \quad f(x) \in [w_n, w_1] \Rightarrow \operatorname{Arg} f'(x) = \operatorname{Arg} A - (\theta_1 + \theta_2 + \cdots + \theta_{n-1})$$

$$(6.30)$$

因此,如果 $w_n = f(\infty)$,那么位于区间 $(-\infty, x_1)$ 中的所有点都映射到以 w_n 为起点、以 $w_1 = f(x_1)$ 为终点、角度由式(6.30)给出的直线段上,如图 6.12 所示. 对于位于区间 (x_1, x_2) 中的 x,有 $x-x_1>0$ 和 $x-x_j<0, j=2,\cdots,n-1$,因此 $\operatorname{Arg}(x-x_1)=0$, $\operatorname{Arg}(x-x_j)=\pi, j=2,\cdots,n-1$,由式(6.29)可得

$$x_1 < x < x_2, \quad f(x) \in [w_1, w_2] \Rightarrow \operatorname{Arg} f'(x) = \operatorname{Arg} A - (\theta_2 + \cdots + \theta_{n-1})$$

$$(6.31)$$

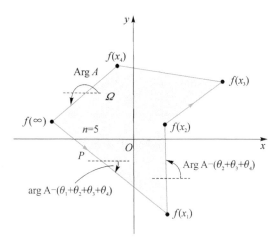

图 6.12　多边形 P 的顶点及各边的辐角

因此,在 x_1 处,辐角会发生突变(边界向左转角 θ_1),如图 6.13 所示,位于 (x_1, x_2) 中的所有点都被映射到起点为 w_1、终点为 $w_2 = f(x_2)$ 的直线段上,并且角度由式(6.31)给出(见图 6.12). 依次类推可得 $j=2,\cdots,n-1$ 时的结果,即

$$x_{j-1} < x < x_j, \quad f(x) \in [w_{j-1}, w_j] \Rightarrow \operatorname{Arg} f'(x) = \operatorname{Arg} A - (\theta_j + \cdots + \theta_{n-1})$$

最后发现,在辐角发生突变后,位于区间 (x_{n-1}, ∞) 中的点被映射到起点为 w_{n-1} 的直线段上,对应的倾角为

$$x_{n-1} < x < +\infty, \quad f(x) \in [w_{n-1}, \quad w_n] \Rightarrow \operatorname{Arg} f'(x) = \operatorname{Arg} A$$

在有界多边形的情况下,这条线段将连接回 w_n,多边形会闭合;对于闭合多边形,在转完最后一个顶角后,外角和 $\theta_1 + \theta_2 + \cdots + \theta_n = 2\pi$. 因此,证明了导数为式(6.27)的映射,将实轴映射成了顶点为 $w_j = f(x_j)$、外角为 θ_j 的多边形. 由于当 x 从左向右穿过实轴时,上半平面位于实轴的左侧,共形性可确保当沿正方向跟踪 P 时,像区域位于边界的左侧(即 f 将上半平面映射成 P 的内部区域). 这些表述反过来也成立,但这里不给出具体证明.

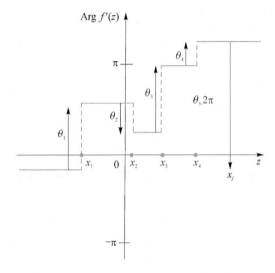

图 6.13　当 $z=x$ 从左到右穿过 x_j 时 Arg $f'(z)$ 发生 θ_j 的突变

也就是说，对于每一个顶点为 w_j、外角为 θ_j 的多边形 P，可以找到有序实数 $x_1, \cdots, x_{n-1}$ 以及复数 A 和 B，从而使得导数为式（6.27）的映射（6.28）可以将实轴映射到 P 上．此外，x_j 中的两个数可以任意选择．

6.3.3　将上半平面映射为三角形或矩形

施瓦茨－克里斯托费尔映射是用点 x_j 表示的，而不是用多边形的顶点（即它们的像）表示的．其中可任意选择的点不能超过三个，因此，当给定的多边形有三条以上的边时，必须确定一些点 x_j，以便使给定的多边形（或任何与之相似的多边形）成为 x 轴的像．这些常数的最佳选择往往随具体问题而不同．

该映射的另一个局限性是其中涉及积分．经常会出现所给积分不能用有限数量的初等函数表示的情况，这时通过该映射来求解问题会变得非常复杂．

如果所给多边形是一个以 w_1, w_2 和 w_3 为顶点的三角形（见图 6.14），则该映射可以写成

$$w = A \int (s-x_1)^{-k_1}(s-x_2)^{-k_2}(s-x_3)^{-k_3}\,\mathrm{d}s + B \tag{6.32}$$

其中，$k_1+k_2+k_3=2$，可以用内角 θ_j 表示为

$$k_j = 1 - \frac{1}{\pi}\theta_j \quad (j=1,2,3)$$

这里三个点 x_j 都取 x 轴上的有限点，可以给其中每一个赋任意值．复常数 A 和 B 与三角形的大小与位置有关，可以根据上半平面与所给三角形区域的映射关系确定．

如果将顶点 w_3 取为无穷远点的像，则该映射就变成

$$w = A \int (s-x_1)^{-k_1}(s-x_2)^{-k_2}\,\mathrm{d}s + B \tag{6.33}$$

其中，x_1 和 x_2 可以取任意实数．

式（6.32）和式（6.33）中的积分不是初等函数，除非三角形的一个或两个顶点在无穷

远处. 当三角形是等边三角形或是其中一个角等于 π/3 或 π/4 的直角三角形时, 式(6.33)
中的积分成为椭圆积分.

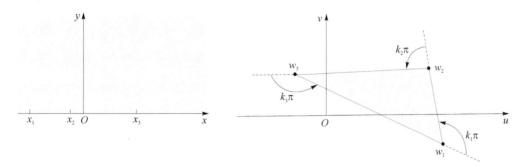

图 6.14　从上半平面到以三角形为边界的多边形区域的共形映射

【例 6.3.2】(施瓦茨-克里斯托费尔公式的应用) 对于等边三角形, $k_1 = k_2 = k_3 = 2/3$. 这
时取 $x_1 = -1, x_2 = 1, x_3 = \infty$ 很方便, 采用式(6.33)并取 $z_0 = 1, A = 1, B = 0$, 于是该映射
成为

$$w = \int_1^z (s+1)^{-2/3}(s-1)^{-2/3}\,\mathrm{d}s \tag{6.34}$$

点 $z = 1$ 的像显然是 $w = 0$, 即 $w_2 = 0$. 如果在这个积分中 $z = -1$, 则可以取 $s = x$, 其中
$-1 < x < 1$, 于是

$$x + 1 > 0, \arg(x+1) = 0$$

由于
$$|x - 1| = 1 - x, \arg(x-1) = \pi$$

因此当 $z = -1$ 时, 有

$$w_1 = \int_1^{-1}(x+1)^{-2/3}(1-x)^{-2/3}\exp\left(-\frac{2\pi\mathrm{i}}{3}\right)\mathrm{d}x$$

$$= \exp\left(\frac{\pi\mathrm{i}}{3}\right)\int_1^{-1}\frac{2\mathrm{d}x}{(1-x^2)^{2/3}} \tag{6.35}$$

将 $x = \sqrt{t}$ 代入式(6.35)后, 式(6.35)最后一个积分就变成 B 函数的一个特例. 设用 b 表
示该值, 可得

$$b = \int_0^1 \frac{2\mathrm{d}x}{(1-x^2)^{2/3}} = \int_0^1 t^{-1/2}(1-t)^{-2/3}\mathrm{d}t = \mathrm{B}\left(\frac{1}{2}, \frac{1}{3}\right)$$

因此, 顶点 w_1 (见图 6.15) 为

$$w_1 = b\exp\frac{\pi\mathrm{i}}{3}$$

顶点 w_3 在正 u 轴上, 因为

$$w_3 = \int_1^\infty (x+1)^{-2/3}(x-1)^{-2/3}\mathrm{d}x = \int_1^\infty \frac{\mathrm{d}x}{(x^2-1)^{2/3}}$$

所以当 z 沿负 x 轴趋于无穷远时, w_3 的值也可以用式(6.34)所给积分表示, 即

$$w_3 = \int_1^{-1}(|x+1|\,|x-1|)^{-2/3}\exp\left(-\frac{2\pi\mathrm{i}}{3}\right)\mathrm{d}x +$$

$$\int_{-1}^{-\infty}(\,|\,x+1\,|\,|\,x-1\,|\,)^{-2/3}\exp\left(-\frac{4\pi i}{3}\right)dx$$

结合式(6.35)所给 w_1 的表达式,有

$$w_3=w_1+\exp\left(-\frac{4\pi i}{3}\right)\int_{-1}^{-\infty}(\,|\,x+1\,|\,|\,x-1\,|\,)^{-2/3}dx$$

$$=b\exp\frac{\pi i}{3}+\exp\left(-\frac{\pi i}{3}\right)\int_{-1}^{-\infty}\frac{dx}{(x^2-1)^{2/3}}$$

或

$$w_3=b\exp\frac{\pi i}{3}+w_3\exp\left(-\frac{\pi i}{3}\right)$$

从中求解 w_3,得 $w_3=b$.

因此验证 x 轴的像是如图 6.15 所示的边长为 b 的等边三角形,并且当 $z=0$ 时,有

$$w=\frac{b}{2}\exp\frac{\pi i}{3}$$

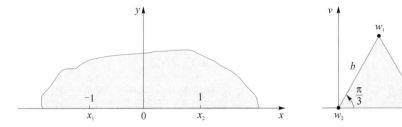

图 6.15 例 6.3.2 中的上半平面与三角形

当所给多边形是一个矩形时,每个 $k_j=1/2$. 如果选择 ±1 和 $\pm a$ 作为点 x_j,则其像点是多边形的各顶点,并取

$$g(z)=(z+a)^{-1/2}(z+1)^{-1/2}(z-1)^{-1/2}(z-a)^{-1/2} \tag{6.36}$$

其中 $0\leqslant\arg(z-x_j)\leqslant\pi$,施瓦茨-克里斯托费尔映射成为

$$w=-\int_0^z g(s)ds \tag{6.37}$$

映射 $W=Aw+B$ 只能调整矩形的大小和位置. 积分(6.37)是椭圆积分

$$\int_0^z(1-s^2)^{-1/2}(1-k^2s^2)^{-1/2}ds \quad \left(k=\frac{1}{a}\right)$$

的常数倍. 但式(6.36)所给被积函数更清楚地说明了其中所涉及的幂函数的恰当分支.

【例 6.3.3】(施瓦茨-克里斯托费尔公式的应用) 这里讨论当 $a>1$ 时矩形顶点的确定,如图 6.16 所示,$x_1=-a$,$x_2=-1$,$x_3=1$ 及 $x_4=a$. 所有四个顶点都可以用正数 b 和 c 来表示,二者的值可用 a 来表示,求解过程如下:

$$b=\int_0^1|\,g(x)\,|\,dx=\int_0^1\frac{dx}{\sqrt{(1-x^2)(a^2-x^2)}}$$

$$c=\int_1^a|\,g(x)\,|\,dx=\int_1^a\frac{dx}{\sqrt{(x^2-1)(a^2-x^2)}}$$

如果 $-1 < x < 0$，则
$$\arg(x+a) = \arg(x+1) = 0, \quad \arg(x-1) = \arg(x-a) = \pi$$
因此
$$g(x) = \left[\exp\left(-\frac{\pi i}{2}\right)\right]^2 |g(x)| = -|g(x)|$$
如果 $-a < x < -1$，则
$$g(x) = \left[\exp\left(-\frac{\pi i}{2}\right)\right]^3 |g(x)| = i|g(x)|$$
因此
$$w_1 = -\int_0^a g(x)\,\mathrm{d}x = -\int_0^{-1} g(x)\,\mathrm{d}x - \int_{-1}^a g(x)\,\mathrm{d}x$$
$$= \int_0^{-1} |g(x)|\,\mathrm{d}x - i\int_{-1}^a |g(x)|\,\mathrm{d}x = -b + \mathrm{i}c$$
可以证明（该过程留作练习）
$$w_2 = -b, \quad w_3 = b, \quad w_4 = b + \mathrm{i}c$$
于是可得待求矩形的位置和尺寸如图 6.16 所示.

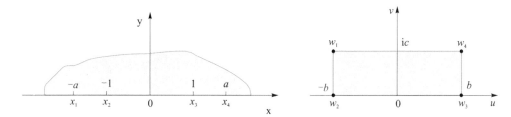

图 6.16　例 6.3.3 中的上半平面与矩形

本章小结

　　本章介绍了共形映射的概念、分式线性映射和施瓦茨–克里斯托费尔映射. 通过共形映射可以求解一些实变函数无法求解的不规则区域问题，因此它有重要的工程应用价值.

1. 共形映射的概念

(1) 解析函数导数的几何意义

　　设复变函数 f 在点 z_0 处解析且 $f'(z_0) \neq 0$，用 γ 表示通过点 z_0 的有向光滑曲线，其参数方程为
$$z(t) = x(t) + \mathrm{i}y(t), \quad a \leqslant t \leqslant b$$
且 $z(t_0) = z_0$. 设曲线 γ 在映射 $w = f(z)$ 下的像为 Γ，其中 Γ 可以表示为
$$w(t) = f(z(t)), \quad a \leqslant t \leqslant b$$
则映射 $w = f(z)$ 对曲线 γ 在点 z_0 处的切向量旋转了 $\operatorname{Arg} f'(z_0)$，即
$$\operatorname{Arg} w'(t_0) = \operatorname{Arg} f'(z_0) + \operatorname{Arg} z'(t_0)$$

而映射 $w=f(z)$ 对 γ 在点 z_0 处的切向量的缩放因子是 $|f'(z_0)|$.

(2) 共形映射的定义

共形映射:如果一个映射可以使得两条光滑曲线过某点处的夹角的大小和方向保持不变,则称它为过该点的共形映射.

解析函数 f 在 $f'(z_0) \neq 0$ 的每个点 z_0 处都是共形的.

如果函数 f 在点 z_0 处解析且 $z'(z_0) \neq 0$,则存在一个点 z_0 的邻域使得 f 在该邻域内是一一对应的.

(3) 临界点附近的映射行为

假设 z_0 是解析函数 f 的一个临界点,即 $f'(z_0)=0$. 在这种情况下,f 在 z_0 处不共形. 设 m 为满足 $f^{(m)}(z_0) \neq 0$ 的最低阶次,即 $f'(z_0)=\cdots=f^{(m-1)}(z_0)=0$,那么位于 w 平面中的像曲线之间的夹角是位于 z 平面中原光滑曲线之间的夹角的 m 倍.

2. 分式线性映射

(1) 分式线性映射的定义

分式线性映射的定义:

$$w=f(z)=\frac{az+b}{cz+d}$$

其中,a,b,c 和 d 是复数. 当 $ad-bc \neq 0$ 时,$w=f(z)=\dfrac{az+b}{cz+d}$ 称作分式线性映射(或双线性映射),可以概括为

$$f(z)=\begin{cases} \dfrac{az+b}{cz+d}, & z \neq -\dfrac{d}{c}, z \neq \infty \\[2mm] \infty, & z=-\dfrac{d}{c} \\[2mm] \dfrac{a}{c}, & z=\infty \end{cases}$$

分式线性映射是扩展复平面到其自身的一对一映射.

存在唯一的分式线性映射,它将 z 平面中的三个不同点 z_1,z_2,z_3 映射为 w 平面中的三个不同点 w_1,w_2,w_3.

(2) 保圆性

如果 C 是 z 平面上的一个圆周,函数 $f(z)$ 是分式线性映射,则在 $f(z)$ 映射下 C 在扩展复平面 w 上的像要么是一个圆周、要么是一条直线. 当且仅当 $c \neq 0$ 且极点 $z=-d/c$ 在圆周 C 上时,C 的像才是一条直线.

(3) 保对称性

在 z 平面上给定一个圆周 C:$|z-\alpha|=R$,如果两个点 z_1 和 z_2 满足以下条件:

$$\arg(z_1-\alpha)=\arg(z_2-\alpha)$$
$$|z_1-\alpha||z_2-\alpha|=R^2$$

则称二者关于圆周 C 对称. 两个方程可以组合为一个方程:

$$(z_1 - \alpha)(\overline{z_2 - \alpha}) = R^2$$

按照惯例，认为圆周 C 的中心 α 和复无穷 ∞ 关于 C 是对称的.

用对称点表示圆的方程：

$$\left| \frac{z - z_1}{z - z_2} \right| = k \quad (\text{其中 } z_1 \neq z_2, k \text{ 是非负实数})$$

用对称点 z_1 和 z_2 表示的圆周称为阿波罗尼奥斯圆族.将它表示成 $|z - \alpha| = R$ 的形式可得

$$\alpha = \frac{z_1 - k^2 z_2}{1 - k^2}, \quad R = \frac{k |z_1 - z_2|}{|1 - k^2|}$$

由之可直接推导出分式线性映射

$$w = \frac{z - z_1}{z - z_2}$$

该分式线性映射可以将阿波罗尼奥斯圆族映射到同心圆族 $|w| = k$ 上.

设 z_1 和 z_2 是 C_z 上的一对对称点，其中 $z_1 \neq z_2$，考虑分式线性映射

$$w = f(z) = \frac{az + b}{cz + d}$$

可得 $w_1 = f(z_1)$ 和 $w_2 = f(z_2)$ 分别是 z_1 与 z_2 的像点，而且 w_1 和 w_2 也是 C_w 上的一对对称点.

3. 施瓦茨-克里斯托费尔映射

(1) 将实轴映射为多边形

施瓦茨-克里斯托费尔映射将实轴映射为多边形。

(2) 施瓦茨-克里斯托费尔映射的概念

设 Ω 是由多边形 P 围成的区域，多边形的顶点为 w_j（连续编号），对应的外角为 θ_j.那么存在一个从上半平面到 Ω 的一对一共形映射 f，使得

$$f'(z) = A(z - x_1)^{-\theta_1 / \pi} (z - x_2)^{-\theta_2 / \pi} \cdots (z - x_{n-1})^{-\theta_{n-1} / \pi}$$

其中，A 是一个常数，x_j 是实数且满足 $x_1 < x_2 < \cdots < x_{n-1}$，$f(x_j) = w_j$，$\lim\limits_{z \to \infty} f(z) = w_n$，复数次幂取主值支.由于 f 是 $f(z)$ 的原函数，因此可以令

$$f(z) = A \int (z - x_1)^{-\theta_1 / \pi} (z - x_2)^{-\theta_2 / \pi} \cdots (z - x_{n-1})^{-\theta_{n-1} / \pi} \mathrm{d}z + B$$

常数 A 和 B 取决于多边形 P 的大小和位置.

(3) 将上半平面映射为三角形或矩形

如果所给多边形是一个以 w_1, w_2 和 w_3 为顶点的三角形，则映射可以写成

$$w = A \int (s - x_1)^{-k_1} (s - x_2)^{-k_2} (s - x_3)^{-k_3} \mathrm{d}s + B$$

其中，$k_1 + k_2 + k_3 = 2$，可以用内角 θ_j 表示为

$$k_j = 1 - \frac{1}{\pi} \theta_j \quad (j = 1, 2, 3)$$

这里三个点 x_j 都取 x 轴上的有限点，可以给其中每一个赋任意值.复常数 A 和 B 与三角

形的大小与位置有关,可以根据上半平面与所给三角形区域的映射关系确定.

如果将顶点 w_3 取为无穷远点的像,则映射就变成

$$w = A \int (s - x_1)^{-k_1} (s - x_2)^{-k_2} \, \mathrm{d}s + B$$

其中,x_1 和 x_2 可以取任意实数.

当所给多边形是一个矩形时,每个 $k_j = 1/2$. 如果选择 ± 1 和 $\pm a$ 作为点 x_j,则其像点是多边形的各顶点,并取

$$g(z) = (z + a)^{-1/2} (z + 1)^{-1/2} (z - 1)^{-1/2} (z - a)^{-1/2}$$

其中 $0 \leqslant \arg(z - x_j) \leqslant \pi$,施瓦茨-克里斯托费尔映射成为

$$w = -\int_0^z g(s) \, \mathrm{d}s$$

映射 $W = Aw + B$ 只能调整矩形的大小和位置.

第 7 章　弹性理论

力、载荷、应力、应变和位移等变量的定义,对于表征无裂纹或含裂纹固体材料的力学行为至关重要. 显然,含裂纹固体与无裂纹固体的力学行为有很大不同。含裂纹固体材料是根据断裂力学原理表征的,它可以通过定义裂纹尖端附近的应力状态以及能量平衡状态来表征.

7.1　弹性理论中的概念

含裂纹固体材料的表征要用到力、载荷、应力、应变和位移等变量的知识. 在断裂力学领域中,力可以是静态、准静态或动态的机械载荷. 在物理学中,动态力($F = ma$)决定了物体(质量为 m)移动的加速度(a).但是,如果物体是静止的并且容易变形,则必须定义准静态力或机械力.动态力和机械力的单位相同,但物理意义不同,机械力类似于载荷(P).本章会用到一个重要的工程参数,即弹性应力 $\sigma = P/A_\circ$,其中 $A_\circ$ 是试样变形前的横截面积.

与变形固体材料有关的另外一个重要概念是应变. 例如,x 方向的应变定义为 $\varepsilon_x = \mathrm{d}u_x/\mathrm{d}x$,其中 $\mathrm{d}u_x$ 是 x 方向的位移的微分. 此处的目的是说明不同参数或变量之间的相互关系. 显然,如果其中两个变量已知,则可以求得第三个变量. 这是用数学理论求解工程问题的好处之一,在确定特定变量的大小时数学理论有自己的约束条件.事实上,定义一种固体材料的性能需要一个或多个参数,而这些性能参数又取决于固体材料的微观结构.

本节重点介绍弹性理论中的一些基本概念,从而为读者理解变形分析、断裂理论奠定基础. 读者对弹性理论中的重要概念有一个清晰准确的理解很重要,这样就会使学习断裂力学变得容易. 诸如应力、应变、安全系数、变形等基本概念,在表征固体材料在外部载荷作用下的力学行为时非常重要. 下面是相关概念:

变形:物体中点的相对运动.变形也指物体在外部载荷作用下发生的形状变化,可能是弹性的也可能是塑性的.

位移:受外部载荷作用时物体中点的矢量运动.

应变:一个几何量,它取决于一个物体中两个或三个点的相对运动.应变也是基于参考长度的材料变形度量.

应力:物体上某一点的应力代表物体在外部载荷作用下产生的内部阻力.应力与载荷(P)和横截面积(A)相关,可定义为单位面积上的载荷:

$$\sum F_y = P - \sigma A = 0$$

即

$$\sigma = \frac{P}{A}$$

如果 A 是物体变形前的横截面积($A_\circ$),则 σ 是工程应力,否则 σ 就是局部应力.弹性理论研究各向同性材料中的弹性应力、应变和位移分布. 在工程中,材料的弹性行为是用弹性拉伸模量和弹性极限来表征的.弹性极限是弹性变形向塑性变形转变的过渡应力.

安全系数：在设计结构部件时用于确保结构完整性的参数.简单地说,安全系数是由

$$S_F = \frac{强度}{应力} > 1$$

定义的设计系数.其中,强度是材料的固有特性,例如屈服强度 σ_{ys};应力 σ 是施加在结构上的变量.在这个简单关系中,S_F 用于控制设计应力使它始终满足 $\sigma < \sigma_{ys}$,从而尽可能延长设计寿命以确保结构完整性.

在通常情况下,安全系数是 2 的倍数,但其具体大小取决于设计者的经验或设计规范.

7.2　应力状态

根据弹性理论,场方程基于正应变(ε_i)和剪应变(γ_{ij}),而这些量又与位移(u_i)相关.如图 7.1 所示,微元在外部载荷作用下发生变形.参考点 P 的位置变为 P^*,并且微元发生了角度为 θ 的剪切变形.一般来说,与三维变形有关的应变定义为

$$\varepsilon_x = \frac{\partial u_x}{\partial x}, \quad \gamma_{xy} = \frac{\partial u_y}{\partial x} + \frac{\partial u_x}{\partial y} = \frac{\tau_{xy}}{G}$$

$$\varepsilon_y = \frac{\partial u_y}{\partial y}, \quad \gamma_{yz} = \frac{\partial u_z}{\partial y} + \frac{\partial u_y}{\partial z} = \frac{\tau_{yz}}{G}$$

$$\varepsilon_z = \frac{\partial u_z}{\partial z}, \quad \gamma_{zx} = \frac{\partial u_x}{\partial z} + \frac{\partial u_z}{\partial x} = \frac{\tau_{zx}}{G}$$

其中,G 为剪切模量(MPa).

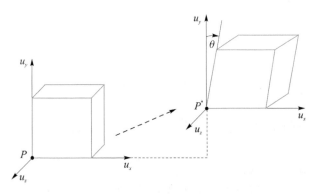

图 7.1　微元在外部载荷作用下发生变形

根据弹性理论,应力与应变的一般关系为 $\varepsilon_{ij} = f(\sigma_{ij})$,$\gamma_{ij} = f(\tau_{ij})$,$\sigma_{ij} = f(\varepsilon_{ij})$ 和 $\tau_{ij} = f(\gamma_{ij})$,二者都被视为二阶张量.关于张量分析的数学框架可以在相关教材中找到.这里不回顾弹性理论,而只是介绍应力和应变的简化形式,在后续应用中也可以从侧面看出这些二阶张量是求解工程问题的有力工具.

应力和应变之间的关系被称作本构方程,在具体求解时还需要平衡方程、相容方程和边界条件.

在求解容易产生危险裂纹的工程结构问题时,经常需要分析应力、应变和位移.因此,

在容易发生位错等微观不连续的部位,有必要将应力和应变看作三维变量.

7.2.1　三轴应力状态

对于在外部载荷作用下处于平衡状态的均质各向同性固体材料,只要应力(σ)不超过材料的屈服强度(σ_{ys}),固体材料的变形就在弹性范围内.

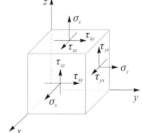

为了分析弹性应力的具体分布,有必要使用三维微元具体观察作用在微元上的应力的类型和位置,如图 7.2 所示定义了一个弹性变形固体微元的理想模型.

一般来说,作用在固体材料表面上的应力是连续分布的,而作用在处于平衡状态的微元上的应力也是如此.在平衡状态下,微元上的剪应力存在关系 $\tau_{xy} = \tau_{yx}$,$\tau_{yz} = \tau_{zy}$ 及 $\tau_{zx} = \tau_{xz}$,而正应力包括 σ_x,σ_y 和 σ_z.

**图 7.2　弹性变形固体
微元的理想模型**

根据各向同性固体材料的胡克定律,在笛卡尔坐标下,处于单轴拉伸状态的三维弹性体的应变分量和应力分量(见图 7.2)的关系为

$$\varepsilon_x = \frac{\sigma_x}{E}, \quad \varepsilon_y = \varepsilon_z = -\frac{\upsilon\sigma_x}{E}$$

$$\varepsilon_y = \frac{\sigma_y}{E}, \quad \varepsilon_x = \varepsilon_z = -\frac{\upsilon\sigma_y}{E}$$

$$\varepsilon_z = \frac{\sigma_z}{E}, \quad \varepsilon_x = \varepsilon_y = -\frac{\upsilon\sigma_z}{E}$$

$$\upsilon = -\frac{\varepsilon_y}{\varepsilon_x} = -\frac{\varepsilon_z}{\varepsilon_x}$$

其中,υ 为泊松比.

使用**叠加原理**(同一几何形状的弹性体的应力和应变可以叠加),可得应变、应力关系的矩阵表示形式为

$$\begin{bmatrix} \varepsilon_x \\ \varepsilon_y \\ \varepsilon_z \end{bmatrix} = \frac{1}{E} \begin{bmatrix} \sigma_x - \upsilon(\sigma_y + \sigma_z) \\ \sigma_y - \upsilon(\sigma_x + \sigma_z) \\ \sigma_z - \upsilon(\sigma_x + \sigma_y) \end{bmatrix} \tag{7.1}$$

为方便起见,常常将应力看作应变的函数,如下面的矩阵形式关系所示,其中正应力为

$$\begin{bmatrix} \sigma_x \\ \sigma_y \\ \sigma_z \end{bmatrix} = \frac{E}{(1+\upsilon)(1-2\upsilon)} \begin{bmatrix} (1-\upsilon)\varepsilon_x + \upsilon(\varepsilon_y + \varepsilon_z) \\ (1-\upsilon)\varepsilon_y + \upsilon(\varepsilon_x + \varepsilon_z) \\ (1-\upsilon)\varepsilon_z + \upsilon(\varepsilon_x + \varepsilon_y) \end{bmatrix}$$

剪应力为

$$\begin{bmatrix} \tau_{xy} \\ \tau_{yz} \\ \tau_{zx} \end{bmatrix} = G \begin{bmatrix} \gamma_{xy} \\ \gamma_{yz} \\ \gamma_{zx} \end{bmatrix} = \frac{E}{2(1+\upsilon)} \begin{bmatrix} \gamma_{xy} \\ \gamma_{yz} \\ \gamma_{zx} \end{bmatrix} \tag{7.2}$$

其中的剪切模量为

$$G = \frac{E}{2(1+\upsilon)}$$

这里 E 为弹性模量(MPa).

7.2.2 平面状态

表征含裂纹或无裂纹试样力学行为的一个重要材料条件是其厚度.因此,平面状态一般分为如下两种情况:

① 平面应力状态:该平面状态适用于薄板受面内载荷的情况,其中试样厚度必须为 $B \ll w$,其中 w 是宽度.因此,通常忽略厚度方向的应力,即

$$\sigma_z = \tau_{yz} = \tau_{zx} = 0$$

对于大多数准静态或动态单调加载或断裂试验,试样表面应力 $\sigma_z = 0$、中面应力 $\sigma_z \simeq 0$.

② 平面应变状态:这种特殊情况适用于很厚的固体材料,例如在裂纹尖端局部的三轴应力状态,这时在笛卡尔坐标下厚度方向的应力为

$$\sigma_z \simeq \upsilon(\sigma_x + \sigma_y)$$

这是一个可控制的应力分量,对应的应变分量 $\varepsilon_z \simeq 0$.

7.2.3 双轴应力状态

如果 $\sigma_z = \tau_{zx} = \tau_{zy} = \gamma_{xz} = \gamma_{yz} = 0$,则式(7.1)和式(7.2)就给出了双轴状态的应变分量,二者的矩阵表示形式为

$$\begin{bmatrix} \varepsilon_x \\ \varepsilon_y \\ \varepsilon_z \end{bmatrix} = \frac{1}{E} \begin{bmatrix} \sigma_x - \upsilon\sigma_y \\ \sigma_y - \upsilon\sigma_x \\ -\upsilon(\sigma_x + \sigma_y) \end{bmatrix} \tag{7.3}$$

$$\begin{bmatrix} \gamma_{xy} \\ \gamma_{xz} \\ \gamma_{yz} \end{bmatrix} = \frac{1}{G} \begin{bmatrix} \tau_{xy} \\ 0 \\ 0 \end{bmatrix}$$

应力分量为

$$\begin{bmatrix} \sigma_x \\ \sigma_y \\ \sigma_z \end{bmatrix} = \frac{E}{(1-\upsilon^2)} \begin{bmatrix} \varepsilon_x + \upsilon\varepsilon_y \\ \varepsilon_y + \upsilon\varepsilon_x \\ 0 \end{bmatrix}$$

$$\begin{bmatrix} \tau_{xy} \\ \tau_{yz} \\ \tau_{zx} \end{bmatrix} = \frac{E}{2(1+\upsilon)} \begin{bmatrix} \gamma_{xy} \\ 0 \\ 0 \end{bmatrix}$$

此外,主应力和主应变发生在主轴上,它们的最大和最小值可以用一点上的莫尔(Mohr)圆来预测.莫尔圆允许在二维平面上确定正应力和剪应力.

因此,如果 $\sigma_z = 0$,则主应力可以通过以下表达式预测:

$$\sigma_{1,2} = \frac{\sigma_x + \sigma_y}{2} \pm \sqrt{\left(\frac{\sigma_x - \sigma_y}{2}\right)^2 + \tau_{xy}^2} \tag{7.4}$$

$$\sigma_{1,2} = \frac{\sigma_x + \sigma_y}{2} \pm \tau_{\max}$$

注意,第三主应力垂直于纸面向外,这意味着 $\sigma_3 = \sigma_z$. 此外,如果剪应力 $\tau_{xy} = 0$,则 σ_1 和 σ_2 就是主应力.主应力方向之间的夹角是 90°.

相反,主应变是主应力方向上的应变.对于二维问题,主应变可以用以下二次表达式确定:

$$\varepsilon_{1,2} = \frac{\varepsilon_x + \varepsilon_y}{2} \pm \sqrt{\left(\frac{\varepsilon_x - \varepsilon_y}{2}\right)^2 + \left(\frac{\gamma_{xy}}{2}\right)^2}$$

当剪应力分量为零时,主应力和主应变就是对应的应力张量和应变张量的分量.一个二阶张量含九个分量(σ_{ij} 或 ε_{ij}),其在某一方向 $\boldsymbol{n}$ 的投影是向量 $\boldsymbol{T}(\boldsymbol{n}) = \boldsymbol{n} \cdot \boldsymbol{\sigma}$ 或 $T_j(\boldsymbol{n}) = n_i T_{ij}$,其中 $\boldsymbol{n}$ 是单位向量.

【例 7.2.1】(计算主应力)钢结构件上某点的笛卡尔坐标应力分量如下:

$\sigma_x = 280 \text{ MPa}, \sigma_y = -120 \text{ MPa}, \sigma_z = 140 \text{ MPa}, \tau_{xy} = 280 \text{ MPa}, \tau_{yz} = 0, \tau_{zx} = 0$
求该点的主应力.

【解】根据式(7.4)可得

$$\sigma_{1,2} = \frac{280 - 120}{2} \text{ MPa} \pm \sqrt{\left(\frac{280 + 120}{2}\right)^2 + (280)^2} \text{ MPa}$$

$$= 80 \pm \sqrt{1.184 \times 10^5} \text{ MPa}$$

$$= 80 \pm 344 \text{ MPa}$$

因此

$$\sigma_1 = 80 \text{ MPa} + 344 \text{ MPa} = 424 \text{ MPa}$$

$$\sigma_2 = 80 \text{ MPa} - 344 \text{ MPa} = -264 \text{ MPa}$$

$$\sigma_3 = \sigma_z = 140 \text{ MPa}$$

7.3　工程应力状态

本节介绍全尺寸试样在外部载荷作用下的工程应力和应变,它们与三维弹性理论提供的内部或表面弹性应力、应变和位移相关联.

在单轴拉伸试验中,可用单轴关系描述应力、应变状态.从工程角度来看,可以将拉伸或纵向应变视作相对伸长,可用弹性变形的胡克定律描述.对于如图 7.3 所示的无裂纹圆形试样的单轴拉伸试验,应变和胡克定律为

$$\varepsilon_t = \int_{l_o}^{l} \frac{\mathrm{d}l}{l} = \ln\left(\frac{l}{l_o}\right) \quad \text{(真实应变)}$$

$$\varepsilon = \frac{\Delta l}{l_o} \quad \text{(工程应变)}$$

$$\varepsilon = \frac{\sigma}{E} \quad \text{(胡克定律)} \tag{7.5}$$

其中,Δl 是试样上两点之间的长度变化量,l_0 是原始长度.很明显,胡克定律给出的是线性应力-应变关系.大多数结构材料都具有一定程度的塑性,但胡克定律并不能描述塑性行为.

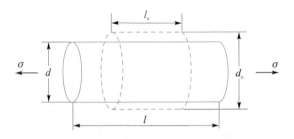

图 7.3　无裂纹圆形试样的单轴拉伸试验

　　一般来说,材料在外部载荷作用下的力学行为取决于其微观结构、应变率和所处环境.初始无裂纹材料的行为可用如图 7.4 所示的典型应力-应变曲线表征.

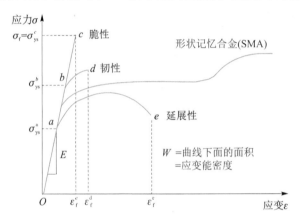

图 7.4　典型应力-应变曲线

　　典型的拉伸特性(例如屈服强度、抗拉强度、延展性和弹性模量)可以从这些曲线中获得.强度是材料的固有特性,而应力与施加的载荷相关.

　　曲线下面的面积是根据应变能密度来衡量断裂韧性的指标.这不是工程师在结构分析中常用的变量,但它可以用作对结构材料进行分类的控制参数,特别是图 7.4 中的形状记忆合金(SMA)(例如 55Ni - 45Ti(镍钛诺))曲线,它表现出超高的失效应变(超弹性)和总应变能密度.

　　实际上,应变能密度 $W(\mathrm{J/m^3})$ 是材料变形所需的能量.根据图 7.4,这个能量就是曲线下面的面积.对于弹性行为(直到屈服点),断裂韧性是弹性应变能密度(恢复力),其定义为

$$W = \int_0^\varepsilon \sigma \,\mathrm{d}\varepsilon \tag{7.6}$$

该表达式表示材料屈服之前的弹性行为,如图 7.4 中 a、b、c 和 d 点所示.将胡克定律(7.5)代入式(7.6)求该积分,可得弹性应变能密度为

$$W = \int_0^{\varepsilon_{\mathrm{ys}}} E\varepsilon \, \mathrm{d}\varepsilon = \frac{1}{2} E\varepsilon_{\mathrm{ys}}^2 = \frac{\sigma_{\mathrm{ys}}^2}{2E}$$

另外,**韧性材料**具有如图 7.4 中 Oe 和 SMA 曲线所示的断裂韧性,其中曲线 Oe 的应变能密度为

$$W = \int_0^{\varepsilon_f^e} \sigma \, \mathrm{d}\varepsilon = \int_0^{\varepsilon_{\mathrm{ys}}} \sigma \, \mathrm{d}\varepsilon + \int_{\varepsilon_{\mathrm{ys}}}^{\varepsilon_f^e} \sigma \, \mathrm{d}\varepsilon$$

$$= \frac{\sigma_{\mathrm{ys}}^2}{2E} + \int_{\varepsilon_{\mathrm{ys}}}^{\varepsilon_f^e} \sigma \, \mathrm{d}\varepsilon \tag{7.7}$$

只要应力与应变的函数关系 $\sigma = f(\varepsilon)$ 已知,上述积分便可以求解.用于描述从屈服强度 σ_{ys}(YS)到极限抗拉强度(或抗拉强度 σ_{ts}(TS),即应力-应变曲线中应力的最大值)最常用的塑性应力函数,有兰贝格-奥斯古德(Ramberg-Osgood)方程和霍洛蒙(Hollomon)方程,即

$$\sigma = \sigma_{\mathrm{ys}} \left(\frac{\varepsilon}{\alpha' \varepsilon_{\mathrm{ys}}} \right)^{1/n'} \quad (\sigma \geqslant \sigma_{\mathrm{ys}}) \text{(兰贝格-奥斯古德方程)} \tag{7.8}$$

$$\sigma = k\varepsilon^n \quad (\sigma \geqslant \sigma_{\mathrm{ys}}) \text{(霍洛蒙方程)} \tag{7.9}$$

其中,n, n' 为应变硬化指数;k 为强度系数或比例常数(MPa);σ 为塑性应力(MPa);σ_{ys} 为屈服强度(MPa);ε 为塑性应变;α' 为常数.

在应力-应变曲线的凸起(抛物线)段内,式(7.8)和式(7.9)都给出了有效(或真实)的塑性应力和应变.应变硬化指数 n(或 n')用于度量金属材料由于塑性应变而增强或硬化的速率.在大多数多晶材料中,塑性应变产生的主要机制是位错的相互作用.这种物理现象也被称作位错强化,在冷加工硬化(或简称加工硬化)中非常重要.然而,马氏体相变(不锈钢)、机械孪晶、应变速率和测试温度引起的塑性变形可能会影响应力-应变曲线的凸起形状,因此,式(7.8)和式(7.9)可能无法描述一些金属或合金的塑性行为.应变硬化指数的具体大小取决于材料性质,一般来说 $n < 1$ 而 $n' > 1$.

此外,式(7.9)表明,对于 $0 < n < 1$,当 $\varepsilon \to \infty$ 时 $\sigma \to \infty$,但试验观察表明,在高应变时 σ 的值一定是有限的.而当 $n \to 0$ 时 $\sigma \to k$,材料接近理想塑性,无应变或加工硬化能力.

对于应变硬化材料,霍洛蒙方程或幂律方程作为式(7.7)中有效应力的表达式,这样其中的积分可以很容易地求解.将式(7.9)代入式(7.7)并积分,可得到直到抗拉强度的总应变能密度:

$$W = \frac{\sigma_{\mathrm{ys}}^2}{2E} + \left[\frac{k\varepsilon^{n+1}}{n+1} \right]_{\varepsilon_{\mathrm{ys}}}^{\varepsilon_{\mathrm{ts}}}$$

$$= \frac{\sigma_{\mathrm{ys}}^2}{2E} + \frac{k(\varepsilon_{\mathrm{ts}}^{n+1} - \varepsilon_{\mathrm{ys}}^{n+1})}{n+1}$$

$$= W_{\mathrm{e}} + W_{\mathrm{p}} \tag{7.10}$$

其中,第一项和第二项分别是弹性(W_{e})和塑性(W_{p})应变能密度.由于胡克定律只适用于屈服点,因此式(7.10)所示总能量为

$$W = \frac{\sigma_{\mathrm{ys}}^2}{2E} - \frac{k}{n+1} \left(\frac{\sigma_{\mathrm{ys}}}{E} \right)^{n+1} + \frac{k\varepsilon_{\mathrm{ts}}^{n+1}}{n+1}$$

理想韧性材料必须具有很高的强度和延展性.尽管经常将延展性材料看作韧性材料,但实际上它们是低强度、高延展性材料.如果一个由韧性材料制成的带缺口试样受到拉伸载荷作用,则由于在缺口根部形成了三轴应力状态,因此塑性流动会向上偏移.这会对塑性流动产生约束,从而会增大缺口根部的弹性应力.

综上所述,无裂纹材料的屈服强度(材料固有特性)和按总应变能密度度量的断裂韧性可以用以下不等式进行比较:

$$\sigma_{ys}^{延展性} < \sigma_{ys}^{韧性} < \sigma_{ys}^{脆性}$$
$$W_{脆性} < W_{韧性} < W_{延展性} \tag{7.11}$$

这一类比表明,屈服强度随脆性增加而增强,总应变能密度随韧性增强而增加.表达式(7.11)可用于对固体材料进行分类.虽然在实际工程应用中的理想材料应该尽可能根据不等式(7.11)来表征,但在某些应用中需要稍加修改:

$$\sigma_{ys}^{延展性} \ll \sigma_{ys}^{韧性} \approx \sigma_{ys}^{脆性}$$
$$W_{脆性} \ll W_{韧性} \approx W_{延展性}$$

因为在某些应用中并不需要高延展性材料.

7.4   平衡方程

本节将给出用于解析求解未知弹性应力 σ_x,σ_y 和 τ_{xy} 的平衡场方程.基于此,需要对弹性理论进行进一步的处理.

7.4.1   在笛卡尔坐标系下

考虑处于平衡状态的具有单位厚度的二维微元,如图 7.5 所示,微元做二维应力分析.在笛卡尔坐标下 x 方向和 y 方向的平衡方程分别为

$$\sum F_x = 0$$

即
$$0 = \left(\sigma_x + \frac{\partial \sigma_x}{\partial x} dx\right) dy - \sigma_x dy + \left(\tau_{yx} + \frac{\partial \tau_{yx}}{\partial y} dy\right) dx - \tau_{yx} dx + f_x dx dy$$
$$\tag{7.12}$$

$$\sum F_y = 0$$

即
$$0 = \left(\sigma_y + \frac{\partial \sigma_y}{\partial y} dy\right) dx - \sigma_y dx + \left(\tau_{xy} + \frac{\partial \tau_{xy}}{\partial x} dx\right) dy - \tau_{xy} dy + f_y dx dy$$
$$\tag{7.13}$$

将式(7.12)和式(7.13)除以 $dx dy$,并令 $dx \to 0$,$dy \to 0$,由对称性可知 $\tau_{yx} = \tau_{xy}$.因此,上述平衡方程成为

$$\frac{\partial \sigma_x}{\partial x} + \frac{\partial \tau_{xy}}{\partial y} + f_x = 0$$

$$\frac{\partial \tau_{xy}}{\partial x} + \frac{\partial \sigma_y}{\partial y} + f_y = 0$$

其中, f_x 和 f_y 是体力. 在无体力情况下, 平面笛卡尔坐标下应力张量的分量可表示为

$$
\begin{cases}
\sigma_x = \dfrac{\partial^2 \phi}{\partial y^2} \\[2mm]
\sigma_y = \dfrac{\partial^2 \phi}{\partial x^2} \\[2mm]
\tau_{xy} = -\dfrac{\partial^2 \phi}{\partial x \partial y}
\end{cases} \tag{7.14}
$$

体力 f_x 和 f_y 通常由引力场产生. 引力场对式(7.14)给出的弹性应力的影响不显著, 因此一般不考虑.

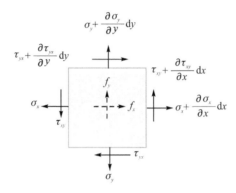

图 7.5   笛卡尔坐标系下的应力分析

7.4.2   在极坐标系下

考虑处于平衡状态的具有单位厚度的二维微元, 如图 7.6 所示, 对微元做二维应力分析. 在极坐标下径向(r 方向)和切向(θ 方向)的平衡方程分别为

$$
\sum F_r = 0
$$

即
$$
0 = \left(\sigma_r + \frac{\partial \sigma_r}{\partial r}dr\right)(r+dr)d\theta - \sigma_r r d\theta + \left(\tau_{\theta r} + \frac{\partial \tau_{\theta r}}{\partial \theta}d\theta\right)dr\cos(d\theta/2) -
$$

$$
\tau_{\theta r} dr\cos(d\theta/2) - \left(\sigma_\theta + \frac{\partial \sigma_\theta}{\partial \theta}d\theta\right)dr\sin(d\theta/2) - \sigma_\theta dr\sin(d\theta/2) + f_r r dr d\theta
$$

$$
\tag{7.15}
$$

$$
\sum F_\theta = 0
$$

即
$$
0 = \left(\tau_{r\theta} + \frac{\partial \tau_{r\theta}}{\partial r}dr\right)(r+dr)d\theta - \tau_{r\theta} r d\theta + \left(\tau_{\theta r} + \frac{\partial \tau_{\theta r}}{\partial \theta}d\theta\right)dr\sin(d\theta/2) +
$$

$$
\tau_{r\theta} dr\sin(d\theta/2) + \left(\sigma_\theta + \frac{\partial \sigma_\theta}{\partial \theta}d\theta\right)dr\cos(d\theta/2) - \sigma_\theta dr\cos(d\theta/2) + f_\theta r dr d\theta
$$

$$
\tag{7.16}
$$

将式(7.15)和式(7.16)重新排列并除以 $dr d\theta$, 取 $\tau_{r\theta} = \tau_{\theta r}$ 并令 $dr \to 0$, $d\theta \to 0$, 上述平衡方程成为

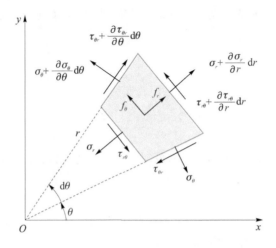

图 7.6　极坐标系下的应力分析

$$\frac{\partial \sigma_r}{\partial r} + \frac{1}{r}\frac{\partial \tau_{\theta r}}{\partial \theta} + \frac{1}{r}(\sigma_r - \sigma_\theta) + f_r = 0$$

$$\frac{1}{r}\frac{\partial \sigma_\theta}{\partial \theta} + \frac{\partial \tau_{r\theta}}{\partial r} + \frac{2\tau_{r\theta}}{r} + f_\theta = 0$$

其中, f_r 和 f_θ 也是体力. 在无体力情况下, 极坐标系下的应力分量可表示为

$$\begin{cases} \sigma_r = \dfrac{1}{r}\dfrac{\partial \phi}{\partial r} + \dfrac{1}{r^2}\dfrac{\partial^2 \phi}{\partial \theta^2} \\[2mm] \sigma_\theta = \dfrac{\partial^2 \phi}{\partial r^2} \\[2mm] \tau_{r\theta} = \dfrac{1}{r^2}\dfrac{\partial \phi}{\partial \theta} - \dfrac{1}{r}\dfrac{\partial^2 \phi}{\partial r \partial \theta} = -\dfrac{\partial \phi}{\partial r}\left(\dfrac{1}{r}\dfrac{\partial \phi}{\partial \theta}\right) \end{cases} \tag{7.17}$$

一般来说, 体力可以分为引力(重力)、电磁力(电磁场)和惯性力(运动), 通常在物体内部连续分布.

通常, 外部载荷对弹性体做功的速率, 决定了弹性变形处于准静态或动态. 7.5 节将给出不考虑体力情况下的艾里(Airy)应力函数.

7.5　双调和方程

本节将使用艾里应力函数 ϕ 将笛卡尔坐标系下的双调和方程转化到极坐标系下. 艾里应力函数 ϕ 必须满足双调和方程, 一旦求得双调和方程的解, 即可求得式(7.17)所给应力.

从笛卡尔坐标与极坐标之间的关系出发, 即

$$r^2 = x^2 + y^2, \quad r = \sqrt{x^2 + y^2}$$

$$x = r\cos\theta, \quad y = r\sin\theta$$

$$\theta = \arctan\left(\frac{y}{x}\right)$$

由此可得

$$\frac{\partial r}{\partial x} = \frac{x}{r} = \cos\theta, \qquad \frac{\partial\theta}{\partial x} = -\frac{y}{r^2} = -\frac{1}{r}\sin\theta$$

$$\frac{\partial r}{\partial y} = \frac{y}{r} = \sin\theta, \qquad \frac{\partial\theta}{\partial y} = -\frac{x}{r^2} = \frac{1}{r}\cos\theta$$

如果 $\phi = f(r,\theta)$，那么

$$\frac{\partial\phi}{\partial x} = \frac{\partial\phi}{\partial r}\frac{\partial r}{\partial x} + \frac{\partial\phi}{\partial\theta}\frac{\partial\theta}{\partial x} = \frac{\partial\phi}{\partial r}\cos\theta - \frac{1}{r}\frac{\partial\phi}{\partial\theta}\sin\theta$$

$$\frac{\partial\phi}{\partial y} = \frac{\partial\phi}{\partial r}\frac{\partial r}{\partial y} + \frac{\partial\phi}{\partial\theta}\frac{\partial\theta}{\partial y} = \frac{\partial\phi}{\partial r}\sin\theta + \frac{1}{r}\frac{\partial\phi}{\partial\theta}\cos\theta$$

于是

$$\frac{\partial^2\phi}{\partial x^2} = \left(\frac{\partial}{\partial r}\cos\theta - \frac{1}{r}\frac{\partial}{\partial\theta}\sin\theta\right)\left(\frac{\partial\phi}{\partial r}\cos\theta - \frac{1}{r}\frac{\partial\phi}{\partial\theta}\sin\theta\right)$$

$$= \frac{\partial^2\phi}{\partial r^2}\cos^2\theta - \frac{2}{r}\frac{\partial^2\phi}{\partial r\partial\theta}\cos\theta\sin\theta + \frac{1}{r}\frac{\partial\phi}{\partial r}\sin^2\theta +$$

$$\frac{2}{r^2}\frac{\partial\phi}{\partial\theta}\cos\theta\sin\theta + \frac{1}{r^2}\frac{\partial^2\phi}{\partial\theta^2}\sin^2\theta \tag{7.18}$$

$$\frac{\partial^2\phi}{\partial y^2} = \left(\frac{\partial}{\partial r}\sin\theta - \frac{1}{r}\frac{\partial}{\partial\theta}\cos\theta\right)\left(\frac{\partial\phi}{\partial r}\sin\theta - \frac{1}{r}\frac{\partial\phi}{\partial\theta}\cos\theta\right)$$

$$= \frac{\partial^2\phi}{\partial r^2}\sin^2\theta - \frac{2}{r}\frac{\partial^2\phi}{\partial\theta\partial r}\cos\theta\sin\theta + \frac{1}{r}\frac{\partial\phi}{\partial r}\cos^2\theta -$$

$$\frac{2}{r^2}\frac{\partial\phi}{\partial\theta}\cos\theta\sin\theta + \frac{1}{r^2}\frac{\partial^2\phi}{\partial\theta^2}\cos^2\theta \tag{7.19}$$

将式(7.18)与式(7.19)相加，可得

$$\frac{\partial^2\phi}{\partial x^2} + \frac{\partial^2\phi}{\partial y^2} = \frac{\partial^2\phi}{\partial r^2} + \frac{1}{r}\frac{\partial\phi}{\partial r} + \frac{1}{r^2}\frac{\partial^2\phi}{\partial\theta^2} \tag{7.20}$$

对式(7.20)中的 ϕ 求 4 阶导数，可得笛卡尔坐标下的双调和方程，即

$$\nabla^4\phi(x,y) = \left(\frac{\partial^2}{\partial x^2} + \frac{\partial^2}{\partial y^2}\right)\left(\frac{\partial^2\phi}{\partial x^2} + \frac{\partial^2\phi}{\partial y^2}\right)$$

$$= \frac{\partial^4\phi}{\partial x^4} + 2\frac{\partial^4\phi}{\partial x^2\partial y^2} + \frac{\partial^4\phi}{\partial y^4} = 0 \tag{7.21}$$

在极坐标下成为

$$\nabla^4\phi(r,\theta) = \left(\frac{\partial^2}{\partial r^2} + \frac{1}{r}\frac{\partial}{\partial r} + \frac{1}{r^2}\frac{\partial^2}{\partial\theta^2}\right)\left(\frac{\partial^2\phi}{\partial r^2} + \frac{1}{r}\frac{\partial\phi}{\partial r} + \frac{1}{r^2}\frac{\partial^2\phi}{\partial\theta^2}\right) = 0$$

$$\tag{7.22}$$

因此，$\nabla^4\phi(x,y) = \nabla^4\phi(r,\theta) = 0$.

展开和简化式(7.22)需要对艾里应力函数 ϕ 中的所有偏导数逐项进行代数运算，具体是通过如下乘法步实现的：

$$\begin{cases}\dfrac{\partial^2}{\partial r^2}\left(\dfrac{\partial^2\phi}{\partial r^2}\right)=\dfrac{\partial^4\phi}{\partial r^4}\\[3mm]\dfrac{\partial^2}{\partial r^2}\left(\dfrac{1}{r}\dfrac{\partial\phi}{\partial r}\right)=\dfrac{2}{r^3}\dfrac{\partial\phi}{\partial r}-\dfrac{2}{r^2}\dfrac{\partial^2\phi}{\partial r^2}+\dfrac{1}{r}\dfrac{\partial^3\phi}{\partial r^3}\\[3mm]\dfrac{\partial^2}{\partial r^2}\left(\dfrac{1}{r^2}\dfrac{\partial^2\phi}{\partial\theta^2}\right)=\dfrac{6}{r^4}\dfrac{\partial^2\phi}{\partial\theta^2}-\dfrac{4}{r^3}\dfrac{\partial^3\phi}{\partial r\partial\theta^2}+\dfrac{1}{r^2}\dfrac{\partial^4\phi}{\partial r^2\partial\theta^2}\\[3mm]\dfrac{1}{r}\dfrac{\partial}{\partial r}\left(\dfrac{\partial^2\phi}{\partial r^2}\right)=\dfrac{1}{r}\dfrac{\partial^3\phi}{\partial r^3}\\[3mm]\dfrac{1}{r}\dfrac{\partial}{\partial r}\left(\dfrac{1}{r}\dfrac{\partial\phi}{\partial r}\right)=\dfrac{1}{r^2}\dfrac{\partial^2\phi}{\partial r^2}-\dfrac{1}{r^3}\dfrac{\partial\phi}{\partial r}\\[3mm]\dfrac{1}{r}\dfrac{\partial}{\partial r}\left(\dfrac{1}{r^2}\dfrac{\partial^2\phi}{\partial\theta^2}\right)=\dfrac{1}{r^3}\dfrac{\partial^3\phi}{\partial r\partial\theta^2}-\dfrac{2}{r^4}\dfrac{\partial^2\phi}{\partial\theta^2}\\[3mm]\dfrac{1}{r^2}\dfrac{\partial^2}{\partial\theta^2}\left(\dfrac{\partial^2\phi}{\partial r^2}\right)=\dfrac{1}{r}\dfrac{\partial^4\phi}{\partial\theta^2\partial r^2}\\[3mm]\dfrac{1}{r^2}\dfrac{\partial^2}{\partial\theta^2}\left(\dfrac{1}{r}\dfrac{\partial\phi}{\partial r}\right)=\dfrac{1}{r^3}\dfrac{\partial^3\phi}{\partial\theta^2\partial r}\\[3mm]\dfrac{1}{r^2}\dfrac{\partial^2}{\partial\theta^2}\left(\dfrac{1}{r^2}\dfrac{\partial^2\phi}{\partial\theta^2}\right)=\dfrac{1}{r^4}\dfrac{\partial^4\phi}{\partial\theta^4}\end{cases} \tag{7.23}$$

完成这个分析程序的后续步骤,是使用特定的艾里应力函数 ϕ 求解弹性应力,这将在 7.6 节介绍.

7.6 艾里应力函数

艾里应力函数方法是解析求解二维弹性问题中未知应力 σ_x,σ_y 和 τ_{xy} 的重要方法. 具体采用什么坐标系取决于问题的性质及相关方程(如平衡方程、相容方程和双调和方程)的复杂性. 因此,本节介绍用艾里应力函数 ϕ 求解工程问题的方法,该解还必须满足边界条件.

在二维分析中,笛卡尔坐标系中的弹性应力场可用艾里应力函数表示为

$$\begin{cases}\sigma_x=\dfrac{\partial^2\phi}{\partial y^2}+\Omega\\[3mm]\sigma_y=\dfrac{\partial^2\phi}{\partial x^2}+\Omega\\[3mm]\tau_{xy}=-\dfrac{\partial^2\phi}{\partial x\partial y}\end{cases} \tag{7.24}$$

其中,$\Omega=\Omega(x,y)$ 是体力场,如重力、离心力等. 选定艾里应力函数 ϕ 的形式后,所得应力不一定满足平衡方程. 相反,需要用双调和方程来验证所得应力是否满足平衡方程.

体力可用体力场 Ω 表示为

$$f_x=-\frac{\partial\Omega}{\partial x},\quad f_y=-\frac{\partial\Omega}{\partial y}$$

应力相容方程为

$$\nabla^2(\sigma_x + \sigma_y) = -\frac{\beta}{v}\left(\frac{\partial f_x}{\partial x} + \frac{\partial f_y}{\partial y}\right)$$

其中,对于平面应力问题 $\beta=1$,对于平面应变问题 $\beta=1/(1-v)$.

对于无裂纹的空心圆柱体,艾里应力函数可表示为

$$\phi = a_1 + a_2 \ln r + a_3 r^2 + a_4 r^2 \ln r$$

对于带裂纹板,艾里应力函数可表示为

$$\phi = r^{\lambda+1} f(\theta) = g(r) f(\theta)$$

其中,λ 是特征值,$f(\theta)$ 是待定的三角函数.

从理论上来说,任何用于求解无体力弹性平面问题的艾里应力函数 ϕ 都应满足相应的双调和方程.然而,坐标系的选择还取决于特定几何形状试样的边界条件.排除环境因素对弹性体的影响,控制方程还必须包括下列应力分量:

① 笛卡尔坐标系:如果 $\nabla^4\phi(x,y)=0$,则需用 $\phi=\phi(x,y)$ 表示 σ_x,σ_y 和 τ_{xy}.

② 极坐标系:如果 $\nabla^4\phi(r,\theta)=0$,则需用 $\phi=\phi(r,\theta)$ 表示 σ_r,σ_θ 和 $\tau_{r\theta}$.

值得一提的是,在各向同性和连续介质中,艾里应力函数 ϕ 还需满足边界条件.

设艾里应力函数 ϕ 是系数为 a_i 的**艾里幂级数**,即

$$\phi = \sum_{i=1}^{m} a_i x^{m-i} y^{i-1} \tag{7.25}$$

为方便起见,将式(7.25)关于二维笛卡尔坐标的一阶导数表示为

$$\begin{cases} \dfrac{\partial \phi}{\partial x} = \sum_{i=1}^{m} (m-i) a_i x^{m-i-1} y^{i-1} \\ \dfrac{\partial \phi}{\partial y} = \sum_{i=2}^{m} (i-1) a_i x^{m-i} y^{i-2} \end{cases}$$

式(7.25)所给多项式必须满足双调和方程(7.21).例如,设给定如下 5 阶多项式

$$\phi = \sum_{i=1}^{5} a_i x^{5-i} y^{i-1} = a_1 x^4 + a_2 x^3 y + a_3 x^2 y^2 + a_4 x y^3 + a_5 y^4 \tag{7.26}$$

则相关导数为

$$\begin{cases} \dfrac{\partial^4 \phi}{\partial x^4} = 24a_1 \\ \dfrac{\partial^4 \phi}{\partial y^4} = 24a_5 \\ \dfrac{\partial^4 \phi}{\partial x^2 \partial y^2} = 4a_3 \end{cases} \tag{7.27}$$

将式(7.27)代入式(7.21),会得到如下不令人满意的结果:

$$\nabla^4\phi = \frac{\partial^4 \phi}{\partial x^4} + 2\frac{\partial^4 \phi}{\partial x^2 \partial y^2} + \frac{\partial^4 \phi}{\partial y^4} = 24a_1 + 8a_3 + 24a_5 \neq 0 \tag{7.28}$$

为了求解该问题必须令式(7.28)中的 $\nabla^4\phi=0$,即

$$24a_1 + 8a_3 + 24a_5 = 0 \tag{7.29}$$

从式(7.29)中求得

$$a_5 = -(a_1 + a_3/3)$$

将 a_5 代入式(7.26),可得如下艾里应力函数:

$$\phi = a_1(x^4 - y^4) + a_2 x^3 y + a_3\left(x^2 y^2 - \frac{1}{3}y^4\right) + a_4 x y^3 \tag{7.30}$$

由此可得所需 4 阶导数为

$$\begin{cases} \dfrac{\partial^4 \phi}{\partial x^4} = 24a_1 \\[2mm] \dfrac{\partial^4 \phi}{\partial y^4} = -24a_1 - 8a_3 \\[2mm] \dfrac{\partial^4 \phi}{\partial x^2 \partial y^2} = 4a_3 \end{cases} \tag{7.31}$$

将式(7.31)中的 4 阶导数代入双调和方程(7.28),可得 $\nabla^4 \phi = 0$. 读者可验证该结果.

因此,式(7.30)满足双调和方程 $\nabla^4 \phi = 0$. 接下来,根据式(7.24)和式(7.30)可求得体力场为 0 时的待求应力:

$$\begin{cases} \sigma_x = \dfrac{\partial^2 \phi}{\partial y^2} = -12a_1 y^2 + 2a_3(x^2 - 2y^2) + 6a_4 xy \\[2mm] \sigma_y = \dfrac{\partial^2 \phi}{\partial x^2} = 12a_1 x^2 + 6a_3 xy + 6a_3 y^2 \\[2mm] \tau_{xy} = -\dfrac{\partial^2 \phi}{\partial x \partial y} = -3a_2 x^2 - 4a_3 xy - 3a_4 y^2 \end{cases}$$

上述例子表明,任意 4 阶多项式不一定满足双调和方程,需要做适当调整. 显然,3 阶多项式可自然满足双调和方程,这留作练习.

例 7.6.1 为用艾里应力函数求悬臂梁中应力解的例子,清晰地展示了该求解流程.

【例 7.6.1】(艾里应力函数的应用) 考虑一个宽度为 b、高度为 h 的悬臂梁,两端简支,如图 7.7 所示,在平面应力条件下求它受均布载荷 P 时的内力分布.

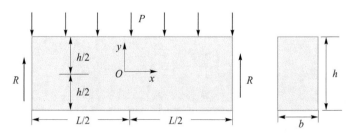

图 7.7 受均布载荷的悬臂梁

使用下面的艾里应力函数求笛卡尔坐标系下的各应力分量:

$$\phi = a_1 x^2 + a_2 x^2 y + a_3\left(x^2 y^3 - \frac{1}{5}y^5\right) + a_4 y^3 \tag{7.32}$$

边界条件为

$$\sigma_y = \tau_{xy} = 0 \quad (在\ y = -h/2\ 处) \tag{7.33}$$

$$\sigma_y = -P/b \quad (在\ y = h/2\ 处) \tag{7.34}$$

$$\tau_{xy} = 0 \quad (在\ y = h/2\ 处)$$

$$R = \int_{-h/2}^{h/2} \tau_{xy}\,\mathrm{d}y = \frac{PL}{2} \quad \left(在\ x = \pm\frac{L}{2}\ 处\right) \tag{7.35}$$

$$\int_{-h/2}^{h/2} \sigma_x\,\mathrm{d}y = 0 \quad \left(在\ x = \pm\frac{L}{2}\ 处\right) \tag{7.36}$$

$$\int_{-h/2}^{h/2} \sigma_x y\,\mathrm{d}y = 0 \quad \left(在\ x = \pm\frac{L}{2}\ 处\right) \tag{7.37}$$

【解】式(7.36)和式(7.37)表明,梁的两端不存在正向力和弯矩.用多项式(7.32)推导出所需 4 阶导数:

$$\begin{cases} \dfrac{\partial^4 \phi}{\partial x^4} = 0 \\[2mm] \dfrac{\partial^4 \phi}{\partial y^4} = -24a_3 y \\[2mm] \dfrac{\partial^4 \phi}{\partial x^2 \partial y^2} = 12a_3 y \end{cases} \tag{7.38}$$

式(7.38)满足条件 $\nabla^4 \phi = 0$. 因此,弹性应力为

$$\begin{cases} \sigma_x = \dfrac{\partial^2 \phi}{\partial y^2} = a_3(6x^2 y - 4y^3) + 6a_4 y \\[2mm] \sigma_y = \dfrac{\partial^2 \phi}{\partial x^2} = 2a_1 + 2a_2 y + 2a_3 y^3 \\[2mm] \tau_{xy} = -\dfrac{\partial^2 \phi}{\partial x \partial y} = -2a_2 x - 6a_3 x y^2 \end{cases} \tag{7.39}$$

依次用所给边界条件来确定多项式常数 a_i. 根据式(7.39)及边界条件(7.33)和(7.34)可得

$$\sigma_y = 2a_1 + 2a_2 y + 2a_3 y^3 = 0 \quad (在\ y = -h/2\ 处)$$
$$\sigma_y = 2a_1 + 2a_2 y + 2a_3 y^3 = -P/b \quad (在\ y = h/2\ 处)$$

即

$$a_1 - a_2\left(\frac{h}{2}\right) - a_3\left(\frac{h^3}{8}\right) = 0 \tag{7.40}$$

$$a_1 + a_2\left(\frac{h}{2}\right) + a_3\left(\frac{h^3}{8}\right) = -\frac{P}{2b} \tag{7.41}$$

联立式(7.40)和式(7.41)可得

$$a_1 = -\frac{P}{4b} \tag{7.42}$$

此外,联立式(7.33)和式(7.39)可得

$$\tau_{xy} = -2a_2 x - 6a_3 x y^2 = 0 \quad (在\ y = -h/2\ 处)$$

即

$$a_2 = -\frac{3}{4}a_3 h^2 \tag{7.43}$$

将式(7.42)和式(7.43)代入式(7.40),得

$$a_3 = \frac{P}{bh^3} \tag{7.44}$$

联立式(7.37)和式(7.39),可得

$$\int_{-h/2}^{h/2} \left[a_3(6x^2y - 4y^3) + 6a_4y \right] y \, dy = 0 \quad \left(在 \; x = \frac{L}{2} \; 处\right)$$

即

$$\int_{-h/2}^{h/2} \left[a_3 \left(\frac{3}{2}L^2y^2 - 4y^4 \right) + 6a_4y^2 \right] dy = 0 \tag{7.45}$$

求积分(7.45),并联立式(7.44),可得

$$a_4 = a_3 \left(\frac{h^2}{10} - \frac{L^2}{4} \right) = \frac{P}{20bh^3}(2h^2 - 5L^2) \tag{7.46}$$

如果梁的矩形截面的转动惯量为 $I = bh^3/12$,则式(7.46)可表示为

$$a_4 = \frac{P}{240I}(2h^2 - 5L^2)$$

将 $a_1 \sim a_4$ 代入式(7.39),可得所需的应力为

$$\begin{cases} \sigma_x = \dfrac{P}{8I}(4x^2 - L^2)y + \dfrac{P}{60I}(3h^2y - 20y^3) \\[2mm] \sigma_y = \dfrac{P}{24I}(4y^2 - 3h^2y - h^3) \\[2mm] \tau_{xy} = \dfrac{Px}{8I}(h^2 - 4y^2) \end{cases} \tag{7.47}$$

材料力学给出的 x 方向的应力为

$$\sigma_x = \frac{My}{I} = \frac{P}{8I}(4x^2 - L^2)y \tag{7.48}$$

其中,M 是力矩. 此外,式(7.48)表明,式(7.47)中 σ_x 的表达式中的第二项可以解释为修正项. 由于式(7.47)中 σ_x 的表达式比式(7.48)多了一项,因此它比式(7.48)更准确.

总之,上述求解过程表明,使用适当的艾里应力函数可得到合适的结果.

【例 7.6.2】(艾里应力函数的应用)(a) 如图 7.8 所示粗梁承受均匀分布线载荷,在极坐标系下求当 $\alpha = 90°$ 时的弹性应力;

(b) 求当 $\theta = 30°$ 和 $\theta = 60°$ 且 $P = 100$ MPa·mm 时的径向应力.

将向上支反力定义为 $R = \int_0^\pi \sigma_r r \sin\theta \, d\theta$,试验证本例所给含线载荷的结果是准确的.

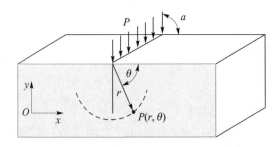

图 7.8 受均匀分布线载荷的粗梁

【解】由题意可知

$$\sum F_y = R - P = 0, \quad 即 \int_0^\pi \sigma_r r \sin\theta \, d\theta - P = 0 \tag{7.49}$$

(a)当 $\alpha = 90°$ 时,$P = P_y$,设艾里应力函数为

$$\phi = ar\theta\cos\theta \tag{7.50}$$

将式(7.23)代入式(7.22),得

$$
\begin{aligned}
\nabla^4\phi = \left(\frac{\partial^4\phi}{\partial r^4}\right) + \left(\frac{2}{r^3}\frac{\partial\phi}{\partial r} - \frac{2}{r^2}\frac{\partial^2\phi}{\partial r^2} + \frac{1}{r}\frac{\partial^3\phi}{\partial r^3}\right) + \\
\left(\frac{6}{r^4}\frac{\partial^2\phi}{\partial\theta^2} - \frac{4}{r^3}\frac{\partial^3\phi}{\partial r\partial\theta^2} + \frac{1}{r^2}\frac{\partial^4\phi}{\partial r^2\partial\theta^2}\right) + \\
\left(\frac{1}{r}\frac{\partial^3\phi}{\partial r^3}\right) + \left(\frac{1}{r^2}\frac{\partial^2\phi}{\partial r^2} - \frac{1}{r^3}\frac{\partial\phi}{\partial r}\right) + \\
\left(\frac{1}{r^3}\frac{\partial^3\phi}{\partial r\partial\theta^2} - \frac{2}{r^4}\frac{\partial^2\phi}{\partial\theta^2}\right) + \left(\frac{1}{r}\frac{\partial^4\phi}{\partial\theta^2\partial r^2}\right) + \\
\left(\frac{1}{r^3}\frac{\partial^3\phi}{\partial\theta^2\partial r}\right) + \left(\frac{1}{r^4}\frac{\partial^4\phi}{\partial\theta^4}\right)
\end{aligned}
$$

因此

$$
\begin{aligned}
\nabla^4\phi = 0 + \frac{2a\theta}{r^3}\cos\theta - \frac{1}{r^3}(4a\sin\theta + 2a\theta\cos\theta) + \\
0 - \frac{a\theta}{r^3}\cos\theta + \frac{1}{r^3}(2a\sin\theta + a\theta\cos\theta) + \\
0 - \frac{1}{r^3}(2a\sin\theta + a\theta\cos\theta) + \frac{1}{r^4}(4ar\sin\theta + ar\theta\cos\theta)
\end{aligned}
$$

故式(7.50)满足$\nabla^4\phi = 0$. 此外,弹性应力也可以用三角函数来表示. 根据式(7.17)可得,极坐标系中的弹性应力为

$$
\begin{cases}
\sigma_r = \dfrac{1}{r}\dfrac{\partial\phi}{\partial r} + \dfrac{1}{r^2}\dfrac{\partial^2\phi}{\partial\theta^2} = -\dfrac{2a}{r}\sin\theta \\[2mm]
\sigma_\theta = \dfrac{\partial^2\phi}{\partial r^2} = 0 \\[2mm]
\tau_{r\theta} = \dfrac{1}{r^2}\dfrac{\partial\phi}{\partial\theta} - \dfrac{1}{r}\dfrac{\partial^2\phi}{\partial r\partial\theta} = 0
\end{cases} \tag{7.51}
$$

这些结果表明边界条件是正确的. 联立式(7.49)和式(7.51)可得载荷P和常数a的最终表达式:

$$P = \int_0^\pi \sigma_r r\sin\theta\,d\theta = -2a\int_0^\pi \sin^2\theta\,d\theta = -\pi a$$

$$a = -P/\pi \tag{7.52}$$

将式(7.52)代入式(7.51),可得径向应力为

$$\sigma_r = \frac{2P}{\pi r}\sin\theta \tag{7.53}$$

(b) 对于$P = 100\text{ MPa}$,$\sin(30°) = 1/2$,$\sin(60°) = \sqrt{3}/2$,式(7.53)给出了径向应力分布,即

$$\sigma_r = (31.831\text{ MPa}\cdot\text{mm})/r \quad (\text{当 }\theta = 30° \text{ 时})$$

$$\sigma_r = (51.133\text{ MPa}\cdot\text{mm})/r \quad (\text{当 }\theta = 60° \text{ 时})$$

当半径r较小时,所给角度对应的径向应力σ_r从板迅速减小. 这意味着尽管载荷是垂直

向下的，σ_r 在角度 θ 接近 $90° = \pi/2$ 取最大值.

7.7 复势函数

本节将基于复变函数理论研究二维各向同性材料的弹性行为. 在该方法的数学处理过程中，需要用两个复势函数 $\gamma(z)$ 和 $\psi(z)$ 来定义 z 平面上某个区域内的应力状态，其出发点是复势函数 $\gamma(z)$ 和 $\psi(z)$ 与双调和方程之间的联系. 最终，通过这些复势函数应求得在笛卡尔坐标或极坐标下 z 平面上的应力分布.

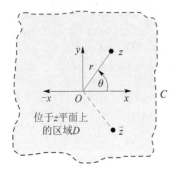

图 7.9 复平面上的某个路径 C 及其内的区域 D

具体说来，将艾里应力函数 ϕ 看作复变量 z 的函数，即 $\phi = \phi(z, \bar{z})$，从而在无穷域 D 内（见图 7.9）求得特定平面弹性问题的通解，该通解包含两个复势函数 $\gamma(z)$ 和 $\psi(z)$. 通过恰当选取满足特定边界条件的 $\gamma(z)$ 和 $\psi(z)$，可以极大地简化求解弹性平面问题的复杂性.

因此，可以将艾里应力函数扩展为 $\phi(z, \bar{z}) = f[\gamma(z), \psi(z)]$. 例如，考虑 z 平面上一个含多个小区域（空洞）的大区域，即所谓的无限多连通区域. 现在，假设 z 平面代表一个受到外部载荷作用的有限大平板，需要求出 z 平面上某点的弹性位移和应力，用于分析固体材料的力学行为. 用于求解该弹性问题的复势或复应力函数可表示为

$$\gamma(z) = -\frac{\sum_{j=1}^{m} F_j}{2\pi(1+\kappa)} \ln z + \left(\frac{\sigma_x^{\infty} + \sigma_y^{\infty}}{4}\right) z + \gamma^*(z) \tag{7.54}$$

$$\psi(z) = \frac{k \sum_{j=1}^{m} \bar{F}_j}{2\pi(1+\kappa)} \ln z + \left(\frac{\sigma_y^{\infty} - \sigma_x^{\infty} + 2i\tau_{xy}^{\infty}}{4}\right) z + \psi^*(z) \tag{7.55}$$

其中，m 是边界力的个数；$F_j = F_x + iF_y$ 或 $\bar{F}_j = F_x - iF_y$ 是边界上的外力，$\bar{F}_j$ 是 F_j 的共轭函数；函数 $\gamma^*(z)$ 和 $\psi^*(z)$ 是路径之外区域上的任意解析函数；κ 是平面弹性系数，定义为

$$\kappa = 3 - 4\upsilon \quad \text{（平面应变问题）}$$
$$\kappa = \frac{3 - \upsilon}{1 + \upsilon} \quad \text{（平面应力问题）} \tag{7.56}$$

其中，υ 是泊松比. 使用幂级数理论，式（7.54）和式（7.55）中的解析函数 $\gamma^*(z)$ 和 $\psi^*(z)$ 可以表示成如下复多项式：

$$\gamma^*(z) = \sum_{n=1}^{\infty} a_n z^{-n}$$
$$\psi^*(z) = \sum_{n=1}^{\infty} b_n z^{-n} \tag{7.57}$$

级数中的项数由边界条件确定.现在给出艾里应力函数 $\phi=\phi(z,\bar{z})$ 的复数表达式的推导过程.首先,定义如下算子:

$$\frac{\partial\phi}{\partial x}=\frac{\partial\phi}{\partial z}+\frac{\partial\phi}{\partial\bar{z}} \tag{7.58}$$

$$\frac{\partial\phi}{\partial z}=\frac{1}{2}\left(\frac{\partial\phi}{\partial x}-\mathrm{i}\,\frac{\partial\phi}{\partial y}\right) \tag{7.59}$$

$$\frac{\partial\phi}{\partial y}=\mathrm{i}\left(\frac{\partial\phi}{\partial z}-\mathrm{i}\,\frac{\partial\phi}{\partial\bar{z}}\right) \tag{7.60}$$

$$\frac{\partial\phi}{\partial\bar{z}}=\frac{1}{2}\left(\frac{\partial\phi}{\partial x}+\mathrm{i}\,\frac{\partial\phi}{\partial y}\right) \tag{7.61}$$

其次,重复使用微分算子(7.58)~(7.61),可得如下调和(∇^2)和双调和(∇^4)算子:

$$\nabla^2\phi=4\,\frac{\partial^2\phi}{\partial z\partial\bar{z}}$$

$$\nabla^4\phi=16\,\frac{\partial^4\phi}{\partial z^2\partial\bar{z}^2}$$

因此,由式(7.21)定义的双调和方程成为

$$\frac{\partial^4\phi}{\partial z^2\partial\bar{z}^2}=0 \tag{7.62}$$

对式(7.62)积分,可得用复变量 z 和 $\bar{z}$ 的任意复势函数表示的一般艾里应力函数如下:

$$\phi(z,\bar{z})=\frac{1}{2}\left[z\overline{\gamma(z)}+\bar{z}\gamma(z)+\chi(z)+\overline{\chi(z)}\right]$$

$$\phi(z,\bar{z})=\mathrm{Re}\left[\bar{z}\gamma(z)+\chi(z)\right] \tag{7.63}$$

不考虑体力,联立式(7.14)和式(7.63),可得用复势函数表示的应力分量如下:

$$\begin{cases}\sigma_x=\mathrm{Re}\left[2\gamma'(z)-\bar{z}\gamma''(z)-\chi''(z)\right]\\\sigma_y=\mathrm{Re}\left[2\gamma'(z)+\bar{z}\gamma''(z)+\chi''(z)\right]\\\tau_{xy}=\mathrm{Re}\left[\bar{z}\gamma''(z)+\chi''(z)\right]\end{cases} \tag{7.64}$$

其中,"$'$"表示对 z 求导.此外,任意函数 $\chi(z)$ 可表示为

$$\chi(z)=\int\psi(z)\mathrm{d}z \quad\text{或}\quad \psi(z)=\chi'(z)=\frac{\mathrm{d}\chi(z)}{\mathrm{d}z} \tag{7.65}$$

复位移函数 $U=u+\mathrm{i}v$ 可表示为

$$2GU=\kappa\gamma(z)-z\overline{\gamma'(z)}-\overline{\psi(z)} \tag{7.66}$$

其中,κ 由式(7.56)定义;G 为弹性剪切模量,与弹性拉伸模量 E 和泊松比 υ 有关,形式如下:

$$2G=\frac{E}{1+\upsilon}$$

此外,式(7.63)所定义的艾里应力函数 ϕ 可用于确定应力分量.

求解应力分量的具体流程可在弹性力学或断裂力学教材中找到.艾里应力函数可表示为

$$2\phi(z,\bar{z})=\bar{z}\gamma(z)+\chi(z)+z\overline{\gamma(z)}+\overline{\chi(z)}$$

为方便起见,将式(7.64)改写并与式(7.66)写在一起,如下所示:

$$\begin{cases} \sigma_x + \sigma_y = 2\left[\gamma'(z) + \overline{\gamma'(z)}\right] = 4\mathrm{Re}\left[\gamma'(z)\right] \\ \sigma_y - \sigma_x + 2\mathrm{i}\tau_{xy} = 2\left[\overline{z}\gamma''(z) + \psi'(z)\right] \\ 2GU = \kappa\gamma(z) - z\overline{\gamma'(z)} - \overline{\psi(z)} \end{cases} \tag{7.67}$$

该方法也被称为科洛索夫(Kolosov)势函数方法. 式(7.67)的前两式还可以进一步写为

$$\sigma_x + \sigma_y = 4\mathrm{Re}\left[\gamma'(z)\right] \tag{7.68}$$

$$\sigma_y - \sigma_x = 2\mathrm{Re}\left[\overline{z}\gamma''(z) + \psi'(z)\right] \tag{7.69}$$

将式(7.68)与式(7.69)相加可得

$$\begin{cases} \sigma_y = 2\mathrm{Re}\left[\gamma'(z)\right] + \mathrm{Re}\left[\overline{z}\gamma''(z) + \psi'(z)\right] \\ \sigma_x = 2\mathrm{Re}\left[\gamma'(z)\right] - \mathrm{Re}\left[\overline{z}\gamma''(z) + \psi'(z)\right] \end{cases}$$

如果区域 D 是整个上半平面, 即 $y \geqslant 0$ 的区域, 其边界为 $y=0$, 则式(7.67)成为

$$\begin{cases} \sigma_x + \sigma_y = 4\mathrm{Re}\left[\gamma'(z)\right] \\ \sigma_y - \mathrm{i}\tau_{xy} = \gamma'(z) + \overline{\gamma'(z)} + (z - \overline{z})\overline{\gamma''(z)} \\ 2GU = \kappa\gamma(z) - z\overline{\gamma'(z)} - \overline{\psi(z)} \end{cases}$$

其中, $\overline{z} = 1/z$.

极坐标系中的应力和位移为

$$\begin{cases} \sigma_r + \sigma_\theta = \sigma_x + \sigma_y \\ \sigma_\theta - \sigma_r + 2\mathrm{i}\tau_{r\theta} = (\sigma_y - \sigma_x + 2\mathrm{i}\tau_{xy})\mathrm{e}^{\mathrm{i}2\theta} \\ u_r + \mathrm{i}u_\theta = (u + \mathrm{i}v)\mathrm{e}^{-\mathrm{i}\theta} \end{cases} \tag{7.70}$$

其中, σ_r 是径向正应力分量, 而 σ_θ 是周向正应力分量. 此外, 极坐标系下半平面受边界载荷作用的应力关系可表示为

$$\sigma_r - \mathrm{i}\tau_{r\theta} = \gamma'(z) + \overline{\gamma'(z)} - 2\mathrm{e}^{2\mathrm{i}\theta}\left[\overline{z}\gamma''(z) + \psi'(z)\right] \tag{7.71}$$

方程(7.71)在确定幂级数系数时非常有用, 下面是用复变量理论求解应力和位移的例子.

【例 7.7.1】(复势函数的应用) 本例将基于复势函数

$$\begin{aligned} \gamma(z) &= (a_1 + \mathrm{i}a_2)z \\ \psi(z) &= (b_1 + \mathrm{i}b_2)z \end{aligned} \tag{7.72}$$

展示如何用式(7.67)和式(7.70)求应力和位移, 并确定复势中的未知系数 a_n 和 b_n (其中 $n = 1, 2$).

【解】 **笛卡尔坐标系**: 式(7.72)的导数为

$$\gamma'(z) = a_1 + \mathrm{i}a_2, \quad \psi'(z) = b_1 + \mathrm{i}b_2, \quad \gamma''(z) = 0, \quad \psi''(z) = 0$$

根据式(7.67)可得

$$\sigma_x + \sigma_y = 2\left[\gamma'(z) + \overline{\gamma'(z)}\right] = 2\left[(a_1 + \mathrm{i}a_2) + (a_1 - \mathrm{i}a_2)\right] = 4\mathrm{Re}\left[\gamma'(z)\right] = 4a_1 \tag{7.73}$$

$$\begin{aligned} \sigma_y - \sigma_x + 2\mathrm{i}\tau_{xy} &= 2\left[\overline{z}\gamma''(z) + \psi'(z)\right] = 2\left[0 + (b_1 + \mathrm{i}b_2)\right] \\ &= 2\mathrm{Re}\left[\psi'(z)\right] + 2\mathrm{Im}\left[\psi'(z)\right] = 2b_1 + 2\mathrm{i}b_2 \end{aligned} \tag{7.74}$$

令式(7.74)左右两侧的实部和虚部相等, 可得

$$\sigma_y - \sigma_x = 2b_1 \tag{7.75}$$

$$2\mathrm{i}\tau_{xy} = 2\mathrm{i}b_2 \quad \text{或} \quad \tau_{xy} = b_2$$

联立式(7.73)和式(7.75),并将结果代入式(7.75),得

$$\begin{cases} \sigma_y = 2a_1 + b_1 \\ \sigma_x = 2a_1 - b_1 \end{cases}$$

极坐标系：由式(7.70)和上述结果,可得应力关系：

$$\sigma_r + \sigma_\theta = \sigma_x + \sigma_y = 4a_1 \tag{7.76}$$

$$\begin{aligned} \sigma_\theta - \sigma_r + 2\mathrm{i}\tau_{r\theta} &= (\sigma_y - \sigma_x + 2\mathrm{i}\tau_{xy})\mathrm{e}^{\mathrm{i}2\theta} = (2b_1 + 2\mathrm{i}b_2)(\cos 2\theta + \mathrm{i}\sin 2\theta) \\ &= 2b_1\cos 2\theta + 2\mathrm{i}b_1\sin 2\theta + 2\mathrm{i}b_2\cos 2\theta - 2b_2\sin 2\theta \\ &= 2(b_1\cos 2\theta - b_2\sin 2\theta) + 2\mathrm{i}(b_1\sin 2\theta + b_2\cos 2\theta) \end{aligned} \tag{7.77}$$

令式(7.77)左右两侧的实部和虚部相等,可得

$$\sigma_\theta - \sigma_r = 2(b_1\cos 2\theta - b_2\sin 2\theta) \tag{7.78}$$

$$\tau_{r\theta} = b_1\sin 2\theta + b_2\cos 2\theta$$

联立式(7.76)和式(7.78),可得周向和径向应力分量分别为

$$\begin{cases} \sigma_\theta = 2a_1 + b_1\cos 2\theta - b_2\sin 2\theta \\ \sigma_r = 2a_1 - b_1\cos 2\theta + b_2\sin 2\theta \end{cases}$$

位移：根据式(7.67)可得

$$\begin{aligned} 2G(u + \mathrm{i}v) &= \kappa\gamma(z) - z\overline{\gamma'(z)} - \overline{\psi(z)} \\ &= \kappa(a_1 + \mathrm{i}a_2)z - z(a_1 - \mathrm{i}a_2) - (b_1 - \mathrm{i}b_2)z \\ &= [\kappa(a_1 + \mathrm{i}a_2) - (a_1 - \mathrm{i}a_2) - (b_1 - \mathrm{i}b_2)]z \\ &= [\kappa(a_1 + \mathrm{i}a_2) - (a_1 - \mathrm{i}a_2) - (b_1 - \mathrm{i}b_2)](x + \mathrm{i}y) \\ &= [a_1(\kappa - 1)x - a_2(\kappa + 1)y - b_1 x - b_2 y] + \\ &\quad \mathrm{i}[a_1(\kappa - 1)y + a_2(\kappa + 1)x - b_1 y + b_2 x] \end{aligned}$$

于是

$$\begin{aligned} u + \mathrm{i}v &= \frac{1}{2G}[a_1(\kappa - 1)x - a_2(\kappa + 1)y - b_1 x - b_2 y] + \\ &\quad \mathrm{i}\left(\frac{1}{2G}\right)[a_1(\kappa - 1)y + a_2(\kappa + 1)x - b_1 y + b_2 x] \end{aligned} \tag{7.79}$$

令式(7.79)左右两侧的实部和虚部相等,可得

$$u = \frac{1}{2G}[a_1(\kappa - 1)x - a_2(\kappa + 1)y - b_1 x - b_2 y]$$

$$v = \frac{1}{2G}[a_1(\kappa - 1)y + a_2(\kappa + 1)x - b_1 y + b_2 x]$$

$$\begin{aligned} u_r + \mathrm{i}u_\theta &= (u + \mathrm{i}v)\mathrm{e}^{-\mathrm{i}\theta} \\ &= (u + \mathrm{i}v)(\cos\theta - \mathrm{i}\sin\theta) \\ &= (u\cos\theta + v\sin\theta) + \mathrm{i}(v\cos\theta - u\sin\theta) \end{aligned} \tag{7.80}$$

令式(7.80)左右两侧的实部和虚部相等,可得

$$\begin{cases} u_r = u\cos\theta + v\sin\theta \\ u_\theta = v\cos\theta - u\sin\theta \end{cases}$$

这些位移分量在区间 $0 \leqslant \theta \leqslant \pi/2$ 中的方向是：

① 如果 $\theta=0$,那么 $u_r=u$ 和 $u_\theta=v$ 在正向.

② 如果 $\theta=\pi/2$,那么 $u_r=v$ 在正向而 $u_\theta=-u$ 在负向.

③ 如果 $0<\theta<\pi/2$,则 u_r 和 u_θ 随 u 与 v 的值波动.

【例 7.7.2】(复势函数的应用) 考虑一个带圆孔的无限大平板,如图 7.10 所示,它受到均匀远场拉应力. 载荷和边界条件分别为:在 $r=\infty$ 处,$\sigma_x^\infty=S$,$\sigma_y^\infty=0$,$\tau_{xy}^\infty=0$;在 $r=a$ 处,$\sigma_r-\mathrm{i}\tau_{r\theta}=0$.

(a) 将幂级数展开到三项;

(b) 求出艾里应力函数 $\phi=\phi(r,\theta)$;

(c) 求出极坐标系中 σ_r,σ_θ 和 $\tau_{r\theta}$ 的表达式,并计算它们在圆孔边缘 $\theta=\pi/2$ 及 $\theta=3\pi/2$ 处的值;

(d) 如果 $S=100$ MPa,$a=0.025$ m,$r=2a$ 及 $\theta=\pi/4$,则计算各应力值.

【解】加载条件为

$$\sigma_x^\infty=S, \quad \sigma_y^\infty=0, \quad \tau_{xy}^\infty=0 \quad (\text{其中 } r=\infty)$$

边界条件为

$$\sigma_r-\mathrm{i}\tau_{r\theta}=0 \quad (\text{其中 } r=a)$$

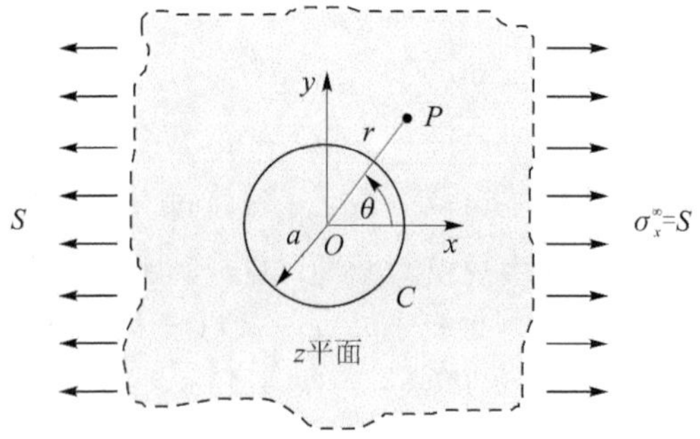

图 7.10 带圆孔的无限大平板

(a) **幂级数展开**:观察式(7.54)和式(7.55)可以发现,由于 $\ln z$ 在应力为零的孔所在位置不连续,因此对应的系数为 0. 根据式(7.54)、式(7.55)、式(7.57)及加载条件,可得复势函数为

$$\gamma(z)=\frac{Sz}{4}+\gamma^*(z)=\frac{Sz}{4}+\sum_{n=1}^{3}a_n z^{-n}$$

$$\psi(z)=-\frac{Sz}{2}+\psi^*(z)=-\frac{Sz}{2}+\sum_{n=1}^{3}b_n z^{-n}$$

展开为

$$\gamma(z)=\frac{Sz}{4}+\gamma^*(z)=\frac{Sz}{4}+\frac{a_1}{z}+\frac{a_2}{z^2}+\frac{a_3}{z^3} \tag{7.81}$$

$$\psi(z)=-\frac{Sz}{2}+\frac{b_1}{z}+\frac{b_2}{z^2}+\frac{b_3}{z^3} \tag{7.82}$$

根据式(7.65),对式(7.82)所给复势函数 $\psi(z)$ 积分,可得新的复势函数

$$\chi(z)=\int\psi(z)\mathrm{d}z=\int\left(-\frac{Sz}{4}+\frac{b_1}{z}+\frac{b_2}{z^2}+\frac{b_3}{z^3}\right)\mathrm{d}z$$

$$= -\frac{Sz^2}{8} + b_1\ln z - \frac{b_2}{z} - \frac{b_3}{2z^2} \tag{7.83}$$

（b）由于表示式(7.83)中的 $\ln z$ 只是积分的结果，因此不为 0.将式(7.81)和式(7.83)代入式(7.63)，可得用复变量 z 表示的艾里应力函数

$$\phi(z,\bar z) = \mathrm{Re}\left[\bar z\left(\frac{Sz}{4} + \frac{a_1}{z} + \frac{a_2}{z^2} + \frac{a_3}{z^3}\right) - \frac{Sz^2}{8} + b_1\ln z - \frac{b_2}{z} - \frac{b_3}{2z^2}\right] \tag{7.84}$$

其中

$$\begin{cases} z = r\mathrm{e}^{i\theta} = r(\cos\theta + \mathrm{i}\sin\theta) \\ \bar z = r\mathrm{e}^{-i\theta} = r(\cos\theta - \mathrm{i}\sin\theta) \\ z^2 = r^2\mathrm{e}^{2i\theta} = r^2(\cos 2\theta + \mathrm{i}\sin 2\theta) \\ z^3 = r^3\mathrm{e}^{3i\theta} = r^3(\cos 3\theta + \mathrm{i}\sin 3\theta) \end{cases} \tag{7.85}$$

将式(7.85)代入式(7.84)，可得 $\phi(z,\bar z) \rightarrow \phi(r,\theta)$，根据 $\cos m\theta \pm \mathrm{i}\sin m\theta = \mathrm{e}^{\pm im\theta}$ 合并系数，得

$$\phi(r,\theta) = \mathrm{Re}\,\frac{1}{r^2}\left(\frac{1}{4}Sr^4 - \frac{1}{4}Sr^4\mathrm{e}^{2i\theta} + r^2a_1\mathrm{e}^{-2i\theta} + ra_2\mathrm{e}^{-3i\theta} + a_3\mathrm{e}^{-4i\theta}\right) +$$

$$\mathrm{Re}\,\frac{1}{r^2}\left[r^2(\ln r)b_1\mathrm{e}^{i\theta} - rb_2\mathrm{e}^{-i\theta} - \frac{1}{2}b_3\mathrm{e}^{-2i\theta}\right]$$

根据 $\sin^2\theta = (1-\cos 2\theta)/2$ 提取 ϕ 的实部，可得如下简化形式的艾里应力函数 $\phi(r,\theta)$，即

$$\phi = \frac{1}{r^2}\left(\frac{1}{4}Sr^4\sin^2\theta + r^2a_1\cos 2\theta + ra_2\cos 3\theta + a_3\cos 4\theta\right) +$$

$$\frac{1}{r^2}\left[r^2(\ln r)b_1 - rb_2\cos\theta - \frac{1}{2}b_3\cos 2\theta\right] \tag{7.86}$$

（c）可以验证式(7.86)满足 $\nabla^4\phi = 0$.将式(7.86)代入式(7.17)，可得极坐标系中的弹性应力为

$$\sigma_r = \frac{1}{r}\frac{\partial\phi}{\partial r} + \frac{1}{r^2}\frac{\partial^2\phi}{\partial\theta^2}$$

$$= \frac{1}{r^4}\left(\frac{1}{2}Sr^4\cos 2\theta - 4r^4a_1\cos 2\theta - 10ra_2\cos 3\theta - 18a_3\cos 4\theta\right) +$$

$$\frac{1}{r^4}(r^2b_1 + 2rb_2\cos\theta + 3b_3\cos 2\theta)$$

$$\sigma_\theta = \frac{\partial^2\phi}{\partial r^2} = \frac{1}{r^4}\left(\frac{1}{2}Sr^4 - \frac{1}{2}Sr^4\cos 2\theta + 2ra_2\cos 3\theta + 6a_3\cos 4\theta\right) -$$

$$\frac{1}{r^4}(r^2b_1 + 2rb_2\cos\theta + 3b_3\cos 2\theta)$$

$$\tau_{r\theta} = \frac{1}{r^2}\frac{\partial\phi}{\partial\theta} - \frac{1}{r}\frac{\partial^2\phi}{\partial r\partial\theta} = -\frac{\partial\phi}{\partial r}\left(\frac{1}{r}\frac{\partial\phi}{\partial\theta}\right)$$

$$= -\frac{1}{r^4}\left(\frac{1}{2}Sr^4\sin 2\theta - 2r^2a_1\sin 2\theta + 6ra_2\sin 3\theta + 12a_3\sin 4\theta\right) +$$

$$\frac{1}{r^4}(2rb_2\sin\theta+3b_3\sin 2\theta) \tag{7.87}$$

利用在 $r=a$ 处 $\sigma_r-\mathrm{i}\tau_{r\theta}=0$ 的条件,可得

$$0=\frac{1}{2}Sr^4+r^2b_1+\frac{1}{2}Sr^4(\cos 2\theta+\mathrm{i}\sin 2\theta)+2rb_2(\cos\theta-\mathrm{i}\sin\theta)+$$

$$3b_3(\cos 2\theta-\mathrm{i}\sin 2\theta)-4r^2a_1\cos 2\theta+2\mathrm{i}r^2a_1\sin 2\theta-$$

$$18a_3\cos 4\theta+12\mathrm{i}a_3\sin 4\theta-10ra_2\cos 3\theta+6\mathrm{i}ra_2\sin 3\theta$$

令 $-4r^2a_1\cos 2\theta+2\mathrm{i}r^2a_1\sin 2\theta=-3r^2a_1\cos 2\theta-r^2a_1\cos 2\theta+3\mathrm{i}r^2a_1\sin 2\theta-\mathrm{i}r^2a_1\sin 2\theta$,可得

$$0=2rb_2\mathrm{e}^{-\mathrm{i}\theta}+\frac{1}{2}Sr^4+r^2b_1+3b_3\mathrm{e}^{-2\mathrm{i}\theta}+\frac{1}{2}Sr^4\mathrm{e}^{2\mathrm{i}\theta}-$$

$$3r^2a_1(\cos 2\theta-\mathrm{i}\sin 2\theta)-r^2a_1(\cos 2\theta+\mathrm{i}\sin 2\theta)-$$

$$18a_3\cos 4\theta+12\mathrm{i}a_3\sin 4\theta-10ra_2\cos 3\theta+6\mathrm{i}ra_2\sin 3\theta$$

$$=2rb_2\mathrm{e}^{-\mathrm{i}\theta}+\frac{1}{2}Sr^4+r^2b_1+3b_3\mathrm{e}^{-2\mathrm{i}\theta}+\frac{1}{2}Sr^4\mathrm{e}^{2\mathrm{i}\theta}-3r^2a_1\mathrm{e}^{-2\mathrm{i}\theta}-r^2a_1\mathrm{e}^{2\mathrm{i}\theta}-$$

$$18a_3\cos 4\theta+12\mathrm{i}a_3\sin 4\theta-10ra_2\cos 3\theta+6\mathrm{i}ra_2\sin 3\theta$$

令 $\mathrm{e}^{\pm\mathrm{i}m\theta}$ 的系数为零,并令 $r=a$,可得到系数 a_n 和 b_n,即

$$\frac{1}{2}Sr^4=-r^2b_1,\quad -r^2a_1\mathrm{e}^{2\mathrm{i}\theta}=\frac{1}{2}Sr^4\mathrm{e}^{2\mathrm{i}\theta},\quad -3r^2a_1\mathrm{e}^{-2\mathrm{i}\theta}=3b_3\mathrm{e}^{-2\mathrm{i}\theta}$$

从而

$$\begin{cases}b_1=-\dfrac{1}{2}Sa^2,b_2=0,b_3=-\dfrac{1}{2}Sa^4\\[2mm]a_1=-\dfrac{1}{2}Sa^2,a_2=a_3=0\end{cases} \tag{7.88}$$

将式(7.88)代入式(7.86),可得艾里应力函数为

$$\phi=\frac{1}{r^2}\left[\frac{1}{2}Sr^4\sin^2\theta+\frac{1}{2}Sa^2r^2\cos 2\theta-\frac{1}{2}Sa^2r^2(\log r)-\frac{1}{4}Sa^4\cos 2\theta\right] \tag{7.89}$$

将式(7.89)代入式(7.77)或式(7.87),可得各应力分量为

$$\begin{cases}\sigma_r=\dfrac{S}{2}\left(1-\dfrac{a^2}{r^2}\right)+\dfrac{S}{2}\left(1-\dfrac{4a^2}{r^2}+\dfrac{3a^4}{r^4}\right)\cos 2\theta\\[3mm]\sigma_\theta=\dfrac{S}{2}\left(1+\dfrac{a^2}{r^2}\right)-\dfrac{S}{2}\left(1+\dfrac{3a^4}{r^4}\right)\cos 2\theta\\[3mm]\tau_{r\theta}=-\dfrac{S}{2}\left(1+\dfrac{2a^2}{r^2}-\dfrac{3a^4}{r^4}\right)\sin 2\theta\end{cases}$$

在圆孔边缘 $r=a$ 处的应力值为

$$\begin{cases}\sigma_r=\tau_{r\theta}=0\\\sigma_\theta=S-2S\cos 2\theta=S(1-2\cos 2\theta)\end{cases}$$

如果 $\theta=\pi/2$ 或 $\theta=3\pi/2$ 及 $r=a$,则可得

$$\sigma_{\max}=\sigma_\theta=3S$$

因此应力集中因子的最大值为

$$K_t = \frac{\sigma_{\max}}{S} = 3$$

(d) 如果 $S = 100$ MPa，$a = 0.025$ m，$r = 2a$，$\theta = \pi/4$，那么各应力分量为

$$\begin{cases} \sigma_r = 37.50 \text{ MPa} \\ \sigma_\theta = 62.50 \text{ MPa} \\ \tau_{r\theta} = -65.63 \text{ MPa} \end{cases}$$

为了方便比较，设该板没有孔，极坐标的原点仍设在板的中心，其艾里应力函数为

$$\phi = \frac{S}{2} y^2 = \frac{S}{2} (r\sin\theta)^2 = \frac{S}{2} r^2 (1 - \cos 2\theta)$$

于是，各应力分量为

$$\begin{cases} \sigma_r = \frac{S}{2} (1 + \cos 2\theta) \\ \sigma_\theta = \frac{S}{2} (1 - \cos 2\theta) \\ \tau_{r\theta} = -\frac{S}{2} \sin 2\theta \end{cases}$$

本章小结

本章介绍了弹性理论的一些概念、应力状态、本构方程、平衡方程、双调和方程等，在此基础上介绍了艾里应力函数及基于复势函数的弹性问题的求解方法。

1. 弹性理论中的概念

变形：物体中点的相对运动。

位移：受外部载荷作用时物体中点的矢量运动。

应变：一个几何量，它取决于一个物体中两个或三个点的相对运动。

应力：物体上某一点的应力代表物体在外部载荷作用下产生的内部阻力。

安全系数：在设计结构部件时用于确保结构完整性的参数。

2. 应力状态

与三维变形有关的应变定义为

$$\varepsilon_x = \frac{\partial u_x}{\partial x}, \quad \gamma_{xy} = \frac{\partial u_y}{\partial x} + \frac{\partial u_x}{\partial y} = \frac{\tau_{xy}}{G}$$

$$\varepsilon_y = \frac{\partial u_y}{\partial y}, \quad \gamma_{yz} = \frac{\partial u_z}{\partial y} + \frac{\partial u_y}{\partial z} = \frac{\tau_{yz}}{G}$$

$$\varepsilon_z = \frac{\partial u_z}{\partial z}, \quad \gamma_{zx} = \frac{\partial u_x}{\partial z} + \frac{\partial u_z}{\partial x} = \frac{\tau_{zx}}{G}$$

其中，G 为剪切模量（MPa）。

(1) 三轴应力状态

与三维变形有关的应力定义为

$$
\begin{bmatrix} \sigma_x \\ \sigma_y \\ \sigma_z \end{bmatrix} = \frac{E}{(1+\upsilon)(1-2\upsilon)} \begin{bmatrix} (1-\upsilon)\varepsilon_x + \upsilon(\varepsilon_y + \varepsilon_z) \\ (1-\upsilon)\varepsilon_y + \upsilon(\varepsilon_x + \varepsilon_z) \\ (1-\upsilon)\varepsilon_z + \upsilon(\varepsilon_x + \varepsilon_y) \end{bmatrix}
$$

$$
\begin{bmatrix} \tau_{xy} \\ \tau_{yz} \\ \tau_{zx} \end{bmatrix} = G \begin{bmatrix} \gamma_{xy} \\ \gamma_{yz} \\ \gamma_{zx} \end{bmatrix} = \frac{E}{2(1+\upsilon)} \begin{bmatrix} \gamma_{xy} \\ \gamma_{yz} \\ \gamma_{zx} \end{bmatrix}
$$

(2) 平面状态

① 平面应力状态：该平面状态适用于薄板受面内载荷的情况，其中试样厚度必须为 $B \ll w$，其中 w 是宽度。因此，通常忽略厚度方向的应力，即

$$
\sigma_z = \tau_{yz} = \tau_{zx} = 0
$$

对于大多数准静态或动态单调加载或断裂试验，试样表面应力 $\sigma_z = 0$、中面应力 $\sigma_z \simeq 0$.

② 平面应变状态：这种特殊情况适用于很厚的固体材料，例如在裂纹尖端局部的三轴应力状态，这时在笛卡尔坐标下厚度方向的应力为

$$
\sigma_z \simeq \upsilon(\sigma_x + \sigma_y)
$$

这是一个可控制的应力分量，对应的应变分量 $\varepsilon_z \simeq 0$.

(3) 双轴应力状态

二维平面上的主应力和主应变发生在主轴上，它们的最大和最小值可以用一点上的莫尔圆来预测：

$$
\sigma_{1,2} = \frac{\sigma_x + \sigma_y}{2} \pm \sqrt{\left(\frac{\sigma_x - \sigma_y}{2}\right)^2 + \tau_{xy}^2}
$$

3. 工程应力状态

弹性应变能密度：$W = \int_0^\varepsilon \sigma \, \mathrm{d}\varepsilon$.

4. 平衡方程

(1) 在笛卡尔坐标系下

$$
\frac{\partial \sigma_x}{\partial x} + \frac{\partial \tau_{xy}}{\partial y} + f_x = 0
$$

$$
\frac{\partial \tau_{xy}}{\partial x} + \frac{\partial \sigma_y}{\partial y} + f_y = 0
$$

(2) 在极坐标系下

$$
\frac{\partial \sigma_r}{\partial r} + \frac{1}{r} \frac{\partial \tau_{\theta r}}{\partial \theta} + \frac{1}{r}(\sigma_r - \sigma_\theta) + f_r = 0
$$

$$
\frac{1}{r} \frac{\partial \sigma_\theta}{\partial \theta} + \frac{\partial \tau_{r\theta}}{\partial r} + \frac{2\tau_{r\theta}}{r} + f_\theta = 0
$$

5. 双调和方程

在笛卡尔坐标下的双调和方程：

$$\nabla^4 \phi(x,y) = \left(\frac{\partial^2}{\partial x^2} + \frac{\partial^2}{\partial y^2} \right) \left(\frac{\partial^2 \phi}{\partial x^2} + \frac{\partial^2 \phi}{\partial y^2} \right)$$

$$= \frac{\partial^4 \phi}{\partial x^4} + 2 \frac{\partial^4 \phi}{\partial x^2 \partial y^2} + \frac{\partial^4 \phi}{\partial y^4} = 0$$

在极坐标下的双调和方程：

$$\nabla^4 \phi(r,\theta) = \left(\frac{\partial^2}{\partial r^2} + \frac{1}{r} \frac{\partial}{\partial r} + \frac{1}{r^2} \frac{\partial^2}{\partial \theta^2} \right) \left(\frac{\partial^2 \phi}{\partial r^2} + \frac{1}{r} \frac{\partial \phi}{\partial r} + \frac{1}{r^2} \frac{\partial^2 \phi}{\partial \theta^2} \right) = 0$$

6. 艾里应力函数

在笛卡尔坐标系下各应力分量可用艾里应力函数表示为

$$\begin{cases} \sigma_x = \dfrac{\partial^2 \phi}{\partial y^2} \\[2mm] \sigma_y = \dfrac{\partial^2 \phi}{\partial x^2} \\[2mm] \tau_{xy} = -\dfrac{\partial^2 \phi}{\partial x \partial y} \end{cases}$$

在极坐标系下各应力分量可用艾里应力函数表示为

$$\begin{cases} \sigma_r = \dfrac{1}{r} \dfrac{\partial \phi}{\partial r} + \dfrac{1}{r^2} \dfrac{\partial^2 \phi}{\partial \theta^2} \\[2mm] \sigma_\theta = \dfrac{\partial^2 \phi}{\partial r^2} \\[2mm] \tau_{r\theta} = \dfrac{1}{r^2} \dfrac{\partial \phi}{\partial \theta} - \dfrac{1}{r} \dfrac{\partial^2 \phi}{\partial r \partial \theta} = -\dfrac{\partial \phi}{\partial r} \left(\dfrac{1}{r} \dfrac{\partial \phi}{\partial \theta} \right) \end{cases}$$

艾里幂级数：

$$\phi = \sum_{i=1}^{m} a_i x^{m-i} y^{i-1}$$

7. 复势函数

复势或复应力函数：

$$\gamma(z) = -\frac{\sum\limits_{j=1}^{m} F_j}{2\pi(1+\kappa)} \ln z + \left(\frac{\sigma_x^\infty + \sigma_y^\infty}{4} \right) z + \gamma^*(z)$$

$$\psi(z) = \frac{k \sum\limits_{j=1}^{m} \bar{F}_j}{2\pi(1+\kappa)} \ln z + \left(\frac{\sigma_y^\infty - \sigma_x^\infty + 2\mathrm{i}\tau_{xy}^\infty}{4} \right) z + \psi^*(z)$$

其中，m 是边界力的个数；$F_j = F_x + \mathrm{i}F_y$ 或 $\bar{F}_j = F_x - \mathrm{i}F_y$ 是边界上的外力，$\bar{F}_j$ 是 F_j 的共轭函数；函数 $\gamma^*(z)$ 和 $\psi^*(z)$ 是路径之外区域上的任意解析函数，可以表示成如下复多项式：

$$\gamma^*(z) = \sum_{n=1}^{\infty} a_n z^{-n}$$

$$\psi^*(z) = \sum_{n=1}^{\infty} b_n z^{-n}$$

用任意复势函数表示的一般艾里应力函数：

$$\phi(z,\bar{z}) = \frac{1}{2}\left[\bar{z}\overline{\gamma(z)} + \bar{z}\gamma(z) + \chi(z) + \overline{\chi(z)}\right]$$

$$\phi(z,\bar{z}) = \mathrm{Re}\left[\bar{z}\gamma(z) + \chi(z)\right]$$

其中,任意函数 $\chi(z)$ 可表示为

$$\chi(z) = \int \psi(z)\mathrm{d}z \quad 或 \quad \psi(z) = \chi'(z) = \frac{\mathrm{d}\chi(z)}{\mathrm{d}z}$$

用复势函数表示的应力分量：

$$\begin{cases} \sigma_x = \mathrm{Re}\left[2\gamma'(z) - \bar{z}\gamma''(z) - \chi''(z)\right] \\ \sigma_y = \mathrm{Re}\left[2\gamma'(z) + \bar{z}\gamma''(z) + \chi''(z)\right] \\ \tau_{xy} = \mathrm{Re}\left[\bar{z}\gamma''(z) + \chi''(z)\right] \end{cases}$$

复位移函数 $U = u + \mathrm{i}v$ 可表示为

$$2GU = \kappa\gamma(z) - z\overline{\gamma'(z)} - \overline{\psi(z)}$$

在应用中经常写成如下形式：

$$\begin{cases} \sigma_x + \sigma_y = 2\left[\gamma'(z) + \overline{\gamma'(z)}\right] = 4\mathrm{Re}\left[\gamma'(z)\right] \\ \sigma_y - \sigma_x + 2\mathrm{i}\tau_{xy} = 2\left[\bar{z}\gamma''(z) + \psi'(z)\right] \\ 2GU = \kappa\gamma(z) - z\overline{\gamma'(z)} - \overline{\psi(z)} \end{cases}$$

该方法也被称为科洛索夫势函数方法.

第 8 章　线弹性断裂力学

在线弹性断裂力学中采用服从广义胡克定律的线弹性理论分析裂纹体的力学行为. 除了非常脆的材料外,实际上几乎所有结构的裂纹问题都存在物理或几何非线性,特别是在缺口和裂纹的尖端. 在许多情况下,非线性效应局限于很小的范围内,与裂缝尺寸或构件尺寸相比,这些区域几乎可以忽略. 引入韦斯特加德(Westergaard)应力函数,可以对裂纹尖端的应力进行有效分析. 为了处理奇异应力场,需要引入一个被称为**应力强度因子**(stress intensity factor)的量,作为评价裂纹临界状态的控制参数.

本章将给出线弹性断裂力学(LEFM)的解析求解方法和步骤,这样读者可以对该领域所涉及的概念有一个清晰的理解,并将掌握求解裂纹尖端周围弹性应力场的数学技能. 假设在裂纹尖端周围存在一个塑性区,如果该塑性区足够小(即 $r \ll a$),则可以使用小尺度屈服(SSY)方法来表征脆性固体材料,并求解应力和应变场. 相比之下,大尺度屈服(LSY)方法适用于延展性固体材料,其中 $r \geqslant a$.

大多数静力学失效理论都假设被分析的固体材料是均匀、各向同性的,且没有应力集中,不存在空隙、裂纹、夹杂和机械不连续(压痕、划痕或沟槽)等缺陷. 断裂力学针对的是存在缺陷或裂纹的结构部件,这些缺陷可能是在凝固、淬火、焊接、加工或搬运等过程中形成的. 在使用过程中产生的裂纹很难预测也难以控制其扩展.

8.1　加载模式

假设含裂纹固体材料承受连续且逐渐增加的外部载荷. 在初始阶段,裂纹会稳定扩展,当外部载荷达到某一临界值时($\sigma \rightarrow \sigma_c$),一旦 $\sigma > \sigma_c$,裂纹就会快速扩展并最终断裂(失效). 为了理解裂纹扩展,需要根据无裂纹固体材料的微观结构及其弹性或弹塑性变形模式来研究其力学行为.

对于一个受特定模式载荷的均质线性弹性体,外部载荷会使裂纹尖端形成一定的应力分布,并使裂纹稳态扩展. 这时可以得到一条载荷-位移曲线,可用它确定临界应力水平及临界应力强度因子,临界应力强度因子取决于加载模式、试样尺寸和形状、裂纹尺寸等. 图 8.1(a)是 3 种典型的裂纹类型及加载模式,相应的应力强度因子用 K_{I}、K_{II} 和 K_{III} 表示,本章将针对不同形状的试样对它加以研究.

另外,还需要根据弹性理论研究如图 8.1(b)所示的在笛卡尔坐标下裂纹尖端附近的应力分布.

读者应留意应力强度因子不同下标的含义. 尽管在结构部件中可能会出现几种类型载荷的组合,但针对 K_{I} 的理论和实验研究最多. 应力强度因子的临界值被称为断裂韧性,这是材料的固有特性.

此外,对于存在缺陷或裂纹的试样和结构构件,可以有如图 8.1(a)所示的多种加载模式,不同加载模式对应着不同的应力强度因子,这与无缺陷构件的力学行为有所不同.

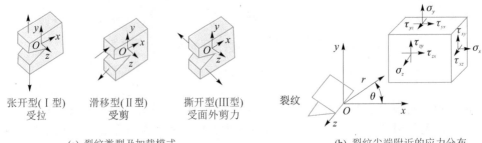

张开型(Ⅰ型)受拉   滑移型(Ⅱ型)受剪   撕开型(Ⅲ型)受面外剪力

(a) 裂纹类型及加载模式

裂纹

(b) 裂纹尖端附近的应力分布

图 8.1　裂纹类型、加载模式及裂纹尖端附近的应力分布

如果裂纹扩展发生在垂直于加载方向的裂纹平面上,则根据美国材料与试验协会(ASTM)E399 标准的测试方法,可定义如下应力强度因子($K_Ⅰ$、$K_Ⅱ$ 和 $K_Ⅲ$):

$$\begin{cases} K_Ⅰ = \lim_{r \to 0}(\sigma_{yy}\sqrt{2\pi r})f_Ⅰ(\theta) = \sigma_y\sqrt{2\pi r} & @\sigma_y = \sigma_y(r,\theta=0) \\ K_Ⅱ = \lim_{r \to 0}(\tau_{xy}\sqrt{2\pi r})f_Ⅱ(\theta) = \tau_{xy}\sqrt{2\pi r} & @\tau_{xy} = \tau_{xy}(r,\theta=0) \\ K_Ⅲ = \lim_{r \to 0}(\tau_{yz}\sqrt{2\pi r})f_Ⅲ(\theta) = \tau_{yz}\sqrt{2\pi r} & @\tau_{yz} = \tau_{yz}(r,\theta=0) \end{cases} \tag{8.1}$$

其中,$f_Ⅰ(\theta)$、$f_Ⅱ(\theta)$ 和 $f_Ⅲ(\theta)$ 是需要解析推导的三角函数,r 是塑性区大小,$K_Ⅰ$ 是由欧文(Irwin)提出的应力强度因子.

针对特定裂纹构型和几何形状的试样,其应力强度因子可以统一表示为如下一般形式:

$$K_i = f(\sigma, 裂纹构型, 试样几何形状, 温度)$$

其中,$i = Ⅰ,Ⅱ,Ⅲ$.

参数 K_i 可用于确定静态或动态断裂应力、疲劳裂纹扩展速率、腐蚀裂纹扩展速率. 对于弹性材料,应变能释放率 G_i(也称裂纹驱动力)与应力强度因子和弹性模量有关. 因此,G_i 与 K_i 一样,也取决于上述变量. 对于 Ⅰ 型和 Ⅱ 型裂纹,这两个断裂力学参数之间的关系为

$$G_i = \frac{K_i^2}{E'} \tag{8.2}$$

其中,$E' = E$ 对应于平面应力状态;$E' = E/(1-v^2)$ 对应于平面应变状态,$E=$ 材料弹性模量(MPa),v 为泊松比.

式(8.2)是断裂力学领域中最基本的数学模型之一,由格里菲斯(Griffith)在研究含中心裂纹的玻璃板时提出.

注意　K_i 和 G_i 都可以作为表征裂纹发生失稳扩展时的应力水平的材料性能参数.

8.2　韦斯特加德应力函数

韦斯特加德应力函数(复变函数)只需一个函数即可给出特定加载模式下裂纹尖端附近应力和位移的一般解.

考虑最基本的 Ⅰ 型裂纹扩展,两端受拉的含中心裂纹板在复 z 平面上的裂纹尖端应

力场如图 8.2 所示.以椭圆裂纹中心作为坐标原点,这样复变量 z 定义为 $z=x+\mathrm{i}y$.于是,z 平面上一点处的应力 σ_x,σ_y 和 τ_{xy} 定义在 $\alpha=\pi/2-\theta$ 处.原点也可以移动到右侧的裂纹尖端处(见图 8.2).在这种情况下,$z=r$,并且当 $y=0$ 时,在 $-x<z<x$,$\theta=0$ 处,σ_y 是唯一的非零弹性应力.这意味着如果试样只承受远端垂直力($F_y{}^\infty$)或应力($\sigma_y{}^\infty$)加载,则可将裂纹视作在笛卡尔坐标系中沿 x 轴的一条直线段.

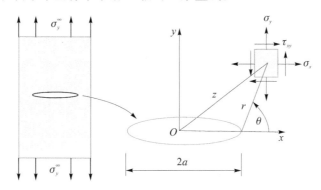

图 8.2　两端受拉的含中心裂纹板在复 z 平面上的裂纹尖端应力场

以上是韦斯特加德方法的基本假设,根据该假设可求得长度为 $2a$ 的椭圆裂纹尖端附近的应力和应变分布函数.应变与应力成正比,而位移可以通过对应变积分得到.

艾里应力函数和韦斯特加德应力函数可根据复变函数 Z 来定义,即

$$\phi=\mathrm{Re}\,\bar{\bar{Z}}+y\,\mathrm{Im}\,\bar{Z}\quad(\text{艾里应力函数})$$

$$Z(z)=\mathrm{Re}\,Z+\mathrm{i}\,\mathrm{Im}\,Z\quad(\text{韦斯特加德应力函数})$$

其中,$\mathrm{Re}\,\bar{Z}$ 为 $\bar{Z}$ 的实部;$\mathrm{Im}\,\bar{Z}$ 为 $\bar{Z}$ 的虚部;Z 为解析应力函数;$\mathrm{i}=\sqrt{-1}$,$\mathrm{i}^2=-1$.

下面是推导弹性应力函数时需要用到的一些表达式:

$$Z=\int Z'\mathrm{d}z\quad\text{或}\quad Z'=\frac{\mathrm{d}Z}{\mathrm{d}z}$$

$$\bar{Z}=\int Z\mathrm{d}z\quad\text{或}\quad Z=\frac{\mathrm{d}\bar{Z}}{\mathrm{d}z}$$

$$\bar{\bar{Z}}=\int\bar{Z}\mathrm{d}z\quad\text{或}\quad\bar{Z}=\frac{\mathrm{d}\bar{\bar{Z}}}{\mathrm{d}z}$$

$$\frac{\partial(\mathrm{Re}\,\bar{Z})}{\partial x}=\frac{\partial(\mathrm{Im}\,\bar{Z})}{\partial y},\quad\frac{\partial(\mathrm{Im}\,\bar{Z})}{\partial x}=-\frac{\partial(\mathrm{Re}\,\bar{Z})}{\partial y}$$

$$\begin{cases}\dfrac{\partial(\mathrm{Re}\,\bar{Z})}{\partial x}=\mathrm{Re}\,Z,\quad\dfrac{\partial(\mathrm{Im}\,\bar{Z})}{\partial x}=\mathrm{Im}\,Z\\[2mm]\dfrac{\partial(\mathrm{Re}\,\bar{Z})}{\partial y}=-\mathrm{Im}\,Z,\quad\dfrac{\partial(\mathrm{Im}\,\bar{Z})}{\partial y}=\mathrm{Re}\,Z\end{cases}$$

$$\begin{cases}\displaystyle\iint\mathrm{Re}\,Z\mathrm{d}x=\mathrm{Re}\,\bar{\bar{Z}},\quad\int\mathrm{Im}\,Z\mathrm{d}x=\mathrm{Im}\,\bar{Z}\\[2mm]\displaystyle\int\mathrm{Im}\,Z\mathrm{d}y=-\mathrm{Re}\,\bar{Z},\quad\int\mathrm{Re}\,Z\mathrm{d}y=\mathrm{Im}\,\bar{Z}\end{cases}$$

对于椭圆裂纹,复变函数及其共轭分别为

$$z = x + \mathrm{i}y = r\mathrm{e}^{\mathrm{i}\theta}$$
$$\bar{z} = x - \mathrm{i}y = r\mathrm{e}^{-\mathrm{i}\theta}$$

其中

$$\mathrm{e}^{\pm\mathrm{i}\theta} = \cos\theta \pm \mathrm{i}\sin\theta$$
$$y = r\sin\theta$$

此外,复变函数在某一区域 D 中解析的充分必要条件是它满足**柯西-黎曼方程**. 设 $z = u(x, y) + \mathrm{i}v(x, y)$,根据柯西-黎曼方程,当 z 为解析函数时,有 $\partial u/\partial x = \partial v/\partial y$ 和 $\partial u/\partial y = -\partial v/\partial x$. 柯西-黎曼方程在求解弹性应力时具有非常重要的实际意义. 解析函数的实部和虚部都满足拉普拉斯方程,即

$$\nabla^2\operatorname{Re}Z = \nabla^2\operatorname{Im}Z = 0$$

这也是艾里应力函数必须满足的条件. 在笛卡尔坐标系和极坐标系中,调和算子 ∇^2 的形式分别为

$$\nabla^2 = \frac{\partial^2}{\partial x^2} + \frac{\partial^2}{\partial y^2} + \frac{\partial^2}{\partial z^2}$$

$$\nabla^2 = \frac{\partial^2}{\partial r^2} + \frac{1}{r}\frac{\partial}{\partial r} + \frac{1}{r^2}\frac{\partial^2}{\partial \theta^2}$$

对于无体力的均质弹性材料,由满足式(7.14)的艾里应力函数的偏导数得

$$\begin{cases} \dfrac{\partial^2\phi}{\partial x^2} = \dfrac{\partial^2}{\partial x^2}(\operatorname{Re}\bar{\bar{Z}} + y\operatorname{Im}\bar{Z}) = \dfrac{\partial}{\partial x}(\operatorname{Re}\bar{Z} + y\operatorname{Im}Z) = \operatorname{Re}Z + y\operatorname{Im}Z' \\[2mm] \dfrac{\partial^2\phi}{\partial y^2} = \dfrac{\partial^2}{\partial y^2}(\operatorname{Re}\bar{\bar{Z}} + y\operatorname{Im}\bar{Z}) = \dfrac{\partial}{\partial y}(y\operatorname{Re}Z) = \operatorname{Re}Z - y\operatorname{Im}Z' \\[2mm] \dfrac{\partial^2\phi}{\partial x\partial y} = \dfrac{\partial^2}{\partial x\partial y}(\operatorname{Re}\bar{\bar{Z}} + y\operatorname{Im}\bar{Z}) = \dfrac{\partial}{\partial x}(y\operatorname{Re}Z) = y\operatorname{Re}Z' \end{cases} \tag{8.3}$$

将式(8.3)代入式(7.14),可得如下二维韦斯特加德应力函数:

$$\begin{cases} \sigma_x = \operatorname{Re}Z - y\operatorname{Im}Z' \\ \sigma_y = \operatorname{Re}Z + y\operatorname{Im}Z' \\ \tau_{xy} = -y\operatorname{Re}Z' \end{cases} \tag{8.4}$$

这即韦斯特加德提出的裂纹尖端奇异场的应力函数. 然而,如果想更准确地表示裂纹尖端附近的应力场,必须在式(8.4)的基础上添加其他在整个区域解析的函数. 这也意味着在求解实际问题时,必须对应力函数施加额外的边界条件,而这会增加问题的复杂程度. 因此,边界元法(BEM)、有限元法(FEM)、有限差分法(FDM)等数值方法也被用来求应力强度因子.

8.2.1 边界条件

考虑断裂力学中的一个**经典问题**,即受单轴拉伸的含中心椭圆裂纹的各向同性无限板(见图 8.2). 该问题的韦斯特加德应力函数 Z 是解析函数,容易得到其导数 $\mathrm{d}Z/\mathrm{d}z$. 如果坐标原点位于椭圆的中心,则韦斯特加德应力函数为

$$Z = \frac{z\sigma}{\sqrt{z^2 - a^2}} = \frac{\sigma}{\sqrt{1 - (a/z)^2}} \tag{8.5}$$

远场边界条件要求 $z \to \infty$ 和 $z \gg a$，因此，式(8.5)成为

$$Z = \frac{z\sigma}{\sqrt{z^2}} = \sigma$$

满足远场边界条件. 在裂纹面上，$y = 0$，于是

$$Z = \frac{x\sigma}{\sqrt{x^2 - a^2}}$$

在 $|x| < a$ 的范围内，Z 是虚数，故 $\sigma_y = \mathrm{Re}\, Z + y\, \mathrm{Im}\, Z' = 0$，$\tau_{xy} = -y\, \mathrm{Re}\, Z' = 0$，满足裂纹表面为自由面的边界条件.

8.2.2　近场应力分析

将图 8.2 中的原点移动到裂纹尖端处，此时韦斯特加德应力函数成为

$$Z = \frac{(z+a)\sigma}{\sqrt{(z+a)^2 - a^2}} = \frac{(z+a)\sigma}{\sqrt{z^2 + 2az}} \tag{8.6}$$

在裂纹尖端附近 $z \ll a$ 且 $z^n = r^n \mathrm{e}^{in\theta}$，其中 n 是实数. 因此，式(8.6)成为

$$Z = \frac{a\sigma}{\sqrt{2az}}\sigma\sqrt{\frac{a}{2}}\, z^{-1/2} = \sigma\sqrt{\frac{a}{2r}}\, \mathrm{e}^{-i\theta/2} Z$$

$$= \sigma\sqrt{\frac{a}{2r}}\left(\cos\frac{\theta}{2} - i\sin\frac{\theta}{2}\right)$$

其中，实部和虚部分别为

$$\mathrm{Re}\, Z = \sigma\sqrt{\frac{a}{2r}}\cos\frac{\theta}{2}$$

$$\mathrm{Im}\, Z = -\sigma\sqrt{\frac{a}{2r}}\sin\frac{\theta}{2}$$

沿裂纹线 $y = 0$ 和 $\theta = 0$ 的韦斯特加德应力函数(8.4)为

$$\begin{cases} \sigma_x = \mathrm{Re}\, Z - y\, \mathrm{Im}\, Z' = \sigma\sqrt{\dfrac{a}{2r}} = \sigma\sqrt{\dfrac{a}{2r}} \\[2mm] \sigma_y = \mathrm{Re}\, Z + y\, \mathrm{Im}\, Z' = \sigma\sqrt{\dfrac{a}{2r}} \\[2mm] \tau_{xy} = -y\, \mathrm{Re}\, Z' = 0 \end{cases} \tag{8.7}$$

如果裂纹尖端前的塑性区半径 $r \to 0$，则应力 $\sigma \to \infty$. 可见应力在裂纹尖端处于"奇点"状态，它沿 x 轴的量级为 $r^{-1/2}$.

将式(8.7)代入式(8.1)，可得针对无限大(未修正)和有限尺寸(修正的)试样的 I 型应力强度因子分别为

$$K_{\mathrm{I}} = \sigma\sqrt{\pi a} \quad \text{（未修正）} \tag{8.8}$$

$$K_{\mathrm{I}} = \alpha\sigma\sqrt{\pi a} \quad \text{（修正的）} \tag{8.9}$$

其中，α 为有限尺寸试样修正因子. 对于板件，$\alpha = f(a/w)$，a 为裂纹长度(也称为裂纹尺寸)，w 为试样宽度；对于圆柱形构件，$\alpha = f(d_i/d_o)$，d_i，d_o 分别为内径和外径.

方程 $\alpha = f(a/w)$ 是归一化裂纹长度 a/w 的函数,应使裂纹表面的牵引力为零.α 本质上是一个考虑了裂纹构型和边界条件影响的几何函数.此外,K_{I} 的单位为 $\mathrm{MPa} \cdot \mathrm{m}^{\frac{1}{2}}$ 或 $\mathrm{ksi} \cdot \mathrm{in}^{\frac{1}{2}}$.

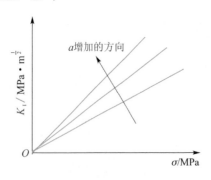

图 8.3 应力强度因子的线性行为

式(8.8)适用于无限大板,并且是外力(σ)的线性函数,随初始裂纹 a 的增加而增加,如图 8.3 所示.式(8.9)适用于有限板,由于试样的几何效应,该式对应力强度因子进行了修正.在某些情况下,裂纹形状和塑性效应也可以包含在 K_{I} 方程中.裂纹开始扩展是一个**临界条件**,一旦超过该值裂纹会突然高速撕裂或张开扩展,即当外部载荷超过临界条件时,裂纹扩展会失稳.这时应力强度因子 K_{I} 会达到一个临界量级,这是材料的固有属性,称为断裂韧性,它代表着弹性材料对断裂的抵抗能力.对于足够厚的试样,$K_{\mathrm{I}} = K_{\mathrm{IC}}$ 称为平面应变断裂韧性;对于薄试样,$K_{\mathrm{I}} = K_{\mathrm{C}}$ 称为平面应力断裂韧性.

此外,K_{IC} 和 K_{C} 是度量材料抗裂性的性能参数.由于 I 型裂纹是最常见的,因此 K_{IC} 是工程设计中使用最多的参数.对于脆性材料,K_{IC} 断裂准则表明,当 $K_{\mathrm{I}} \geqslant K_{\mathrm{IC}}$ 时裂纹发生扩展.这意味着裂纹扩展达到了一个临界长度($a = a_{\mathrm{c}}$),一旦超过该临界状态,对于大多数脆性材料来说,裂纹扩展速率可能达到声速量级.事实上,对于与时间相关的裂纹扩展,裂纹扩展速度 $\mathrm{d}a/\mathrm{d}t$ 是一个亚临界参数,特别是在应力腐蚀开裂(SCC)研究中,常常将裂纹扩展速度作为基本参数,即

$$\frac{\mathrm{d}a}{\mathrm{d}t} = c_{\mathrm{I}} K_{\mathrm{I}}^{n} \quad (\text{I 型})$$

其中,c_{I} 和 n 是与环境相关的材料常数.

此外,线弹性断裂力学理论及 ASTM E399 标准试验方法已经验证,起始裂纹长度和最小板厚需满足如下经验方程:

$$a, B \geqslant 2.5 \left(\frac{K_{\mathrm{IC}}}{\sigma_{\mathrm{ys}}} \right)^{2}, \quad a \gg r$$

这是在试样尺寸较大、裂纹较深、塑性区非常小的前提下给出的最大约束.

8.3　二维裂纹问题

8.3.1　I 型裂纹

下面研究一个含长度为 $2a$ 的中心裂纹的无限大各向同性弹性板问题.假设拉伸载荷 σ 垂直于裂纹且为恒定值,如图 8.4 所示.将笛卡尔坐标系的原点定义在裂纹中点,这样裂纹面 Γ^{+} 和 Γ^{-} 便定义如下:

$$-a \leqslant x_1 \leqslant a, \quad x_2 = 0$$

其中,裂纹面 Γ^+ 和 Γ^- 的法向量 $\boldsymbol{n}$ 只指向 $\pm x_2$ 方向 $(n_1 = 0, n_2 = \pm 1)$. 为了求得该弹性边值问题的解,采用 7.7 节介绍的复势函数方法,其中复变量 $z = x_1 + i x_2$,对应的边界条件为裂纹面 Γ^+ 和 Γ^- 处的牵引力 $\bar{t}_i = 0$. 根据应力的柯西公式,可得裂纹面(Γ^+ 和 Γ^-)上的牵引力为

$$t_i = \sum_{j=1}^{2} \sigma_{ij} n_j = \mp \sigma_{i2} = \bar{t}_i = 0 \Rightarrow \tau_{12} = 0, \quad \sigma_{22} = 0 \tag{8.10}$$

作为附加边界条件,在距离裂纹无限远的地方的应力需要与所给边界条件相同,即达到单轴均匀拉伸状态:

$$\sigma_{22} = \sigma, \quad \sigma_{11} = \tau_{12} = 0 \quad (\text{当 } |z| = \sqrt{x_1^2 + x_2^2} \to \infty \text{ 时}) \tag{8.11}$$

由于篇幅所限,此处不再具体说明方法,仅以复应力函数 $\gamma(z)$ 和 $\psi(z)$ 的形式给出结果:

$$\begin{cases} \gamma(z) = \dfrac{\sigma}{4} z + \dfrac{\sigma}{2} \left(\sqrt{z^2 - a^2} - z \right) \\[2mm] \psi(z) = \dfrac{\sigma}{2} z - \dfrac{\sigma}{2} \dfrac{a^2}{\sqrt{z^2 - a^2}} \end{cases} \tag{8.12}$$

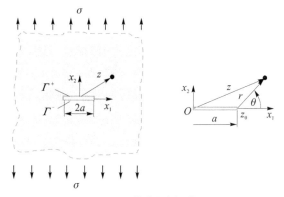

(a) 模型及坐标系

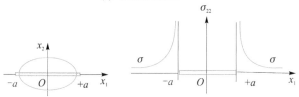

(b) 裂纹张开形状及应力分布

图 8.4　含中心裂纹的无限大各向同性弹性板

借助科洛索夫势函数方法(7.67),可以推导得整个板内的应力场和应变场. 将式(8.12)代入式(7.67),得

$$\begin{cases} S_1 = \sigma_{11} + \sigma_{22} = 4\mathrm{Re}(\gamma') = \sigma \mathrm{Re}\left(\dfrac{2z}{\sqrt{z^2 - a^2}} - 1 \right) \\[3mm] S_2 = \sigma_{22} - \sigma_{11} + 2\mathrm{i}\tau_{12} = 2(\bar{z}\gamma'' + \psi') = \sigma \left[1 + a^2 \dfrac{z - \bar{z}}{(z^2 - a^2)^{3/2}} \right] \end{cases} \tag{8.13}$$

因此 $\qquad \sigma_{11}=\dfrac{1}{2}\mathrm{Re}(S_1-S_2), \quad \sigma_{22}=\dfrac{1}{2}\mathrm{Re}(S_1+S_2), \quad \tau_{12}=\dfrac{1}{2}\mathrm{Im}\,S_2$ $\qquad$ (8.14)

容易验证式(8.12)的第一项正确地表示了式(8.11)所给远场行为.由于式(8.12)的第二项在$|z|\to\infty$时趋于零,因此它描述了裂纹对板中应力分布的实际影响.

首先分析裂纹尖端前方区域上的应力分布($|x_1|\geqslant a$,$x_2=0$).因为模型关于x_2对称,因此剪应力$\tau_{12}\equiv 0$.而正应力可由式(8.13)和式(8.14)求得:

$$\sigma_{11}=\sigma\left(\frac{x_1}{\sqrt{x_1^2-a^2}}-1\right), \quad \sigma_{22}=\sigma\,\frac{x_1}{\sqrt{x_1^2-a^2}}$$

该结果表明,裂纹尖端的正应力($x_1\to\pm a$)趋于无穷大(见图8.4).根据式(8.13)和式(8.14)对$|x_1|<a$时裂纹面上的应力进行分析,可证明式(8.10)所给边界条件得到满足.

应变状态可通过科洛索夫势函数方法(7.76)的第三式确定:

$$2\mu(u_1+iu_2)=\frac{\sigma}{2}\left[\kappa\sqrt{z^2-a^2}+\frac{a^2-z\bar{z}}{\sqrt{z^2-a^2}}-\frac{1}{2}(\kappa-1)z-\bar{z}\right]$$ $\qquad$ (8.15)

对上下裂纹面位移进行计算($|x_1|<a$,$x_2=0$),得

$$u_1=\mp\frac{1+\kappa}{8\mu}\sigma x_1, \quad u_2=\pm\frac{1+\kappa}{4\mu}\sigma\sqrt{a^2-x_1^2}$$ $\qquad$ (8.16)

其中,$\mu=G$,是剪切模量.式(8.16)表明张开的裂纹是椭圆形状(见图8.4(b)).在平面应变状态下弹性常数$\kappa=3-4v$,在平面应力状态下弹性常数$\kappa=(3-v)/(1+v)$,参见7.7节.

由于人们最感兴趣的是裂纹尖端附近的局部应力分布,因此在图8.4中的裂纹尖端处($z=z_0=a$)直接建立坐标系(r,θ),即

$$z=a+re^{i\theta}, \quad z-z_0=re^{i\theta}=a\zeta e^{i\theta} \quad \left(\zeta=\frac{r}{a}\right)$$ $\qquad$ (8.17)

将z和$\bar{z}$代入式(8.13),可得

$$S_1=\sigma\mathrm{Re}\left[\frac{2(1+\zeta e^{i\theta})}{\sqrt{2\zeta e^{i\theta}+\zeta^2 e^{2i\theta}}}-1\right], \quad S_2=\sigma\left[1+\frac{\zeta(e^{i\theta}-e^{-i\theta})}{(2\zeta e^{i\theta}+\zeta^2 e^{2i\theta})^{3/2}}\right]$$ $\qquad$ (8.18)

当$\zeta=r/a\ll 1$时,式(8.18)可以近似为

$$\begin{cases}S_1=\sigma_{11}+\sigma_{22}\approx\sigma\mathrm{Re}\left(\dfrac{2}{\sqrt{2\zeta e^{i\theta}}}\right)=\sigma\sqrt{\dfrac{a}{2r}}\,2\cos\dfrac{\theta}{2}\\[3mm] S_2=\sigma_{22}-\sigma_{11}+2i\tau_{12}\approx\sigma\dfrac{\zeta 2i\sin\theta}{(2\zeta e^{i\theta})^{3/2}}=\sigma\sqrt{\dfrac{a}{2r}}\,i\sin\theta\,e^{-i3\theta/2}\end{cases}$$

由此可得在极坐标(r,θ)下裂纹尖端的应力状态,从中提取出因子$\sigma(\pi a)^{1/2}=K_{\mathrm{I}}$,可得各应力分量为

$$\begin{bmatrix}\sigma_{11}\\ \sigma_{22}\\ \tau_{12}\end{bmatrix}=\frac{K_{\mathrm{I}}}{\sqrt{2\pi r}}\begin{bmatrix}\cos\dfrac{\theta}{2}\left(1-\sin\dfrac{\theta}{2}\sin\dfrac{3\theta}{2}\right)\\[3mm] \cos\dfrac{\theta}{2}\left(1+\sin\dfrac{\theta}{2}\sin\dfrac{3\theta}{2}\right)\\[3mm] \cos\dfrac{\theta}{2}\sin\dfrac{\theta}{2}\cos\dfrac{3\theta}{2}\end{bmatrix}=\frac{K_{\mathrm{I}}}{\sqrt{2\pi r}}\begin{bmatrix}f_{11}^{\mathrm{I}}(\theta)\\[3mm] f_{22}^{\mathrm{I}}(\theta)\\[3mm] f_{12}^{\mathrm{I}}(\theta)\end{bmatrix}$$ $\qquad$ (8.19)

在平面应力状态下厚度方向的应力 $\sigma_{33}=0$，在平面应变状态下厚度方向的应力

$$\sigma_{33}=\upsilon(\sigma_{11}+\sigma_{22})=\frac{K_{\mathrm{I}}}{\sqrt{2\pi r}}2\upsilon\cos\frac{\theta}{2}$$

根据二维问题胡克定律(7.3)，可得应变分量为

$$\begin{bmatrix}\varepsilon_{11}\\\varepsilon_{22}\\\gamma_{12}\end{bmatrix}=\frac{K_{\mathrm{I}}}{2\mu\sqrt{2\pi r}}\begin{bmatrix}\cos\dfrac{\theta}{2}\left(\dfrac{\kappa-1}{2}-\sin\dfrac{\theta}{2}\sin\dfrac{3\theta}{2}\right)\\\cos\dfrac{\theta}{2}\left(\dfrac{\kappa-1}{2}+\sin\dfrac{\theta}{2}\sin\dfrac{3\theta}{2}\right)\\2\sin\dfrac{\theta}{2}\cos\dfrac{\theta}{2}\cos\dfrac{3\theta}{2}\end{bmatrix}\qquad(8.20)$$

在平面应变状态下厚度方向的应变 $\varepsilon_{33}=0$，在平面应力状态下厚度方向的应变

$$\varepsilon_{33}=-\frac{K_{\mathrm{I}}}{\mu\sqrt{2\pi r}}\frac{\upsilon}{1+\upsilon}\cos\frac{\theta}{2}$$

以类似的方式通过式(8.15)和式(8.17)可得，当 $\zeta=r/a\ll1$ 时裂纹尖端附近的位移场为

$$\begin{bmatrix}u_1\\u_2\end{bmatrix}=\frac{K_{\mathrm{I}}}{2\mu}\sqrt{\frac{r}{2\pi}}\begin{bmatrix}\cos\dfrac{\theta}{2}(\kappa-\cos\theta)\\\sin\dfrac{\theta}{2}(\kappa-\cos\theta)\end{bmatrix}=\frac{K_{\mathrm{I}}}{2\mu}\sqrt{\frac{r}{2\pi}}\begin{bmatrix}g_1^{\mathrm{I}}(\theta)\\g_2^{\mathrm{I}}(\theta)\end{bmatrix}\qquad(8.21)$$

借助渐近分析，已成功求得裂纹尖端的位移场、应变场和应力场. 这种解称为裂纹尖端场或渐近场解. 研究式(8.19)~式(8.21)所给结果，可以得到以下结论：

① 当接近裂纹尖端($r\to0$)时，应力和应变均表现出 $1/\sqrt{r}$ 的奇异性.

② 裂纹尖端附近的位移与距离的平方根($\sqrt{r}$)成正比，裂纹以抛物线形式张开.

③ 裂纹尖端的所有场变量都与 $K_{\mathrm{I}}=\sigma\sqrt{\pi a}$ 成正比，其中 K_{I} 是应力强度因子，下标 Ⅰ 表示 Ⅰ 型裂纹.

④ 裂纹尖端场解的强度不仅随拉伸载荷 σ 线性增大（如预期的那样），而且还取决于裂纹的长度 a.

有时，使用柱坐标系表示裂纹尖端场解更方便，如图 8.5 所示. 将坐标变换规则应用到式(8.19)~式(8.21)中，可得柱坐标系下的应力、应变和位移分量为

$$\begin{bmatrix}\sigma_{rr}\\\sigma_{\theta\theta}\\\tau_{r\theta}\end{bmatrix}=\frac{K_{\mathrm{I}}}{4\sqrt{2\pi r}}\begin{bmatrix}5\cos\dfrac{\theta}{2}-\cos\dfrac{3\theta}{2}\\3\cos\dfrac{\theta}{2}+\cos\dfrac{3\theta}{2}\\\sin\dfrac{\theta}{2}+\sin\dfrac{3\theta}{2}\end{bmatrix}=\frac{K_{\mathrm{I}}}{\sqrt{2\pi r}}\begin{bmatrix}f_{rr}(\theta)\\f_{\theta\theta}(\theta)\\f_{r\theta}(\theta)\end{bmatrix}\qquad(8.22)$$

$$\begin{bmatrix}\varepsilon_{rr}\\\varepsilon_{\theta\theta}\\\gamma_{r\theta}\end{bmatrix}=\frac{K_{\mathrm{I}}}{8\mu\sqrt{2\pi r}}\left.\begin{bmatrix}(2\kappa-1)\cos\dfrac{\theta}{2}-\cos\dfrac{3\theta}{2}\\(2\kappa-3)\cos\dfrac{\theta}{2}+\cos\dfrac{3\theta}{2}\\2\sin\dfrac{\theta}{2}+2\sin\dfrac{3\theta}{2}\end{bmatrix}\right\}$$

$$\begin{bmatrix} u_r \\ u_\theta \end{bmatrix} = \frac{K_{\mathrm{I}}}{4\mu} \sqrt{\frac{r}{2\pi}} \begin{bmatrix} (2\kappa - 1)\cos\dfrac{\theta}{2} - \cos\dfrac{3\theta}{2} \\[2mm] -(2\kappa + 1)\sin\dfrac{\theta}{2} + \sin\dfrac{3\theta}{2} \end{bmatrix}$$

厚度方向上的应变 ε_{33} 和应力 σ_{33} 在坐标变换后保持不变.式(8.22)中各应力分量关于角度的函数 $f_{ij}(\theta)$ 随角度的变化如图 8.6 所示.

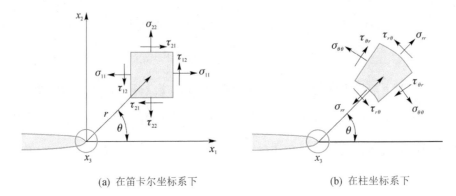

(a) 在笛卡尔坐标系下　　　　　　　　　(b) 在柱坐标系下

图 8.5　裂纹尖端处的应力分量

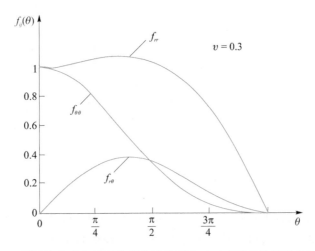

图 8.6　裂纹尖端应力分量关于角度的函数 $f_{ij}(\boldsymbol{\theta})$ 随角度的变化(Ⅰ型)

8.3.2　Ⅱ型裂纹

采用与 8.3.1 小节类似的方法,可以分析在面内剪切加载 $\tau = \tau_{21}$ 下含中心裂纹的无限大薄板(见图 8.7(a)).与Ⅰ型张开问题相比,此时边界条件(8.11)变为如下形式:

$$\sigma_{11} = \sigma_{22} = 0, \quad \tau_{12} = \tau \quad (\text{当 } |z| = \sqrt{x_1^2 + x_2^2} \to \infty \text{ 时})$$

观察图 8.7(a),容易发现该问题的解一定关于 x_2 反对称.该问题的复应力函数为

$$\begin{cases} \gamma(z) = -\mathrm{i}\,\dfrac{\tau}{4}z - \mathrm{i}\,\dfrac{\tau}{2}\left(\sqrt{z^2-a^2}-z\right) \\[2mm] \psi(z) = \mathrm{i}\tau z + \mathrm{i}\,\dfrac{\tau}{2}\left(\dfrac{2z^2-a^2}{\sqrt{z^2-a^2}}-2z\right) \end{cases}$$

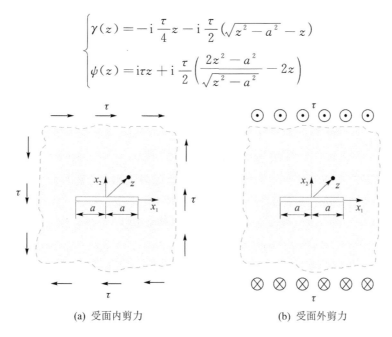

(a) 受面内剪力　　　　　(b) 受面外剪力

图 8.7　含中心裂纹的无限大薄板

其中,第一项表示无裂纹薄板受纯剪应力的情况,第二项表示由于裂纹的存在而产生的应力. 关于场变量 $\sigma_{ij}(x_1,x_2)$ 和 $u_i(x_1,x_2)$ 的求解以及当 $r\to\pm a$ 时的渐近分析,留给读者作为练习. 这里只给出裂纹尖端的近场结果. 此外,对于该问题中的 II 型裂纹还需要引入应力强度因子 K_{II},即 $K_{\text{II}}=\tau\sqrt{\pi a}$.

裂纹尖端附近的应力为

$$\begin{bmatrix} \sigma_{11} \\ \sigma_{22} \\ \tau_{12} \end{bmatrix} = \frac{K_{\text{II}}}{\sqrt{2\pi r}} \begin{bmatrix} -\sin\dfrac{\theta}{2}\left(2+\cos\dfrac{\theta}{2}\cos\dfrac{3\theta}{2}\right) \\[2mm] \sin\dfrac{\theta}{2}\cos\dfrac{\theta}{2}\cos\dfrac{3\theta}{2} \\[2mm] \cos\dfrac{\theta}{2}\left[1-\sin\dfrac{\theta}{2}\sin\dfrac{3\theta}{2}\right] \end{bmatrix} = \frac{K_{\text{II}}}{\sqrt{2\pi r}} \begin{bmatrix} f_{11}^{\text{II}}(\theta) \\ f_{22}^{\text{II}}(\theta) \\ f_{12}^{\text{II}}(\theta) \end{bmatrix} \quad (8.23)$$

在柱坐标系下为

$$\begin{bmatrix} \sigma_{rr} \\ \sigma_{\theta\theta} \\ \tau_{r\theta} \end{bmatrix} = \frac{K_{\text{II}}}{4\sqrt{2\pi r}} \begin{Bmatrix} -5\sin\dfrac{\theta}{2}+3\sin\dfrac{3\theta}{2} \\[2mm] -3\sin\dfrac{\theta}{2}-3\sin\dfrac{3\theta}{2} \\[2mm] \cos\dfrac{\theta}{2}+3\cos\dfrac{3\theta}{2} \end{Bmatrix}$$

裂纹尖端附近的位移为

$$\begin{bmatrix} u_1 \\ u_2 \end{bmatrix} = \frac{K_{\text{II}}}{2\mu}\sqrt{\frac{r}{2\pi}} \begin{bmatrix} \sin\dfrac{\theta}{2}(\kappa+2+\cos\theta) \\[2mm] -\cos\dfrac{\theta}{2}(\kappa-2+\cos\theta) \end{bmatrix} = \frac{K_{\text{II}}}{2\mu}\sqrt{\frac{r}{2\pi}} \begin{bmatrix} g_1^{\text{II}}(\theta) \\ g_2^{\text{II}}(\theta) \end{bmatrix}$$

在柱坐标系下为

$$\begin{bmatrix} u_r \\ u_\theta \end{bmatrix} = \frac{K_{\text{II}}}{4\mu} \sqrt{\frac{r}{2\pi}} \begin{bmatrix} -(2\kappa-1)\sin\dfrac{\theta}{2} + 3\sin\dfrac{3\theta}{2} \\ -(2\kappa+1)\cos\dfrac{\theta}{2} + 3\cos\dfrac{3\theta}{2} \end{bmatrix}$$

8.3.3　Ⅲ型裂纹

下面分析受面外剪力 $\tau = \tau_{23}$ 的含中心裂纹的无限大薄板(见图 8.7(b)).此时,裂纹面和无穷远处的应力边界条件为

$$\tau_{23} = 0 \quad (\text{当} |x_1| \leqslant a \text{ 时})$$

$$\tau_{13} = 0, \quad \tau_{23} = \tau \quad (\text{当} |z| \to \infty \text{ 时})$$

为了求解该边值问题,需要一个新的复应力函数 $\Omega(z)$.对于Ⅲ型裂纹问题,复应力函数

$$\Omega(z) = -\mathrm{i}\tau\sqrt{z^2 - a^2}$$

裂纹面上的反对称位移 u_3 同样具有椭圆形状,即

$$\mu u_3 = \mathrm{Re}[\Omega(z)] = \pm\tau\sqrt{a^2 - x_1^2} \quad (\text{在} x_2 = 0 \text{ 处})$$

剪应力可通过该函数的复微分计算出来:

$$\tau_{13} - \mathrm{i}\tau_{23} = \Omega'(z) \tag{8.24}$$

根据式(8.24)可得裂纹尖端前缘的剪应力同样存在奇异性:

$$\tau_{23} = -\mathrm{Im}[\Omega'(z)] = \frac{\tau x_1}{\sqrt{x_1^2 - a^2}}, \quad \tau_{13} = \mathrm{Re}[\Omega'(z)] = 0$$

$$(\text{在} |x_1| > 0, x_2 = 0 \text{ 处})$$

如果用与Ⅰ型裂纹相同的方式,将裂纹尖端场解在裂纹尖端周围用 $z = a + r\mathrm{e}^{\mathrm{i}\theta}$ 展开,则可得

$$u_3 = \tau\sqrt{\pi a}\,\frac{2}{\mu}\sqrt{\frac{r}{2\pi}}\sin\frac{\theta}{2} = \frac{2K_{\text{III}}}{\mu}\sqrt{\frac{r}{2\pi}}\sin\frac{\theta}{2} = \frac{K_{\text{III}}}{2\mu}\sqrt{\frac{r}{2\pi}}g_3^{\text{III}}(\theta) \tag{8.25}$$

$$\begin{bmatrix} \tau_{13} \\ \tau_{23} \end{bmatrix} = \frac{K_{\text{III}}}{\sqrt{2\pi r}} \begin{bmatrix} -\sin\dfrac{\theta}{2} \\ \cos\dfrac{\theta}{2} \end{bmatrix} = \frac{K_{\text{III}}}{\sqrt{2\pi r}} \begin{bmatrix} f_{13}^{\text{III}}(\theta) \\ f_{23}^{\text{III}}(\theta) \end{bmatrix} \tag{8.26}$$

其中 $K_{\text{III}} = \tau\sqrt{\pi a}$ 表示应力强度因子.定性地说,与Ⅰ型和Ⅱ型裂纹一样,Ⅲ型裂纹尖端的应力具有 $1/\sqrt{r}$ 奇异性、位移具有与 $\sqrt{r}$ 成正比的行为.

8.4　裂纹问题的特征函数法

在 8.3 节中已经通过二维域裂纹边值问题求得裂纹尖端的奇异应力解.显然,奇异性与裂纹尖端的"无限尖锐"性有关.因此,本节将进一步研究如图 8.8 所示的无限大平面内孤立裂纹尖端处的弹性解.为方便起见,在裂纹尖端设置一个极坐标系 (r, θ).

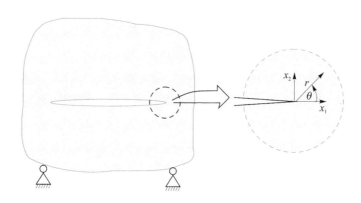

图 8.8 裂纹尖端近场分析

为了求解这个特殊的边值问题,基于特征值将两个复势函数设为简单的幂级数:

$$\gamma(z) = Az^{\lambda}, \quad \psi(z) = Bz^{\lambda}, \quad z = re^{i\theta} \tag{8.27}$$

其中,系数 A 和 B 是复数;指数 λ 必须是一个正实数,以防止在裂纹尖端产生无限大位移.极坐标系下的应力按式(7.70)计算,人们主要关注的是周向正应力 $\sigma_{\theta\theta}$ 以及剪应力 $\tau_{r\theta}$,二者可由科洛索夫势函数方法(7.67)的前两式相加得到,即

$$\sigma_{\theta\theta} + i\tau_{r\theta} = \gamma'(z) + \overline{\gamma'(z)} + [\bar{z}\gamma''(z) + \psi'(z)]e^{2i\theta}$$

$$= \lambda Az^{\lambda-1} + \lambda\bar{A}\bar{z}^{\lambda-1} + [\lambda(\lambda-1)A\bar{z}z^{\lambda-2} + \lambda(\lambda+1)Bz^{\lambda-1}]e^{2i\theta}$$

$$= \lambda r^{\lambda-1}[Ae^{i(\lambda-1)\theta} + \bar{A}e^{-i(\lambda-1)\theta} + A(\lambda-1)e^{i(\lambda-1)\theta} + (\lambda+1)Be^{i(\lambda+1)\theta}]$$

$$\tag{8.28}$$

根据所给边界条件,在无牵引力的裂纹面 $\theta = \pm\pi$ 上任意 r 处的点,正应力和剪应力必须为零.这意味着 $\sigma_{\theta\theta} + i\tau_{r\theta} = 0$.因此,式(8.28)右端方括号内的项(注意到 $e^{\pm i\pi} = 1$)必须为零,即

$$\theta = \pi: \quad A\lambda e^{i\lambda\pi} + \bar{A}e^{-i\lambda\pi} + (\lambda+1)Be^{i\lambda\pi} = 0 \tag{8.29}$$

$$\theta = -\pi: \quad A\lambda e^{-i\lambda\pi} + \bar{A}e^{i\lambda\pi} + (\lambda+1)Be^{-i\lambda\pi} = 0 \tag{8.30}$$

式(8.29)与式(8.30)形成了 2 个复数(4 个实数)的齐次方程组,用于确定 2 个复数(4 个实数)系数 A 和 B.该方程组解存在的必要条件是系数行列式为零,由此可以得到一个关于指数(特征值)λ 的超越方程.更简单的方法是,分别用 $e^{-i\lambda\pi}$ 和 $e^{+i\lambda\pi}$ 乘以式(8.29)与式(8.30)然后相减,由此可得

$$\bar{A}(e^{2i\lambda\pi} - e^{-2i\lambda\pi}) = 0 \tag{8.31}$$

令式(8.31)括号中的项为零,可得 $\sin(2\lambda\pi) = 0$,由此求得实特征值

$$\lambda = \frac{n}{2}, \quad n = 1, 2, 3, \cdots$$

这说明存在无穷多个特征值 $\lambda = n/2$.根据假设(8.27)可以得到相应的本征函数,待求边值问题的完整解可由这些以 A_n 和 B_n 为待定系数的本征函数叠加而成:

$$\gamma = \sum_{n=1}^{\infty} A_n z^{\frac{n}{2}}, \quad \psi = \sum_{n=1}^{\infty} B_n z^{\frac{n}{2}} \tag{8.32}$$

式(8.29)或(8.30)给出了两组系数之间的关系:

$$\frac{n}{2}A_n + (-1)^n \bar{A}_n + \left(\frac{n}{2}+1\right)B_n = 0 \tag{8.33}$$

因此,系数 B_n 可以根据式(8.33)用 $A_n = a_n + ib_n$ 代替.

通过将式(8.32)和式(8.33)代入科洛索夫势函数方法(7.67),可求得用实数表示的第 n 阶特征函数的径向函数和角函数,这是在 1957 年由威廉姆斯(Williams)首先求得的:

$$\begin{cases} \sigma_{11}^{(n)}(r,\theta) = r^{\frac{n}{2}-1}\left[a_n \tilde{M}_{11}^{(n)}(\theta) + b_n \tilde{N}_{11}^{(n)}(\theta)\right] \\[2mm] \sigma_{22}^{(n)}(r,\theta) = r^{\frac{n}{2}-1}\left[a_n \tilde{M}_{22}^{(n)}(\theta) + b_n \tilde{N}_{22}^{(n)}(\theta)\right] \\[2mm] \tau_{12}^{(n)}(r,\theta) = r^{\frac{n}{2}-1}\left[a_n \tilde{M}_{12}^{(n)}(\theta) + b_n \tilde{N}_{12}^{(n)}(\theta)\right] \end{cases} \tag{8.34}$$

其中

$$\begin{cases} \tilde{M}_{11}^{(n)} = \frac{n}{2}\left\{\left[2+(-1)^n+\frac{n}{2}\right]\cos\left(\frac{n}{2}-1\right)\theta - \left(\frac{n}{2}-1\right)\cos\left(\frac{n}{2}-3\right)\theta\right\} \\[3mm] \tilde{N}_{11}^{(n)} = \frac{n}{2}\left\{\left[-2+(-1)^n-\frac{n}{2}\right]\sin\left(\frac{n}{2}-1\right)\theta + \left(\frac{n}{2}-1\right)\sin\left(\frac{n}{2}-3\right)\theta\right\} \\[3mm] \tilde{M}_{22}^{(n)} = \frac{n}{2}\left\{\left[2-(-1)^n-\frac{n}{2}\right]\cos\left(\frac{n}{2}-1\right)\theta + \left(\frac{n}{2}-1\right)\cos\left(\frac{n}{2}-3\right)\theta\right\} \\[3mm] \tilde{N}_{22}^{(n)} = \frac{n}{2}\left\{\left[-2-(-1)^n+\frac{n}{2}\right]\sin\left(\frac{n}{2}-1\right)\theta - \left(\frac{n}{2}-1\right)\sin\left(\frac{n}{2}-3\right)\theta\right\} \\[3mm] \tilde{M}_{12}^{(n)} = \frac{n}{2}\left\{\left(\frac{n}{2}-1\right)\sin\left(\frac{n}{2}-3\right)\theta - \left[\frac{n}{2}+(-1)^n\right]\sin\left(\frac{n}{2}-1\right)\theta\right\} \\[3mm] \tilde{N}_{12}^{(n)} = \frac{n}{2}\left\{\left(\frac{n}{2}-1\right)\cos\left(\frac{n}{2}-3\right)\theta - \left[\frac{n}{2}-(-1)^n\right]\cos\left(\frac{n}{2}-1\right)\theta\right\} \end{cases}$$

第 n 阶位移函数为

$$\begin{cases} u_1^{(n)}(r,\theta) = \frac{1}{2\mu}r^{\frac{n}{2}}\left[a_n \tilde{F}_1^{(n)}(\theta) + b_n \tilde{G}_1^{(n)}(\theta)\right] \\[2mm] u_2^{(n)}(r,\theta) = \frac{1}{2\mu}r^{\frac{n}{2}}\left[a_n \tilde{F}_2^{(n)}(\theta) + b_n \tilde{G}_2^{(n)}(\theta)\right] \end{cases} \tag{8.35}$$

其中

$$\begin{cases} \tilde{F}_1^{(n)} = \left[\kappa+(-1)^n+\frac{n}{2}\right]\cos\frac{n}{2}\theta - \frac{n}{2}\cos\left(\frac{n}{2}-2\right)\theta \\[3mm] \tilde{G}_1^{(n)} = \left[-\kappa+(-1)^n-\frac{n}{2}\right]\sin\frac{n}{2}\theta + \frac{n}{2}\sin\left(\frac{n}{2}-2\right)\theta \\[3mm] \tilde{F}_2^{(n)} = \left[\kappa-(-1)^n-\frac{n}{2}\right]\sin\frac{n}{2}\theta + \frac{n}{2}\sin\left(\frac{n}{2}-2\right)\theta \\[3mm] \tilde{G}_2^{(n)} = \left[\kappa+(-1)^n-\frac{n}{2}\right]\cos\frac{n}{2}\theta + \frac{n}{2}\cos\left(\frac{n}{2}-2\right)\theta \end{cases}$$

其中,含系数 a_n 的项对应 I 型裂纹,而含系数 b_n 的项与 II 型裂纹相关. 当 $n=1$ 时,可以得到已知的奇异解(8.19)和(8.23).应力强度因子 K_I,K_{II} 与系数 a_1,b_1 的关系为

$$K_I - iK_{II} = \sqrt{2\pi}(a_1+ib_1)$$

特别重要的是第 2 阶($n=2$)特征函数,它只描述了与裂纹面平行的恒定应力状态,

即所谓的 T 应力（系数 b_2 对应的函数只与无应力刚体转动有关）：

$$\sigma_{11}^{(2)} = r^0 4a_2 = T_{11} = 常数, \quad \sigma_{22}^{(2)} \equiv \tau_{12}^{(2)} \equiv 0$$

$$2\mu u_1^{(2)} = a_2(\kappa+1)x_1, \quad 2\mu u_2^{(2)} = a_2(\kappa-3)x_2$$

对于 Ⅲ 型裂纹也可以推导出相应的特征函数，仍然使用复系数为 C、指数为 $\lambda(\lambda>0)$ 的幂级数形式的应力函数 Ω，即

$$\Omega(z) = Cz^\lambda = Cr^\lambda e^{i\lambda\theta} \tag{8.36}$$

考虑到边界条件，剪应力

$$\tau_{23} = -\mathrm{Im}\left[\Omega'(z)\right] = \left[\frac{1}{2}\overline{\Omega'(z)} - \Omega'(z)\right]$$

在裂纹面 $\theta=\pm\pi$ 上必须为零：

$$\begin{cases} \theta=\pi: \lambda r^{\lambda-1}\left[\bar{C}e^{-i(\lambda-1)\pi} - Ce^{i(\lambda-1)\pi}\right]=0 \\ \theta=-\pi: \lambda r^{\lambda-1}\left[\bar{C}e^{i(\lambda-1)\pi} - Ce^{-i(\lambda-1)\pi}\right]=0 \end{cases} \tag{8.37}$$

为了求出齐次方程组(8.37)的解 C 和 $\bar{C}$，需要令系数行列式为零，从而得到如下关于 λ 的特征值方程：

$$\sin(2\lambda\pi)=0 \quad \Rightarrow \quad \lambda=\frac{n}{2}, \quad n=1,2,3,\cdots$$

该特征值与 Ⅰ 型和 Ⅱ 型裂纹的相同，于是待求的完整解可由所有特征函数与系数 C_n 组合而得.由式(8.37)可得到关系式 $\bar{C}_n=(-1)^n C_n$，这意味着系数是不断交替的纯实数和纯虚数：

$$\Omega(z) = \sum_{n=1}^{\infty} C_n z^{\frac{n}{2}}, \quad C_n = -\mathrm{i}^n c_n$$

最后，通过使用式(8.24)和式(8.36)可以求得相应的特征函数：

$$u_3^{(n)}(r,\theta) = \frac{c_n}{2\mu} r^{\frac{n}{2}} \widetilde{H}_3^{(n)}(\theta), \quad \widetilde{H}_3^{(n)} = \begin{cases} 2\sin\dfrac{n}{2}\theta, & n=1,3,\cdots \\ 2\cos\dfrac{n}{2}\theta, & n=2,4,\cdots \end{cases} \tag{8.38}$$

$$\tau_{13}^{(n)}(r,\theta) = c_n r^{\frac{n}{2}-1} \widetilde{L}_{13}^{(n)}(\theta), \quad \widetilde{L}_{13}^{(n)} = \begin{cases} \dfrac{n}{2}\sin\left(\dfrac{n}{2}-1\right)\theta, & n=1,3,\cdots \\ \dfrac{n}{2}\cos\left(\dfrac{n}{2}-1\right)\theta, & n=2,4,\cdots \end{cases} \tag{8.39}$$

$$\tau_{23}^{(n)}(r,\theta) = c_n r^{\frac{n}{2}-1} \widetilde{L}_{23}^{(n)}(\theta), \quad \widetilde{L}_{23}^{(n)} = \begin{cases} \dfrac{n}{2}\cos\left(\dfrac{n}{2}-1\right)\theta, & n=1,3,\cdots \\ -\dfrac{n}{2}\sin\left(\dfrac{n}{2}-1\right)\theta, & n=2,4,\cdots \end{cases}$$

考虑 $n=1$ 的情况，式(8.38)、式(8.39)再现了式(8.25)和式(8.26)中出现的渐进奇异性，应力强度因子 $K_{\text{Ⅲ}} = c_1\sqrt{\pi}/2$. 当 $n=2$ 时的特征函数对应恒剪应力 $\tau_{13}=T_{13}=c_2$.

上面推导出的特征函数适用于所有平面弹性裂纹问题.因此，相应边值问题的解可以用式(8.34)、式(8.35)、式(8.38)和式(8.39)的完全级数展开表示：

$$\sigma_{ij}(r,\theta) = \sum_{n=1}^{\infty} r^{\frac{n}{2}-1}\left[a_n\widetilde{M}_{ij}^{(n)}(\theta) + b_n\widetilde{N}_{ij}^{(n)}(\theta) + c_n\widetilde{L}_{ij}^{(n)}(\theta)\right]$$

$$u_i(r,\theta) = \frac{1}{2\mu} \sum_{n=1}^{\infty} \left[a_n \widetilde{F}_i^{(n)}(\theta) + b_n \widetilde{G}_i^{(n)}(\theta) + c_n \widetilde{H}_i^{(n)}(\theta) \right]$$

待定系数 a_n，b_n 和 c_n 必须根据具体裂纹问题的边界条件确定，并且分别对应着 Ⅰ 型、Ⅱ型和Ⅲ型裂纹.

这些特征函数是许多求含裂纹有限体数值解的方法不可缺少的基础. 最早在 20 世纪 60 年代就有学者通过该基函数及边界配点法研究裂纹问题，至今仍有学者用它构造裂纹尖端的特殊单元.

本章小结

本章介绍了基于弹性理论的裂纹尖端附近的应力和位移的求解方法，具体包括韦斯特加德应力函数方法、科洛索夫势函数方法以及特征函数方法.

1. 加载模式

典型裂纹类型：张开型（Ⅰ型）、滑移型（Ⅱ型）、撕开型（Ⅲ型），相应的应力强度因子（K_{I}、K_{II} 和 K_{III}）为

$$K_{\mathrm{I}} = \lim_{r \to 0} (\sigma_{yy}\sqrt{2\pi r}) f_{\mathrm{I}}(\theta) = \sigma_y \sqrt{2\pi r} \quad @ \ \sigma_y = \sigma_y(r,\theta=0)$$

$$K_{\mathrm{II}} = \lim_{r \to 0} (\tau_{xy}\sqrt{2\pi r}) f_{\mathrm{II}}(\theta) = \tau_{xy} \sqrt{2\pi r} \quad @ \ \tau_{xy} = \tau_{xy}(r,\theta=0)$$

$$K_{\mathrm{III}} = \lim_{r \to 0} (\tau_{yz}\sqrt{2\pi r}) f_{\mathrm{III}}(\theta) = \tau_{yz} \sqrt{2\pi r} \quad @ \ \tau_{yz} = \tau_{yz}(r,\theta=0)$$

其中 $f_{\mathrm{I}}(\theta)$、$f_{\mathrm{II}}(\theta)$ 和 $f_{\mathrm{III}}(\theta)$ 是需要解析推导的三角函数，r 是塑性区大小.

2. 韦斯特加德应力函数

艾里应力函数和韦斯特加德应力函数：

$$\phi = \mathrm{Re}\,\bar{\bar{Z}} + y\,\mathrm{Im}\,\bar{Z} \quad \text{（艾里应力函数）}$$

$$Z(z) = \mathrm{Re}\,Z + i\mathrm{Im}\,Z \quad \text{（韦斯特加德应力函数）}$$

各应力分量为

$$\begin{cases} \sigma_x = \mathrm{Re}\,Z - y\,\mathrm{Im}\,Z' \\ \sigma_y = \mathrm{Re}\,Z + y\,\mathrm{Im}\,Z' \\ \tau_{xy} = -y\,\mathrm{Re}\,Z' \end{cases}$$

3. 二维裂纹问题

(1) Ⅰ型裂纹

在笛卡尔坐标系下的应力和位移分量为

$$\begin{bmatrix} \sigma_{11} \\ \sigma_{22} \\ \tau_{12} \end{bmatrix} = \frac{K_{\mathrm{I}}}{\sqrt{2\pi r}} \begin{Bmatrix} \cos\dfrac{\theta}{2}\left(1 - \sin\dfrac{\theta}{2}\sin\dfrac{3\theta}{2}\right) \\ \cos\dfrac{\theta}{2}\left(1 + \sin\dfrac{\theta}{2}\sin\dfrac{3\theta}{2}\right) \\ \cos\dfrac{\theta}{2}\sin\dfrac{\theta}{2}\cos\dfrac{3\theta}{2} \end{Bmatrix} = \frac{K_{\mathrm{I}}}{\sqrt{2\pi r}} \begin{bmatrix} f_{11}^{\mathrm{I}}(\theta) \\ f_{22}^{\mathrm{I}}(\theta) \\ f_{12}^{\mathrm{I}}(\theta) \end{bmatrix}$$

$$\begin{bmatrix} u_1 \\ u_2 \end{bmatrix} = \frac{K_{\mathrm{I}}}{2\mu}\sqrt{\frac{r}{2\pi}} \begin{bmatrix} \cos\dfrac{\theta}{2}(\kappa - \cos\theta) \\[2mm] \sin\dfrac{\theta}{2}(\kappa - \cos\theta) \end{bmatrix} = \frac{K_{\mathrm{I}}}{2\mu}\sqrt{\frac{r}{2\pi}} \begin{bmatrix} g_1^{\mathrm{I}}(\theta) \\[1mm] g_2^{\mathrm{I}}(\theta) \end{bmatrix}$$

在柱坐标系下的应力和位移分量为

$$\begin{bmatrix} \sigma_{rr} \\ \sigma_{\theta\theta} \\ \tau_{r\theta} \end{bmatrix} = \frac{K_{\mathrm{I}}}{4\sqrt{2\pi r}} \begin{bmatrix} 5\cos\dfrac{\theta}{2} - \cos\dfrac{3\theta}{2} \\[2mm] 3\cos\dfrac{\theta}{2} + \cos\dfrac{3\theta}{2} \\[2mm] \sin\dfrac{\theta}{2} + \sin\dfrac{3\theta}{2} \end{bmatrix} = \frac{K_{\mathrm{I}}}{\sqrt{2\pi r}} \begin{bmatrix} f_{rr}(\theta) \\[1mm] f_{\theta\theta}(\theta) \\[1mm] f_{r\theta}(\theta) \end{bmatrix}$$

$$\begin{bmatrix} u_r \\ u_\theta \end{bmatrix} = \frac{K_{\mathrm{I}}}{4\mu}\sqrt{\frac{r}{2\pi}} \begin{bmatrix} (2\kappa - 1)\cos\dfrac{\theta}{2} - \cos\dfrac{3\theta}{2} \\[2mm] -(2\kappa + 1)\sin\dfrac{\theta}{2} + \sin\dfrac{3\theta}{2} \end{bmatrix}$$

（2）Ⅱ型裂纹

在笛卡尔坐标系下的应力和位移分量为

$$\begin{bmatrix} \sigma_{11} \\ \sigma_{22} \\ \tau_{12} \end{bmatrix} = \frac{K_{\mathrm{II}}}{\sqrt{2\pi r}} \begin{bmatrix} -\sin\dfrac{\theta}{2}\left(2 + \cos\dfrac{\theta}{2}\cos\dfrac{3\theta}{2}\right) \\[2mm] \sin\dfrac{\theta}{2}\cos\dfrac{\theta}{2}\cos\dfrac{3\theta}{2} \\[2mm] \cos\dfrac{\theta}{2}\left(1 - \sin\dfrac{\theta}{2}\sin\dfrac{3\theta}{2}\right) \end{bmatrix} = \frac{K_{\mathrm{II}}}{\sqrt{2\pi r}} \begin{bmatrix} f_{11}^{\mathrm{II}}(\theta) \\[1mm] f_{22}^{\mathrm{II}}(\theta) \\[1mm] f_{12}^{\mathrm{II}}(\theta) \end{bmatrix}$$

$$\begin{bmatrix} u_1 \\ u_2 \end{bmatrix} = \frac{K_{\mathrm{II}}}{2\mu}\sqrt{\frac{r}{2\pi}} \begin{bmatrix} \sin\dfrac{\theta}{2}(\kappa + 2 + \cos\theta) \\[2mm] -\cos\dfrac{\theta}{2}(\kappa - 2 + \cos\theta) \end{bmatrix} = \frac{K_{\mathrm{II}}}{2\mu}\sqrt{\frac{r}{2\pi}} \begin{bmatrix} g_1^{\mathrm{II}}(\theta) \\[1mm] g_2^{\mathrm{II}}(\theta) \end{bmatrix}$$

在柱坐标系下的应力和位移分量为

$$\begin{bmatrix} \sigma_{rr} \\ \sigma_{\theta\theta} \\ \tau_{r\theta} \end{bmatrix} = \frac{K_{\mathrm{II}}}{4\sqrt{2\pi r}} \begin{bmatrix} -5\sin\dfrac{\theta}{2} + 3\sin\dfrac{3\theta}{2} \\[2mm] -3\sin\dfrac{\theta}{2} - 3\sin\dfrac{3\theta}{2} \\[2mm] \cos\dfrac{\theta}{2} + 3\cos\dfrac{3\theta}{2} \end{bmatrix}$$

$$\begin{bmatrix} u_r \\ u_\theta \end{bmatrix} = \frac{K_{\mathrm{II}}}{4\mu}\sqrt{\frac{r}{2\pi}} \begin{bmatrix} -(2\kappa - 1)\sin\dfrac{\theta}{2} + 3\sin\dfrac{3\theta}{2} \\[2mm] -(2\kappa + 1)\cos\dfrac{\theta}{2} + 3\cos\dfrac{3\theta}{2} \end{bmatrix}$$

（3）Ⅲ型裂纹

$$u_3 = \tau\sqrt{\pi a}\,\frac{2}{\mu}\sqrt{\frac{r}{2\pi}}\sin\frac{\theta}{2} = \frac{2K_{\mathrm{III}}}{\mu}\sqrt{\frac{r}{2\pi}}\sin\frac{\theta}{2} = \frac{K_{\mathrm{III}}}{2\mu}\sqrt{\frac{r}{2\pi}}\,g_3^{\mathrm{III}}(\theta)$$

$$\begin{bmatrix} \tau_{13} \\ \tau_{23} \end{bmatrix} = \frac{K_{\text{III}}}{\sqrt{2\pi r}} \begin{bmatrix} -\sin\dfrac{\theta}{2} \\ \cos\dfrac{\theta}{2} \end{bmatrix} = \frac{K_{\text{III}}}{\sqrt{2\pi r}} \begin{bmatrix} f_{13}^{\text{III}}(\theta) \\ f_{23}^{\text{III}}(\theta) \end{bmatrix}$$

4. 裂纹问题的特征函数法

特征函数法求平面弹性裂纹边值问题解的完全级数展开表示:

$$\sigma_{ij}(r,\theta) = \sum_{n=1}^{\infty} r^{\frac{n}{2}-1} \left[a_n \widetilde{M}_{ij}^{(n)}(\theta) + b_n \widetilde{N}_{ij}^{(n)}(\theta) + c_n \widetilde{L}_{ij}^{(n)}(\theta) \right]$$

$$u_i(r,\theta) = \frac{1}{2\mu} \sum_{n=1}^{\infty} \left[a_n \widetilde{F}_i^{(n)}(\theta) + b_n \widetilde{G}_i^{(n)}(\theta) + c_n \widetilde{H}_i^{(n)}(\theta) \right]$$

待定系数 a_n, b_n 和 c_n 必须根据具体裂纹问题的边界条件确定,并且分别对应着 I 型、II 型和 III 型裂纹.

附录 A　复变函数的 Python 计算

A.1　用 Python 化简复数

A.1.1　在 Python 中创建复数

在 Python 中创建和操作复数与其他内置数据类型没有太大区别,特别是数值类型.这是因为 Python 语言将复数与其他数据类型看作同一等级,这意味着读者在处理包含复数的数学公式时不需要额外付出.

在 Python 的算术表达式或函数中调用复数与调用其他数字一样,这可以简化语法,用起来就像读数学教科书一样.

1. 复数的定义

在 Python 中定义复数的最快方法是直接在源代码中输入具体的复数:

```
>>>z = 3 + 2j
```

虽然这看起来像一个代数公式,但等号右边的表达式已经是一个固定值,不需要进一步计算.当读者检查左侧变量的类型时,会被证实得到的是一个复数:

```
>>>type(z)
<class 'complex'>
```

上面的定义式与用加号加两个数字有什么区别? 它的一个明显特征是字母 j"粘"在第二个数字上,这完全改变了表达式的含义.读者也可以用浮点数来创建复数:

```
>>>z = 3.14 + 2.71j
>>>type(z)
<class 'complex'>
```

Python 中复数的数学表示方式,与复数的**标准形式**(或**代数形式**、**规范形式**)一样.在 Python 中虚数单位可以使用小写字母 j 或大写字母 J.

2. 工厂函数 complex()

Python 中有一个内置函数 complex(),读者可以用它来定义复数:

```
>>>z = complex(3,2)
```

在这种形式下,它类似于元组(tuple)或普通有序数字对.这个类比并不牵强.由于复数在**笛卡尔坐标系**中有具体几何含义,因此可以把复数想象成二维的.

复数工厂函数只接受两个数字参数:第一个代表**实部**;第二个代表**虚部**,即跟字母 j

结合表示的部分：

```
>>>complex(3,2) = = 3 + 2j
True
```

A.1.2 Python 中的复数类型

在数学上，复数是实数的超集，这意味着每一个实数也是一个虚部等于零的复数. Python 通过一个被称为**数字塔**的概念来建立这种关系，在 Python 文档 PEP 3141 （https://peps.python.org/pep-3141/）中有介绍：

```
>>>import numbers
>>>issubclass(numbers.Real,numbers.Complex)
True
```

内置的 numbers 模块通过**抽象类**定义了数字类型的层次结构，可用于类型检查和数字分类. 复数和 numbers.Complex 之间的区别是：二者属于数字类型的层次结构的独立分支，而且后者是一个还没有实例化的抽象基类，如图 A.1 所示。

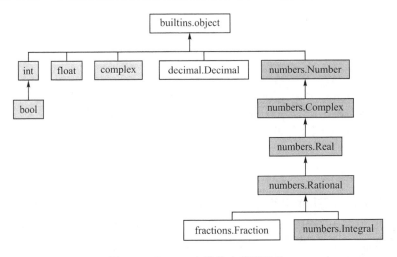

图 A.1　Python 中的数字类型架构

1. 实部和虚部的访问

要在 Python 中获取复数的实部和虚部，可以通过对应的 .real 和 .imag 属性实现：

```
>>>z = 3 + 2j
>>>z.real
3.0
>>>z.imag
2.0
```

这两个属性都是**只读**的，因为复数是不可变的，所以尝试给其中任何一个属性赋新值都会失败：

```
>>> z.real = 3.14
Traceback (most recent call last):
    File "<stdin>",line 1,in <module>
AttributeError: readonly attribute
```

因为 Python 中的每个数字都是复数的更具体的类型,所以在 numbers.Complex 中定义的属性和方法也适用于其他所有数字类型,包括 int 和 float:

```
>>> x = 42
>>> x.real
42
>>> x.imag
0
```

这类数字的虚部总是零.

2. 求复数的共轭

Python 中的复数只有三个公共成员,除了.real 和.imag 属性外,还有.conjugate() 方法也是公共的,该方法可以翻转虚部的符号:

```
>>> z = 3 + 2j
>>> z.conjugate()
(3 - 2j)
```

对于虚部等于零的数,该方法不会有任何影响:

```
>>> x = 3.14
>>> x.conjugate()
3.14
```

因为这个操作是自逆的,所以调用两次会得到原始复数:

```
>>> z.conjugate().conjugate() == z
True
```

虽然这看起来没什么价值,但共轭复数有一些有用的算术特性,比如手算时可用于计算两个复数的除法,还有很多其他应用.

A.1.3　复数算术

由于复数是 Python 中的原生数据类型,因此读者可以在**算术表达式**中使用复数,并调用许多相关内置函数.更高级的复数函数定义在 cmath 模块中,它是标准库的一部分.在 A.1.4 小节会给出相关介绍.

在此,记住一个简单的规则便可以用小学的算术知识来计算涉及复数的基本运算.需要记住的规则是**虚数单位**的定义,它满足以下等式:
$$j^2 = -1$$
当把 j 看作一个实数的时候,它看起来是不对的.如果暂时忽略它,将每一次出现的 j^2 当成一个常数 -1,那么这样做就可以了.

1. 加 法

两个或两个以上复数的和等于将它们的实部和虚部分别相加：

```
>>> z1 = 2 + 3j
>>> z2 = 4 + 5j
>>> z1 + z2
(6 + 8j)
```

当不同数值类型相加时，Python 会自动将需运算的数字升级为复数类型：

```
>>> z = 2 + 3j
>>> z + 7    # Add complex to integer
(9 + 3j)
```

这类似于大家所熟悉的从 int 到 float 的隐式转换.

2. 减 法

复数的减法类似于加法，这意味着减法也是通过实部和虚部分别相减得到的：

```
>>> z1 = 2 + 3j
>>> z2 = 4 + 5j
>>> z1 - z2
(-2 - 2j)
```

也可以用一元减运算符（-）来求复数的负数：

```
>>> z = 3 + 2j
>>> -z
(-3 - 2j)
```

该运算符对复数的实部和虚部同时取负数.

3. 乘 法

两个或多个复数的乘积运算与实数类似：

```
>>> z1 = 2 + 3j
>>> z2 = 4 + 5j
>>> z1 * z2
(-7 + 22j)
```

4. 除 法

当第一次接触复数时，除法可能会让人望而生畏：

```
>>> z1 = 2 + 3j
>>> z2 = 4 + 5j
>>> z1 / z2
(0.5609756097560976 + 0.0487804878048781j)
```

5. 乘 幂

可以使用二进制幂运算符（**）或内置的 pow() 来求复数的幂，但不能使用 math

模块中定义的幂运算符,因为该模块只支持浮点数:

```
>>>z = 3 + 2j
>>>z * * 2(5 + 12j)
>>>pow(z,2)(5 + 12j)
>>>import math
>>>math.pow(z,2)
Traceback (most recent call last):
    File"<stdin>",line 1,in <module>
TypeError: can't convert complex to float
```

基数和**指数**都可以是任何数字类型,包括整数、浮点数、虚数或复数:

```
>>>2 * * z
(1.4676557979464138 + 7.86422192328995j)
>>>z * * 2
(5 + 12j)
>>>z * * 0.5
(1.8173540210239707 + 0.5502505227003375j)
>>>z * * 3j
(-0.13041489185767086 - 0.11115341486478239j)
>>>z * * z
(-5.409738793917679 - 13.410442370412747j)
```

6. 求 模

模,也称为复数的幅值或半径,是复平面上表示复数的向量(见图 A.2)的长度。

模可以用勾股(毕达哥拉斯(Pythagorean))定理计算,即取实部和虚部平方和的平方根:

$$|z| = \sqrt{(\text{Re } z)^2 + (\text{Im } z)^2}$$

读者可能会认为 Python 用内置的 len()函数来计算向量的长度,但事实并非如此. 要得到一个复数的幅值,必须调用另一个名为 abs()的全局函数,该函数通常用于计算数字的**绝对值**:

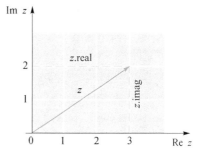

图 A.2 复平面上的向量

```
>>>len(3 + 2j)
Traceback (most recent call last):
    File "<stdin>",line 1,in <module>
TypeError: object of type 'complex' has no len()
>>>abs(3 + 2j)
3.605551275463989
```

该函数会移除传入的整数或浮点数的符号,但对于复数,它会返回大小或向量长度:

```
>>>abs(-42)
42

>>>z = 3 + 2j

>>>abs(z)
3.605551275463989

>>>from math import sqrt
>>>sqrt(z.real**2 + z.imag**2)
3.605551275463989
```

一个复数乘以它的共轭可得到其模的平方.

A.1.4　Python 中关于复数的数学模块

1. cmath

Python 中的一些内置函数接受复数,例如 abs() 和 pow();而另一些内置函数则不接受复数,例如 round() 等操作没有意义:

```
>>>round(3 + 2j)
Traceback (most recent call last):
    File "<stdin>",line 1,in <module>
TypeError: type complex doesn't define __round__ method
```

标准库中有许多高级数学函数,如三角函数、双曲函数或对数函数. 遗憾的是,Python 中 math 模块的函数都不支持复数. 需要将它与 cmath 模块结合使用,cmath 模块为复数定义了相应的函数.

cmath 模块重新定义了 math 中的所有浮点常量,这样读者就可以轻松使用它们,而不需要同时导入两个模块:

```
>>>import math,cmath
>>>for name in "e","pi","tau","nan","inf":
...        print(name,getattr(math,name) == getattr(cmath,name))
...
e True
pi True
tau True
nan False
inf True
```

注意 nan 是一个特殊值,它永远不等于任何其他值,包括它本身。这就是在上面的输出中出现一个 False 的原因. 除了这些,cmath 提供了另外两个与之对应的量:NaN(不是数字)和 infinity,它们的实部都为零:

```
>>>from cmath import nanj,infj
>>>nanj.real,nanj.imag
(0.0,nan)
>>>infj.real,infj.imag
(0.0,inf)
```

cmath 中函数的数量大约是标准 math 模块中的一半,其中大多数都模仿了 math 中原始函数的行为,但也有少数是复数特有的.下面会具体探讨它们之间的区别与联系.

2. 复数的方根

代数基本定理指出,一个具有复系数的 n 次多项式恰好有 n 个复根.这是相当重要的,需要花点时间来理解它.以二次函数 $x^2+1=0$ 为例.在实数定义域中,平方根只对非负值有定义.因此,在 Python 中调用此函数将引发一个异常,并附带相应的错误提示:

```
>>> import math
>>> math.sqrt(-1)
Traceback (most recent call last):
    File "<stdin>",line 1,in <module>
ValueError: math domain error
```

然而,如果将 $\sqrt{-1}$ 视为复数并从 cmath 模块调用相关函数时,就会得到一个有意义的结果:

```
>>> import cmath
>>> cmath.sqrt(-1)
1j
```

这是有意义的.毕竟,二次方程 $x^2=-1$ 正是虚数单位的定义.但是另一个复根去哪了? 多项式的高次复根会怎样?

不能只单纯地使用 Python 来计算其他的复根,因为常规的乘幂总是只给一个解:

```
>>> pow(-1,1/4)
(0.7071067811865476 + 0.7071067811865475j)
```

这只是所有复根中的一个,复数的所有复根的三角函数表示形式为

$$z_k = r\left[\cos\left(\phi + \frac{2\pi k}{n}\right) + j\sin\left(\phi + \frac{2\pi k}{n}\right)\right]$$

其中,r 和 ϕ 分别是复数的模与辐角;n 是多项式求根的次数;k 是根的指数,从 0 开始到 $n-1$.并不需要逐个求这些根,最快的方法是安装一个第三方库(比如 NumPy),然后将它导入到项目中:

```
>>> import numpy as np
>>> np.roots([1,0,0,0,1])   # Coefficients of the polynomial x * * 4 + 1
array([-0.70710678 + 0.70710678j, -0.70710678 - 0.70710678j,
        0.70710678 + 0.70710678j,  0.70710678 - 0.70710678j])
```

复数的各种形式及其坐标系很有用,如求复根的例子,下一部分将进一步展开讨论.

3. 笛卡尔坐标和极坐标之间的转换

从几何的角度来看,可以从两个方面理解一个复数:一方面,复数是一个点,它与原点的水平和垂直距离唯一地确定了它的位置,这便形成由实部和虚部组成的**笛卡尔坐标**;另一方面,可以用**极坐标**唯一地描述同一个点。

径向距离是指从原点到目标点的距离.**角度距离**是指水平轴与半径之间的角度.**半径**,即**模**,对应于复数的幅值或向量的长度.角度,通常被称为复数的相位或辐角.在处理

三角函数时,用弧度来表示角度会带来一些便利.

图 A.3 是笛卡尔坐标系与极坐标系中复数的表示。因此,在笛卡尔坐标系中的点 (3,2)的半径约为 33.6、角度约为 33.7°或为 π/5.4 rad.

这两种坐标之间的转换可以通过 cmath 模块中内置的几个函数来实现.具体来说, 要想获得复数的极坐标形式,必须将它传递给 cmath.polar():

```
>>> import cmath
>>> cmath.polar(3 + 2j)
(3.605551275463989,0.5880026035475675)
```

它将返回一个元组数据,其中第一个元素是半径,第二个元素是以弧度为单位的角度.注意,半径的值与幅值相同,可以通过 abs()调用所给复数来计算.如果读者只对获取复数的角度感兴趣,那么可以调用 cmath.phase():

```
>>> z = 3 + 2j
>>> abs(z)   # Magnitude is also the radial distance
3.605551275463989

>>> import cmath
>>> cmath.phase(3 + 2j)
0.5880026035475675

>>> cmath.polar(z) = = (abs(z),cmath.phase(z))
True
```

这个角度可以用三角函数求得,因为实部、虚部和模一起构成了一个直角三角形(见图 A.4).

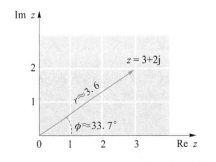

图 A.3 笛卡尔坐标系与极坐标系中复数的表示

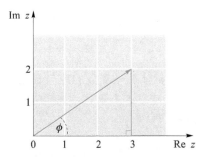

图 A.4 复数形成的直角三角形

可以使用 math 或 cmath 中的反三角函数(如 asin())来计算辐角,后者会产生虚部等于零的复值:

```
>>> z = 3 + 2j
>>> import math
>>> math.acos(z.real / abs(z))
0.5880026035475675
>>> math.asin(z.imag / abs(z))
0.5880026035475676
>>> math.atan(z.imag / z.real)   # Prefer math.atan2(z.imag,z.real)
```

```
0.5880026035475675
>>> import cmath
>>> cmath.acos(z.real / abs(z))
(0.5880026035475675 - 0j)
```

不过,在使用 atan() 函数时需要注意一个小细节,计算虚部和实部之间的比值有时会发生奇异,例如出现除以零的情况.因此,许多编程语言开发了一个名为 atan2() 的替代函数.此外,两个值的个别符号在计算过程中可能会丢失,从而无法得到确切的角度:

```
>>> import math
>>> math.atan(1 / 0)
Traceback (most recent call last):
    File "<stdin>", line 1, in <module>
ZeroDivisionError: division by zero
>>> math.atan2(1,0)
1.5707963267948966
>>> math.atan(1 / 1) == math.atan(-1 / -1)
True
>>> math.atan2(1,1) == math.atan2(-1,-1)
False
```

注意,atan() 无法识别位于坐标系相反象限的两个不同的点.相反,atan2() 有两个而不是一个参数,从而可以避免在计算过程中丢失符号,同时也可以避免其他问题.

如果想获得角度而不是弧度,则可以用 math 模块的相应函数进行转换:

```
>>> import math
>>> math.degrees(0.5880026035475675)   # Radians to degrees
33.690067525979785
>>> math.radians(180)   # Degrees to radians
3.141592653589793
```

反过来——将极坐标转换为笛卡尔坐标——需要用到另一个函数.然而,不能直接将 cmath.polar() 输出的元组传递给 cmath.rect(),因为后者需要两个单独的参数:

```
>>> cmath.rect(cmath.polar(3 + 2j))
Traceback (most recent call last):
    File "<stdin>", line 1, in <module>
TypeError: rect expected 2 arguments, got 1
```

在执行赋值操作时,最好先分解元组,并给相应元素起一个描述性的名字.现在可以正确地调用 cmath.rect() 了:

```
>>> radius,angle = cmath.polar(3 + 2j)
>>> cmath.rect(radius,angle)
(3 + 1.9999999999999996j)
```

在使用 Python 进行计算的过程中,可能会遇到舍入误差.例如:

```
> > > import math
> > > radius * (math. cos(angle) + math. sin(angle) * 1j)
(3 + 1.9999999999999996j)

> > > import cmath
> > > radius * (cmath. cos(angle) + cmath. sin(angle) * 1j)
(3 + 1.9999999999999996j)
```

4. 复数的不同表示方式

无论在什么坐标系下,都可以用以下 4 种在数学上等价的形式来表示同一复数:

- 代数(标准)形式。
- 几何形式。
- 三角形式。
- 指数形式。

这里列出的并非详尽无遗,因为还有其他表示形式,比如复数的矩阵表示形式. 在实际应用中,可以根据需要选择最方便的一种形式来求解问题.

表 A.1 给出了各复数形式及其坐标概览。

表 A.1　各复数形式及其坐标概览

形　式	笛卡尔坐标	极坐标
代数	$z = x + y\mathrm{j}$	
几何	$z = (x, y)$	$z = (r, \phi)$
三角	$z = \|z\|[\cos(x/\|z\|) + \mathrm{j}\sin(y/\|z\|)]$	$z = r(\cos\phi + \mathrm{j}\sin\phi)$
指数	$z = \|z\|\mathrm{e}^{\mathrm{arctan2}(y/x)\mathrm{j}}$	$z = r\mathrm{e}^{\mathrm{j}\phi}$

当输入具体值来定义复数时,采用的是 Python 内置的代数形式. 也可以把复数看作用笛卡尔坐标系或极坐标系定义的欧几里得(Euclidean)平面上的点. 虽然 Python 中没有复数的三角或指数形式,但可以验证相关数学原理是否成立.

例如,将欧拉公式代入三角形式,会得到复数的指数形式. 也可以通过调用 cmath 模块的 exp(),或求常数 e 的乘幂得到相同的结果:

```
> > > import cmath
> > > algebraic = 3 + 2j
> > > geometric = complex(3,2)
> > > radius,angle = cmath. polar(algebraic)
> > > trigonometric = radius * (cmath. cos(angle) + 1j * cmath. sin(angle))
> > > exponential = radius * cmath. exp(1j * angle)

> > > for number in algebraic,geometric,trigonometric,exponential:
...     print(format(number,"g"))
...
3 + 2j
3 + 2j
3 + 2j
3 + 2j
```

可见所有的形式实际上表示的是同一个数字. 然而,它们并不能直接进行比较,因为在形式转换过程中可能出现舍入误差. 可以使用 cmath. isclose() 进行安全比较, 或者使用 format() 将数字转换为字符串进行比较, 具体参阅 A. 1. 5 小节.

5. 重要的函数与常数

下面讨论一些重要的函数和常数. 针对复数运算的函数包括:

① exp(): 该函数返回其参数所给复数的**指数函数**.

② log(x, b): 该函数返回以 b 为基底的 x 的**对数值**, 该函数有两个参数. 如果没有给定基底, 则返回 x 的自然对数.

③ log10(): 该函数返回**以 10 为基底的复数的对数**.

④ sqrt(): 该函数计算复数的**平方根**.

⑤ isfinite(): 如果复数的**实部和虚部都是有限值**, 则返回 true, 否则返回 false.

⑥ isinf(): 如果复数的**实部或虚部是无限的**, 则返回 true, 否则返回 false.

⑦ isnan(): 如果复数的**实部或虚部为 NaN**, 则返回 true, 否则返回 false.

⑧ sin(): 该函数返回参数中传递的复数的**正弦值**.

⑨ cos(): 该函数返回参数中传递的复数的**余弦值**.

⑩ tan(): 该函数返回参数中传递的复数的**正切值**.

⑪ asin(): 该函数返回参数中传递的复数的**反正弦值**.

⑫ acos(): 该函数返回参数中传递的复数的**反余弦值**.

⑬ atan(): 该函数返回参数中传递的复数的**反正切值**.

⑭ sinh(): 该函数返回参数中传递的复数的**双曲正弦值**.

⑮ cosh(): 该函数返回参数中传递的复数的**双曲余弦值**.

⑯ tanh(): 该函数返回参数中传递的复数的**双曲正切值**.

⑰ asinh(): 该函数返回参数中传递的复数的**反双曲正弦值**.

⑱ acosh(): 该函数返回参数中传递的复数的**反双曲余弦值**.

⑲ atanh(): 该函数返回参数中传递的复数的**反双曲正切值**.

```python
# Python code to demonstrate the working of
# log10(),sqrt()
# importing "cmath" for complex number operations
import cmath
import math

# Initializing real numbers
x = 1.0
y = 1.0

# converting x and y into complex number
z = complex(x,y);

# printing log10 of complex number
print ("The log10 of complex number is : ",end = "")
print (cmath.log10(z))

# printing square root form of complex number
print ("The square root of complex number is : ",end = "")
print (cmath.sqrt(z))
```

上述代码的输出结果:

```
The log10 of complex numberis : (0.15051499783199057 + 0.3410940884604603j)
The square root of complex numberis : (1.09868411346781 + 0.45508986056222733j)
```

cmath 模块中定义了两个常量：第一个是"pi"，返回 pi 的值；第二个是"e"，返回指数 e 的值.

```
# Python code to demonstrate the working of
# pi and e

# importing "cmath" for complex number operations
import cmath
import math

# printing the value of pi
print ("The value of pi is : ",end = "")
print (cmath.pi)

# printing the value of e
print ("The value of exponent is : ",end = "")
print (cmath.e)
```

上述代码的输出结果：

```
The value of piis : 3.141592653589793
The value of exponentis : 2.718281828459045
```

A.1.5　Python 中的复数剖析

读者已经学了很多关于 Python 复数的知识，也看过一些初步的例子.然而，在进一步学习之前，有必要对 Python 中的复数做进一步剖析.本小节将介绍复数的比较、格式化包含复数的字符串等知识.

1. 检验复数是否相等

在数学上，当两个复数具有相同的值时，无论采用什么坐标系，它们都是相等的.然而，在 Python 中进行极坐标和笛卡尔坐标之间的转换时，通常会引入舍入误差，因此在比较它们时需要注意二者微小的差异.

例如，对于单位圆周上一个半径等于 1 且倾斜 $60°$ 的点，很容易用三角函数进行坐标转换：

```
>>> import math,cmath

>>> z1 = cmath. rect(1,math. radians(60))

>>> z2 = complex(0.5,math. sqrt(3)/2)

>>> z1 = = z2
False

>>> z1. real,z2. real
(0.5000000000000001,0.5)

>>> z1. imag,z2. imag
(0.8660254037844386,0.8660254037844386)
```

由于舍入误差的影响，即使 z_1 和 z_2 是同一个点，Python 也无法确定.然而，PEP485

文档（https://peps. python. org/pep-0485/）定义了近似相等的函数，可以在 math 和 cmath 模块中调用：

```
>>>math.isclose(z1.real,z2.real)
True

>>>cmath.isclose(z1,z2)
True
```

记住，在比较复数时一定要使用这两个函数！如果默认容差不适合计算，则可以通过指定额外的参数来改变它.

2. 复数排序

如果读者熟悉元组，那么就知道 Python 可以对它们进行排序：

```
>>>planets = [
...        (6,"saturn"),
...        (4,"mars"),
...        (1,"mercury"),
...        (5,"jupiter"),
...        (8,"neptune"),
...        (3,"earth"),
...        (7,"uranus"),
...        (2,"venus"),
...     ]
>>>from pprint import pprint
>>>pprint(sorted(planets))
[(1,'mercury'),
(2,'venus'),
(3,'earth'),
(4,'mars'),
(5,'jupiter'),
(6,'saturn'),
(7,'uranus'),
(8,'neptune')]
```

默认情况下，单个元组从左到右进行比较：

```
>>>(6,"saturn")<(4,"mars")
False
>>>(3,"earth")<(3,"moon")
True
```

在第一种情况下，因为数字 6 大于 4，所以根本没有比较行星的名字. 不过，它们可以帮助解决数字相等的情况. 然而，对于复数是不可以的，因为它们没有定义一个自然的顺序关系. 例如，如果试图比较两个复数，则会得到一个错误信息：

```
>>>(3 + 2j)
<(2 + 3j)Traceback (most recent call last):
    File "<stdin>",line 1,in <module>
TypeError: '<' not supported between instances of 'complex' and 'complex'
```

虚部比实部更重要吗？是否应该比较它们的大小？这取决于个人，答案不确定. 因为

复数不能直接进行比较,所以需要指定一个自定义键函数(如 abs())来告诉 Python 如何对它们进行排序:

```
>>>cities = {
    complex( - 64.78303,32.2949): "Hamilton",
    complex( - 66.105721,18.466333): "San Juan",
    complex( - 80.191788,25.761681): "Miami"
}
>>>for city in sorted(cities,key = abs,reverse = True):
    print(abs(city),cities[city])
84.22818453809096 Miami
72.38647347392259 Hamilton
68.63651945864338 San Juan
```

这样 Python 会按其大小对复数进行降序排列.

A.1.6　用 Matplotlib 在 Python 中绘制复数

本小节将介绍如何使用 Matplotlib 在 Python 中绘制复数. Matplotlib 是 Python 中用于二维数组绘图的可视化库,基于 NumPy 数组,可与 SciPy 堆栈一起工作,由 John Hunter 在 2002 年提出.

下面的例子包括如下步骤:

① 导入库.

② 创建复数数据.

③ 从复数数据中提取实部和虚部.

④ 绘制提取的数据.

为了绘制复数,必须提取其实部和虚部.下面的例子采用不同方法实现上述步骤.

1. 例 1(基于实部和虚部直接绘制复数)

```
# 导入库
import matplotlib.pyplot as plt
# 创建复数数据
data = [1 + 2j, - 1 + 4j,4 + 3j, - 4,2 - 1j,3 + 9j, - 2 + 6j,5]
# 提取实部
x = [ele.real for ele in data]
# 提取虚部
y = [ele.imag for ele in data]
# 绘制复数
plt.scatter(x,y)
plt.ylabel('Imaginary')
plt.xlabel('Real')
plt.show()
```

输出结果如图 A.5 所示。

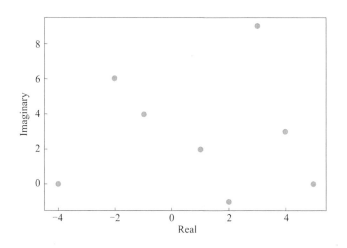

图 A.5　例 1 输出结果

2. 例 2(使用 NumPy 提取实部和虚部)

♯ 导入库
```
import matplotlib.pyplot as plt
import numpy as np
```
♯ 创建复数数据
```
data = np.array([1 + 2j, 2 - 4j, - 2j, - 4, 4 + 1j, 3 + 8j, - 2 - 6j, 5])
```
♯ 使用 NumPy 提取实部
```
x = data.real
```
♯ 使用 NumPy 提取虚部
```
y = data.imag
```
♯绘制复数
```
plt.plot(x, y, 'g * ')
plt.ylabel('Imaginary')
plt.xlabel('Real')
plt.show()
```

输出结果如图 A.6 所示.

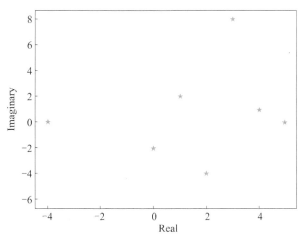

图 A.6　例 2 输出结果

3. 例 3(使用 NumPy 创建复数数据并提取实部和虚部)

```
# 导入库
importmatplotlib.pyplot as plti
mportnumpy as np
# 使用 NumPy 创建复数数据
data = np.arange(8) + 1j * np.arange( − 4,4)
# 使用 numpy 提取实部
x = data.real
# 使用 numpy 提取虚部
y = data.imag
# 绘制复数
plt.plot(x,y,'− .r * ')
plt.ylabel('Imaginary')
plt.xlabel('Real')
plt.show()
```

输出结果如图 A.7 所示.

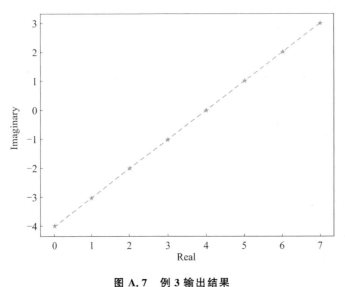

图 A.7　例 3 输出结果

A.2　用 SymPy 做符号计算

SymPy 是一个用于符号数学的 Python 库. 它的目标是成为一个功能齐全的计算机代数系统(CAS),同时保持代码尽可能简单,以便易于理解和扩展. 由于它是一个纯粹的 Python 库,因此可以以交互模式和应用程序模式使用.

现在,SymPy 已经成为 Python 科学生态系统中很受欢迎的符号计算库. 它具有广泛的应用接口,可应用于符号算术、微积分、代数、离散数学、量子物理等领域. SymPy 能输出多种格式的结果,包括 LaTeX、MathML 等.

本节将介绍 SymPy 在复数和四元数中的应用.

A.2.1 符号的定义

Symbol 是 SymPy 库中最重要的类. 如前所述, 符号计算是用符号来完成的. SymPy 变量是 Symbol 类的对象.

Symbol() 函数的参数是一个可以赋值给符号变量的字符串:

```
>>>from sympy import Symbol
>>>x = Symbol('x')
>>>y = Symbol('y')
>>>expr = x * * 2 + y * * 2
>>>expr
x * * 2 + y * * 2
>>>x = Symbol("x", real = True)
>>>expand(exp(I * x), complex = True)
I * sin(x) + cos(x)
```

A.2.2 函数类

SymPy 程序包中有一个函数类, 是在 sympy. core. function 模块中定义的. 它是所有应用数学函数的基类, 也是未定义函数类的构造函数.

下面这些函数便继承自函数类:

- 复数函数.
- 三角函数.
- 整数函数.
- 组合函数.
- 其他辅助函数.

针对复数的函数是在 sympy. functions. elementary. complexes 模块中定义的, 下面是其中部分函数:

re(): 该函数返回表达式的实部.

im(): 该函数返回表达式的虚部.

Abs(): 该函数返回复数的绝对值.

conjugate(): 该函数返回复数的共轭.

sign(): 该函数返回表达式的复数符号.

arg(): 该函数返回复数的辐角(以弧度为单位).

```
>>>from sympy import *
>>>re(5 + 3 * I)
5
>>>re(I)
0
>>>im(5 + 3 * I)
3
```

```
>>> im(I)
1
>>> Abs(2 + 3 * I)
sqrt(13)
>>> conjugate(4 + 7 * I)
4 - 7 * I
>>> sign( - 1)
 - 1
>>> sign(0)
0
>>> sign( - 3 * I)
 - I
>>> arg(sqrt(3)/2 + I/2)
pi/6
```

关于复数的其他函数请参考 SymPy 文档（https://docs.sympy.org/latest/index.html）.

A.2.3 极　限

该模块的主要功能是计算极限."$\mathrm{limit}(e,z,z_0,\mathrm{dir}='+')$"模块计算表达式 $e(z)$ 在点 z_0 的极限,参数的含义为：

e：待求极限的表达式.

z：极限表达式中变量的符号.其他符号都被视为常数.不支持多元极限.

z_0：变量 z 所趋向的值.可以是任意表达式,包括 ∞ 和 $-\infty$.

dir：字符串,可选（默认值是"$+$"）.如果 dir$="+-"$,则极限是双向的；如果 dir$=$"$+$",则 z 从右侧趋向 $z_0(z\to z_0^+)$；如果 dir$="-"$,则 z 从左侧趋向 $z_0(z\to z_0^-)$.对于无穷值 $z_0(\infty$ 或 $-\infty)$,dir 参数由无穷值的方向确定（即对于 ∞ 取 dir$="-"$）.

```
>>> from sympy.abc import x
>>> limit(sin(x)/x,x,0)
1
>>> limit(1/x,x,0) # default dir = '+'
oo
>>> limit(1/x,x,0,dir = " - ")
 - oo
>>> limit(1/x,x,0,dir = '+ - ')
zoo
>>> limit(1/x,x,oo)
0
```

A.2.4 积　分

这个模块的主要功能是计算积分."$\mathrm{integrate}(f,var,\cdots)$"模块使用里希-诺曼（Risch - Norman）算法和表格查找算法,计算针对一个或多个变量的定积分或不定积分.该程序可以处理初等代数函数和超越函数,也可以处理一大批特殊函数,包括艾里函数、贝塞尔

(Bessel)函数、惠特克(Whittaker)函数和兰伯特(Lambert)函数.

其中,var 可以是一个符号(不定积分)、形如(symbol,a)的元组(带结果的不定积分,并给定一个替换符号)、形如(symbol,a,b)的元组(定积分).

可以指定几个变量,在这种情况下,结果是多重积分.(如果省略 var 且被积数为单变量,则将执行关于该变量的不定积分.)

返回的不定积分不含独立于积分变量的项.

广义定积分常常包含着特别的收敛条件.可以传递 conds＝'piecewise'、'separate'或'none'来分别返回:分段函数、单个结果(以元组形式),或者根本不返回.默认值是'piecewise'.

```
>>>from sympy import integrate,log,exp,oo
>>>from sympy.abc import a,x,y
>>>integrate(x * y,x)
x * * 2 * y/2
>>>integrate(log(x),x)
x * log(x) - x
>>>integrate(log(x),(x,1,a))
a * log(a) - a + 1
>>>integrate(x)
x * * 2/2
>>>integrate(sqrt(1 + x),(x,0,x))
2 * (x + 1) * * (3/2)/3 - 2/3
>>>integrate(sqrt(1 + x),x)
2 * (x + 1) * * (3/2)/3
>>>integrate(x * * a * exp( - x),(x,0,oo),conds = 'none')
gamma(a + 1)
```

A.2.5 微 分

这个模块的主要功能是计算微分."diff(f, * symbols, * * kwargs)"模块计算函数 f 对 symbols 的微分."Derivative(expr, * variables, * * kwargs)"模块计算所给表达式对符号的微分.

该模块只是一个将. diff()和 Derivative 类统一起来的容器,其接口类似于 integrate(). 对于多个变量,可以使用与 Derivative 相同的快捷方式. 例如,"diff(f(x),x,x,x)"和"diff(f(x),x,3)"都返回 $f(x)$ 的 3 阶导数.

可以通过传递 evaluate＝False 来求得一个未赋值的 Derivative 类. 注意,如果有符号 0 作为参数(比如"diff(f(x),x,0)"),那么所得结果是函数本身(第 0 阶导数),即使 evaluate＝False 也是如此.

```
>>>from sympy import sin,cos,diff
>>>diff(sin(x),x)
cos(x)
>>>diff(sin(x) * cos(y),x,2,y,2)
sin(x) * cos(y)

>>>from sympy import Derivative,symbols
```

```
>>>from sympy.abc import x,y
>>>Derivative(x * * 2,x,evaluate = True)
2 * x
```

A.2.6 四元数

在数学中,四元数系统是复数的延伸. sympy. algebras. quaternion 模块含有四元数类. 四元数在纯数学、应用数学、计算机图形学、计算机视觉等领域中有重要应用. 四元数对象也可以有虚系数.

```
>>>from sympy.algebras.quaternion import Quaternion
>>>q = Quaternion(2,3,1,4)
>>>q
2 + 3 * i + 1 * j + 4 * k
>>>from sympy import *
>>>x = Symbol('x')
>>>q1 = Quaternion(x * * 2,x * * 3,x)
>>>q1
x * * 2 + x * * 3 * i + x * j + 0 * k
>>>q2 = Quaternion(2,(3 + 2 * I),x * * 2,3.5 * I)
>>>q2
2 + (3 + 2 * I) * i + x * * 2 * j + 3.5 * I * k
```

下面介绍四元数计算中常用的 5 个函数:

add():这个方法在 Quaternion 类中可用,用于执行两个四元数对象的加法. 可以在一个四元数对象中添加一个数字或符号.

mul():该方法执行两个四元数对象的乘法运算.

inverse():该方法返回四元数对象的逆.

pow():该方法返回四元数对象的幂.

exp():该方法计算四元数对象的指数.

```
>>>q1 = Quaternion(1,2,3,4)
>>>q2 = Quaternion(4,3,2,1)
>>>q1.add(q2)
5 + 5 * i + 5 * j + 5 * k
>>>q1 + 2
3 + 2 * i + 3 * j + 4 * k
>>>q1 + x
(x + 1) + 2 * i + 3 * j + 4 * k
>>>q1.mul(q2)
(-12) + 6 * i + 24 * j + 12 * k
>>>q1.inverse()
1/30 + ( - 1/15) * i + ( - 1/10) * j + ( - 2/15) * k
>>>q1.pow(2)
(-28) + 4 * i + 6 * j + 8 * k
>>>q = Quaternion(1,2,4,3)
```

```
>>>q.exp()
E * cos(sqrt(29)) + 2 * sqrt(29) * E * sin(sqrt(29))/29 * i + 4 * sqrt(29) * E * sin(sqrt(29))/29 *
j + 3 * sqrt(29) * E * sin(sqrt(29))/29 * k
```

A.2.7　绘　图

SymPy 使用 Matplotlib 库作为后端,渲染数学函数的二维和三维图,因此需要确保 Matplotlib 在当前的 Python 安装中是可用的.

绘图函数是在 sympy.plotting 模块中定义的.下面是绘图模块中的部分函数:

plot():2D 线状图.

plot3d():3D 线状图.

plot_parametric():2D 参数图.

plot3d_parametric():3D 参数图.

plot()函数返回一个 Plot 类的实例.一个 plot 图可以有一个或多个 SymPy 表达式. SymPy 不仅能够使用 Matplotlib 作为后端,也可以使用其他后端(如 texplot、pyglet 或 Google charts API).下面是一个典型语句:

```
plot(expr,range,kwargs)
```

其中,expr 是任何有效的 SymPy 表达式.如果没有给出定义域(range),则使用默认值(-10, 10).下面的例子为在($-10,10$)绘制 x^2 的图形(见图 A.8):

```
>>>from sympy.plotting import plot
>>>from sympy import *
>>>x = Symbol('x')
>>>plot(x * * 2,line_color = 'red')
```

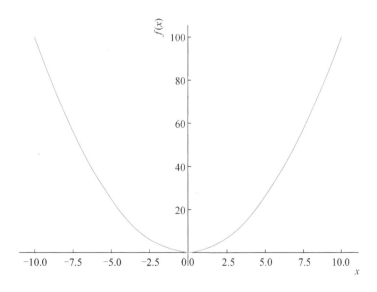

图 A.8　在($-10,10$)绘制 x^2 的图形

要在相同定义域上绘制多个图(见图 A.9),可以在定义域元组之前给出多个表达式:

```
>>>plot( sin(x),cos(x),(x,-pi,pi))
```

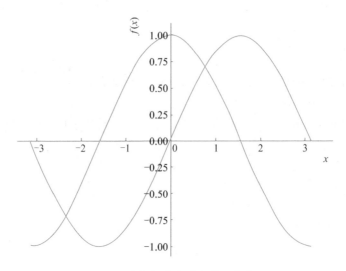

图 A.9　在相同定义域上绘制多个图

也可以为每个表达式指定单独的定义域:plot((expr1,range1),(expr2,range2)).下面的例子为在不同定义域内绘制 $\sin(x)$ 和 $\cos(x)$ 的图形(见图 A.10):

```
>>>plot( (sin(x),(x,-2*pi,2*pi)),(cos(x),(x,-pi,pi)))
```

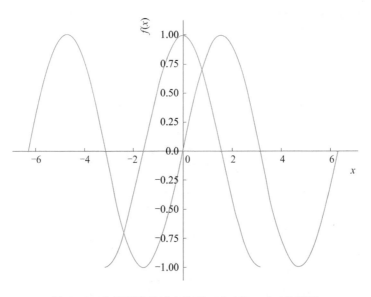

图 A.10　在不同定义域内绘制 $\sin(x)$ 和 $\cos(x)$ 的图形

plot3d()函数渲染一个三维图:plot3d(expr,xrange,yrange,kwargs).下面的例子为绘制一个 3D 曲面图(见图 4.11):

```
>>> from sympy.plotting import plot3d
>>> x,y = symbols('x y')
>>> plot3d(x * y,(x, -10,10),(y, -10,10))
```

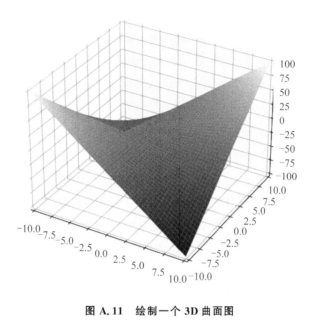

图 A.11　绘制一个 3D 曲面图

参考文献

[1] ZILL D G,SHANAHAN P D. A first course in complex analysis with applications [M]. Boston：Jones and Bartlett Publishers,2016.

[2] KWOK Y K. Applied complex variables for scientists and engineers[M]. 2nd ed. New York：Cambridge University Press,2010.

[3] ASMAR N H,GRAFAKOS L. Complex analysis with applications [M]. Switzerland：Springer,2010.

[4] BAK J,NDWMAN D J. Complex analysis[M]. 3rd ed. New York：Springer,2010.

[5] BROWN J W,CHURCHILL R V. Complex variables and applications[M]. 8th ed. Boston：McGraw-Hill,2007.

[6] ABLOWITZ M J,FOKAS A S. Complex variables：introduction and applications [M]. 2nd ed. Cambridge：Cambridge University Press,2003.

[7] PONNUSAMY S,SILVERMAN H. Complex variables with applications [M]. Boston：Birkhauser,2006.

[8] 西安交通大学高等数学教研室. 复变函数[M]. 4 版. 北京：高等教育出版社,1996.

[9] PEREZ N. Fracture mechanics[M]. 2nd ed. Switzerland：Springer,2017.

[10] KUNA M. Finite elements in fracture mechanics：theory,numerics,applications [M]. Dordrecht：Springer,2013.

[11] 臧启山,姚戈. 工程断裂力学简明教程 [M]. 合肥：中国科学技术大学出版社,2014.